U0103752

科学与工程
计算技术丛书

MATLAB
信号处理

（第2版）

沈再阳◎编著

清华大学出版社
北京

内 容 简 介

本书以MATLAB R2020a为平台，面向初中级读者，由浅入深地讲解MATLAB在信号处理中的应用知识。本书按逻辑编排，自始至终采用实例描述，内容完整且每章相对独立，是一本全面讲解MATLAB信号处理的工具书。

全书分为3部分共15章。第一部分介绍MATLAB的基础知识，涵盖MATLAB基本语法概念、程序设计方法、图形绘制技巧等内容；第二部分介绍数字信号处理基本理论及其MATLAB实现，涵盖信号处理基础、信号变换、IIR滤波器的设计、FIR滤波器的设计、其他滤波器、小波在信号处理中的应用等内容；第三部分介绍基于MATLAB信号处理的具体应用，涵盖语音信号处理、通信信号处理、雷达信号处理以及信号处理的工具应用等内容。

本书以实用为目标，深入浅出，实例引导，内容翔实，适合作为理工类高等院校本科生、研究生的教学用书，也可作为广大科研及工程技术人员的参考用书。

本书封面贴有清华大学出版社防伪标签，无标签者不得销售。

版权所有，侵权必究。举报：010-62782989，beiqinquan@tup.tsinghua.edu.cn。

图书在版编目（CIP）数据

MATLAB信号处理/沈再阳编著. —2版. —北京：清华大学出版社，2023.1
（科学与工程计算技术丛书）
ISBN 978-7-302-61423-4

Ⅰ. ①M… Ⅱ. ①沈… Ⅲ. ①数字信号处理—Matlab软件 Ⅳ. ①TN911.72

中国版本图书馆CIP数据核字（2022）第134065号

策划编辑：盛东亮
责任编辑：钟志芳
封面设计：李召霞
责任校对：时翠兰
责任印制：朱雨萌

出版发行：清华大学出版社
    网   址：http://www.tup.com.cn, http://www.wqbook.com
    地   址：北京清华大学学研大厦A座   邮 编：100084
    社 总 机：010-83470000   邮 购：010-62786544
    投稿与读者服务：010-62776969, c-service@tup.tsinghua.edu.cn
    质 量 反 馈：010-62772015，zhiliang@tup.tsinghua.edu.cn
    课 件 下 载：http://www.tup.com.cn, 010-83470236
印 装 者：大厂回族自治县彩虹印刷有限公司
经   销：全国新华书店
开   本：203mm×260mm 印 张：33.25 字 数：957千字
版   次：2017年9月第1版 2023年1月第2版 印 次：2023年1月第1次印刷
印   数：1～2500
定   价：118.00元

产品编号：095890-01

序言
FOREWORD

致力于加快工程技术和科学研究的步伐——这句话总结了 MathWorks 坚持超过三十年的使命。

在这期间，MathWorks 有幸见证了工程师和科学家们使用 MATLAB 和 Simulink 在多个应用领域的无数变革和突破：汽车行业的电气化和不断提高的自动化；日益精确的气象建模和预测；航空航天领域持续提高的性能和安全指标；由神经学家破解的大脑和身体奥秘；无线通信技术的普及；电力网络的可靠性；等等。

与此同时，MATLAB 和 Simulink 也帮助了无数大学生在工程技术和科学研究课程中学习关键的技术理念并应用于实际问题，培养他们成为栋梁之材，更好地投入科研、教学以及工业应用中，指引他们致力于学习、探索先进的技术，融合并应用于创新实践。

如今，工程技术和科研创新的步伐令人惊叹。创新进程以大量的数据为驱动，结合相应的计算硬件和用于提取信息的机器学习算法。软件和算法几乎无处不在——从孩子的玩具到家用设备，从机器人和制造体系到每一种运输方式——让这些系统更具功能性、灵活性、自主性。最重要的是，工程师和科学家推动了这些进程，他们洞悉问题，创造技术，设计革新系统。

为了支持创新的步伐，MATLAB 发展成为一个广泛而统一的计算技术平台，将成熟的技术方法（如控制设计和信号处理）融入令人激动的新兴领域，例如深度学习、机器人、物联网开发等。对于现在的智能连接系统，Simulink 平台可以让您实现模拟系统，优化设计，并自动生成嵌入式代码。

"科学与工程计算技术丛书"系列主题反映了 MATLAB 和 Simulink 汇集的领域——大规模编程、机器学习、科学计算、机器人等。我们高兴地看到"科学与工程计算技术丛书"支持 MathWorks 一直以来追求的目标：助您加速工程技术和科学研究。

期待着您的创新！

Jim Tung
MathWorks Fellow

To Accelerate the Pace of Engineering and Science. These eight words have summarized the MathWorks mission for over 30 years.

In that time, it has been an honor and a humbling experience to see engineers and scientists using MATLAB and Simulink to create transformational breakthroughs in an amazingly diverse range of applications: the electrification and increasing autonomy of automobiles; the dramatically more accurate models and forecasts of our weather and climates; the increased performance and safety of aircraft; the insights from neuroscientists about how our brains and bodies work; the pervasiveness of wireless communications; the reliability of power grids; and much more.

At the same time, MATLAB and Simulink have helped countless students in engineering and science courses to learn key technical concepts and apply them to real-world problems, preparing them better for roles in research, teaching, and industry. They are also equipped to become lifelong learners, exploring for new techniques, combining them, and applying them in novel ways.

Today, the pace of innovation in engineering and science is astonishing. That pace is fueled by huge volumes of data, matched with computing hardware and machine-learning algorithms for extracting information from it. It is embodied by software and algorithms in almost every type of system — from children's toys to household appliances to robots and manufacturing systems to almost every form of transportation — making those systems more functional, flexible, and autonomous. Most important, that pace is driven by the engineers and scientists who gain the insights, create the technologies, and design the innovative systems.

To support today's pace of innovation, MATLAB has evolved into a broad and unifying technical computing platform, spanning well-established methods, such as control design and signal processing, with exciting newer areas, such as deep learning, robotics, and IoT development. For today's smart connected systems, Simulink is the platform that enables you to simulate those systems, optimize the design, and automatically generate the embedded code.

The topics in this book series reflect the broad set of areas that MATLAB and Simulink bring together: large-scale programming, machine learning, scientific computing, robotics, and more. We are delighted to collaborate on this series, in support of our ongoing goal: to enable you to accelerate the pace of your engineering and scientific work.

I look forward to the innovations that you will create!

Jim Tung
MathWorks Fellow

前 言
PREFACE

数字信号处理是随着信息学科和计算机学科的高速发展而迅速发展起来的一门新兴学科，它的重要性在各个领域的应用中日益增加。简言之，数字信号处理是把信号转换成用数字或符号表示的序列，通过计算机或信号处理设备，用数字的数值计算方法处理，以达到提取有用信息便于实际应用的目的。

MATLAB 是一个功能强大的数学软件，是用于算法开发、数据可视化、数据分析以及数值计算的高级技术计算语言和交互式环境，为科学研究、工程设计以及必须进行有效数值计算的众多科学领域提供了一种全面的解决方案。

目前，MATLAB 已成为图像处理、信号处理、通信原理、自动控制等专业的重要基础课程的首选实验平台，而对于学生而言最有效的学习途径是结合某一专业课程的学习掌握该软件的使用与编程。

1. 本书特点

由浅入深，循序渐进：本书以初中级读者为对象，内容安排上考虑 MATLAB 进行仿真和运算分析时的基础知识和实践操作，从基础开始，由浅入深地帮助读者掌握 MATLAB 的分析方法。

步骤详尽，内容新颖：本书结合作者多年 MATLAB 使用经验及实际应用案例，将 MATLAB 软件的使用方法与技巧详细地讲解给读者，使读者在阅读时能够快速掌握书中所讲内容。

实例典型，轻松易学：学习实际工程应用案例的具体操作是掌握 MATLAB 最好的方式。本书通过综合应用案例，透彻翔实地讲解了 MATLAB 在各领域的应用。

2. 本书内容

本书以初中级读者为对象，结合多年 MATLAB 使用经验与实际工程应用案例，将 MATLAB 的使用方法与技巧详细地讲解给读者。本书在讲解过程中步骤详尽、内容新颖，讲解过程辅以相应的图示，使读者在阅读时一目了然，从而快速掌握书中所讲内容。

本书就数字信号处理的基本理论、算法及 MATLAB 实现进行系统地论述。全书共分为 3 部分共 15 章，具体内容安排如下：

第一部分为 MATLAB 基础知识，介绍 MATLAB 的基本语法概念、程序设计方法、图形绘制技巧等内容，让读者对 MATLAB 有一个概要性的认识。各章安排如下：

第 1 章　初识 MATLAB　　　　　　　　　　第 2 章　MATLAB 基础
第 3 章　程序设计　　　　　　　　　　　　第 4 章　图形绘制

第二部分为信号处理理论，介绍数字信号处理基本理论和方法及其 MATLAB 实现，向读者展示了MATLAB 在处理数字信号方面的应用方法及技巧。各章安排如下：

第 5 章　信号处理基础　　　　　　　　　　第 6 章　信号变换
第 7 章　IIR 滤波器设计　　　　　　　　　第 8 章　FIR 滤波器设计
第 9 章　其他滤波器　　　　　　　　　　　第 10 章　随机信号处理
第 11 章　小波信号分析

第三部分为信号处理实践，介绍 MATLAB 在语音信号处理、通信信号处理、雷达信号处理中的应用，让读者进一步领略 MATLAB 的强大功能和广泛的应用范围。本部分还介绍了 MATLAB 中的信号处理工具。各章安排如下：

第 12 章　语音信号处理　　　　　　　　第 13 章　通信信号处理

第 14 章　雷达信号处理　　　　　　　　第 15 章　信号处理工具

3. 读者对象

本书适合于 MATLAB 初学者和期望提高应用 MATLAB 进行信号处理能力的读者，具体说明如下：

★ 初学 MATLAB 的技术人员　　　　　　★ 广大从事信号处理的科研工作人员

★ 大中专院校的教师和在校生　　　　　　★ 相关培训机构的教师和学员

★ 参加工作实习的"菜鸟"　　　　　　　★ MATLAB 爱好者

4. 读者服务

读者可以通过"算法仿真"微信公众号与作者联系，沟通图书使用方法，获取更多相关学习资源。公众号会不定期分享各类 MATLAB 知识，帮助读者学习。

5. 本书作者

本书由沈再阳编著，虽然作者在本书的编写过程中力求叙述准确、完善，但由于水平有限，书中有欠妥之处在所难免，希望读者和同仁能够及时指出，共同促进本书质量的提高。最后希望本书能为读者的学习和工作提供帮助！

编　者

知识结构
CONTENT STRUCTURE

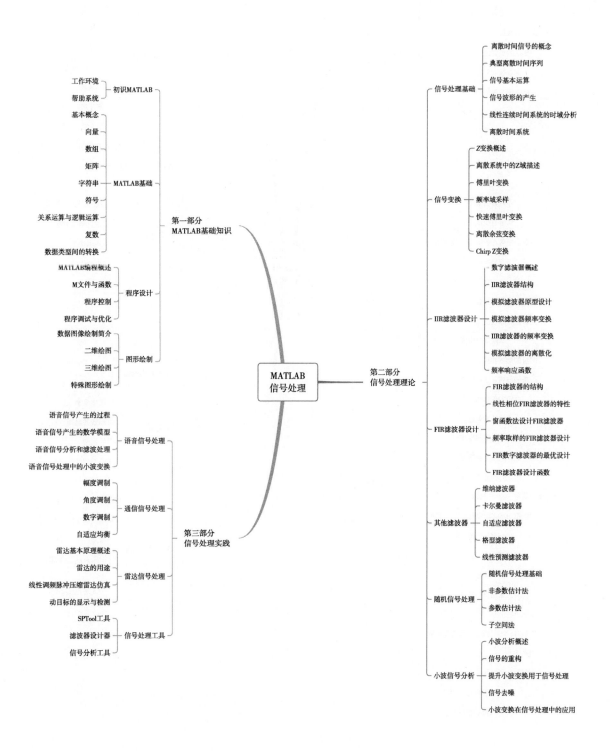

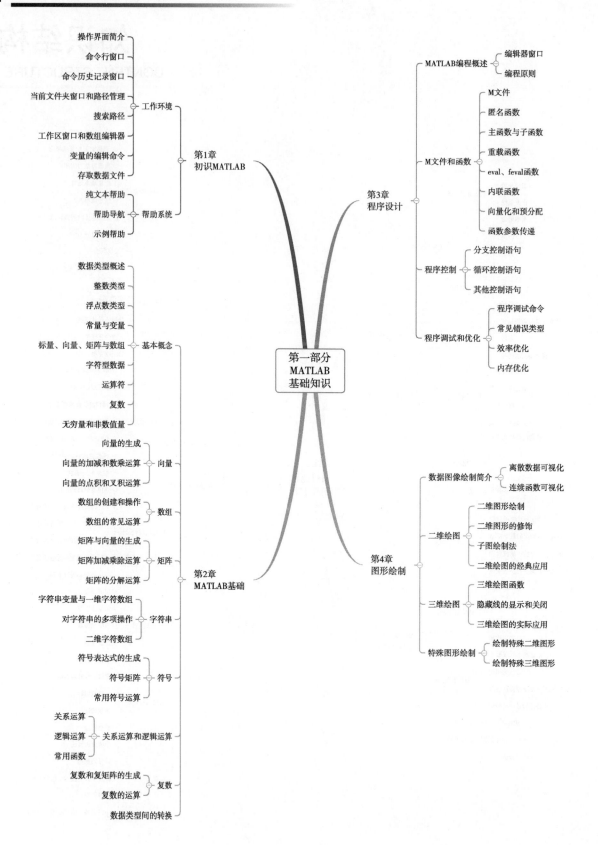

操作界面简介
命令行窗口
命令历史记录窗口
当前文件夹窗口和路径管理
搜索路径 — 工作环境
工作区窗口和数组编辑器
变量的编辑命令
存取数据文件
纯文本帮助
帮助导航 — 帮助系统
示例帮助

第1章
初识MATLAB

数据类型概述
整数类型
浮点数类型
常量与变量
标量、向量、矩阵与数组 — 基本概念
字符型数据
运算符
复数
无穷量和非数值量
向量的生成
向量的加减和数乘运算 — 向量
向量的点积和叉积运算
数组的创建和操作 — 数组
数组的常见运算
矩阵与向量的生成
矩阵加减乘除运算 — 矩阵
矩阵的分解运算
字符串变量与一维字符数组
对字符串的多项操作 — 字符串
二维字符数组
符号表达式的生成
符号矩阵 — 符号
常用符号运算
关系运算
逻辑运算 — 关系运算和逻辑运算
常用函数
复数和复矩阵的生成
复数的运算 — 复数
数据类型间的转换

第2章
MATLAB基础

第一部分
MATLAB
基础知识

第3章
程序设计

MATLAB编程概述 — 编辑器窗口 / 编程原则

M文件和函数 —
M文件
匿名函数
主函数与子函数
重载函数
eval、feval函数
内联函数
向量化和预分配
函数参数传递

程序控制 —
分支控制语句
循环控制语句
其他控制语句

程序调试和优化 —
程序调试命令
常见错误类型
效率优化
内存优化

第4章
图形绘制

数据图像绘制简介 — 离散数据可视化 / 连续函数可视化

二维绘图 —
二维图形绘制
二维图形的修饰
子图绘制法
二维绘图的经典应用

三维绘图 —
三维绘图函数
隐藏线的显示和关闭
三维绘图的实际应用

特殊图形绘制 —
绘制特殊二维图形
绘制特殊三维图形

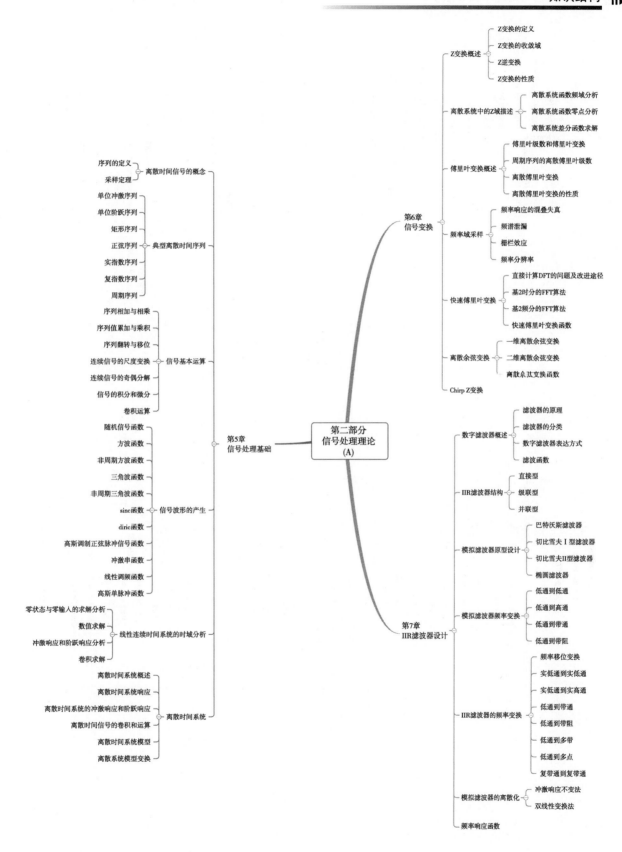

第二部分
信号处理理论
(A)

第5章
信号处理基础

第6章
信号变换

第7章
IIR滤波器设计

离散时间信号的概念
- 序列的定义
- 采样定理

典型离散时间序列
- 单位冲激序列
- 单位阶跃序列
- 矩形序列
- 正弦序列
- 实指数序列
- 复指数序列
- 周期序列

信号基本运算
- 序列相加与相乘
- 序列值累加与乘积
- 序列翻转与移位
- 连续信号的尺度变换
- 连续信号的奇偶分解
- 信号的积分和微分
- 卷积运算

信号波形的产生
- 随机信号函数
- 方波函数
- 非周期方波函数
- 三角波函数
- 非周期三角波函数
- sinc函数
- diric函数
- 高斯调制正弦脉冲信号函数
- 冲激串函数
- 线性调频函数
- 高斯单脉冲函数

线性连续时间系统的时域分析
- 零状态与零输入的求解分析
- 数值求解
- 冲激响应和阶跃响应分析
- 卷积求解

离散时间系统
- 离散时间系统概述
- 离散时间系统响应
- 离散时间系统的冲激响应和阶跃响应
- 离散时间信号的卷积和运算
- 离散时间系统模型
- 离散系统模型变换

Z变换概述
- Z变换的定义
- Z变换的收敛域
- Z逆变换
- Z变换的性质

离散系统中的Z域描述
- 离散系统函数频域分析
- 离散系统函数零点分析
- 离散系统差分函数求解

傅里叶变换概述
- 傅里叶级数和傅里叶变换
- 周期序列的离散傅里叶级数
- 离散傅里叶变换
- 离散傅里叶变换的性质

频率域采样
- 频率响应的混叠失真
- 频谱泄漏
- 栅栏效应
- 频率分辨率

快速傅里叶变换
- 直接计算DFT的问题及改进途径
- 基2时分的FFT算法
- 基2频分的FFT算法
- 快速傅里叶变换函数

离散余弦变换
- 一维离散余弦变换
- 二维离散余弦变换
- 离散余弦变换函数

Chirp Z变换

数字滤波器概述
- 滤波器的原理
- 滤波器的分类
- 数字滤波器表达方式
- 滤波函数

IIR滤波器结构
- 直接型
- 级联型
- 并联型

模拟滤波器原型设计
- 巴特沃斯滤波器
- 切比雪夫Ⅰ型滤波器
- 切比雪夫Ⅱ型滤波器
- 椭圆滤波器

模拟滤波器频率变换
- 低通到低通
- 低通到高通
- 低通到带通
- 低通到带阻

IIR滤波器的频率变换
- 频率移位变换
- 实低通到实低通
- 实低通到实高通
- 低通到带通
- 低通到带阻
- 低通到多带
- 低通到多点
- 复带通到复带通

模拟滤波器的离散化
- 冲激响应不变法
- 双线性变换法

频率响应函数

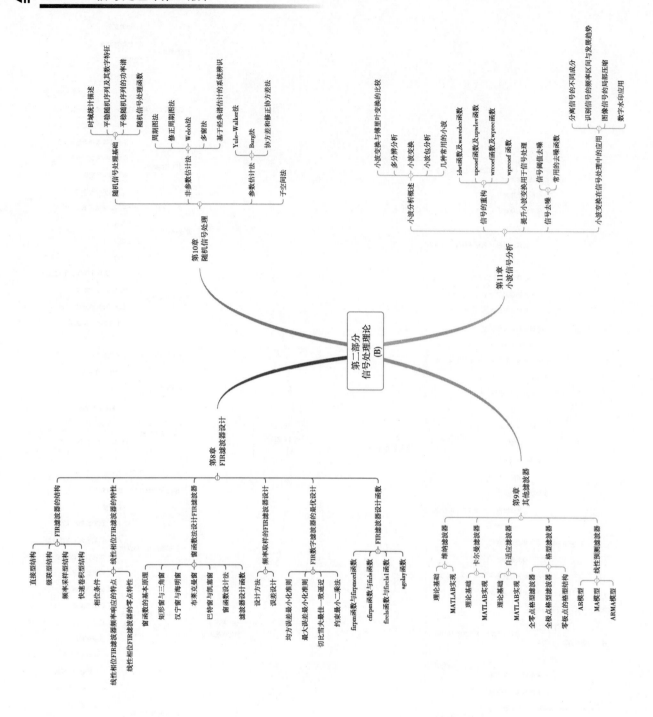

第二部分
信号处理理论
(B)

第10章 随机信号处理

随机信号处理基础
时域统计描述
平稳随机序列及其数字特征
平稳随机序列的功率谱
随机信号处理函数

非参数估计法
周期图法
修正周期图法
Welch法
多窗法
基于经典谱估计的系统辨识

参数估计法
Yule-Walker法
Burg法
协方差和修正协方差法

子空间法

第11章 小波信号分析

小波分析概述
小波变换与傅里叶变换的比较
多分辨分析
小波包分析
几种常用的小波

信号的重构
jdwt函数及其wavedec函数
upcoef函数及其upwlev函数
wrcoef函数及其wprcoef函数

提升小波变换用于信号处理
wpdecoef函数

信号去噪
信号阈值去噪
常用的去噪函数

小波变换在信号处理中的应用
分离信号的不同成分
识别信号的频率区间与发展趋势
图像信号的局部压缩
数字水印的应用

第8章 FIR滤波器设计

FIR滤波器的结构
直接型结构
级联型结构
频率采样型结构
快速卷积型结构

线性相位FIR滤波器的特性
相位条件
线性相位FIR滤波器频率响应的特点
线性相位FIR滤波器的零点特性

窗函数设计FIR滤波器
窗函数的基本原理
矩形窗与三角窗
汉宁窗与海明窗
布莱克曼窗
巴特窗与凯塞窗
窗函数设计法
滤波器设计函数

频率采样的FIR滤波器设计
设计方法
误差分析

FIR数字滤波器的最优设计
均方误差最小化准则
最大误差最小化准则
切比雪夫最佳一致逼近
约束最小二乘法

FIR滤波器设计函数
firpm函数与firpmord函数
cfirpm函数与fircls函数
fircls函数与fircls1函数
sgolay函数

第9章 其他滤波器

维纳滤波器
理论基础
MATLAB实现

卡尔曼滤波器
理论基础
MATLAB实现

自适应滤波器
理论基础
MATLAB实现

格型滤波器
全零点格型滤波器
全极点格型滤波器
零极点的格型结构

线性预测滤波器
AR模型
MA模型
ARMA模型

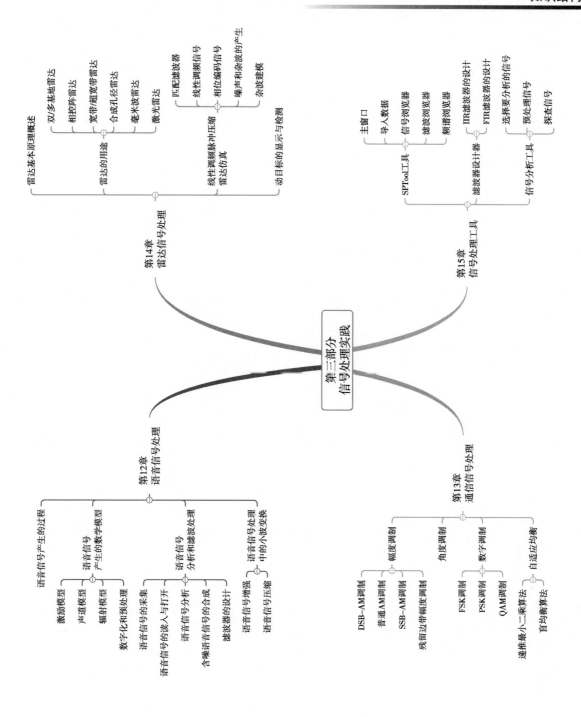

目 录
CONTENTS

第一部分　MATLAB 基础知识

第二部分　信号处理理论

第三部分　信号处理实践

第一部分
MATLAB 基础知识

本部分包括 4 章内容,在介绍 MATLAB 工作环境、帮助系统的基础上,对向量、数组、矩阵、字符串、各种运算等进行了详细地讲解;同时对 MATLAB 程序控制、程序调试与优化、各类图形的绘制等内容展开了介绍。帮助读者掌握 MATLAB 的基础知识,为后续的学习打下基础。

- ❏ 第 1 章　初识 MATLAB
- ❏ 第 2 章　MATLAB 基础
- ❏ 第 3 章　程序设计
- ❏ 第 4 章　图形绘制

初识 MATLAB

MATLAB 是当前在国际上被广泛接受和使用的科学与工程计算软件。随着不断地发展，MATLAB 已经成为一种集数值运算、符号运算、数据可视化、程序设计、仿真等多种功能于一体的集成软件。在介绍 MATLAB 信号处理实现方法之前，本章先介绍 MATLAB 的工作环境和帮助系统，让读者尽快熟悉 MATLAB 软件。

学习目标：

（1）掌握 MATLAB 的工作环境；

（2）熟练掌握 MATLAB 各窗口的用途；

（3）了解 MATLAB 的帮助系统。

1.1 工作环境

使用 MATLAB 前，需要将安装文件夹（默认路径为 C:\Program Files\Polyspace\R2020a\bin）中的 MATLAB.exe 应用程序添加为桌面快捷方式，双击快捷方式图标可以直接打开 MATLAB 操作界面。

1.1.1 操作界面简介

启动 MATLAB 后的操作界面如图 1-1 所示。默认情况下，MATLAB 的操作界面包含 4 个区域：选项卡、当前文件夹、命令行窗口、工作区。

图 1-1　MATLAB 默认界面

选项卡在组成方式和内容上与一般应用软件基本相同，这里不再赘述。下面重点介绍命令行窗口、命令历史记录窗口、当前文件夹窗口等内容。其中，命令历史记录窗口并不显示在默认窗口中。

1.1.2　命令行窗口

MATLAB 默认主界面的中间部分是命令行窗口。命令行窗口就是接收命令输入的窗口，可输入的对象除 MATLAB 命令之外，还包括函数、表达式、语句及 M 文件名或 MEX 文件名等，为叙述方便，这些可输入的对象本书统称为语句。

MATLAB 的工作方式之一是在命令行窗口中输入语句，然后由 MATLAB 逐句解释执行并在命令行窗口中给出结果。命令行窗口可显示除图形以外的所有运算结果。

读者可以将命令行窗口从 MATLAB 主界面中分离出来，以便单独显示和操作，当然该命令行窗口也可重新回到主界面中，其他窗口也有相同的功能。

分离命令行窗口的方法是在窗口右侧按钮 的下拉菜单中选择"取消停靠"命令，也可以直接用鼠标将命令行窗口拖离主界面，其结果如图 1-2 所示。若要将命令行窗口停靠在主界面中，则可选择下拉菜单中的"停靠"命令。

1. 命令提示符和语句颜色

在分离的命令行窗口中，每行语句前都有一个符号">> "，即命令提示符。在此符号后（也只能在此符号后）输入各种语句并按 Enter 键，方可被 MATLAB 接收和执行。执行的结果通常会直接显示在语句下方。

图 1-2　分离的命令行窗口

不同类型的语句用不同的颜色区分。默认情况下，输入的命令、函数、表达式以及计算结果等为黑色，字符串为红色，if、for 等关键词为蓝色，注释语句为绿色。

2. 语句的重复调用、编辑和运行

在命令行窗口中，不但能编辑和运行当前输入的语句，而且可以对曾经输入的语句进行重复调用、编辑和运行。重复调用和编辑的快捷方法是利用表 1-1 中所列的按键进行操作。

表 1-1　语句行用到的编辑键

键盘按键	键的用途	键盘按键	键的用途
↑	向上回调以前输入的语句行	Home	让光标跳到当前行的开头
↓	向下回调以前输入的语句行	End	让光标跳到当前行的末尾
←	光标在当前行中左移一个字符	Delete	删除当前行光标后的字符
→	光标在当前行中右移一个字符	Backspace	删除当前行光标前的字符

这些按键与文字处理软件中的同一编辑键在功能上是大体一致的，不同点主要是在文字处理软件中是针对整个文档使用按键，而在 MATLAB 命令行窗口中是以行为单位使用按键。

3. 语句行中使用的标点符号

MATLAB 在输入语句时可能要用到表 1-2 中所列的各种标点符号。在向命令行窗口输入语句时，一定要在英文输入状态下输入，初学者在刚输完汉字后很容易忽视中英文输入状态的切换。

表 1-2　MATLAB语句中常用的标点符号

名　称	符　号	作　用
空格		变量分隔符；矩阵一行中各元素间的分隔符；程序语句关键词分隔符
逗号	,	分隔欲显示计算结果的各语句；变量分隔符；矩阵一行中各元素间的分隔符
点号	.	数值中的小数点；结构数组的域访问符
分号	;	分隔不想显示计算结果的各语句；矩阵行与行的分隔符
冒号	:	用于生成一维数值数组；表示一维数组的全部元素或多维数组某一维的全部元素
百分号	%	注释语句说明符，凡在其后的字符均视为注释性内容而不被执行
单引号	' '	字符串标识符
圆括号	( )	用于矩阵元素引用；用于函数输入变量列表；确定运算的先后次序
方括号	[ ]	向量和矩阵标识符；用于函数输出列表
花括号	{ }	标识元胞数组
续行号	…	长命令行需分行时连接下行用
赋值号	=	将表达式赋值给一个变量

4. 命令行窗口中数值的显示格式

为了适应用户以不同格式显示计算结果的需要，MATLAB 设计了多种数值显示格式以供用户选用，如表 1–3 所示。其中，默认的显示格式是：数值为整数时，以整数显示；数值为实数时，以 short 格式显示；如果数值的有效数字超出了范围，则以科学计数法显示结果。

表 1-3　命令行窗口中数值的显示格式

格　式	显示形式	格式效果说明
short（默认）	2.7183	保留4位小数，整数部分超过3位的小数用short e格式
short e	2.7183e+000	用1位整数和4位小数表示，倍数关系用科学计数法表示成十进制指数形式
short g	2.7183	保证5位有效数字，数值大小在10的+5和−5次幂之间时自动调整数位，超出幂次范围时用short e格式
long	2.71828182845905	保留14位小数，最多2位整数，共16位十进制数，否则用long e格式表示
long e	2.718281828459046e+000	保留15位小数的科学计数法表示
long g	2.71828182845905	保证15位有效数字，数值大小在10的+15和−15次幂之间时，自动调整数位，超出幂次范围时用long e格式
rational	1457/536	用分数有理数近似表示
hex	4005bf0a8b14576a	采用十六进制表示
+	+	正数、负数和零分别用+、−、空格表示
bank	2.72	限两位小数，用于表示元、角、分
compact	不留空行显示	在显示结果之间没有空行的压缩格式
loose	留空行显示	在显示结果之间有空行的稀疏格式

需要说明的是，表 1–3 中最后两个格式是用于控制屏幕显示格式的，而非数值显示格式。MATLAB 的所有数值均按 IEEE 浮点标准所规定的 long 格式存储，显示的精度并不代表数值实际的存储精度或数值参

与运算的精度。

5. 数值显示格式的设置方法

数值显示格式的设置方法有以下两种：

（1）单击"主页"选项卡"环境"面板中的"预设"按钮 ⚙ 预设，在弹出的"预设项"对话框中选择"命令行窗口"进行显示格式设置，如图 1-3 所示。

图 1-3　"预设项"对话框

（2）在命令行窗口中执行 format 命令，例如要用 long 格式时，在命令行窗口中输入 format long 语句即可。使用命令方便在程序设计时进行格式设置。

不仅数值显示格式可以自行设置，数字和文字的字体显示风格、大小、颜色也可由用户自行设置。在"预设项"窗口左侧的格式对象树中选择要设置的对象，再配合相应的选项，便可对所选对象的风格、大小、颜色等进行设置。

6. 命令行窗口清屏

当命令行窗口中执行过许多命令后，经常需要对命令行窗口进行清屏操作，通常有两种方法：

（1）执行"主页"选项卡"代码"面板中"清除命令"下的"命令行窗口"命令。

（2）在提示符后直接输入 clc 语句。

两种方法都能清除命令行窗口中的显示内容，也仅仅是清除命令行窗口的显示内容，并不能清除工作区的显示内容。

1.1.3　命令历史记录窗口

命令历史记录窗口用来存放曾在命令行窗口中用过的语句，借用计算机的存储器来保存信息。其主要目的是方便用户追溯、查找曾经用过的语句，利用这些既有的资源节省编程时间。

在下面两种情况下命令历史记录窗口的优势体现得尤为明显：一是需要重复处理长的语句；二是选择多行曾经用过的语句形成 M 文件。

在命令行窗口中按键盘上的方向键↑，即可弹出命令历史记录窗口，如同命令行窗口一样，对该窗口也可进行停靠、分离等操作，分离后的窗口如图 1-4 所示，从窗口中记录的时间可以看出，其中存放的正是曾经用过的语句。

对于命令历史记录窗口中的内容，可在选中的前提下将它们复制到当前正在工作的命令行窗口中，以供进一步修改或直接运行。

1. 复制、执行命令历史记录窗口中的命令

命令历史记录窗口的主要用途如表 1-4 所示，"操作方法"中提到的"选中"操作与在 Windows 中选中文件的方法相同，同样可以结合 Ctrl 键和 Shift 键使用。

表 1-4　命令历史记录窗口的主要用途

功　　能	操作方法
复制单行或多行语句	选中单行或多行语句，执行"复制"命令，回到命令行窗口，执行粘贴操作即可实现复制
执行单行或多行语句	选中单行或多行语句，右击，弹出快捷菜单，执行该菜单中的"执行所选内容"命令，选中语句将在命令行窗口中运行，并给出相应结果。双击选择的语句行也可运行
把多行语句写成M文件	选中单行或多行语句，右击，弹出快捷菜单，执行该菜单中的"创建实时脚本"命令，利用随之打开的M文件编辑/调试器窗口，可将选中语句保存为M文件

用命令历史记录窗口完成所选语句的复制操作如下。

（1）利用鼠标选中所需的第一行语句。

（2）按 Shift 键结合鼠标选择所需的最后一行语句，连续多行即被选中。

（3）按 Ctrl+C 组合键或在选中区域右击，执行快捷菜单中的"复制"命令。其操作如图 1-5 所示。

（4）回到命令行窗口，在该窗口中执行快捷菜单中的"粘贴"命令，所选内容即被复制到命令行窗口中。

图 1-4　分离的命令历史记录窗口

图 1-5　命令历史记录窗口中的选中与复制操作

用命令历史记录窗口执行所选语句操作如下。

（1）用鼠标选中所需的第一行语句。

（2）按 Ctrl 键结合鼠标选择所需的行，不连续多行被选中。

（3）在选中的区域右击，弹出快捷菜单，选择"执行所选内容"命令，计算结果就会出现在命令行窗口中。

2. 清除命令历史记录窗口中的内容

执行"主页"选项卡"代码"面板中"清除命令"下的"命令历史记录"命令。

当执行上述命令后，命令历史记录窗口中的当前内容就被完全清除了，以前的命令再不能被追溯和利用。

1.1.4　当前文件夹窗口和路径管理

MATLAB 利用当前文件夹窗口组织、管理和使用所有 MATLAB 文件和非 MATLAB 文件，例如新建、复制、删除、重命名文件夹和文件等。还可以利用该窗口打开、编辑和运行 M 程序文件以及载入 mat 数据文件等。当前文件夹窗口如图 1-6 所示。

图 1-6　当前文件夹窗口

MATLAB 的当前目录是实施打开、装载、编辑和保存文件等操作时系统默认的文件夹。设置当前目录就是将此默认文件夹改成用户希望使用的文件夹，用来存放文件和数据。具体的设置方法有两种：

（1）在当前文件夹的目录设置区设置，该设置方法同 Windows 操作，不再赘述。

（2）用目录命令设置，其语法格式如表 1-5 所示。

表 1-5　设置当前目录的常用命令

目录命令	含　义	示　例
cd	显示当前目录	cd
cd filename	设定当前目录为 "filename"	cd f:\matfiles

用命令设置当前目录，为在程序中改变当前目录提供了方便，因为编写完成的程序通常用 M 文件存放，执行这些文件时即可存储到需要的位置。

1.1.5　搜索路径

MATLAB 中大量的函数和工具箱文件是存储在不同文件夹中的。用户建立的数据文件、命令和函数文件也是由用户存放在指定的文件夹中的。当需要调用这些函数或文件时，就需要找到它们所存放的文件夹。

路径其实就是给出存放某个待查函数和文件的文件夹名称。当然，这个文件夹名称应包括盘符和一级级嵌套的子文件夹名。

例如，现有一文件 E04_01.m 存放在 D 盘 "MATLAB 文件" 文件夹下的 Char04 子文件夹中，那么描述它的路径是 D:\MATLAB 文件\Char04。若要调用这个 M 文件，可在命令行窗口或程序中将其表达为 D:\MATLAB 文件\Char04\E04_01.m。

在使用时，这种书写过长，很不方便。MATLAB 为克服这一问题引入了搜索路径机制。搜索路径机制就是将一些可能要被用到的函数或文件的存放路径提前通知系统，而无须在执行和调用这些函数和文件时输入一长串的路径。

在 MATLAB 中，一个符号出现在程序语句中或命令行窗口的语句中可能有多种含义，它也许是一个变量、特殊常量、函数名、M 文件或 MEX 文件等，应该识别成什么，就涉及一个搜索顺序的问题。

如果在命令提示符 ">>" 后输入符号 xt，或在程序语句中有一个符号 xt，那么 MATLAB 将试图按下列顺序去搜索和识别。

（1）在 MATLAB 内存中进行搜索，看 xt 是否为工作区的变量或特殊常量，如果是，就将其当成变量或特殊常量来处理，不再往下展开搜索。

（2）第（1）步否定后，检查 xt 是否为 MATLAB 的内部函数，若是，则调用 xt 这个内部函数。

（3）第（2）步否定后，继续在当前目录中搜索是否有名为 xt.m 或 xt.mex 的文件，若存在，则将 xt 作为文件调用。

（4）第（3）步否定后，继续在 MATLAB 搜索路径的所有目录中搜索是否有名为 xt.m 或 xt.mex 的文件存在，若存在，则将 xt 作为文件调用。

（5）上述 4 步全搜索完后，若仍未发现 xt 这一符号的出处，则 MATLAB 发出错误信息。必须指出的是，这种搜索是以花费更多执行时间为代价的。

MATLAB 设置搜索路径的方法有两种：一种是用"设置路径"对话框；另一种是用命令。现将两种方法介绍如下。

1. 利用"设置路径"对话框设置搜索路径

在主界面中单击"主页"选项卡"环境"面板中的"设置路径"按钮，弹出如图 1-7 所示的"设置路径"对话框。

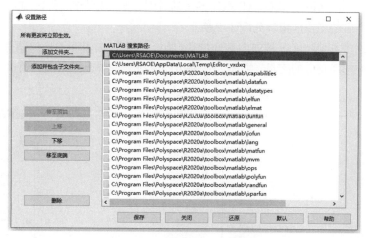

图 1-7　"设置路径"对话框

单击该对话框中的"添加文件夹"或"添加并包含子文件夹"按钮，会弹出一个如图 1-8 所示的浏览文件夹的对话框，利用该对话框可以从树形目录结构中选择欲指定为搜索路径的文件夹。

图 1-8　浏览文件夹对话框

"添加文件夹"和"添加并包含子文件夹"两个按钮的不同之处在于，后者设置某个文件夹成为可搜索的路径后，其下级子文件夹将自动被加入搜索路径中。

2. 利用命令设置搜索路径

MATLAB 中将某一路径设置成可搜索路径的命令有 path 及 addpath 两个。其中，path 用于查看或更改搜索路径，该路径存储在 pathdef.m 文件中；addpath 将指定的文件夹添加到当前 MATLAB 搜索路径的顶层。

下面以将路径"F:\MATLAB 文件"设置成可搜索路径为例进行说明，用 path 和 addpath 命令设置搜索路径。

```
>> path(path,'F:\ MATLAB 文件');
>> addpath F:\ MATLAB 文件 - begin        %begin 意为将路径放在路径表的前面
>> addpath F:\ MATLAB 文件 - end          %end 意为将路径放在路径表的最后
```

1.1.6　工作区窗口和数组编辑器

在默认的情况下，工作区位于 MATLAB 操作界面的右侧。如同命令行窗口一样，也可对该窗口进行停靠、分离等操作，分离后的工作区窗口如图 1-9 所示。

工作区窗口拥有许多其他功能，例如内存变量的打印、保存、编辑和图形绘制等。这些操作都比较简单，只需要在工作区中选择相应的变量，右击，在弹出的快捷菜单中选择相应的菜单命令即可，如图 1-10 所示。

图 1-9　工作区窗口

图 1-10　对变量进行操作的快捷菜单

在 MATLAB 中，数组和矩阵都是十分重要的基础变量，因此 MATLAB 专门提供了变量编辑器工具来编辑数据。

双击工作区窗口中的某个变量时，会在 MATLAB 主窗口中弹出如图 1-11 所示的变量编辑器。如同命令行窗口一样，变量编辑器也可从主窗口中分离，分离后的界面如图 1-12 所示。

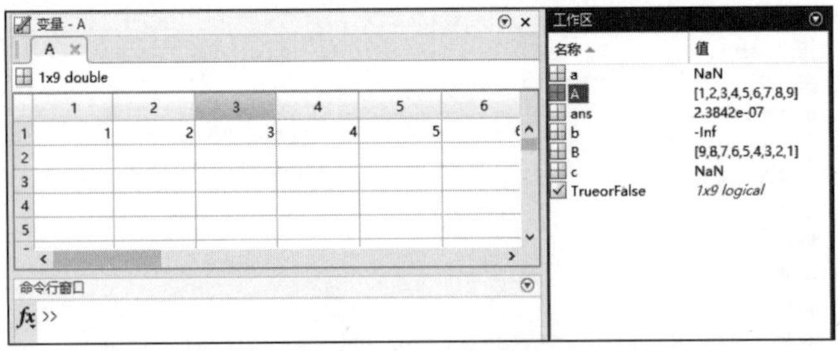

图 1-11　变量编辑器

在该编辑器中可以对变量及数组进行编辑操作，同时利用"绘图"选项卡下的功能命令可以很方便地绘制各种图形。

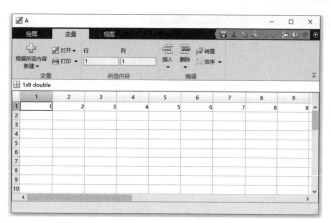

图 1-12　分离后的变量编辑器

1.1.7　变量的编辑命令

在 MATLAB 中除可以在工作区中编辑内存变量，还可以在 MATLAB 的命令行窗口输入相应的命令，查看和删除内存中的变量。

【例 1-1】在命令行窗口中创建 A、i、j、k 四个变量，然后利用 who 和 whos 命令查看内存变量的信息。

解：如图 1-13 所示，在命令行窗口中依次输入

```
>> clear, clc
>> A(2,2,2)=1;
>> i=6;
>> j=12;
>> k=18;
>> who
   您的变量为:
   A  i  j  k
>> whos
  Name      Size            Bytes  Class       Attributes
  A         2x2x2              64  double
  i         1x1                 8  double
  j         1x1                 8  double
  k         1x1                 8  double
```

提示：who 和 whos 两个命令的区别只是内存变量信息的详细程度。

【例 1-2】删除例 1-1 创建的内存变量 k。

解：在命令行窗口中输入

```
>> clear k
>> who
   您的变量为:
   A  i  j
```

运行 clear k 命令后，k 变量将从工作区删除，而且在工作区浏览器中也将该变量删除。

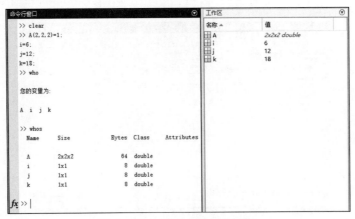

图 1-13　查看内存变量的信息

1.1.8　存取数据文件

MATLAB 提供了 save 和 load 命令来实现数据文件的存取。表 1-6 中列出了这两个命令的常见用法。用户可以根据需要选择相应的存取命令，对于一些较少见的存取命令，可以查阅帮助。

表 1-6　MATLAB文件存取的命令

命　　令	功　　能
save Filename	将工作区中的所有变量保存到名为Filename的mat文件中
save Filename x y z	将工作区中的x、y、z变量保存到名为Filename的mat文件中
save Filename –regecp pat1 pat2	将工作区中符合表达式要求的变量保存到名为Filename的mat文件中
load Filename	将名为Filename的mat文件中的所有变量读入内存
load Filename x y z	将名为Filename的mat文件中的x、y、z变量读入内存
load Filename –regecp pat1 pat2	将名为Filename的mat文件中符合表达式要求的变量读入内存
load Filename x y z –ASCII	将名为Filename的ASCII文件中的x、y、z变量读入内存

MATLAB 中除可以在命令行窗口中输入相应的命令外，也可以在工作区右上角的下拉菜单中选择相应的命令实现数据文件的存取，如图 1-14 所示。

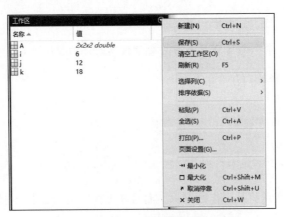

图 1-14　在工作区实现数据文件的存取

1.2　帮助系统

MATLAB 为用户提供了丰富的帮助系统，可以帮助用户更好地了解和运用 MATLAB。本节将详细介绍 MATLAB 帮助系统的使用。

1.2.1　纯文本帮助

在 MATLAB 中，所有执行命令或者函数的 M 源文件都有较为详细的注释。这些注释是用纯文本的形式来表示的，一般包括函数的调用格式或者输入函数、输出结果的含义。下面使用简单的示例来说明如何使用 MATLAB 的纯文本帮助。

【例 1-3】在 MATLAB 中查阅帮助信息。

解：根据 MATLAB 的帮助系统，用户可以查阅不同范围的帮助信息，具体如下。

（1）在命令行窗口中输入 help help 命令，然后按 Enter 键，可以查阅如何在 MATLAB 中使用 help 命令，如图 1-15 所示。

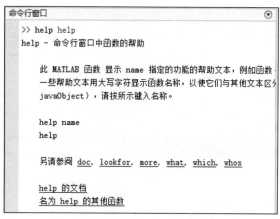

图 1-15　使用 help 命令的帮助信息

界面中显示了如何在 MATLAB 中使用 help 命令的帮助信息，用户可以详细阅读此信息来学习如何使用 help 命令。

（2）在命令行窗口中输入 help 命令，按 Enter 键，可以查阅最近所使用命令主题的帮助信息。

（3）在命令行窗口中输入 help topic 命令，按 Enter 键，可以查阅关于该主题的所有帮助信息。

上面简单地演示了如何在 MATLAB 中使用 help 命令来获得各种函数、命令的帮助信息。在实际应用中，用户可以灵活使用这些命令来搜索所需的帮助信息。

1.2.2　帮助导航

在 MATLAB 中提供帮助信息的"帮助"交互界面主要由帮助导航器和帮助浏览器两部分组成。这个帮助文件和 M 文件中的纯文本帮助无关，而是 MATLAB 专门设置的独立帮助系统。该系统对 MATLAB 的功能叙述比较全面、系统，而且界面友好，使用方便，是用户查找帮助信息的重要途径。

用户可以在操作界面中单击 <kbd>?</kbd> 按钮，打开"帮助"交互界面，如图 1-16 所示。

图 1-16   "帮助"交互界面

1.2.3   示例帮助

在 MATLAB 中，各个工具包都有设计好的示例程序，对于初学者而言，这些示例对提高自己的 MATLAB 应用能力具有重要的作用。

在 MATLAB 的命令行窗口中输入 demo 命令，就可以进入关于示例程序的帮助窗口，如图 1-17 所示。用户可以打开实时脚本进行学习。

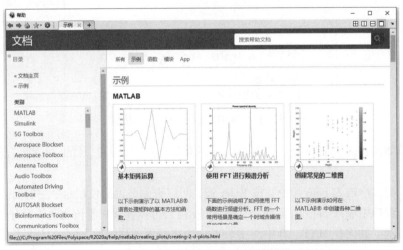

图 1-17   MATLAB 中的示例帮助

1.3   本章小结

MATLAB 是一种功能多样、高度集成、适合科学和工程计算的软件，同时又是一种高级程序设计语言。MATLAB 的主界面集成了命令行窗口、当前文件夹、工作区和选项卡等。它们既可单独使用，又可相互配合，为读者提供了十分灵活方便的操作环境。通过本章的学习，读者能够对 MATLAB 有一个较为直观的印象，为后面学习 MATLAB 优化算法的实现打下基础。

第 2 章

MATLAB 基础

　　MATLAB 是目前在国际上被广泛接受和使用的科学与工程计算软件，在信号处理中有广泛的应用。本章主要介绍 MATLAB 的基础知识，包括基本概念、向量、数组、矩阵、字符串、符号、关系运算和逻辑运算等内容。

　　学习目标：

　　（1）了解 MATLAB 基本概念；

　　（2）掌握 MATLAB 中的向量、数组、矩阵等运算；

　　（3）熟练掌握 MATLAB 数据类型间的转换。

2.1　基本概念

　　20 世纪 70 年代中后期，曾在密歇根大学、斯坦福大学和新墨西哥大学担任数学与计算机科学教授的 Cleve Moler 博士，为了讲授矩阵理论和数值分析课程，他和同事用 Fortran 语言编写了两个子程序库 EISPACK 和 LINPACK，这便是构思和开发 MATLAB 的起点。MATLAB 一词是 Matrix Laboratory（矩阵实验室）的缩写，由此可看出 MATLAB 与矩阵计算的渊源。

　　数据类型、常量与变量是 MATLAB 语言入门时必须引入的一些基本概念，MATLAB 虽是一个集多种功能于一体的集成软件，但就其语言部分而言，这些概念不可缺少。

2.1.1　数据类型概述

　　数据作为计算机处理的对象，在程序语言中可分为多种类型，MATLAB 作为一种可编程的语言当然也不例外。MATLAB 的主要数据类型如图 2-1 所示。

　　MATLAB 数值型数据划分成整型和浮点型的用意和 C 语言有所不同。MATLAB 的整型数据主要为图像处理等特殊的应用问题提供数据类型，以便节省空间或提高运行速度。对于一般数值运算，绝大多数情况是采用双精度浮点型的数据。

　　MATLAB 的构造型数据基本上与 C++的构造型数据相同，但它的数组却有更加广泛的含义和不同于一般语言的运算方法。

　　符号对象是 MATLAB 所特有的一类为符号运算而设置的数据类型。严格地说，它不是某一类型的数据，它可以是数组、矩阵、字符等多种形式及其组合，但它在 MATLAB 的工作区中的确又是另设的一种数据类型。

在使用中，MATLAB 数据类型有一个突出的特点：在引用不同数据类型的变量时，一般不用事先对变量的数据类型进行定义或说明，系统会依据变量被赋值的类型自动进行类型识别，这在高级语言中是极具特色的。

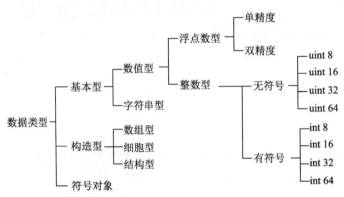

图 2-1 MATLAB 主要数据类型

这样处理的优势是，在书写程序时可以随时引入新的变量而不用担心会出问题，这的确给应用带来了很大方便。但缺点是有失严谨，会给搜索和确定一个符号是否为变量名带来更多的时间开销。

2.1.2 整数类型

MATLAB 中提供了 8 种内置的整数类型，表 2-1 中列出了它们各自存储占用位数、能表示数值的范围和转换函数。

表 2-1 MATLAB中的整数类型

整数类型	数值范围	转换函数	整数类型	数值范围	转换函数
有符号8位整数	$-2^7 \sim 2^7-1$	int8	有符号32位整数	$-2^{31} \sim 2^{31}-1$	int32
无符号8位整数	$0 \sim 2^8-1$	uint8	无符号32位整数	$0 \sim 2^{32}-1$	uint32
有符号16位整数	$-2^{15} \sim 2^{15}-1$	int16	有符号64位整数	$-2^{63} \sim 2^{63}-1$	int64
无符号16位整数	$0 \sim 2^{16}-1$	uint16	无符号64位整数	$0 \sim 2^{64}-1$	uint64

不同的整数类型所占用的位数不同，因此所能表示的数值范围不同，在实际应用中，应该根据需要的数据范围选择合适的整数类型。有符号的整数类型拿出一位来表示正负，因此表示的数据范围和相应的无符号整数类型不同。

由于 MATLAB 中数值的默认存储类型是双精度浮点类型，因此，必须通过表 2-1 中列出的转换函数将双精度浮点数值转换成指定的整数类型。

在转换中，MATLAB 默认将待转换数值转换为最近的整数，若小数部分正好为 0.5，那么 MATLAB 转换后的结果是绝对值较大的那个整数。另外，应用这些转换函数也可以将其他类型转换成指定的整数类型。

【例 2-1】通过转换函数创建整数类型。

解： 在命令行窗口中依次输入以下语句，同时会显示相关输出结果。

```
>> x=105;y=105.49;z=105.5;
>> xx=int16(x)                    %把 double 型变量 x 强制转换成 int16 型
xx =
```

```
    int16
      105
>> yy=int32(y)
yy =
  int32
      105
>> zz=int32(z)
zz =
  int32
      106
```

MATLAB 中还有多种取整函数，可以用不同的策略把浮点小数转换成整数，如表 2-2 所示。

表 2-2　MATLAB 中的取整函数

函　　数	说　　明	举　　例
round(a)	向最接近的整数取整 小数部分是0.5时向绝对值大的方向取整	round(4.3)结果为4 round(4.5)结果为5
fix(a)	向0方向取整	fix(4.3)结果为4 fix(4.5)结果为4
floor(a)	向不大于a的最接近整数取整	floor(4.3)结果为4 floor(4.5)结果为4
ceil(a)	向不小于a的最接近整数取整	ceil(4.3)结果为5 ceil (4.5)结果为5

数据类型参与的数学运算与 MATLAB 中默认的双精度浮点运算不同。当两种相同的整数类型进行运算时，结果仍然是这种整数类型；当一个整数类型数值与一个双精度浮点类型数值进行数学运算时，结果是这种整数类型，取整采用默认的四舍五入方式。需要注意的是，两种不同的整数类型之间不能进行数学运算，除非提前进行强制转换。

【例 2-2】整数类型数值参与的运算。

解： 在命令行窗口中依次输入以下语句，同时会显示相关输出结果。

```
>> clear,clc
>> x=uint32(367.2)*uint32(20.3)
x =
  uint32
    7340
>> y=uint32(24.321)*359.63
y =
  uint32
    8631
>> z=uint32(24.321)*uint16(359.63)
错误使用  *
整数只能与同类的整数或双精度标量值组合使用。
 >> whos
  Name      Size            Bytes  Class     Attributes
  x         1x1                 4  uint32
  y         1x1                 4  uint32
```

前面表 2-1 中已经介绍了不同的整数类型能够表示的数值范围不同。数学运算中，运算结果超出相应的整数类型能够表示的范围时，就会出现溢出错误，运算结果被置为该整数类型能够表示的最大值或最小值。

MATLAB 提供了 warning 函数，可以设置是否显示这种转换或计算过程中出现的溢出和非正常转换的错误。有兴趣的读者可以参考 MATLAB 的联机帮助。

2.1.3 浮点数类型

MATLAB 中提供了单精度浮点数类型和双精度浮点数类型，它们在存储位宽、各位用处、表示的数值范围、数值精度等方面都不同，如表 2-3 所示。

表 2-3　MATLAB中单精度浮点数和双精度浮点数的比较

浮点类型	存储位宽	各数据位的用处	数值范围	转换函数
双精度	64	0~51位表示小数部分 52~62位表示指数部分 63位表示符号（0位正，1位负）	$-1.79769 \times 10^{308} \sim -2.22507 \times 10^{-308}$ $2.22507 \times 10^{-308} \sim 1.79769 \times 10^{308}$	double
单精度	32	0~22位表示小数部分 23~30位表示指数部分 31位表示符号（0位正，1位负）	$-3.40282 \times 10^{38} \sim -1.17549 \times 10^{-38}$ $1.17549 \times 10^{-38} \sim 3.40282 \times 10^{38}$	single

从表 2-3 可以看出，存储单精度浮点类型所用的位数少，因此内存占用上开支小，但从各数据位的用处来看，单精度浮点数能够表示的数值范围和数值精度都比双精度小。

和创建整数类型数值一样，创建浮点数类型也可以通过转换函数来实现，当然，MATLAB 中默认的数值类型是双精度浮点类型。

【例 2-3】浮点数转换函数的应用。

解： 在命令行窗口中依次输入以下语句，同时会显示相关输出结果。

```
>> clear,clc
>> x=5.4
x =
    5.4000
>> y=single(x)  %把 double 型的变量强制转换为 single 型
y =
  single
    5.4000
>> z=uint32(87563);
>> zz=double(z)
zz =
    87563
>> whos
  Name      Size            Bytes  Class     Attributes
  x         1x1                 8  double
  y         1x1                 4  single
  z         1x1                 4  uint32
  zz        1x1                 8  double
```

双精度浮点数参与运算时，返回值的类型依赖于参与运算中的其他数据类型。双精度浮点数与逻辑型、字符型进行运算时，返回结果为双精度浮点类型；而与整数型进行运算时返回结果为相应的整数类型；与单精度浮点型运算返回单精度浮点型。单精度浮点型与逻辑型、字符型和任何浮点型进行运算时，返回结果都是单精度浮点型。

注意：单精度浮点型不能和整数型进行算术运算。

【例 2-4】浮点型参与的运算。

解：在命令行窗口中依次输入以下语句，同时会显示相关输出结果。

```
>> clear,clc
>> x=uint32(240);y=single(32.345);z=12.356;
>> xy=x*y
错误使用  *
整数只能与同类的整数或双精度标量值组合使用。
>> xz=x*z
xz =
 uint32
   2965
>> whos
 Name      Size          Bytes Class     Attributos
  x        1x1               4 uint32
  xz       1x1               4 uint32
  y        1x1               4 single
  z        1x1               8 double
```

从表 2-3 可以看出，浮点数只占用一定的存储位宽，其中只有有限位分别用来存储指数部分和小数部分。因此，浮点类型能表示的实际数值是有限的，而且是离散的。任何两个最接近的浮点数之间都有一个很微小的间隙，而所有处在这个间隙中的值都只能用这两个最接近的浮点数中的一个来表示。MATLAB 中提供了 eps 函数，可以获取一个数值和它最接近的浮点数之间的间隙大小。

2.1.4　常量与变量

1. 常量

常量是程序语句中取不变值的那些量，如表达式 y=0.618*x，其中就包含一个 0.618 这样的数值常数，它便是数值常量。而另一表达式 s='Tomorrow and Tomorrow'中，单引号内的英文字符串"Tomorrow and Tomorrow"则是字符串常量。

在 MATLAB 中，有一类常量是由系统默认给定一个符号来表示的，例如 pi，它代表圆周率 π 这个常数，即 3.1415926…，类似于 C 语言中的符号常量，这些常量如表 2-4 所示，有时又称为系统预定义的变量。

表 2-4　MATLAB特殊常量

常量符号	常量含义
i或j	虚数单位，定义为 $i^2=j^2=-1$
Inf或inf	正无穷大，由零作除数引入此常量
NaN	不定时，表示非数值量，产生于 0/0，∞/∞，$0*\infty$ 等运算

常量符号	常量含义
pi	圆周率π的双精度表示
eps	容差变量，当某量的绝对值小于eps时，可以认为此量为零，即为浮点数的最小分辨率，PC上该值为2^{-52}
realmin	最小浮点数，2^{-1022}
realmax	最大浮点数，2^{1023}

2. 变量

变量是在程序运行中其值可以改变的量，变量由变量名来表示。在 MATLAB 中变量名的命名有自己的规则，可以归纳成如下几条。

（1）变量名必须以字母开头，且只能由字母、数字或者下画线 3 类符号组成，不能含有空格和标点符号（如(),。%）等。

（2）变量名区分字母的大小写。例如，"a"和"A"是不同的变量。

（3）变量名不能超过 63 个字符，第 63 个字符后的字符被忽略，对于 MATLAB 6.5 版以前的变量名不能超过 31 个字符。

（4）关键字（如 if、while 等）不能作为变量名。

（5）最好不要用表 2-1 中的特殊常量符号作变量名。

常见的错误命名如 f(x)，y'，y''，A2 等。

在 MATLAB 中，定义变量时应避免与常量名相同，以免改变常量的值，为计算带来不便。

【例 2-5】 显示常量值示例。

解：在命令行窗口中依次输入以下语句，同时会显示相关输出结果。

```
>> eps
ans =
   2.2204e-16
>> pi
ans =
   3.1416
```

2.1.5 标量、向量、矩阵与数组

标量、向量、矩阵和数组是 MATLAB 运算中涉及的一组基本运算量。它们各自的特点及相互间的关系可以描述如下。

（1）数组不是一个数学量，而是一个用于高级语言程序设计的概念。如果数组元素按一维线性方式组织在一起，那么称其为一维数组，一维数组的数学原型是向量。

如果数组元素分行、列排成一个二维平面表格，那么称其为二维数组，二维数组的数学原型是矩阵。如果元素在排成二维数组的基础上，再将多个行、列数分别相同的二维数组叠成一个立体表格，便形成三维数组。依此类推下去，便有了多维数组的概念。

在 MATLAB 中，数组的用法与一般高级语言不同，它不借助于循环，而是直接采用运算符，有自己独立的运算符和运算法则。

（2）矩阵是一个数学概念，一般高级语言并未引入将其作为基本的运算量，但 MATLAB 是个例外。一

般高级语言是不认可将两个矩阵视为两个简单变量而直接进行加减乘除的，要完成矩阵的四则运算必须借助于循环结构。

当 MATLAB 将矩阵引入作为基本运算量后，上述局面改变了。MATLAB 不仅实现了矩阵的简单加减乘除运算，而且许多与矩阵相关的 其他运算也因此大大简化了。

（3）向量是一个数学量，一般高级语言中也未引入，它可视为矩阵的特例。从 MATLAB 的工作区窗口可以查看到：一个 n 维的行向量是一个 $1×n$ 阶的矩阵，而列向量则当成 $n×1$ 阶的矩阵。

（4）标量的提法也是一个数学概念，但在 MATLAB 中，一方面可将其视为一般高级语言的简单变量来处理，另一方面又可把它当成 $1×1$ 阶的矩阵，这一看法与矩阵作为 MATLAB 的基本运算量是一致的。

（5）在 MATLAB 中，二维数组和矩阵其实是数据结构形式相同的两种运算量。二维数组和矩阵的表示、建立、存储根本没有区别，区别只在它们的运算符和运算法则不同。

例如，向命令行窗口中输入 a=[1 2;3 4]这个量，实际上它有两种可能的角色：矩阵 a 或二维数组 a。这就是说，单从形式上是不能完全区分矩阵和数组的，必须再看它使用什么运算符与其他量之间进行运算。

MATLAB 中矩阵以数组的形式存在，矩阵与数组的区别如表 2-5 所示。

表 2-5　矩阵与数组的区别

名　　称	矩　　阵	数　　组
概念	数学元素	程序中数据的存储和管理方式
所属领域	线性代数、高等数学	信息科学、计算机技术
形式	二维	一维、二维、多维
包含元素类型	数字	数字、字符等多种数据类型

（6）数组的维和向量的维是两个完全不同的概念。数组的维是由数组元素排列后所形成的空间结构定义的。线性结构是一维，平面结构是二维，立体结构是三维，当然还有四维以至多维。向量的维相当于一维数组中的元素个数。

2.1.6　字符型数据

类似于其他高级语言，MATLAB 的字符和字符串运算也相当强大。在 MATLAB 中，字符串可以用单引号（'）进行赋值，字符串的每个字符（含空格）都是字符数组的一个元素。MATLAB 还包含很多字符串相关操作函数，具体见表 2-6。

表 2-6　字符串操作函数

函 数 名	说　　明	函 数 名	说　　明
char	生成字符数组	strsplit	在指定的分隔符处拆分字符串
strcat	水平连接字符串	strtok	寻找字符串中记号
strvcat	垂直连接字符串	upper	转换字符串为大写
strcmp	比较字符串	lower	转换字符串为小写
strncmp	比较字符串的前n个字符	blanks	生成空字符串
strfind	在其他字符串中寻找此字符串	deblank	移去字符串内空格
strrep	以其他字符串代替此字符串		

【例 2-6】字符串应用示例。

解：在命令行窗口中依次输入以下语句，同时会显示相关输出结果。

```
>> clear, clc
>> syms a b
>> y=2*a+1
y =
    2*a + 1
>> y1=a+2;
>> y2=y-y1                        %字符串的相减运算操作
y2 =
    a - 1
>> y3=y+y1                        %字符串的相加运算操作
y3 =
    3*a + 3
>> y4=y*y1                        %字符串的相乘运算操作
y4 =
    (2*a + 1)*(a + 2)
y5=y/y1                           %字符串的相除运算操作
>> y5 =
    (2*a + 1)/(a + 2)
```

2.1.7 运算符

MATLAB 运算符可分为三大类：算术运算符、关系运算符和逻辑运算符。下面分别给出它们的运算符和运算法则。

1. 算术运算符

算术运算因所处理的对象不同，分为矩阵和数组算术运算两类。表 2-7 和表 2-8 分别给出了矩阵算术运算和数组算术运算的符号、名称、示例和使用说明。

表 2-7 矩阵算术运算符

运 算 符	名　　称	示　　例	法则或使用说明
+	加	C=A+B	矩阵加法法则，即C(i,j)=A(i,j)+B(i,j)
−	减	C=A−B	矩阵减法法则，即C(i,j)=A(i,j)−B(i,j)
*	乘	C=A*B	矩阵乘法法则
/	右除	C=A/B	定义为线性方程组X*B=A的解，即C=A/B=A*B^{-1}
\	左除	C=A\B	定义为线性方程组A*X=B的解，即C=A\B=A^{-1}*B
^	乘幂	C=A^B	A、B其中一个为标量时有定义
'	共轭转置	B=A'	B是A的共轭转置矩阵

表 2-8 数组算术运算符

运 算 符	名　　称	示　　例	法则或使用说明
.*	数组乘	C=A.*B	C(i,j)=A(i,j)*B(i,j)
./	数组右除	C=A./B	C(i,j)=A(i,j)/B(i,j)

续表

运 算 符	名　　称	示　　例	法则或使用说明
.\	数组左除	C=A.\B	C(i,j)=B(i,j)/A(i,j)
.^	数组乘幂	C=A.^B	C(i,j)=A(i,j)^B(i,j)
.'	转置	A.'	将数组的行摆放成列，复数元素不做共轭

针对表 2-7 和表 2-8 需要说明以下几点。

（1）矩阵的加减、乘运算是严格按矩阵运算法则定义的，而矩阵的除法虽和矩阵求逆有关，但却分了左、右除，因此不是完全等价的。乘幂运算更是将标量幂扩展到矩阵可作为幂指数。总的来说，MATLAB 接受了线性代数已有的矩阵运算规则，但又不仅止于此。

（2）表 2-8 中并未定义数组的加减法，是因为矩阵的加减法与数组的加减法相同，所以未做重复定义。

（3）无论加减乘除，还是乘幂，数组的运算都是元素间的运算，即对应下标元素一对一的运算。

（4）多维数组的运算法则，可依元素按下标一一对应参与运算的原则将表 2-8 推广。

2. 关系运算符

MATLAB 关系运算符如表 2-9 所示。

表 2-9　关系运算符

运 算 符	名　　称	示　　例	法则或使用说明
<	小于	A<B	1. A、B 都是标量，结果是或为1（真）或为0（假）的标量；
<=	小于或等于	A<=B	2. A、B 若一个为标量，另一个为数组，则标量将与数组各元素逐一比较，结果为与运算数组行列相同的数组，其中各元素取值1或0；
>	大于	A>B	3. A、B 均为数组时，必须行、列数分别相同，A 与 B 各对应元素相比较，结果为与 A 或 B 行列相同的数组，其中各元素取值1或0；
>=	大于或等于	A>=B	4. ==和～=运算对参与比较的量同时比较实部和虚部，其他运算只比较实部
==	恒等于	A==B	
～=	不等于	A～=B	

需要明确指出的是，MATLAB 的关系运算虽可看成矩阵的关系运算，但严格地讲，把关系运算定义在数组基础之上更为合理。因为从表 2-9 所列法则不难发现，关系运算是元素一对一的运算结果。数组的关系运算向下可兼容一般高级语言中所定义的标量关系运算。

3. 逻辑运算符

逻辑运算在 MATLAB 中同样需要，为此 MATLAB 定义了自己的逻辑运算符，并设定了相应的逻辑运算法则，如表 2-10 所示。

表 2-10　逻辑运算符

运 算 符	名　　称	示　　例	法则或使用说明
&	与	A&B	1. A、B 都为标量，结果是或为1（真）或为0（假）的标量；
|	或	A|B	2. A、B 若一个为标量，另一个为数组，标量将与数组各元素逐一做逻辑运算，结果为与运算数组行列相同的数组，其中各元素取值或1或0；
～	非	～A	3. A、B 均为数组时，必须行、列数分别相同，A 与 B 各对应元素做逻辑运算，结果为与 A 或 B 行列相同的数组，其中各元素取值或1或 0；
&&	先决与	A&&B	
||	先决或	A||B	4. 先决与、先决或是只针对标量的运算

同样地，MATLAB 的逻辑运算也是定义在数组的基础之上，向下可兼容一般高级语言中所定义的标量逻辑运算。为提高运算速度，MATLAB 还定义了针对标量的先决与和先决或运算。

先决与运算是当该运算符的左边为 1（真）时，才继续与该符号右边的量做逻辑运算。先决或运算是当运算符的左边为 1（真）时，就不需要继续与该符号右边的量做逻辑运算，而立即得出该逻辑运算结果为 1（真）；否则，就要继续与该符号右边的量运算。

4. 运算符的优先级

和其他高级语言一样，当用多个运算符和运算量写出一个 MATLAB 表达式时，运算符的优先次序是一个必须明确的问题。表 2-11 列出了运算符的优先次序。

表 2-11　MATLAB运算符的优先次序

优先次序	运　算　符
最高	'(转置共轭)、^(矩阵乘幂)、.'(转置)、.^(数组乘幂)
	~ (逻辑非)
	、\(右除)、\(左除)、.(数组乘)、./(数组右除)、.\(数组左除)
	+、−、:(冒号运算)
	<、<=、>、>=、==(恒等于)、~=(不等于)
	&(逻辑与)
	|(逻辑或)
	&&(先决与)
最低	||(先决或)

MATLAB 运算符的优先次序在表 2-11 中依从上到下的顺序，分别由高到低。而表中同一行的各运算符具有相同的优先级，而在同一级别中又遵循有括号先括号运算的原则。

2.1.8　复数

复数是对实数的扩展，每个复数包括实部和虚部两部分。MATLAB 中默认用字符 i 或者 j 表示虚部标识。创建复数可以直接输入或者利用 complex 函数。

MATLAB 中还有多种对复数操作的函数，如表 2-12 所示。

表 2-12　MATLAB中复数相关运算函数

函　　数	说　　明	函　　数	说　　明
real(z)	返回复数z的实部	imag(z)	返回复数z的虚部
abs(z)	返回复数z的幅度	angle(z)	返回复数z的幅角
conj(z)	返回复数z的共轭复数	complex(a,b)	以a为实部，b为虚部创建复数

【例 2-7】复数的创建和运算。

解：在命令行窗口中依次输入以下语句，同时会显示相关输出结果。

```
>> clear, clc
>> a=2+3i
a =
```

```
    2.0000 + 3.0000i
>> x=rand(3)*5;
>> y=rand(3)*-8;
>> z=complex(x,y)                              %用 somplex 函数创建以 x 为实部，y 为虚部的复数
z =
   4.0736 - 7.7191i   4.5669 - 7.6573i   1.3925 - 1.1351i
   4.5290 - 1.2609i   3.1618 - 3.8830i   2.7344 - 3.3741i
   0.6349 - 7.7647i   0.4877 - 6.4022i   4.7875 - 7.3259i
>> whos
  Name      Size            Bytes  Class     Attributes
  a         1x1                16  double    complex
  x         3x3                72  double
  y         3x3                72  double
  z         3x3               144  double    complex
```

2.1.9　无穷量和非数值量

MATLAB 中用 Inf 和−Inf 分别代表正无穷和负无穷，用 NaN 表示非数值的值。正负无穷的产生一般是由于 0 做了分母或者运算溢出，产生了超出双精度浮点数数值范围的结果；分数值量则是因为 0/0 或者 Inf/Inf 型的非正常运算。需要注意的是，两个 NaN 彼此是不相等的。

除了运算造成这些异常结果外，MATLAB 也提供了专门函数可以创建这两种特别的量，读者可以用 Inf 函数和 NaN 函数创建指定数值类型的无穷量和非数值量，默认是双精度浮点类型。

【例 2-8】无穷量和非数值量。

解： 在命令行窗口中依次输入以下语句，同时会显示相关输出结果。

```
>> x=1/0
x =
   Inf
>> y=log(0)
y =
  -Inf
>> z=0.0/0.0
z =
   NaN
```

2.2　向量

向量是高等数学、线性代数中讨论过的概念。虽是一个数学的概念，但它同时又在力学、电磁学等许多领域中被广泛应用。电子信息学科的电磁场理论课程就以向量分析和场论作为其数学基础。

向量是一个有方向的量。在平面解析几何中，它用坐标表示成从原点出发到平面上的一点(a,b)，数据对(a,b)称为一个二维向量。立体解析几何中，则用坐标表示成(a,b,c)，数据组(a,b,c)称为三维向量。线性代数推广了这一概念，提出了 n 维向量，在线性代数中，n 维向量用 n 个元素的数据组表示。

MATLAB 讨论的向量以线性代数的向量为起点，多可达 n 维抽象空间，少可应用到解决平面和空间的向量运算问题。下面首先讨论在 MATLAB 中如何生成向量的问题。

2.2.1　向量的生成

在 MATLAB 中，生成向量主要有直接输入法、冒号表达式法和函数法 3 种，现分述如下。

1.　直接输入法

在命令提示符之后直接输入一个向量，其格式为

```
向量名=[a1,a2,a3,…]
```

【例 2-9】直接法输入向量。

解： 在命令行窗口中依次输入以下语句，同时会显示相关输出结果。

```
>> A=[2,3,4,5,6],B=[1;2;3;4;5],C=[4 5 6 7 8 9]
A =
     2     3     4     5     6
B =
     1
     2
     3
     4
     5
C =
     4     5     6     7     8     9
```

2.　冒号表达式法

利用冒号表达式 a1:step:an 也能生成向量，式中 a1 为向量的第一个元素，an 为向量最后一个元素的限定值，step 是变化步长，省略步长时系统默认为 1。

【例 2-10】用冒号表达式生成向量。

解： 在命令行窗口中依次输入以下语句，同时会显示相关输出结果。

```
>> A=1:2:10; B=1:10, C=10:-1:1, D=10:2:4, E=2:-1:10
B =
     1     2     3     4     5     6     7     8     9    10
C =
    10     9     8     7     6     5     4     3     2     1
D =
  空的 1×0 double 行向量
E =
  空的 1×0 double 行向量
```

3.　函数法

MATLAB 中有两个函数可用来直接生成向量：线性等分函数 linspace 及对数等分函数 logspace。
线性等分的通用格式为

```
A=linspace(a1,an ,n)    %a1 是向量的首元素，an 是向量的尾元素，n 把 a1～an 的区间分成向量的首尾
                        %之外的其他 n-2 个元素。省略 n 则默认生成 100 个元素的向量
```

对数等分的通用格式为

```
A=logspace(a1,an,n)     %其中 a1 是向量首元素的幂，即 A(1)=10^a1;an 是向量尾元素的幂，即 A(n)=
                        %10^an。n 是向量的维数。省略 n 则默认生成 50 个元素的对数等分向量
```

【例 2-11】 观察用线性等分函数、对数等分函数生成向量的结果。

解： 在命令行窗口中依次输入以下语句，同时会显示相关输出结果。

```
>> A1=linspace(1,50),B1=linspace(1,30,10)
A1 =
  列 1 至 10
    1.0000  1.4949  1.9899  2.4848  2.9798  3.4747  3.9697  4.4646  4.9596  5.4545
  列 11 至 20
                 %略掉中间数据
  列 91 至 100
    45.5455  46.0404  46.5354  47.0303  47.5253  48.0202  48.5152  49.0101  49.5051
50.0000
B1 =
  1.0000  4.2222  7.4444  10.6667  13.8889  17.1111  20.3333  23.5556  26.7778
30.0000
>> A2=logspace(0,49),B2=logspace(0,4,5)
A2 =
  1.0e+49 *
  列 1 至 10
    0.0000  0.0000  0.0000  0.0000  0.0000  0.0000  0.0000  0.0000  0.0000  0.0000
  列 11 至 20
    0.0000  0.0000  0.0000  0.0000  0.0000  0.0000  0.0000  0.0000  0.0000  0.0000
  列 21 至 30
    0.0000  0.0000  0.0000  0.0000  0.0000  0.0000  0.0000  0.0000  0.0000  0.0000
  列 31 至 40
    0.0000  0.0000  0.0000  0.0000  0.0000  0.0000  0.0000  0.0000  0.0000  0.0000
  列 41 至 50
    0.0000  0.0000  0.0000  0.0000  0.0000  0.0001  0.0010  0.0100  0.1000  1.0000
B2 =
    1    10    100    1000    10000
```

尽管用冒号表达式和线性等分函数都能生成线性等分向量，但在使用时有以下几点区别值得注意。

（1）an 在冒号表达式中，它不一定恰好是向量的最后一个元素，只有当向量的倒数第二个元素加步长等于 an 时，an 才正好构成尾元素。如果一定要构成一个以 an 为末尾元素的向量，那么最可靠的生成方法是用线性等分函数。

（2）在使用线性等分函数前，必须先确定生成向量的元素个数，但使用冒号表达式将按步长和 an 的限制生成向量，不用考虑元素个数的多少。

实际应用时，同时限定尾元素和步长去生成向量，有时可能会出现矛盾，此时必须做出取舍。要么坚持步长优先，调整尾元素限制；要么坚持尾元素限制，去修改等分步长。

2.2.2　向量的加减和数乘运算

在 MATLAB 中，维数相同的行向量之间可以相加减，维数相同的列向量也可相加减，标量数值可以与向量直接相乘除。

【例 2-12】 向量的加、减和数乘运算。

解： 在命令行窗口中依次输入以下语句，同时会显示相关输出结果。

```
>> A=[1 2 3 4 5];
>> B=3:7;
>> C=linspace(2,4,3);
>> AT=A';
>> BT=B';
>> E1=A+B,
E1 =
     4     6     8    10    12
>> E2=A-B,
E2 =
    -2    -2    -2    -2    -2
>> F=AT-BT,
F =
    -2
    -2
    -2
    -2
    -2
>> G1=3*A,
G1 =
     3     6     9    12    15
>> G2=B/3,
G2 =
    1.0000    1.3333    1.6667    2.0000    2.3333
>> H=A+C
错误使用  -
矩阵维度必须一致。
```

上述实例执行后，H=A+C 显示了出错信息，表明维数不同的向量之间的加减法运算是非法的。

2.2.3 向量的点积和叉积运算

向量的点积即数量积，叉积又称向量积或矢量积。点积、叉积甚至两者的混合积在场论中是极其基本的运算。MATLAB 是用函数实现向量点、叉积运算的。下面举例说明向量的点积、叉积和混合积运算。

1. 点积运算

点积运算（$A \cdot B$）的定义是参与运算的两向量各对应位置上元素相乘后，再将各乘积相加。所以向量点积的结果是一标量而非向量。

点积运算函数为 dot(A,B)，其中 A、B 是维数相同的两个向量。

【例 2-13】向量点积运算。

解：在命令行窗口中依次输入以下语句，同时会显示相关输出结果。

```
>> A=1:10;
>> B=linspace(1,10,10);
>> AT=A';BT=B';
>> e=dot(A,B),
e =
   385
```

```
>> f=dot(AT,BT)
f =
   385
```

2. 叉积运算

在数学描述中，向量 A、B 的叉积是一新向量 C，C 的方向垂直于 A 与 B 所决定的平面。用三维坐标表示时

$$A = A_x\boldsymbol{i} + A_y\boldsymbol{j} + A_z\boldsymbol{k}$$

$$B = B_x\boldsymbol{i} + B_y\boldsymbol{j} + B_z\boldsymbol{k}$$

$$C = A \times B = (A_yB_z - A_zB_y)\boldsymbol{i} + (A_zB_x - A_xB_z)\boldsymbol{j} + (A_xB_y - A_yB_x)\boldsymbol{k}$$

叉积运算的函数是 cross(A,B)，该函数计算的是 A、B 叉积后各分量的元素值，且 A、B 只能是三维向量。

【例 2-14】合法向量叉积运算。

解：在命令行窗口中依次输入以下语句，同时会显示相关输出结果。

```
>> A=1:3,
A =
     1     2     3
>> B=3:5
B =
     3     4     5
>> E=cross(A,B)
E =
    -2     4    -2
```

【例 2-15】非法向量叉积运算（不等于三维的向量做叉积运算）。

解：在命令行窗口中依次输入以下语句，同时会显示相关输出结果。

```
>> A=1:4,
A =
     1     2     3     4
>> B=3:6,
B =
     3     4     5     6
>> C=[1 2],
C =
     1     2
>> D=[3 4]
D =
     3     4
>> E=cross(A,B),
错误使用 cross
在获取交叉乘积的维度中，A 和 B 的长度必须为 3。
>> F=cross(C,D)
错误使用 cross
在获取交叉乘积的维度中，A 和 B 的长度必须为 3。
```

3. 混合积运算

综合运用上述两个函数就可实现点积和叉积的混合运算，该运算也只能发生在三维向量之间。

【例 2-16】向量混合积示例。

解：在命令行窗口中依次输入以下语句，同时会显示相关输出结果。

```
>> A=[1 2 3]
A =
    1    2    3
>> B=[3 3 4],
B =
    3    3    4
>> C=[3 2 1]
C =
    3    2    1
>> D=dot(C,cross(A,B))
D =
    4
```

2.3　数组

数组运算是 MATLAB 计算的基础。由于 MATLAB 面向对象的特性，数组成为 MATLAB 最重要的一种内置数据类型，而数组运算就是定义这种数据类型的方法。本节将系统地列出具备数组运算能力的函数名称，为兼顾一般性，以二维数组的运算为例，读者可推广至多维数组和多维矩阵的运算。

下面介绍在 MATLAB 中如何建立数组，以及数组的常用操作等，包括数组的算术运算、关系运算和逻辑运算。

2.3.1　数组的创建和操作

在 MATLAB 中一般使用方括号"[ ]"、逗号","、空格号和分号";"创建数组，数组中同一行的元素使用逗号或空格进行分隔，不同行之间用分号进行分隔。

【例 2-17】创建空数组、行向量、列向量示例。

解：在命令行窗口中依次输入以下语句，同时会显示相关输出结果。

```
>> clear,clc
>> A=[]
A =
    []
>> B=[4 3 2 1]
B =
    4    3    2    1
>> C=[4,3,2,1]
C =
    4    3    2    1
>> D=[4;3;2;1]
D =
    4
```

```
        3
        2
        1
>> E=B'                                          %转置
E =
        4
        3
        2
        1
```

【例 2-18】访问数组示例。

解：在命令行窗口中依次输入以下语句，同时会显示相关输出结果。

```
>> clear,clc
>> A=[6 5 4 3 2 1]
A =
     6     5     4     3     2     1
>> a1=A(1)                              %访问数组第 1 个元素
a1 =
     6
>> a2=A(1:3)                            %访问数组第 1、2、3 个元素
a2 =
     6     5     4
>> a3=A(3:end)                          %访问数组第 3 个到最后一个元素
a3 =
     4     3     2     1
>> a4=A(end:-1:1)                       %数组元素反序输出
a4 =
     1     2     3     4     5     6
>> a5=A([1 6])                          %访问数组第 1 个及第 6 个元素
a5 =
     6     1
```

【例 2-19】子数组的赋值示例。

解：在命令行窗口中依次输入以下语句，同时会显示相关输出结果。

```
>> clear,clc
>> A=[6 5 4 3 2 1]
A =
     6     5     4     3     2     1
>> A(3) = 0
A =
     6     5     0     3     2     1
>> A([1 4])=[1 1]
A =
     1     5     0     1     2     1
```

在 MATLAB 中还可以通过其他方式创建数组，具体如下。

1. 通过冒号创建一维数组

在 MATLAB 中，通过冒号创建一维数组的代码为

```
X=A:step:B                    %A 是创建一维数组的第一个变量，step 是每次递增或递减的数值，直到最后一
                              %个元素和 B 的差的绝对值小于或等于 step 的绝对值为止
```

【例 2-20】通过冒号创建一维数组示例。

解： 在命令行窗口中依次输入以下语句，同时会显示相关输出结果。

```
>> clear,clc
>> A=2:6
A =
    2    3    4    5    6
>> B=2.1:1.5:6
B =
    2.1000    3.6000    5.1000
>> C=2.1:-1.5:-6
C =
    2.1000    0.6000   -0.9000   -2.4000   -3.9000   -5.4000
>> D=2.1:-1.5:6
D =
  空的 1×0 double 行矢量
```

2. 通过 logspace 函数创建一维数组

MATLAB 常用 logspace 函数创建一维数组，该函数的调用方式如下。

```
y= logspace(a,b)              %创建行向量 y，第一个元素为 10ᵃ，最后一个元素为 10ᵇ，总数为 50 个元
                              %素的等比数列
y = logspace(a,b,n)           %创建行向量 y，第一个元素为 10ᵃ，最后一个元素为 10ᵇ，总数为 n 个元
                              %素的等比数列
```

【例 2-21】通过 logspace 函数创建一维数组示例。

解： 在命令行窗口中依次输入以下语句，同时会显示相关输出结果。

```
>> clear,clc
>> A=logspace(1,2,20)
A =
  1 至 10 列
   10.0000   11.2884   12.7427   14.3845   16.2378   18.3298   20.6914   23.3572
 26.3665   29.7635
  11 至 20 列
   33.5982   37.9269   42.8133   48.3293   54.5559   61.5848   69.5193   78.4760
 88.5867  100.0000
>> B=logspace(1,2,10)
B =
   10.0000   12.9155   16.6810   21.5443   27.8256   35.9381   46.4159   59.9484
 77.4264  100.0000
```

3. 通过 linspace 函数创建一维数组

MATLAB 常用 linspace 函数创建一维数组，该函数的调用方式如下。

```
y= linspace(a,b)             %创建行向量 y，第一个元素为 a，最后一个元素为 b，总数为 100 个元素
                             %的等比数列
y = linspace(a,b,n)          %创建行向量 y，第一个元素为 a，最后一个元素为 b，总数为 n 个元素的
                             %等比数列
```

【例 2-22】通过 linspace 函数创建一维数组示例。

解： 在命令行窗口中依次输入以下语句，同时会显示相关输出结果。

```
>> clear,clc
>> A = linspace(1,100)
A =
  列 1 至 15
     1     2     3     4     5     6     7     8     9    10    11    12    13    14    15
  列 16 至 30
    16    17    18    19    20    21    22    23    24    25    26    27    28    29    30
  列 31 至 45
    31    32    33    34    35    36    37    38    39    40    41    42    43    44    45
  列 46 至 60
    46    47    48    49    50    51    52    53    54    55    56    57    58    59    60
  列 61 至 75
    61    62    63    64    65    66    67    68    69    70    71    72    73    74    75
  列 76 至 90
    76    77    78    79    80    81    82    83    84    85    86    87    88    89    90
  列 91 至 100
    91    92    93    94    95    96    97    98    99   100
>> B = linspace(1,36,12)
B =
   1.0000    4.1818    7.3636   10.5455   13.7273   16.9091   20.0909   23.2727
  26.4545   29.6364   32.8182   36.0000
>> C= linspace(1,36,1)
C =
    36
```

2.3.2　数组的常见运算

1. 数组的算术运算

数组的运算是从数组的单个元素出发，针对每个元素进行的运算。在 MATLAB 中，一维数组的基本运算包括加、减、乘、左除、右除和乘方。

数组的加减运算：通过格式 A+B 或 A−B 可实现数组的加减运算。但是运算规则要求数组 A 和 B 的维数相同。

提示： 如果两个数组的维数不相同，则将给出错误的信息。

【例 2-23】数组的加减运算示例。

解： 在命令行窗口中依次输入以下语句，同时会显示相关输出结果。

```
>> clear,clc
>> A=[1 5 6 8 9 6]
A =
   1    5    6    8    9    6
>> B=[9 85 6 2 4 0]
B =
   9   85    6    2    4    0
```

```
>> C=[1 1 1 1 1]
C =
    1    1    1    1    1
>> D=A+B                                           %加法
D =
   10   90   12   10   13    6
>> E=A-B                                           %减法
E =
   -8  -80    0    6    5    6
>> F=A*2
F =
    2   10   12   16   18   12
>> G=A+3                                           %数组与常数的加法
G =
    4    8    9   11   12    9
>> H=A-C
错误使用  -
矩阵维度必须一致。
```

数组的乘除运算：通过格式 A.*B 或 A./B 可实现数组的乘除运算。但是运算规则要求数组 A 和 B 的维数相同。

乘法：数组 A 和 B 的维数相同，运算为数组对应元素相乘，计算结果与 A 和 B 是相同维数的数组。

除法：数组 A 和 B 的维数相同，运算为数组对应元素相除，计算结果与 A 和 B 是相同维数的数组。

右除和左除的关系：A./B=B.\A，其中 A 是被除数，B 是除数。

提示：如果两个数组的维数不相同，则将给出错误的信息。

【例 2-24】数组的乘除运算示例。

解：在命令行窗口中依次输入以下语句，同时会显示相关输出结果。

```
>> clear,clc
>> A=[1 5 6 8 9 6]
>> B=[9 5 6 2 4 0]
>> C=A.* B                                         %数组的点乘
C =
    9   25   36   16   36    0
>> D=A * 3                                          %数组与常数的乘法
D =
    3   15   18   24   27   18
>> E=A.\B                                           %数组和数组的左除
E =
    9.0000    1.0000    1.0000    0.2500    0.4444         0
>> F=A./B                                           %数组和数组的右除
F =
    0.1111    1.0000    1.0000    4.0000    2.2500       Inf
>> G=A./3                                           %数组与常数的除法
G =
    0.3333    1.6667    2.0000    2.6667    3.0000    2.0000
```

```
>> H=A/3
H =
    0.3333    1.6667    2.0000    2.6667    3.0000    2.0000
```

通过乘方格式"·^"实现数组的乘方运算。数组的乘方运算包括：数组间的乘方运算、数组与某个具体数值的乘方运算，以及常数与数组的乘方运算。

【例 2-25】 数组的乘方示例。

解： 在命令行窗口中依次输入以下语句，同时会显示相关输出结果。

```
>> clear,clc
>> A=[1 5 6 8 9 6];
>> B=[9 5 6 2 4 0];
>> C=A.^B                                    %数组的乘方
C =
          1       3125      46656         64       6561          1
>> D=A.^3                                     %数组与某个具体数值的乘方
D =
    1  125  216  512  729  216
>> E=3.^A                                     %常数与数组的乘方
E =
          3        243        729       6561      19683        729
```

通过函数 dot 可实现数组的点积运算，但是运算规则要求数组 A 和 B 的维数相同，其调用格式为

```
C= dot(A,B)
C = dot(A,B,dim)
```

【例 2-26】 数组的点积示例。

解： 在命令行窗口中依次输入以下语句，同时会显示相关输出结果。

```
>> clear,clc
>> A=[1 5 6 8 9 6];
>> B=[9 5 6 2 4 0];
>> C=dot(A,B)                                 %数组的点积
C =
   122
>> D=sum(A.*B)                                %数组元素的乘积之和
D =
   122
```

2. 数组的关系运算

在 MATLAB 中提供了 6 种数组关系运算符，即<（小于）、<=（小于或等于）、>（大于）、>=（大于或等于）、==（恒等于）、~=（不等于）。

关系运算的运算法则如下：

（1）当两个比较量是标量时，直接比较两个数的大小。若关系成立，则返回的结果为 1，否则为 0。

（2）当两个比较量是维数相等的数组时，逐一比较两个数组相同位置的元素，并给出比较结果。最终的关系运算结果是一个与参与比较的数组维数相同的数组，其组成元素为 0 或 1。

【例 2-27】 数组的关系运算示例。

解： 在命令行窗口中依次输入以下语句，同时会显示相关输出结果。

```
>> clear,clc
>> A=[1 5 6 8 9 6];
>> B=[9 5 6 2 4 0];
>> C=A<6                                          %数组与常数比较，小于
C =
  1×6 logical 数组
   1 1 0 0 0 0
>> D=A>=6                                         %数组与常数比较，大于或等于
D =
  1×6 logical 数组
   0 0 1 1 1 1
>> E=A<B                                          %数组与数组比较，小于
E =
  1×6 logical 数组
   1 0 0 0 0 0
>> F=A==B                                         %数组与数组比较，恒等于
F =
  1×6 logical 数组
   0 1 1 0 0 0
```

3. 数组的逻辑运算

在 MATLAB 中数组提供了 3 种数组逻辑运算符，即&（与）、|（或）和~（非）。逻辑运算的运算法则如下。

（1）如果是非零元素，则为真，用 1 表示；如果是零元素，则为假，用 0 表示。

（2）当两个比较量是维数相等的数组时，逐一比较两个数组相同位置的元素，并给出比较结果。最终的运算结果是一个与参与比较的数组维数相同的数组，其组成元素为 0 或 1。

（3）与运算（A&B）时，若 A、B 全为非零，则为真，运算结果为 1。或运算（A|B）时，只要 A、B 有一个为非零，则运算结果为 1。非运算（~A）时，若 A 为 0，则运算结果为 1；若 A 为非零，则运算结果为 0。

【例 2-28】数组的逻辑运算示例。

解： 在命令行窗口中依次输入以下语句，同时会显示相关输出结果。

```
>> clear,clc
>> A=[1 5 6 8 9 6];
>> B=[9 5 6 2 4 0];
>> C=A&B                                          %与
C =
  1×6 logical 数组
   1 1 1 1 1 0
>> D=A|B                                          %或
D =
  1×6 logical 数组
   1 1 1 1 1 1
>> E=~B                                           %非
E =
  1×6 logical 数组
   0 0 0 0 0 1
```

2.4　矩阵

MATLAB 简称矩阵实验室，对于矩阵的运算，MATLAB 软件有着得天独厚的优势。

生成矩阵的方法有很多种：直接输入矩阵元素；对已知矩阵进行矩阵组合、矩阵转向、矩阵移位操作；读取数据文件；使用函数直接生成特殊矩阵。表 2-13 列出了常用的特殊矩阵生成函数。

表 2-13　常用的特殊矩阵生成函数

函 数 名	说　　明	函 数 名	说　　明
zeros	全0矩阵	eye	单位矩阵
ones	全1矩阵	company	伴随矩阵
rand	均匀分布随机矩阵	hilb	Hilbert矩阵
randn	正态分布随机分布	invhilb	Hilbert逆矩阵
magic	魔方矩阵	vander	Vandermonde矩阵
diag	对角矩阵	pascal	Pascal矩阵
triu	上三角矩阵	hadamard	Hadamard矩阵
tril	下三角矩阵	hankel	Hankel矩阵

2.4.1　矩阵生成

【例 2-29】随机矩阵输入、矩阵中数据的读取示例。

解： 在命令行窗口中依次输入以下语句，同时会显示相关输出结果。

```
>> A=rand(5)
A =
    0.0512    0.4141    0.0594    0.0557    0.5681
    0.8698    0.1400    0.3752    0.6590    0.0432
    0.0422    0.2867    0.8687    0.9065    0.4148
    0.0897    0.0919    0.5760    0.1293    0.3793
    0.0541    0.1763    0.8402    0.7751    0.7090
>> A(:,1)                                    %A 中第一列
ans =
    0.7577
    0.7431
    0.3922
    0.6555
    0.1712
>> A(:,2)                                    %A 中第二列
ans =
    0.7060
    0.0318
    0.2769
    0.0462
    0.0971
>> A(:,3:5)                                  %A 中第三、四、五列
```

```
ans =
    0.8235    0.4387    0.4898
    0.6948    0.3816    0.4456
    0.3171    0.7655    0.6463
    0.9502    0.7952    0.7094
    0.0344    0.1869    0.7547
>> A(1,:)                                                    %A 中第一行
ans =
    0.7577    0.7060    0.8235    0.4387    0.4898
>> A(2,:)                                                    %A 中第二行
ans =
    0.7431    0.0318    0.6948    0.3816    0.4456
>> A(3:5,:)                                                  %A 中第三、四、五行
ans =
    0.3922    0.2769    0.3171    0.7655    0.6463
    0.6555    0.0462    0.9502    0.7952    0.7094
    0.1712    0.0971    0.0344    0.1869    0.7547
```

【例 2-30】矩阵的运算示例。

解： 在命令行窗口中依次输入以下语句，同时会显示相关输出结果。

```
>> A^2                                                       %矩阵的乘法运算
ans =
    0.4011    0.2015    0.7194    0.7772    0.4955
    0.2436    0.5555    0.8460    0.5994    0.9364
    0.3919    0.4631    1.7354    1.4175    1.0347
    0.1410    0.2939    0.9334    0.8985    0.6118
    0.2995    0.4842    1.8414    1.5305    1.1836
>> A.^2                                                      %矩阵的点乘运算
ans =
    0.0026    0.1715    0.0035    0.0031    0.3227
    0.7565    0.0196    0.1408    0.4343    0.0019
    0.0018    0.0822    0.7547    0.8217    0.1721
    0.0080    0.0085    0.3318    0.0167    0.1439
    0.0029    0.0311    0.7059    0.6008    0.5026
>> A^2\A.^2                                                  %矩阵的除法运算
ans =
    0.2088    0.5308   -0.4762    0.8505   -0.0382
    1.3631   -0.1769    1.1661    0.8143   -4.2741
   -0.3247   -0.0898    1.5800    2.7892   -1.0326
   -0.5223    0.0537   -0.5715   -2.4802    0.4729
    0.5725    0.0345   -1.4792   -1.1727    3.1778
>> A^2-A.^2                                                  %矩阵的减法运算
ans =
    0.3984    0.0300    0.7159    0.7741    0.1728
   -0.5129    0.5359    0.7052    0.1652    0.9345
    0.3901    0.3810    0.9807    0.5958    0.8626
    0.1330    0.2854    0.6016    0.8818    0.4679
    0.2965    0.4531    1.1355    0.9297    0.6809
```

```
>> A^2+A.^2                                          %矩阵的加法运算
ans =
    0.4037    0.3730    0.7229    0.7803    0.8182
    1.0001    0.5751    0.9868    1.0337    0.9383
    0.3937    0.5453    2.4901    2.2392    1.2068
    0.1491    0.3023    1.2652    0.9152    0.7558
    0.3024    0.5153    2.5473    2.1314    1.6862
```

【例 2-31】Hankel 矩阵求解。

解： 在命令行窗口中依次输入以下语句，同时会显示相关输出结果。

```
>> clear,clc
>> c=[1:3],r=[3:9]
c =
    1    2    3
r =
    3    4    5    6    7    8    9
>> H=hankel(c,r)
H =
    1    2    3    4    5    6    7
    2    3    4    5    6    7    8
    3    4    5    6    7    8    9
```

【例 2-32】Hilbert 矩阵生成。

解： 在命令行窗口中依次输入以下语句，同时会显示相关输出结果。

```
>> A=hilb(5)
A =
    1.0000    0.5000    0.3333    0.2500    0.2000
    0.5000    0.3333    0.2500    0.2000    0.1667
    0.3333    0.2500    0.2000    0.1667    0.1429
    0.2500    0.2000    0.1667    0.1429    0.1250
    0.2000    0.1667    0.1429    0.1250    0.1111
>> format rat                                        %更改输出格式
>> A
A =
    1        1/2        1/3        1/4        1/5
    1/2      1/3        1/4        1/5        1/6
    1/3      1/4        1/5        1/6        1/7
    1/4      1/5        1/6        1/7        1/8
    1/5      1/6        1/7        1/8        1/9
>> format short                                      %还原输出格式
```

【例 2-33】希尔伯特（Hilbert）逆矩阵求解。

解： 在命令行窗口中依次输入以下语句，同时会显示相关输出结果。

```
>> A=invhilb(5)
A =
      25      -300       1050      -1400        630
    -300      4800     -18900      26880     -12600
    1050    -18900      79380    -117600      56700
```

-1400	26880	-117600	179200	-88200
630	-12600	56700	-88200	44100

2.4.2 向量的生成

向量是指单行或单列的矩阵，是组成矩阵的基本元素之一。在求某些函数值或曲线时，常常要设定自变量的一系列值，因此除了直接使用[]生成向量，MATLAB 还提供了两种为等间隔向量赋值的简单方法。

1. 使用冒号表达式生成向量

冒号表达式的格式为

```
x=[x0:增量:xn]                        %x0 表示初值，xn 表示终值
```

注意：

（1）生成的向量尾元素并不一定是终值 xn，当 xn-x0 恰好为增量的整数倍时，xn 才为尾元素。

（2）当 xn>x0 时，增量必须为正值；当 xn<x0 时，增量必须为负值；当 xn=x0 时，向量只有一个元素。

（3）当增量为 1 时，增量值可以略去，直接写成 x=[x0:xn]。

（4）方括号"[]"可以删去。

2. 使用linspace函数生成向量

linspace 函数的调用格式为

```
x=linspace(x1,xn,n)                   %点数 n 可不写，默认 n=100
```

【例 2-34】等间隔向量赋值。

解： 在命令行窗口中依次输入以下语句，同时会显示相关输出结果。

```
>> t1=1:3:20
t1 =
    1    4    7   10   13   16   19
>> t2=10:-3:-20
t2 =
   10    7    4    1   -2   -5   -8  -11  -14  -17  -20
>> t3=1:2:1
T3 =
    1
>> t4=1:5
t4 =
    1    2    3    4    5
>> t5=linspace(1,10,5)
t5 =
    1.0000   3.2500   5.5000   7.7500  10.0000
```

如果要生成对数等比向量，可以使用 logspace 函数，其调用格式为

```
x=logspace(x1,xn,n)                   %表示从 10 的 x1 次幂到 xn 次幂等比生成 n 个点
```

【例 2-35】生成对数等比向量示例。

解： 在命令行窗口中依次输入以下语句，同时会显示相关输出结果。

```
>> t=logspace(0,1,15)
t =
```

```
列 1 至 8
    1.0000    1.1788    1.3895    1.6379    1.9307    2.2758    2.6827    3.1623
列 9 至 15
    3.7276    4.3940    5.1795    6.1054    7.1969    8.4834   10.0000
```

矩阵的加、减、乘、除、比较运算和逻辑运算等代数运算是 MATLAB 数值计算最基础的部分。本节将重点介绍这些运算。

2.4.3　矩阵加减运算

进行矩阵加法、减法运算的前提是参与运算的两个矩阵或多个矩阵必须具有相同的行数和列数，即 A、B、C 等多个矩阵均为 $m \times n$ 矩阵；或者其中有一个或多个矩阵为标量。

在上述前提下，对于同型的两个矩阵，其加减法定义为 $C = A \pm B$，矩阵 C 的各元素 $C_{mn} = A_{mn} + B_{mn}$。

当其中含有标量 x 时，$C = A \pm x$，矩阵 C 的各元素 $C_{mn} = A_{mn} + x$。

由于矩阵的加法运算归结为其元素的加法运算，容易验证，因此矩阵的加法运算满足下列运算律。

（1）交换律：$A + B = B + A$。

（2）结合律：$A + (B + C) = (A + B) + C$。

（3）存在零元：$A + 0 = 0 + A = A$。

（4）存在负元：$A + (-A) = (-A) + A$。

【例 2-36】矩阵加减法运算示例。已知矩阵 A= [10 5 79 4 2;1 0 66 8 2;4 6 1 1 1]，矩阵 B= [9 5 3 4 2;1 0 4 -23 2;4 6 -1 1 0]，行向量 C= [2 1]，标量 x=20，试求 $A+B$、$A-B$、$A+B+x$、$A-x$、$A-C$。

解： 在命令行窗口中依次输入以下语句，同时会显示相关输出结果。

```
>> clear,clc
>> A = [10 5 79 4 2;1 0 66 8 2;4 6 1 1 1];
>> B = [9 5 3 4 2;1 0 4 -23 2;4 6 -1 1 0];
>> x = 20;
>> C = [2 1];
>> ApB= A+B
ApB =
    19    10    82     8     4
     2     0    70   -15     4
     8    12     0     2     1
>> AmB= A-B
AmB =
     1     0    76     0     0
     0     0    62    31     0
     0     0     2     0     1
>> ApBpX= A+B+x
ApBpX =
    39    30   102    28    24
    22    20    90     5    24
    28    32    20    22    21
>> AmX= A-x
AmX =
   -10   -15    59   -16   -18
```

```
     -19    -20     46    -12    -18
     -16    -14    -19    -19    -19
>> AmC= A-C
错误使用  -
矩阵维度必须一致。
```

在 **A**−**C** 的运算中，MATLAB 返回错误信息，并提示矩阵的维数必须相等。这也证明了矩阵进行加减法运算必须满足一定的前提条件。

2.4.4 矩阵乘法运算

MATLAB 中矩阵的乘法运算包括两种：数与矩阵的乘法；矩阵与矩阵的乘法。

1. 数与矩阵的乘法

由于单个数在 MATLAB 中是以标量来存储的，因此数与矩阵的乘法也可以称为标量与矩阵的乘法。

设 x 为一个数，**A** 为矩阵，则定义 x 与 **A** 的乘积 **C**=x**A** 仍为一个矩阵，**C** 的元素就是用数 x 乘矩阵 **A** 中对应的元素而得到，即 $C_{mn}x=xA_{mn}$。数与矩阵的乘法满足下列运算律：

$$1A=A$$
$$x(A+B)=xA+xB$$
$$(x+y)A=xA+yA$$
$$(xy)A=x(yA)=y(xA)$$

【例 2-37】矩阵数乘示例。已知矩阵 **A**= [0 3 3;1 1 0;−1 2 3]，**E** 是 3 阶单位矩阵，**E**= [1 0 0;0 1 0;0 0 1]，试求表达式 2**A**+3**E**。

解：在命令行窗口中依次输入以下语句，同时会显示相关输出结果。

```
>> A = [0 3 3;1 1 0;-1 2 3];
>> E = eye(3);
>> R=2*A+3*E                                   %矩阵的数乘
R =
     3     6     6
     2     5     0
    -2     4     9
```

2. 矩阵与矩阵的乘法

两个矩阵的乘法必须满足被乘矩阵的列数与乘矩阵的行数相等。设矩阵 **A** 为 $m×h$ 矩阵，**B** 为 $h×n$ 矩阵，则两矩阵的乘积 **C**=**A**×**B** 为一个矩阵，且 $C_{mn}=\sum_{h=1}^{H}A_{mh}×B_{hn}$ 。

矩阵之间的乘法不遵循交换律，即 **A**×**B**≠**B**×**A**，但遵循下列运算律。

（1）结合律：$(A×B)×C=A×(B×C)$。

（2）左分配律：$A×(B+C)=A×B+A×C$。

（3）右分配律：$(B+C)×A=B×A+C×A$。

（4）单位矩阵的存在性：$E×A=A$，$A×E=A$。

【例 2-38】矩阵乘法示例：已知矩阵 **A**=[2 1 4 0;1 −1 3 4]，矩阵 **B**= [1 3 1;0 −1 2;1 −3 1;4 0 −2]，试求矩阵乘积 **AB** 及 **BA**。

解：在命令行窗口中依次输入以下语句，同时会显示相关输出结果。

```
>> A = [2 1 4 0;1 -1 3 4];
>> B = [1 3 1;0 -1 2;1 -3 1;4 0 -2];
>> R1= A*B
R1 =
     6    -7     8
    20    -5    -6
>> R2= B*A                          % 由于不满足矩阵的乘法条件，故 BA 无法计算
错误使用  *
用于矩阵乘法的维度不正确。请检查并确保第一个矩阵中的列数与第二个矩阵中的行数匹配。要执行按元素相乘，
请使用 ".*"。
```

2.4.5 矩阵的除法运算

矩阵的除法是乘法的逆运算，分为左除和右除两种，分别用运算符号 "\" 和 "/" 表示。如果矩阵 *A* 和矩阵 *B* 是标量，那么 *A/B* 和 *A\B* 是等价的。对于一般的二维矩阵 *A* 和 *B*，当进行 *A\B* 运算时，要求 *A* 的行数与 *B* 的行数相等；当进行 *A/B* 运算时，要求 *A* 的列数与 *B* 的列数相等。

【例 2-39】矩阵除法示例。设矩阵 *A*= [1 2;1 3]，矩阵 *B*= [1 0;1 2]，试求 *A\B* 和 *A/B*。

解：在命令行窗口中依次输入以下语句，同时会显示相关输出结果。

```
>> A = [1 2;1 3];
>> B = [1 0;1 2];
>> R1=A\B
R1 =
     1    -4
     0     2
>> R2=A/B
R2 =
          0    1.0000
    -0.5000    1.5000
```

2.4.6 矩阵的分解运算

矩阵的分解常用于求解线性方程组，常用的矩阵分解函数如表 2-14 所示。

表 2-14 MATLAB 矩阵分解函数

函 数 名	说　明	函 数 名	说　明
eig	特征值分解	chol	Cholesky分解
svd	奇异值分解	qr	QR分解
lu	LU分解	schur	Schur分解

【例 2-40】矩阵分解运算。

解：在命令行窗口中依次输入以下语句，同时会显示相关输出结果。

```
>> A=[8,1,6;3,5,7;4,9,2];
>> [U,S,V]=svd(A)                   %矩阵的奇异值分解，A=U*S*V'
U =
    -0.5774    0.7071    0.4082
```

```
        -0.5774    0.0000   -0.8165
        -0.5774   -0.7071    0.4082
S =
        15.0000         0         0
              0    6.9282         0
              0         0    3.4641
V =
        -0.5774    0.4082    0.7071
        -0.5774   -0.8165   -0.0000
        -0.5774    0.4082   -0.7071
```

2.5 字符串

MATLAB 虽有字符串概念，但和 C 语言一样，仍将其视为一个一维字符数组对待。因此本节针对字符串的运算或操作，对字符数组也有效。

2.5.1 字符串变量与一维字符数组

当把某个字符串赋值给一个变量后，这个变量便因取得这一字符串而被 MATLAB 作为字符串变量来识别。

当观察 MATLAB 的工作区窗口时，字符串变量的类型是字符数组类型（即 char array）。而从工作区窗口去观察一个一维字符数组时，也发现它具有与字符串变量相同的数据类型。由此推知，字符串与一维字符数组在运算处理和操作过程中是等价的。

1. 给字符串变量赋值

用一个赋值语句即可完成字符串变量的赋值操作，现举例如下。

【例 2-41】将 3 个字符串分别赋值给 S1、S2、S3 这 3 个变量。

解： 在命令行窗口中依次输入以下语句，同时会显示相关输出结果。

```
>> S1='go home',S2='朝闻道，夕死可矣',S3='go home. 朝闻道，夕死可矣'
S1 =
    'go home'
S2 =
    '朝闻道，夕死可矣'
S3 =
    'go home. 朝闻道，夕死可矣'
```

2. 一维字符数组的生成

因为向量的生成方法就是一维数组的生成方法，而一维字符数组也是数组，与数值数组不同的是字符数组中的元素是一个个字符而非数值。因此，原则上生成向量的方法就能生成字符数组。当然最常用的还是直接输入法。

【例 2-42】用 3 种方法生成字符数组。

解： 在命令行窗口中依次输入以下语句，同时会显示相关输出结果。

```
>> Sa=['I love my teacher,  ' 'I' ' love truths '   'more profoundly.']
Sa =
```

```
    'I love my teacher,   I love truths more profoundly.'
>> Sb=char('a':2:'r')
Sb =
    'acegikmoq'
>> Sc=char(linspace('e','t',10))
Sc =
    'efhjkmoprt'
```

在例 2-47 中，char 是一个将数值转换成字符串的函数。另外，请注意观察 Sa 在工作区窗口中的各项数据，尤其是 size 的大小，不要以为它只有 4 个元素，从中体会 Sa 作为一个字符数组的真正含义。

2.5.2　对字符串的多项操作

对字符串的操作主要由一组函数实现，这些函数中有求字符串长度和矩阵阶数的 length 和 size，有字符串和数值相互转换的 double 和 char 等。下面举例说明用法。

1．求字符串长度

length 和 size 虽然都能测字符串、数组或矩阵的大小，但用法上有区别。length 只从它们各维中挑出最大维的数值大小，而 size 则以一个向量的形式给出所有维的数值大小，两者的关系 length( )=max(size( ))。请仔细体会下面的示例。

【例 2-43】length 和 size 函数的用法。

解： 在命令行窗口中依次输入以下语句，同时会显示相关输出结果。

```
>> Sa=['I love my teacher, ' 'I' ' love truths ' 'more profoundly.'];
>> length(Sa)
ans =
     50
>> size(Sa)
ans =
     1    50
```

2．字符串与一维数值数组互换

字符串是由若干字符组成的，在 ASCII 中，每个字符又可对应一个数值编码，例如字符 A 对应 65。如此一来，字符串又可在一个一维数值数组之间找到某种对应关系。这就构成了字符串与数值数组之间可以相互转换的基础。

【例 2-44】用 abs、double 和 char、setstr 实现字符串与数值数组的相互转换。

解： 在命令行窗口中依次输入以下语句，同时会显示相关输出结果。

```
>> S1=' I am a boy.';
>> As1=abs(S1)
As1 =
    73    32    97   109    32   110   111    98   111   100   121
>> As2=double(S1)
As2 =
    73    32    97   109    32   110   111    98   111   100   121
>> char(As2)
ans =
    'I am nobody'
```

```
>> setstr(As2)
ans =
    'I am nobody'
```

3. 比较字符串

strcmp(S1,S2)是 MATLAB 的字符串比较函数，当 S1 与 S2 完全相同时，返回值为 1；否则，返回值为 0。

【例 2-45】 strcmp 函数的用法。

解： 在命令行窗口中依次输入以下语句，同时会显示相关输出结果。

```
>> S1='I am a boy';
>> S2='I am a boy.';
>> strcmp(S1,S2)
ans =
  logical
   0
>> strcmp(S1,S1)
ans =
  logical
   1
```

4. 查找字符串

findstr(S,s)是从某个长字符串 S 中查找子字符串 s 的函数，返回的结果是子字符串在长串中的起始位置。

【例 2-46】 findstr 函数的用法。

解： 在命令行窗口中依次输入以下语句，同时会显示相关输出结果。

```
>> S='I believe that love is the greatest thing in the world.';
>> findstr(S,'love')
ans =
    16
```

5. 显示字符串

disp 函数是一个原样输出其中内容的函数，它经常在程序中作提示说明。

【例 2-47】 disp 函数的用法。

解： 在命令行窗口中依次输入以下语句，同时会显示相关输出结果。

```
>> disp('两串比较的结果是：'),Result=strcmp(S1,S1),disp('若为 1 则说明两串完全相同，为 0 则
不同。')
两串比较的结果是：
Result =
  logical
   1
若为 1 则说明两串完全相同，为 0 则不同。
```

除了上面介绍的这些字符串操作函数外，相关的函数还有很多，限于篇幅，不再一一介绍，有需要时可通过 MATLAB 帮助获得相关信息。

2.5.3 二维字符数组

二维字符数组其实就是由字符串纵向排列构成的数组，可以用直接输入法或连接函数法获得。下面用

两个实例加以说明。

【例 2-48】将 S1、S2、S3、S4 分别视为数组的 4 行，用直接输入法沿纵向构造二维字符数组。

解：在命令行窗口中依次输入以下语句，同时会显示相关输出结果。

```
>> S1='路修远以多艰兮，';
>> S2='腾众车使径侍。';
>> S3='路不周以左转兮，';
>> S4='指西海以为期！';
>> S=[S1;S2,' ';S3;S4,' ']          %此法要求每行字符数相同，不够时要补齐空格
S =
  4×8 char 数组
    '路修远以多艰兮，'
    '腾众车使径侍。 '
    '路不周以左转兮，'
    '指西海以为期！ '
>> S=[S1;S2,' ';S3;S4]              %每行字符数不同时，系统提示出错
错误使用 vertcat
要串联的数组的维度不一致。
```

可以将字符串连接生成二维数组的函数有多个，下面主要介绍 char、strvcat 和 str2mat 这 3 个函数。strcat 函数和 strvcat 函数的区别在于前者是将字符串沿横向连接成更长的字符串，而后者是将字符串沿纵向连接成二维字符数组。

【例 2-49】用 char、strvcat 和 str2mat 函数生成二维字符数组的示例。

解：在命令行窗口中依次输入以下语句，同时会显示相关输出结果。

```
>> S1a='I''m boy,'; S1b=' who are you?';   %注意串中有单引号时的处理方法
>> S2='Are you boy too?';
>> S3='Then there''s a pair of us.';        %注意串中有单引号时的处理方法
>> SS1=char([S1a,S1b],S2,S3)
SS1 =
  3×26 char 数组
    'I'm boy, who are you?     '
    'Are you boy too?          '
    'Then there's a pair of us.'
>> SS2=strvcat(strcat(S1a,S1b),S2,S3)
SS2 =
  3×26 char 数组
    'I'm boy, who are you?     '
    'Are you boy too?          '
    'Then there's a pair of us.'
>> SS3=str2mat(strcat(S1a,S1b),S2,S3)
SS3 =
  3×26 char 数组
    'I'm boy, who are you?     '
    'Are you boy too?          '
    'Then there's a pair of us.'
```

2.6　符号

MATLAB 不仅在数值计算功能方面表现出色，在符号运算方面也提供了专门的符号数学工具箱（Symbolic Math Toolbox）——MuPAD Notebook。

符号数学工具箱是操作和解决符号表达式的符号函数的集合，其功能主要包括符号表达式与符号矩阵的基本操作、符号微积分运算以及求解代数方程和微分方程。

符号运算与数值运算的主要区别在于：数值运算必须先对变量赋值，才能进行运算；符号运算无需事先对变量进行赋值，运算结果直接以符号形式输出。

2.6.1　符号表达式的生成

在符号运算中，数字、函数、算子和变量都是以字符的形式保存并进行运算的。符号表达式包括符号函数和符号方程，两者的区别在于前者不包括等号，后者必须带等号，但它们的创建方式是相同的。

MATLAB 中创建符号表达式的方法有两种：一种是直接使用字符串变量的生成方法对其进行赋值；另一种是根据 MATLAB 提供的符号变量定义函数 sym 和 syms。

sym 函数用来建立单个符号变量，其调用格式为

```
符号量名=sym('符号变量')          %只能是常量、变量
符号量名=sym(num)
```

syms 函数用来建立多个符号变量，调用格式为

```
syms 符号量名 1 符号量名 2 … 符号量名 n     %变量名不需加字符串分界符（''），变量间用空格分隔
```

【例 2-50】符号表达式的生成。

解： 在命令行窗口中依次输入以下语句，同时会显示相关输出结果。

```
>> clear,clc
>> y1='exp(x)'                    %直接创建符号函数
y1 =
    'exp(x)'
>> equ='a*x^2+b*x+c=0'           %直接创建符号方程
equ =
    'a*x^2+b*x+c=0'
>> syms x y                       %建立符号变量 x、y
>> y2=x^2+y^2                     %生成符号表达式
y2 =
    x^2 + y^2
```

2.6.2　符号矩阵

符号矩阵也是一种特殊的符号表达式。MATLAB 中的符号矩阵也可以通过 sym 函数来建立，矩阵的元素可以是任何不带等号的符号表达式，其调用格式为

```
符号矩阵名=sym(符号字符串矩阵)       %符号字符串矩阵的各元素之间可用空格或逗号隔开
```

与数值矩阵输出形式不同，符号矩阵的每一行两端都有方括号。在 MATLAB 中，数值矩阵不能直接参与符号运算，必须先转换为符号矩阵，同样也是通过 sym 函数来转换。

　　符号矩阵也是一种矩阵，因此之前介绍的矩阵的相关运算也适用于符号矩阵。很多应用于数值矩阵运算的函数（如 det、inv、rank、eig、diag、triu、tril 等），也能应用于符号矩阵。

【例 2-51】符号矩阵的生成。

解：在命令行窗口中依次输入以下语句，同时会显示相关输出结果。

```
>> syms aa bb a b
>> A=sym('[aa,bb;1,a+2*b]')
A =
    [ aa,      bb]
    [  1, a + 2*b]
>> B=sym([a,b,0,0;1,a+2*b,1,2;4,5,0,0])
B =
    [ a,      b, 0, 0]
    [ 1, a + 2*b, 1, 2]
    [ 4,      5, 0, 0]
>> inv(A)                            %符号矩阵的逆
ans =
[ (a + 2*b)/(a*aa - bb + 2*aa*b), -bb/(a*aa - bb + 2*aa*b)]
[       -1/(a*aa - bb + 2*aa*b), aa/(a*aa - bb + 2*aa*b)]
>> rank(A)                           %符号矩阵的秩
ans =
    2
>> triu(A)                           %符号矩阵的上三角
ans =
    [ aa,      bb]
    [  0, a + 2*b]
>> tril(A)                           %符号矩阵的下三角
ans =
    [ aa,       0]
    [  1, a + 2*b]
```

2.6.3　常用符号运算

　　符号数学工具箱中提供了符号矩阵因式分解、展开、合并、简化和通分等符号操作函数，如表 2-15 所示。

表 2-15　常用符号运算函数

函 数 名	说　　明	函 数 名	说　　明
factor	符号矩阵因式分解	expand	符号矩阵展开
collect	符号矩阵合并同类项	simplify	应用函数规则对符号矩阵进行化简
compose	复合函数运算	numden	分式通分
limit	计算符号表达式极限	finverse	反函数运算
diff	微分和差分函数	int	符号积分（定积分或不定积分）
jacobian	计算多元函数的Jacobian矩阵	gradient	近似梯度函数

　　由于微积分是大学教学、科研及工程应用中最重要的基础内容之一，这里只对符号微积分运算进行举

例说明，其余的符号函数运算，读者可以通过查阅 MATLAB 的帮助文档进行学习。

【例 2-52】 符号微积分运算。

解： 在命令行窗口中依次输入以下语句，同时会显示相关输出结果。

```
>> syms t x y                              %定义符号变量
>> f1=sin(2*x);
>> df1=diff(f1)                            %对函数 f1 中变量 x 求导
df1 =
    2*cos(2*x)
>> f2=x^2+y^2;
>> df2=diff(f2,x)                          %对函数 f2 中的变量 x 求偏导
df2 =
    2*x
>> f3=x*sin(x*t);
>> int1=int(f3,x)                          %求函数 f3 的不定积分
int1 =
    (sin(t*x) - t*x*cos(t*x))/t^2
>> int2=int(f3,x,0,pi/2)                   %求 f3 在[0,pi/2]区间上的定积分
int2 =
    (sin((pi*t)/2) - (pi*t*cos((pi*t)/2))/2)/t^2
```

2.7　关系运算和逻辑运算

MATLAB 中运算包括算术运算、关系运算和逻辑运算。而在程序设计中应用十分广泛的是关系运算和逻辑运算。关系运算用于比较两个操作数，而逻辑运算则是对简单逻辑表达式进行复合运算。关系运算和逻辑运算的返回结果都是逻辑类型（1 代表逻辑真，0 代表逻辑假）。

2.7.1　关系运算

在程序中经常需要比较两个量的大小关系，以决定程序下一步的工作。比较两个量的运算符称为关系运算符。MATLAB 中的关系运算符如表 2-16 所示。

表 2-16　关系运算符

关系运算符	说　明	关系运算符	说　明
<	小于	>=	大于或等于
<=	小于或等于	==	等于
>	大于	~=	不等于

当操作数是数组形式时，关系运算符总是对被比较的两个数组的各个对应元素进行比较，因此要求被比较的数组必须具有相同的尺寸。

【例 2-53】 MATLAB 中的关系运算。

解： 在命令行窗口中依次输入以下语句，同时会显示相关输出结果。

```
>> 5>=4
ans =
```

```
 logical
    1
>> x=rand(1,4)
x =
    0.8147    0.9058    0.1270    0.9134
>> y=rand(1,4)
y =
    0.6324    0.0975    0.2785    0.5469
>> x>y
ans =
  1×4 logical 数组
     1    1    0    1
```

注意：

（1）比较两个数是否相等的关系运算符是两个等号"= ="，而单个的等号"="在 MATLAB 中是变量赋值的符号；

（2）比较两个浮点数是否相等时需要注意，由于浮点数的存储形式决定的相对误差的存在，在程序设计中最好不要直接比较两个浮点数是否相等，而是采用大于、小于的比较运算将待确定值限制在一个满足需要的区间之内。

2.7.2　逻辑运算

关系运算返回的结果是逻辑类型（逻辑真或逻辑假），这些简单的逻辑数据可以通过逻辑运算符组成复杂的逻辑表达式，在程序设计中常用这些逻辑表达式进行分支选择或者确定循环终止条件。

MATLAB 中的逻辑运算有逐个元素的逻辑运算、捷径逻辑运算、逐位逻辑运算 3 类。只有前两种逻辑运算返回逻辑类型的结果。

1. 逐个元素的逻辑运算

逐个元素的逻辑运算符有 3 种：逻辑与（&）、逻辑或（|）和逻辑非（~）。前两个是双目运算符，必须有两个操作数参与运算，逻辑非是单目运算符，只对单个元素进行运算。逐个元素的逻辑运算符意义和示例如表 2-17 所示。

表 2-17　逐个元素的逻辑运算符

运 算 符	说　　明	举　　例
&	逻辑与：双目逻辑运算符 参与运算的两个元素值为逻辑真或非零时，返回逻辑真，否则非返回逻辑假	1&0返回0 1&false返回0 1&1返回1
|	逻辑或：双目逻辑运算符 参与运算的两个元素都为逻辑假或零时，返回逻辑假，否则返回逻辑真	1|0返回1 1|false返回1 0|0返回0
~	逻辑非：单目逻辑运算符 参与运算的元素为逻辑真或非零时，返回逻辑假，否则返回逻辑真	~1返回0 ~0返回1

注意：这里逻辑与和逻辑非运算，都是逐个元素进行双目运算，因此如果参与运算的是数组，就要求两个数组具有相同的尺寸。

【例 2-54】逐个元素的逻辑运算。

解： 在命令行窗口中依次输入以下语句，同时会显示相关输出结果。

```
>> x=rand(1,3)
x =
    0.9575    0.9649    0.1576
>> y=x>0.5
y =
  1×3 logical 数组
     1     1     0
>> m=x<0.96
m =
  1×3 logical 数组
     1     0     1
>> y&m
ans =
  1×3 logical 数组
     1     0     0
>> y|m
ans =
  1×3 logical 数组
     1     1     1
>> ~y
ans =
  1×3 logical 数组
     0     0     1
```

2. 捷径逻辑运算

MATLAB 中捷径逻辑运算符有两个：逻辑与（&&）和逻辑或（||）。实际上它们的运算功能和前面讲过的逐个元素的逻辑运算符相似，只不过在一些特殊情况下，捷径逻辑运算符会较少一些逻辑判断的操作。

当参与逻辑与运算的两个数据都同为逻辑真（非零）时，逻辑与运算才返回逻辑真（1），否则都返回逻辑假（0）。&&运算符就是利用这一特点，当参与运算的第一个操作数为逻辑假时，直接返回假，而不再去计算第二个操作数。&运算符在任何情况下都要计算两个操作数的结果，然后去逻辑与。||的情况类似，当第一个操作数为逻辑真时，||直接返回逻辑真，而不再去计算第二个操作数。|运算符在任何情况下都要计算两个操作数的结果，然后去逻辑或。

捷径逻辑运算符如表 2-18 所示。

表 2-18 捷径逻辑运算符

运 算 符	说　　明
&&	逻辑与：当第一个操作数为假，直接返回假，否则同&
||	逻辑或：当第一个操作数为真，直接返回真，否则同|

因此，捷径逻辑运算符比相应的逐个元素的逻辑运算符的运算效率更高，在实际编程中，一般都是用捷径逻辑运算符。

【例 2-55】捷径逻辑运算示例。

解： 在命令行窗口中依次输入以下语句，同时会显示相关输出结果。

```
>> x=0
x =
     0
>> x~=0&&(1/x>2)
ans =
  logical
     0
>> x~=0&(1/x>2)
ans =
  logical
     0
```

3. 逐位逻辑运算

逐位逻辑运算能够对非负整数二进制形式进行逐位逻辑运算，并将逐位运算后的二进制数值转换成十进制数值输出。MATLAB 中逐位逻辑运算函数如表 2–19 所示。

表 2-19　逐位逻辑运算函数

函　　数	名　　称	说　　明
bitand(a,b)	逐位逻辑与	a 和 b 的二进制数位上都为 1 则返回 1，否则返回 0，并将逐位逻辑运算后的二进制数字转换成十进制数值输出
bitor(a,b)	逐位逻辑或	a 和 b 的二进制数位上都为 0 则返回 0，否则返回 1，并将逐位逻辑运算后的二进制数字转换成十进制数值输出
bitcmp(a,b)	逐位逻辑非	将数字 a 扩展成 n 位二进制形式，当扩展后的二进制数位上都为 1 则返回 0，否则返回 1，并将逐位逻辑运算后的二进制数字转换成十进制数值输出
bitxor(a,b)	逐位逻辑异或	a 和 b 的二进制数位上相同则返回 0，否则返回 1，并将逐位逻辑运算后的二进制数字转换成十进制数值输出

【例 2-56】逐位逻辑运算示例。

解： 在命令行窗口中依次输入以下语句，同时会显示相关输出结果。

```
>> m=8;n=2;
>> mm=bitxor(m,n);
>> dec2bin(m)
ans =
    '1000'
>> dec2bin(n)
ans =
    '10'
>> dec2bin(mm)
ans =
    '1010'
```

2.7.3　常用函数

除上面的关系与逻辑运算操作符之外，MATLAB 还提供了大量的其他关系与逻辑函数，具体如表 2–20 所示。

表 2-20　其他关系与逻辑函数

函　　数	说　　明
xor(x,y)	异或运算。x或y非零(真)返回1，x和y都是零(假)或都是非零(真)返回0
any(x)	如果在一个向量x中，任何元素是非零，返回1；矩阵x中的每一列有非零元素，返回1
all(x)	如果在一个向量x中，所有元素非零，返回1；矩阵x中的每一列所有元素非零，返回1

【例 2-57】其他关系与逻辑函数的应用。

解：在命令行窗口中依次输入以下语句，同时会显示相关输出结果。

```
>> A=[0 0 3;0 3 3];
>> B=[0 -2 0;1 -2 0];
>> C=xor(A,B)
C =
  2×3 logical 数组
    0   1   1
    1   0   1
>> D=any(A)
D =
  1×3 logical 数组
    0   1   1
>> E=all(A)
E =
  1×3 logical 数组
    0   0   1
```

除了这些函数，MATLAB 还提供了大量的函数，测试特殊值或条件的存在，返回逻辑值，如表 2-21 所示。

表 2-21　测试函数

函　数　名	说　　明	函　数　名	说　　明
finite	元素有限，返回真值	isnan	元素为不定值，返回真值
isempty	参量为空，返回真值	isreal	参量无虚部，返回真值
isglobal	参量是一个全局变量，返回真值	isspace	元素为空格字符，返回真值
ishold	当前绘图保持状态是'ON'，返回真值	isstr	参量为一个字符串，返回真值
isieee	计算机执行IEEE算术运算，返回真值	isstudent	MATLAB为学生版，返回真值
isinf	元素无穷大，返回真值	isunix	计算机为UNIX系统，返回真值
isletter	元素为字母，返回真值	isvms	计算机为VMS系统，返回真值

2.8　复数

复数运算从根本上讲是对实数运算的拓展，在自动控制、电路学科等自然科学与工程技术中复数的应用非常广泛。

2.8.1　复数和复矩阵的生成

复数有两种表示方式：一般形式和复指数形式。一般形式为 $x = a + bi$，其中 a 为实部，b 为虚部，i 为虚数单位。在 MATLAB 中，使用的赋值语句为

```
>> syms a b
>> x=a+b*i
x =
    a + b*i
```

复指数形式为 $x = r \cdot e^{i\theta}$，其中 r 为复数的模，θ 为复数的幅角，i 为虚数单位。在 MATLAB 中，使用的赋值语句为

```
>> syms r theta
>> x=r*exp(theta*i)
x =
    r*exp(theta*i)
```

选取合适的表示方式能便于复数运算，一般形式适合处理复数的代数运算，复指数形式适合处理复数旋转等涉及幅角改变的问题。

复数的生成有两种方法：一种是直接赋值，如上所述；另一种是通过符号函数 syms 来构造，将复数的实部和虚部看作自变量，用 subs 函数对实部和虚部进行赋值。

【例 2-58】复数的生成。

解： 在命令行窗口中依次输入以下语句，同时会显示相关输出结果。

```
>> clear,clc
>> x1=-1+2i                        %直接赋值
x1 =
  -1.0000 + 2.0000i
>> x2=sqrt(2)*exp(i*pi/4)
x2 =
  1.0000 + 1.0000i
>> syms a b real
>> x3=a+b*i                        %构造符号函数
x3 =
    a + b*i
>> subs(x3,{a,b},{-1,2})           %使用 subs 函数对实部和虚部赋值
ans =
    - 1 + 2*i
>> syms r theta real
>> x4=r*exp(theta*i);
>> subs(x4,{r,theta},{sqrt(20),pi/8})
ans =
    2*5^(1/2)*((2^(1/2) + 2)^(1/2)/2 + ((2 - 2^(1/2))^(1/2)*i)/2)
```

复数矩阵的生成也有两种方法：一种直接输入复数元素生成；另一种将实部和虚部矩阵分开建立，再写成和的形式，此时实部矩阵和虚部矩阵的维度必须相同。

【例 2-59】复数矩阵的生成。

解： 在命令行窗口中依次输入以下语句，同时会显示相关输出结果。

```
>> clear,clc
>> A=[-1+20i,-3+40i;1-20i,30-4i]              %复数元素
A =
 -1.0000 +20.0000i  -3.0000 +40.0000i
  1.0000 -20.0000i  30.0000 - 4.0000i
>> real(A)                                    %矩阵 A 的实部矩阵
ans =
   -1   -3
    1   30
>> imag(A)                                    %矩阵 A 的虚部矩阵
ans =
   20   40
  -20   -4
>> B=real(A);
>> C=imag(A);
>> D=B+C*i                                     %由矩阵 A 的实部和虚部构造复向量矩阵
D =
 -1.0000 +20.0000i  -3.0000 +40.0000i
  1.0000 -20.0000i  30.0000 - 4.0000i
```

2.8.2 复数的运算

复数的基本运算与实数相同，都是使用相同的运算符或函数。此外，MATLAB 还提供了一些专门用于复数运算的函数，如表 2–22 所示。

表 2-22 复数运算函数

函 数 名	说 明	函 数 名	说 明
abs	求复数或复数矩阵的模	angle	求复数或复数矩阵的幅角，单位为弧度
real	求复数或复数矩阵的实部	imag	求复数或复数矩阵的虚部
conj	求复数或复数矩阵的共轭	isreal	判断是否为实数
unwrap	去掉幅角突变	cplxpair	按复数共轭对排序元素群

2.9 数据类型间的转换

MATLAB 支持不同数据类型间的转换，极大方便了数据处理，常用的数据类型转换函数如表 2–23 所示。

【例 2-60】数据类型之间的切换，特别对于图像本身而言，图像读入的多为 uint8 型数据需要转换成 double 型数据进行处理。下面举例说明。

解： 在命令行窗口中依次输入以下语句，同时会显示相关输出结果。如图 2-2 所示。

```
clear,clc
im = imread('cameraman.tif');
imshow(im)
```

```
im1=im2double(im);
imshow(im)
```

表 2-23　数据类型转换函数

函 数 名	说　明	函 数 名	说　明
int2str	整数→字符串	dec2hex	十进制数→十六进制数
mat2str	矩阵→字符串	hex2dec	十六进制数→十进制数
num2str	数字→字符串	hex2num	十六进制数→双精度浮点数
str2num	字符串→数字	num2hex	浮点数→十六进制数
base2dec	B底字符串→十进制数	cell2mat	元胞数组→数值数组
bin2dec	二进制数→十进制数	cell2struct	元胞数组→结构体数组
dec2base	十进制数→B底字符串	mat2cell	数值数组→元胞数组
dec2bin	十进制数→二进制数	struct2cell	结构体数组→元胞数组

图 2-2　数据类型转换

【例 2-61】字符型变量转换。

解： 在命令行窗口中依次输入以下语句，同时会显示相关输出结果。

```
>> clear,clc
>> a = '2'
a =
    '2'
>> b=double(a)
b =
    50
>> b1=str2num(a)
b1 =
    2
>> c=2*a
c =
```

```
    100
>> d=2*b
d =
    100
>> d=2*b1
d =
    4
```

2.10   本章小结

   MATLAB 的功能非常庞大，涵盖面极广。学习 MATLAB 信号处理前需要先掌握 MATLAB 的基本操作。本章主要围绕向量、矩阵、字符串、符号、关系运算和逻辑运算、复数等内容进行介绍，通过本章基础知识的学习，用户可以根据自身需求，进行简单的优化程序的编写。

第 3 章

程 序 设 计

类似于其他高级语言编程，MATLAB 提供了非常方便易懂的程序设计方法，利用 MATLAB 编写的程序简洁、可读性强，而且调试十分容易。本章重点讲解 MATLAB 中最基础的程序设计，包括编程原则、分支结构、循环结构、其他控制程序命令及程序调试等内容。

学习目标：

（1）了解 MATLAB 编程基础知识；

（2）掌握 MATLAB 编程原则；

（3）掌握 MATLAB 各种控制指令；

（4）熟悉 MATLAB 程序的调试。

3.1 MATLAB 编程概述

MATLAB 拥有强大的数据处理能力，能够很好地解决几乎所有的工程问题。作为一款科学计算软件，MATLAB 能让用户任意编写函数，调用和修改脚本文件，以及根据需要修改 MATLAB 工具箱函数等。

3.1.1 编辑器窗口

在 MATLAB 中，单击 MATLAB 主界面"文件"选项卡下的"新建"按钮或者单击"新建"按钮下的"脚本"选项，此时的界面会出现"编辑器"窗口，如图 3-1 所示。

在编辑器窗口中，可以进行注释的书写，字体默认为绿色，新建文件系统默认为 Untitled 文件，依次为 Untitled 1、Untitled 2、Untitled 3、…，单击"保存"按钮可以另存为需要的文件名称。在编写代码时，要及时保存阶段性成果，单击"保存"按钮保存当前的 M 文件。

进行程序书写时或进行注释文字或字符时，光标是随字符而动的，可以更加轻松地定位书写程序所在位置。完成代码书写之后，要试运行代码，看看有没有运行错误，然后根据针对性的错误提示对程序进行修改。

MATLAB 运行程序代码，如果程序有误，MATLAB 就像 C 语言编译器一样，能够报错，并给出相应的错误信息；用户针对错误的信息，鼠标单击错误信息，MATLAB 工具能够自动定位到脚本文件（M 文件），供用户修改；此外用户还可以进行断点设置，进行逐行或者逐段运行，查找相应的错误和查看相应的运行结果，整体上使得编程简易。

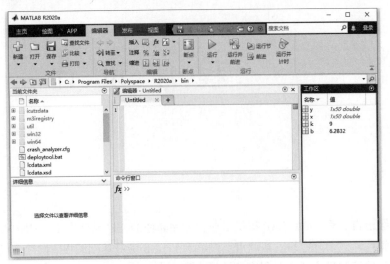

图 3-1　M-File 编辑

MATLAB 程序编辑在编辑器中进行，程序运行结果或错误信息显示在命令行窗口，程序运行过程产生的参数信息显示在工作区，如图 3-1 所示，因为程序有问题，命令行窗口中出现了程序错误提示。

【例 3-1】请修改图 3-2 中的程序代码，使得命令行窗口无错误提示，并给出正确结果。

解：由图 3-2 中代码可知，第 6、7 行中乘号运用有问题，修改如下：

```
clear,clc
n=3;
N=10000;
theta=2*pi*(0:N)/N;
r=cos(n*theta);
x=r.*cos(theta);
y=r.*sin(theta);
comet(x,y)
```

运行程序后，得到优化后的程序运行界面如图 3-3 所示，正确结果如图 3-4 所示。

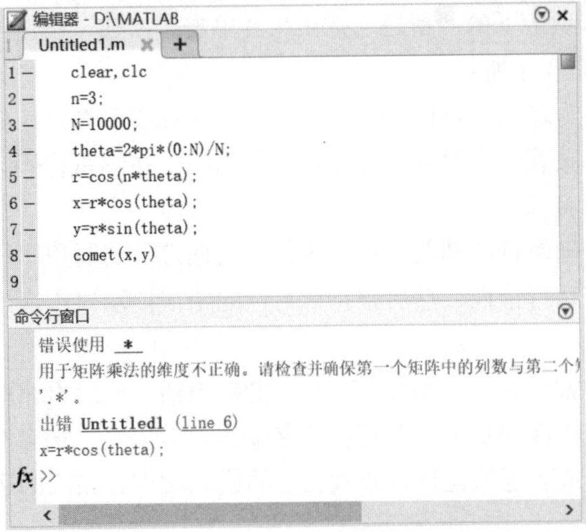

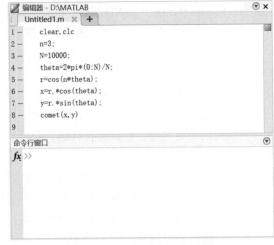

图 3-2　MATLAB 编辑器错误提示

图 3-3　优化后的程序运行界面

3.1.2　编程原则

MATLAB 软件提供了一个供用户自己书写代码的文本文件，用户可以通过文本文件轻松地注释程序代码以及封装程序框架，真正地给用户提供一个人机交互的平台。MATLAB 具体的一个编程程序脚本文件如图 3-5 所示。

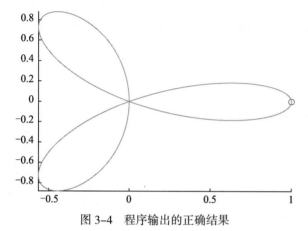

图 3-4　程序输出的正确结果

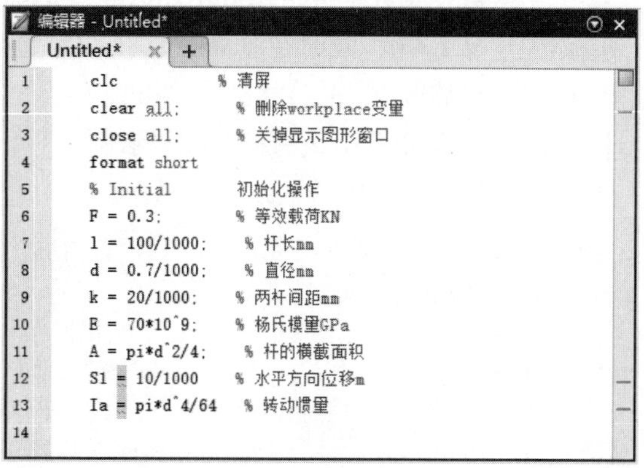

图 3-5　编程流程

前文中已经用到了%、clc、clear、close 等符号及命令，下面进行详细说明。

（1）%：表示注释符号，在注释符号后面可以写相应的文字或者字母，表示该程序语句的作用，使程序具有更强的可读性。

（2）clc：表示清屏操作。程序运行界面常常暂存运行过的程序代码，使屏幕不适合用户编写程序，采用 clc 命令能把前面的程序全部从命令行窗口中清除，以方便后续程序书写。

（3）clear：表示清除工作区中的所有数据，使后续程序运行的变量之间不相互冲突。编程时应该注意清除某些变量的值，以免造成程序运行错误，因为此类错误在复杂的程序中较难查找。

（4）close all：表示关闭所有的图形窗口，便于下一个程序运行时更加直观地观察图形的显示，为用户提供较好的图形显示界面。特别在图像和视频处理中，能够较好地实现图形参数化设计，以提高执行速度。

程序应该尽量显得清晰可见，多设计可调用的执行程序，能提升编程的效率，程序设计好以后可进行运行调试。

MATLAB 代码的编写通常强调高效性，譬如"尽量不要用循环"，除此之外，还要考虑代码（格式）的正确性、清晰性与通用性。

（1）高效性：循环向量化，少用或不用循环，尽量调用 MATLAB 自带函数；

（2）正确性：程序能准确地实现原有仿真目的；

（3）清晰性：养成良好的编程习惯，使程序具有良好的可读性；

（4）通用性：程序具有高度的可移植性和可扩展性，便于后续开发调用。

在 MATLAB 编程中，还需要遵循以下规则：

（1）定义变量，以英文单词小写缩写开头表示类别名，再接具体变量的英文名称。例如，定义变量存储临时数组 TempArray 的最大值为 maxTempArray。根据工程大小确定变量名长短，小范围应用的变量应该用短的变量名。定义要清晰，避免混淆。

（2）循环变量使用常用变量 i、j、k。当程序中使用复数时，采用 i、j 以外的循环变量以避免和虚数单位冲突，同时要在注释部分说明变量的意义。

（3）编写的程序应该高内聚、低耦合、模块函数化，便于移植、重复使用。

（4）使用 if 语句判断变量是否等于某一常数时，将常变量数写在等号之前，常数写在等号之后。例如判断变量 a 是否等于 10，写为 if a==10。

（5）用常数代替数字，少用或不用数字。例如例 3-1 中，如果要定义期望常量，写为 if a==10 则不标准。应该先定义 b=10，同时在注释中说明，然后在程序部分写为：if a==b。如果后续要修改期望常量，则在程序定义部分修改。

【例 3-2】 在编辑器中编写程序代码示例。

解： 在编辑器窗口中输入以下代码。

```
clc,clear,close              %clc 清屏，clear 删除工作区中的变量，close 关掉显示图形窗口
format short
%Initial                      初始化操作
F = 0.3;                      %等效载荷（单位：kN）
l = 100/1000;                 %杆长（单位：mm）
d = 0.7/1000;                 %直径（单位：mm）
k = 20/1000;                  %两杆间距（单位：mm）
E = 70*10^9;                  %杨氏模量（单位：GPa）
A = pi*d^2/4;                 %杆的横截面积（单位：m²）
S1 = 10/1000                  %水平方向位移（单位：m）
Ia = pi*d^4/64               %转动惯量（单位：kg·m²）
```

单击主界面"编辑器"选项卡"运行"面板中的"运行"按钮运行程序，输出结果如下

```
S1 =
    0.0100
Ia =
    1.1786e-14
```

如上述程序可知，程序采用清晰化编程，可以很清晰地知道每句程序代码是什么意思，通过一系列的求解，最终得到相应的结果输出，然后将所有子程序合并在一起来执行全部的操作。

调试过程中应特别注意错误提示，通过断点设置、单步执行等操作对程序进行修改，以便程序运行。当然，更复杂的程序还需要调用子程序，或与其他应用程序相结合，后文会进行相应的讲解。

3.2 M 文件和函数

M 文件和函数是 MATLAB 中非常重要的内容，下面分别进行讲解。

3.2.1 M 文件

M 文件通常为使用的脚本文件，即供用户编写程序代码的文件，通过代码调试可以得到优化的 MATLAB 可执行代码。

1. M 文件的类型

MATLAB 程序文件分为函数调用文件和主函数文件，主函数文件通常可单独写成简单的 M 文件，执行

（run），得到相应的结果。

1）脚本文件

脚本文件即后缀为.m 的文件，脚本文件也是主函数文件，用户可以将脚本文件写为主函数文件。在脚本文件中可以进行主要程序的编写，遇到需要调用函数来求解某个问题时，则需要调用该函数文件，输入该函数文件相应的参数值，即可得到相应的结果。

2）函数文件

函数文件即可供用户调用的程序文件，能够避免变量之间的冲突。函数文件一方面可以节约代码行数，另一方面也可以通过调用函数文件使整体程序显得清晰明了。

函数文件和脚本文件有差别，函数文件也是一个能通过输入变量得到相应的输出变量，实现返回后的变量显示在命令行窗口或者供主函数继续使用。

函数文件中的变量将作为函数文件的独立变量，不和主函数文件冲突，因此极大地扩展了函数文件的通用性。主函数可以多次调用封装后的子函数，以达到精简、优化程序的目的。

2. M文件的结构

脚本文件和函数文件均属于 M 文件，函数名称一般包括文件头、躯干、结尾（end）。文件头首先是清屏及清除工作区变量。代码如下：

```
clc                                      %清屏
clear all;                               %删除工作区变量
clf;                                     %清空图形窗口
close all;                               %关掉显示图形窗口
```

躯干部分编写脚本文件中各变量的赋值，以及公式的运算。躯干部分一般为程序的主要部分，进行部分注释是必要的，读者可以清晰地看出程序要解决的问题以及解决问题的思路。代码示例如下：

```
l = 100/1000;                            %杆长（单位：mm）
d = 0.7/1000;                            %直径（单位：mm）
x=linspace(0,l,200);
y=linspace(-d/2,d/2,200);
```

结尾（end）常用于主函数文件中，一般的脚本文件不需要加，end 常和 function 搭配，代码如下：

```
function djb
...
end
```

end 语句表示该函数已经结束。在一个函数文件中可以同时嵌入多个函数文件，具体如下：

```
function djb1
...
End
function djb2
...
End
...
function djb3
...
end
```

函数文件实现了代码的精简操作，用户可以多次调用。MATLAB 编程中，函数名称也不用刻意去声明，因此整个程序的可操作性极强。

3. M文件的创建

脚本文件的创建较容易，可以直接在编辑器窗口中进行代码编写。MATLAB 能快速实现矩阵的基本运算。通过编写函数文件，方便用户直接进行调用。

【例 3-3】 编写函数文件。

解： 在编辑器窗口中输入以下代码。

```
function main
clc,clear,close
x=[1:4]
mean(x)
end

function y = mean(x,dim)
if nargin==1
    dim = find(size(x)~=1, 1 );
    if isempty(dim), dim = 1; end
    y = sum(x)/size(x,dim);
else
    y = sum(x,dim)/size(x,dim);
end
end
```

单击主界面"编辑器"选项卡"运行"面板中的"运行"按钮运行程序，输出结果如下。

```
x =
    1    2    3    4
ans =
    2.5000
```

从主函数可看出，该函数包括主函数 main 和被调用函数 y = mean(x,dim)，该函数主要用于求解数组的平均值，可以调用多次，达到精简程序的目的。

3.2.2　匿名函数

匿名函数没有函数名，也不是函数 M 文件，只包含一个表达式和输入/输出参数。用户可以在命令行窗口中输入代码，创建匿名函数。匿名函数的创建方法为

```
f = @(input1,input2,…) expression
```

其中，f 为创建的函数句柄。函数句柄是一种间接访问函数的途径，可以使用户调用函数过程变得简单，减少了程序设计中的繁杂，而且可以在执行函数调用过程中保存相关信息。

【例 3-4】 当给定实数 x、y 的具体数值后，计算表达式 $x^y + 3xy$ 的结果，请用创建匿名函数的方式求解。

解： 在命令行窗口中输入以下代码。

```
>> clear,clc
>> Fxy = @(x,y) x.^y + 3*x*y          %创建一个名为 Fxy 的函数句柄
Fxy =
   包含以下值的 function_handle:
    @(x,y)x.^y+3*x*y
>> whos Fxy                            %调用 whos 函数查看到变量 Fxy 的信息
  Name      Size            Bytes  Class              Attributes
  Fxy       1x1                32  function_handle
>> Fxy(2,5)                            %求当 x=2、y=5 时表达式的值
ans =
    62
>> Fxy(1,9)                            %求当 x=1、y=9 时表达式的值
ans =
    28
```

3.2.3 主函数与子函数

1. 主函数

主函数可以写为脚本文件也可以写为主函数文件，主要是格式上的差异。当写为脚本文件时，直接将程序代码保存为 M 文件即可。如果写为主函数文件，代码主体需要采用函数格式，如下所示。

```
function main
...
end
```

主函数是 MATLAB 编程中的关键环节，几乎所有的程序都在主函数文件中操作完成。

2. 子函数

在 MATLAB 中，多个函数的代码可以同时写到一个 M 函数文件中。其中，出现的第一个函数称为主函数（Primary Function），该文件中的其他函数称为子函数（Sub Function）。保存时所用的函数文件名应当与主函数定义名相同，外部程序只能对主函数进行调用。

子函数的书写规范有如下几条：

（1）每个子函数的第一行是其函数声明行。

（2）在 M 函数文件中，主函数的位置不能改变，但是多个子函数的排列顺序可以任意改变。

（3）子函数只能被处于同一 M 文件中的主函数或其他子函数调用。

（4）在 M 函数文件中，任何指令通过"名称"对函数进行调用时，子函数的优先级仅次于内置函数。

（5）同一 M 文件的主函数、子函数的工作区都是彼此独立的。各个函数间的信息传递可以通过输入/输出变量、全局变量或跨空间指令来实现。

（6）help、lookfor 等帮助指令都不能显示一个 M 文件中的子函数的任何相关信息。

【例 3-5】M 文件中的子函数示例。

解： 在编辑器窗口中输入以下代码。

```
function F = mainfun (n)
A = 1; w = 2; phi = pi/2;
signal = createsig(A,w,phi);
F = signal.^n;
end
```

```
% ---------子函数---------
function signal = createsig(A,w,phi)
x = 0: pi/3 : pi*2;
signal = A * sin(w*x+phi);
end
```

在命令行窗口中输入

```
>> mainfun (1)
ans =
    1.0000   -0.5000   -0.5000   1.0000   -0.5000   -0.5000   1.0000
```

3. 私有函数与私有目录

所谓私有函数，是指位于私有目录 private 下的 M 函数文件，它的主要性质有如下几条。

（1）私有函数的构造与普通 M 函数完全相同。

（2）关于私有函数的调用：私有函数只能被 private 直接父目录下的 M 文件所调用，而不能被其他目录下的任何 M 文件或 MATLAB 指令窗中的命令所调用。

（3）在 M 文件中，任何指令通过"名称"对函数进行调用时，私有函数的优先级仅次于 MATLAB 内置函数和子函数。

（4）help、lookfor 等帮助指令都不能显示一个私有函数文件的任何相关信息。

3.2.4 重载函数

重载是计算机编程中非常重要的概念，经常用于处理功能类似但变量属性不同的函数。例如实现两个相同的计算功能，输入的变量数量相同，不同的是其中一个输入变量类型为双精度浮点类型，另一个输入变量类型为整型，这时就可以编写两个同名函数，分别处理这两种不同情况。当实际调用函数时，MATLAB 就会根据实际传递的变量类型选择执行哪一个函数。

MATLAB 的内置函数中就有许多重载函数，放置在不同的文件路径下，文件夹通常命名为"@+代表 MATLAB 数据类型的字符"。例如@int16 路径下的重载函数的输入变量应为 16 位整型变量，而@double 路径下的重载函数的输入变量应为双精度浮点类型。

3.2.5 eval、feval 函数

1. eval函数

eval 函数可以与文本变量一起使用，实现有力的文本宏工具。函数调用格式为

```
eval(s)                        %使用 MATLAB 的注释器求表达式的值或执行包含文本字符串 s 的语句
```

【例 3-6】 eval 函数的简单运用示例。

解： 在编辑器窗口中输入以下代码。

```
clear,clc
Array = 1:5;
String = '[Array*2; Array/2; 2.^Array]';
Output1 = eval(String)                     % "表达式" 字符串

theta = pi;
eval('Output2 = exp(sin(theta))');         % "指令语句" 字符串
```

```
who

Matrix = magic(3)
Array = eval('Matrix(5,:)','Matrix(3,:)')              % "备选指令语句"字符串
% errmessage=lasterr

Expression = {'zeros','ones','rand','magic'};
Num = 2;
Output3 = [];
for i=1:length(Expression)
    Output3 = [Output3 eval([Expression{i},'(',num2str(Num),')'])];   % "组合"字符串
end
Output3
```

运行 M 文件，输出结果如下：

```
Output1 =
    2.0000    4.0000    6.0000    8.0000    10.0000
    0.5000    1.0000    1.5000    2.0000     2.5000
    2.0000    4.0000    8.0000   16.0000    32.0000
Output2 =
    1.0000
您的变量为:
Array     Output1  Output2 String   theta
Matrix =
    8    1    6
    3    5    7
    4    9    2
Array =
    4    9    2
Output3 =
    0        0    1.0000    1.0000    0.8491    0.6787    1.0000    3.0000
    0        0    1.0000    1.0000    0.9340    0.7577    4.0000    2.0000
```

2. feval函数

feval 函数的具体句法形式如下：

```
[y1, y2, …] = feval('FN', arg1, arg2, …)     %用变量 arg1,arg2,…来执行函数 FN 指定的计算
```

说明：①在 eval 函数与 feval 函数通用的情况下（使用这两个函数均可以解决问题），feval 函数的运行效率比 eval 函数高。②feval 函数主要用来构造"泛函"型 M 函数文件。

【例 3-7】feval 函数的简单运用示例。

解：（1）在编辑器窗口中输入以下代码。

```
Array = 1:5;
String = '[Array*2; Array/2; 2.^Array]';
Outpute = eval(String)              %使用 eval 函数运行表达式
Outputf = feval(String)             %使用 feval 函数运行表达式，FN 不可以是表达式
```

运行 M 文件，结果如下：

```
Outpute =
   2.0000   4.0000   6.0000   8.0000   10.0000
   0.5000   1.0000   1.5000   2.0000    2.5000
   2.0000   4.0000   8.0000  16.0000   32.0000
错误使用 feval
函数名称 '[Array*2; Array/2; 2.^Array]' 无效。
```

（2）继续在编辑器窗口中输入以下代码。

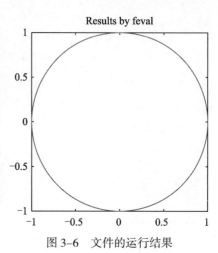

图 3-6 文件的运行结果

```
j = sqrt(-1);
Z = exp(j*(-pi:pi/100:pi));
eval('plot(Z)');
set(gcf,'units','normalized','position',[0.2,0.3,
0.2,0.2])
title('Results by eval');axis('square')
figure
set(gcf,'units','normalized','position',[0.2,0.3,
0.2,0.2])
feval('plot',Z);          %feval 函数中的 FN 只接受函数名，
                          %不接受表达式
title('Results by feval');axis('square')
```

运行 M 文件，结果如图 3-6 所示。

3.2.6 内联函数

内联函数（Inline Function）的属性和编写方式与普通函数文件相同，但相对来说，内联函数的创建简单得多。其调用格式为

```
inline('CE')                    %将字符串表达式 CE 转换为输入变量自动生成的内联函数
```

本语句将自动由字母和数字组成的连续字符辨识为变量，预定义变量名（如圆周率 pi）、常用函数名（如 sin、rand）等不会被辨识，连续字符后紧接左括号的，也不会被识别（如 array(1)）。

```
inline('CE', arg1, arg2, …)   %把字符串表达式 CE 转换为 arg1、arg2 等指定的输入变量的内联函数
```

本语句创建的内联函数最为可靠，输入变量的字符串可以随意改变，但是由于输入变量已经规定，因此生成的内联函数不会出现辨识失误。

```
inline('CE', n)               % 把字符串表达式 CE 转化为 n 个指定的输入变量的内联函数
```

本语句对输入变量的字符是有限制的，其字符只能是 x,P1,…,Pn 等，其中 P 一定为大写字母。

说明：

（1）字符串 CE 中不能包含赋值符号 "="。

（2）内联函数是沟通 eval 和 feval 两个函数的桥梁，只要是 eval 函数可以操作的表达式，都可以通过 inline 指令转化为内联函数，这样，内联函数总是可以被 feval 函数调用。MATLAB 中的许多内置函数就是通过被转换为内联函数，从而具备了根据被处理的方式不同而变换不同函数形式的能力。

MATLAB 中关于内联函数的属性的相关指令如表 3-1 所示，读者可以根据需要使用。

表 3-1　内联函数属性指令集

指令句法	功　　能
class(inline_fun)	提供内联函数的类型
char(inline_fun)	提供内联函数的计算公式
argnames(inline_fun)	提供内联函数的输入变量
vectorize(inline_fun)	使内联函数适用于数组运算的规则

【例 3-8】 内联函数的简单运用示例。

解：（1）示例说明：内联函数的第一种创建格式是使内联函数适用于"数组运算"。

在命令行窗口中输入：

```
>> Fun1=inline('mod(12,5)')
Fun1 =
    内联函数：
    Fun1(x) = mod(12,5)
>> Fun2=vectorize(Fun1)
Fun2 =
    内联函数：
    Fun2(x) = mod(12,5)
>> Fun3=char(Fun2)
Fun3 =
    'mod(12,5)'
```

（2）示例说明：第一种内联函数创建格式的缺陷在于不能使用多标量构成的向量进行赋值，此时可以使用第二种内联函数创建格式。

继续在命令行窗口中输入：

```
>> Fun4 = inline('m*exp(n(1))*cos(n(2))'), Fun4(1,[-1,pi/2])
Fun4 =
    内联函数：
    Fun4(m) = m*exp(n(1))*cos(n(2))
错误使用 inline/subsref (line 14)
内联函数的输入数目太多。
>> Fun5 = inline('m*exp(n(1))*cos(n(2))','m','n'), Fun5(1,[-1,pi/2])
Fun5 =
    内联函数：
    Fun5(m,n) = m*exp(n(1))*cos(n(2))
ans =
    2.2526e-017
```

（3）示例说明：产生向量输入、向量输出的内联函数。

继续在命令行窗口中输入：

```
>> y = inline('[3*x(1)*x(2)^3;sin(x(2))]')
y =
    内联函数：
    y(x) = [3*x(1)*x(2)^3;sin(x(2))]
>> Y = inline('[3*x(1)*x(2)^3;sin(x(2))]')
```

```
Y =
    内联函数:
    Y(x) = [3*x(1)*x(2)^3;sin(x(2))]
>> argnames(Y)
ans =
  1×1 cell 数组
    {'x'}
>> x=[10,pi*5/6];y=Y(x)
y =
   538.3034
    0.50000
```

（4）示例说明：用最简练的格式创建内联函数，内联函数可被 feval 函数调用。

继续在命令行窗口中输入：

```
>> Z=inline('floor(x)*sin(P1)*exp(P2^2)',2)
Z =
    内联函数:
    Z(x,P1,P2) = floor(x)*sin(P1)*exp(P2^2)
>> z = Z(2.3,pi/8,1.2), fz = feval(Z,2.3,pi/8,1.2)
z =
    3.2304
fz =
    3.2304
```

3.2.7   向量化和预分配

1. 向量化

要想让 MATLAB 高速地工作，需要在 M 文件中对算法进行向量化处理。其他程序语言多采用 for 或 do 循环，而 MATLAB 则采用向量或矩阵进行运算。下面的代码用于创建一个算法表。

```
x = 0.01;
for k = 1:1001
  y(k) = log10(x);
  x = x + 0.01;
end
```

代码的向量化实现如下：

```
x =0 .01:0.01:10;
y = log10(x);
```

对于更复杂的代码，矩阵化处理不总是那么明显。当需要提高运算速度时，应该想办法将算法向量化。

2. 预分配

若一条代码不能向量化，则可以通过预分配输出结果空间来保存其中的向量或数组，以加快 for 循环。下面的代码用 zeros 函数把 for 循环产生的向量预分配，这使得 for 循环的执行速度显著加快。

```
r = zeros(32,1);
for n = 1:32
    r(n) = rank(magic(n));
end
```

若上述代码中没有使用预分配，则 MATLAB 的注释器利用每次循环扩大 *r* 向量。向量预分配排除了该步骤以使执行加快。

一种以标量为变量的非线性函数称为"函数的函数"，即以函数名为自变量的函数。这类函数包括求零点、最优化、求积分和常微分方程等。

【例 3-9】简化的 humps 函数的简单运用示例（humps 函数可在路径 MATLAB\demos 下获得）。

解： 在编辑器窗口中输入以下代码。

```
clear,clc
a = 0:0.002:1;
b = humps(a);
plot(a,b)                                   %画出图像
function b = humps(x)
b =1./((x-.3).^2 +.01) + 1./((x-.9).^2 +.04)-6;   %在区间[0,1]求此函数的值
end
```

运行程序后输出如图 3-7 所示的图形。

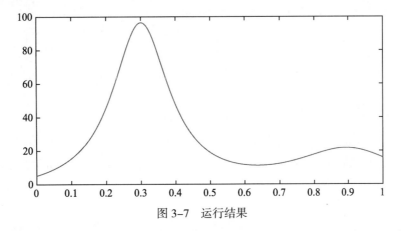

图 3-7　运行结果

图形表明函数约在 *x*=0.6 附近有局部最小值。接下来用函数 fminsearch 可以求出局部最小值及此时 *x* 的值。函数 fminsearch 的第一个参数是函数句柄，第二个参数是此时 *x* 的近似值。

在命令行窗口中输入：

```
>> p = fminsearch(@humps,.5)
p =
    0.6370
>> humps(p)                                 %求出此局部最小值
ans =
    11.2528
```

3.2.8　函数参数传递

MATLAB 编写函数，在函数文件头需要写明输入和输出变量，方能构成一个完整的可调用函数。在主函数中调用时，通过满足输入关系，选择输出的变量，也就是相应的函数参数传递，MATLAB 将这些实际值传回给相应的形式参数变量。每个函数调用时变量之间互不冲突，均有自己独立的函数空间。

1. 函数的直接调用

例如，求解变量的均值，可编写函数如下：

```
function y = mean(x,dim)
```

其中，x 为输入的变量；dim 为数据的维数，默认为 1。直接调用该函数即可得到相应的均值解。MATLAB 在输入变量和输出变量的对应上，优选第一变量值作为输出变量。当然也可以不指定输出的变量，MATLAB 默认用 ans 表示输出变量对应的值。

MATLAB 中可以通过 nargin 和 nargout 函数来确定输入和输出的变量的个数，可以避免输入一些参数，从而提高程序的可执行性。

【例 3-10】函数的直接调用示例。

解：（1）在编辑器窗口中编写 mean 函数。

```
function y = mean(x,dim)
    if nargin==1
      % Determine which dimension SUM will use
      dim = find(size(x)~=1, 1 );
      if isempty(dim)
    dim = 1;
      end
       y = sum(x)/size(x,dim);
    else
      y = sum(x,dim)/size(x,dim);
    end
end
```

若 nargin=1，系统默认 dim=1，则根据 y = sum(x)/size(x,dim)进行求解；若 dim 为指定的一个值，则根据 y = sum(x,dim)/size(x,dim)进行求解。

（2）在命令行窗口中输入以下命令。

```
>> clear,clc
>> format short
>> x=1:4;
>> mean(x)
ans =
    2.5000
>> mean(x,1)
ans =
    1    2    3    4
>> mean(x,2)
ans =
    2.5000
>> mean(x,3)
ans =
    1    2    3    4
>> mean(x,4)
ans =
    1    2    3    4
```

```
>> a=mean(x)
a =
    2.5000
```

由上述分析可知，对于该均值函数，dim 的赋值需要匹配矩阵的维数，当 dim 为 1 时求解的为列平均，当 dim=2 时求解的为行平均。如果没有指定输出的变量，则 MATLAB 系统默认用 ans 变量替代；如果指定输出变量，则显示输出对应的子母变量的值。

2. 全局变量

通过全局变量可以实现 MATLAB 工作区变量空间和多个函数的函数空间共享，这样，多个使用全局变量的函数和 MATLAB 工作区共同维护这一全局变量，任何一处对全局变量的修改，都会直接改变此全局变量的取值。

全局变量在大型的编程中经常用到，特别是在 App 设计中，对于每个按钮功能模块下的运行程序，则需要调用前面对应的输出和输入变量，这时候需要对应的全局变量，全局变量在 MATLAB 中用 global 表示，指定全局变量后，该变量能够分别在私自函数、子函数、主函数中使用，全局变量在整个程序设计阶段基本保持一致。

在应用全局变量时，通常在各个函数内部通过 global 语句声明；在命令窗口或脚本 M 文件中也要先通过 global 声明，然后进行赋值。

【例 3-11】全局变量应用示例。

解：在编辑器窗口中输入以下代码。

```
clear,clc
global a
a =2;
x=3;
y=djb(x)

function y=djb(x)
    global a
    y= a*(x^2);
end
```

运行程序输出结果如下：

```
y =
    18
```

从程序运行结果可知，全局变量只需要在主函数中进行声明，然后使用 global 在主函数和子函数中分别进行定义即可，最后调用对应的函数，即可完成函数的计算求解。

3.3 程序控制

与 C、C++等语言相似，MATLAB 具有很多函数程序编写句柄，采用这些判别语句可以轻松地进行程序书写。具体的程序控制语句包括：分支控制语句（if 结构和 switch 结构）、循环控制语句（for 循环、while 循环、continue 语句和 break 语句）和程序终止语句（return 语句）。

3.3.1 分支控制语句

MATLAB 程序结构一般可分为顺序结构、循环结构、分支结构 3 种。顺序结构是指按顺序逐条执行，循环结构与分支结构都有其特定的语句，这样可以增强程序的可读性。在 MATLAB 中常用的分支结构包括 if 结构和 switch 结构。

1. if 分支结构

如果在程序中需要根据一定条件来执行不同的操作时，可以使用条件语句，在 MATLAB 中提供 if 分支结构，或者称为 if-else-end 语句。

根据不同的条件，if 分支结构有多种形式。其中，最简单的用法是：如果条件表达式为真，则执行语句 1，否则跳过该组命令。

if 结构是一个条件分支语句，若满足表达式的条件，则往下执行；若不满足，则跳出 if 结构。else if 表达式 2 与 else 为可选项，这两条语句可依据具体情况取舍。

if 语法结构如下所示。

```
if  表达式 1
    语句 1
    else if 表达式 2 （可选）
        语句 2
    else （可选）
        语句 3
    end
end
```

注意：

（1）每一个 if 都对应一个 end，即有几个 if，就应有几个 end。

（2）if 分支结构是所有程序结构中最灵活的结构之一，可以使用任意多个 else if 语句，但是只能有一个 if 语句和一个 end 语句。

（3）if 语句可以相互嵌套，可以根据实际需要将各个 if 语句进行嵌套，从而解决比较复杂的实际问题。

【例 3-12】 思考下列程序及其运行结果，说明原因。

解： 在 MATLAB 命令窗口中输入以下程序。

```
clear,clc
a=100;
b=20;
if a<b
   fprintf ('b>a')
else
   fprintf ('a>b')
end
```

运行后得到：

```
a>b
```

在程序中，用到了 if-else-end 的结构，如果 a<b，则输出 b>a；反之，输出 a>b。由于 a=100，b=20，比较可得结果 a>b。

在分支结构中，多条语句可以放在同一行，但语句间要用";"分开。

2. switch分支结构

MATLAB 中的 switch 分支结构和 C 语言中类似，适用于条件多而且比较单一的情况，类似于一个数控的多个开关。其一般的语法调用方式如下：

```
switch   表达式
case 常量表达式 1
    语句组 1
    case 常量表达式 2
        语句组 2
        …
    otherwise
        语句组 n
end
```

其中，switch 后面的表达式可以是任何类型，如数字、字符串等。当表达式的值与 case 后面常量表达式的值相等时，就执行这个 case 后面的语句组；如果所有的常量表达式的值都与这个表达式的值不相等，则执行 otherwise 后的语句组。

表达式的值可以重复，在语法上并不错误，但是在执行时，后面符合条件的 case 语句将被忽略。各个 case 和 otherwise 语句的顺序可以互换。

【**例 3-13**】输入一个数，判断它能否被 5 整除。

解： 在 MATLAB 中输入以下程序。

```
clear,clc
n=input('输入 n=');                    %输入 n 值
switch mod(n,5)                        %mod 是求余函数，余数为 0，得 0；余数不为 0，得 1
case 0
    fprintf ('%d 是 5 的倍数',n)
otherwise
    fprintf('%d 不是 5 的倍数',n)
end
```

运行后得到结果为

```
输入 n=12
12 不是 5 的倍数>>
```

在 switch 分支结构中，case 命令后的常量表达式不仅可以为一个标量或者字符串，还可以为一个元胞数组。如果常量表达式是一个元胞数组，则 MATLAB 将把 switch 后的表达式的值和该元胞数组中的所有元素进行比较；如果元胞数组中某个元素和表达式的值相等，则 MATLAB 认为比较结构为真。

3.3.2 循环控制语句

在 MATLAB 程序中，循环结构主要包括 while 循环结构和 for 循环结构两种。下面对两种循环结构做详细介绍。

1. while循环结构

除了分支结构之外，MATLAB 还提供多个循环结构。和其他编程语言类似，循环语句一般用于有规律地重复计算。被重复执行的语句称为循环体，控制循环语句流程的语句称为循环条件。

在 MATLAB 中，while 循环结构的语法形式如下：

```
while 逻辑表达式
    循环语句
end
```

while 结构依据逻辑表达式的值判断是否执行循环体语句。若表达式的值为真，则执行循环体语句一次，在反复执行时，每次都要进行判断。若表达式为假，则程序执行 end 后的语句。

为了避免因逻辑上的失误，而陷入死循环，建议在循环体语句的适当位置加 break 语句，以便程序能正常执行。

while 循环也可以嵌套，其结构如下：

```
while 逻辑表达式 1
    循环体语句 1
while 逻辑表达式 2
    循环体语句 2
end
循环体语句 3
end
```

【例 3-14】请设计一段程序，求 1~100 的偶数和。

解： 在 MATLAB 命令窗口输入以下程序。

```
clear,clc
x=0;                            %初始化变量 x
sum=0;                          %初始化 sum 变量
    while x<101                 %当 x<101 执行循环体语句
      sum=sum+x;               %进行累加
      x=x+2;
    end                         %while 结构的终点
sum                             %显示 sum
```

运行后得到的结果为

```
sum =
      2550
```

【例 3-15】请设计一段程序，求 1~100 的奇数和。

解： 在 MATLAB 命令窗口输入以下程序。

```
clear,clc
x=1;                            %初始化变量 x
sum=0;                          %初始化 sum 变量
    while x<101                 %当 x<101 执行循环体语句
      sum=sum+x;               %进行累加
      x=x+2;
    end                         %while 结构的终点
sum                             %显示 sum
```

运行后得到的结果为

```
sum =
      2500
```

2. for循环结构

在 MATLAB 中，另外一种常见的循环结构是 for 循环，常用于已知循环次数的情况，其语法规则如下所示。

```
for ii=初值:增量:终值
    语句1
    ……
    语句n
end
```

如果 ii=初值:终值，则增量为 1。初值、增量、终值可正可负，可以是整数，也可以是小数，只需符合数学逻辑。

【例 3-16】 请设计一段程序，求 $1+2+\cdots+100$ 的和。

解： 程序设计如下：

```
clear,clc
sum=0;                          %设置初值(必须要有)
for ii=1:100;                   %for 循环, 增量为 1
    sum=sum+ii;
end
sum
```

运行后得到结果为

```
sum =
      5050
```

【例 3-17】 比较以下两个程序的区别。

解： MATLAB 程序 1 设计如下：

```
for ii=1:100;                   %for 循环, 增量为 1
    sum=sum+ii;
end
sum
```

运行后得到的结果为

```
sum =
      10100
```

程序 2 设计如下：

```
clear,clc
for ii=1:100;                   %for 循环, 增量为 1
    sum=sum+ii;
end
sum
```

运行结果：

```
错误使用 sum
输入参数的数目不足。
```

在一般的高级语言中，若变量没有设置初值，则程序会以 0 作为其初始值，然而这在 MATLAB 中是不允许的。所以，在 MATLAB 中应给出变量的初值。

程序 1 没有 clear，则程序可能会调用内存中已经存在的 sum 值，其结果就成了 sum =10100。程序 2 与例 3-16 的差别是少了 sum=0，由于程序中有 clear 语句，因此会出现错误信息。

注意：while 循环和 for 循环都是比较常见的循环结构，但是两个循环结构还是有区别的。其中最明显的区别在于，while 循环的执行次数是不确定的，而 for 循环的执行次数是确定的。

3.3.3　其他控制语句

在使用 MATLAB 设计程序时，经常遇到提前终止循环、跳出子程序、显示错误等情况，因此需要其他的控制语句来实现上面的功能。在 MATLAB 中，对应的控制语句有 continue、break、return 等。

1. continue命令

continue 语句通常用于 for 或 while 循环体中，其作用就是终止一轮循环的执行，也就是说它可以跳过本轮循环中未被执行的语句，去执行下一轮的循环。下面使用一个简单的实例，说明 continue 命令的使用方法。

【例 3-18】请思考下列程序及其运行结果，说明原因。

解：在 MATLAB 中输入以下程序。

```
clear,clc
a=3;
b=6;
for ii=1:3
  b=b+1
  if ii<2
    continue
  end                        %if 语句结束
  a=a+2
end                          %for 循环结束
```

运行后得到结果为

```
b =
    7
b =
    8
a =
    5
b =
    9
a =
    7
```

当 if 条件满足时，程序将不再执行 continue 后面的语句，而是开始下一轮的循环。continue 语句常用于循环体中，与 if 一同使用。

2. break命令

break 语句也通常用于 for 或 while 循环体中，与 if 一同使用。当 if 后的表达式为真时就调用 break 语句，跳出当前的循环。它只终止最内层的循环。

【例 3-19】 请思考下列程序及其运行结果，说明原因。

解： 在 MATLAB 中输入以下程序。

```
clear,clc
a=3;
b=6;
for ii=1:3
   b=b+1
   if ii>2
        break
   end
   a=a+2
end
```

运行后得到结果为

```
b =
    7
d =
    5
b =
    8
a =
    7
b =
    9
```

从以上程序可以看出，当 if 表达式的值为假时，程序执行 a=a+2；当 if 表达式的值为真时，程序执行 break 语句，跳出循环。

3. return命令

在通常情况下，当被调用函数执行完毕后，MATLAB 会自动地把控制转至主调函数或者指定窗口。如果在被调函数中插入 return 命令后，可以强制 MATLAB 结束执行该函数并把控制转出。

return 命令是终止当前命令的执行，并且立即返回上一级调用函数或等待键盘输入命令，可以用来提前结束程序的运行。

在 MATLAB 的内置函数中，很多函数的程序代码引入了 return 命令，例如 det 函数，其简要的程序代码如下：

```
function d=det(A)
if isempty(A)
   a=1;
   return
else
   ...
end
```

其中，首先通过函数语句来判断函数 A 的类型，当 A 是空数组时，直接返回 a=1，然后结束程序代码。

4. input命令

在 MATLAB 中，input 命令的功能是将 MATLAB 的控制权暂时借给用户，然后，用户通过键盘输入数值、字符串或者表达式，按 Enter 键将输入的内容输入到工作空间中，同时将控制权交换给 MATLAB。其常用的调用格式为

```
user_entry=input('prompt')          %将用户键入的内容赋给变量 user_entry
user_entry=input('prompt','s')      %将用户键入的内容作为字符串赋给变量 user_entry
```

【例 3-20】 在 MATLAB 中演示如何使用 input 函数。

解： 在命令窗口输入并运行以下代码。

```
>> clear,clc
>> a=input('input a number: ')      %输入数值给 a
input a number: 45
a =
    45
>> b=input('input a number: ','s')  %输入字符串给 b
input a number: 45
b =
    '45'
>> input('input a number: ')        %将输入值进行运算
input a number: 2+3
ans =
    5
```

5. keyboard命令

在 MATLAB 中，将 keyboard 命令放置到 M 文件中，将使程序暂停运行，等待键盘命令。通过提示符 K 来显示一种特殊状态，只有当用户使用 return 命令结束输入后，控制权才交还给程序。在 M 文件中使用该命令，对程序的调试和在程序运行中修改变量都会十分方便。

【例 3-21】 在 MATLAB 中，演示如何使用 keyboard 命令。

解： keyboard 命令使用过程如下所示。

```
>> keyboard
K>> for i=1:9
   if i==3
      continue
   end
   fprintf('i=%d\n',i)
   if i==5
      break
   end
end
i=1
i=2
i=4
i=5
K>> return
>>
```

从上面的程序代码中可以看出，当输入 keyboard 命令后，在提示符的前面会显示 K 提示符，而当用户输入 return 后，提示符恢复正常的提示效果。

在 MATLAB 中，keyboard 命令和 input 命令的不同在于，keyboard 命令允许用户输入任意多个 MATLAB命令，而 input 命令则只能输入赋值给变量的数值。

6. error和warning命令

在 MATLAB 中，编写 M 文件的时候，经常需要提示一些警告信息。为此，MATLAB 提供了下面几个常见的命令。

```
error('message')                          %显示出错信息 message，终止程序
errordlg('errorstring','dlgname')         %显示出错信息的对话框，对话框的标题为 dlgname
warning('message')                        %显示出错信息 message，程序继续进行
```

【例 3-22】查看 MATLAB 的不同错误提示模式。

解： 在 MATLAB 编辑器中输入以下程序，并将其保存为"Error"文件。

```
n=input('Enter: ');
if n<2
    error('message');
else
    n=2;
end
```

返回 MATLAB 命令窗口，在命令窗口输入 Error，然后分别输入数值 1 和 2，得到如下结果。

```
>> Error
Enter: 1
尝试将 SCRIPT error 作为函数执行:
D:\MATLAB code\error.m
出错 error (line 3)
    error('message');
 >> Error
Enter: 2
```

将上述编辑器中程序修改为如下程序。

```
n=input('Enter: ');
if n<2
%     errordlg('Not enough input data','Data Error');
    warning('message');
else
    n=2;
end
```

返回 MATLAB 命令窗口，在命令窗口输入 Error，然后分别输入数值 1 和 2，得到如下结果。

```
>> Error
Enter: 1
警告: message
> In Error (line 4)
>> Error
Enter: 2
```

在上面的程序代码中，演示了 MATLAB 中不同的错误信息方式。其中，error 和 warning 命令的主要区别在于 warning 命令指示警告信息后继续运行程序。

3.4　程序调试和优化

程序调试的目的是检查程序是否正确，即程序能否顺利运行并得到预期结果。在运行程序之前，应先设想到程序运行的各种情况，测试在各种情况下程序是否能正常运行。

MATLAB 程序调试工具只能对 M 文件中的语法错误和运行错误进行定位，但是无法评价该程序的性能。MATLAB 提供了一个性能剖析指令 profile，使用它可以评价程序的性能指标，获得程序各个环节的耗时分析报告。依据该分析报告可以寻找程序运行效率低下的原因，以便修改程序。

3.4.1　程序调试命令

MATLAB 提供了一系列程序调试命令，利用这些命令，可以在调试过程中设置、清除和列出断点，逐行运行 M 文件，在不同的工作区检查变量，用来跟踪和控制程序的运行，帮助寻找和发现错误。所有的程序调试命令都是以字母 db 开头的，如表 3-2 所示。

表 3-2　程序调试命令

命　　令	功　　能
dbstop in fname	在M文件fname的第一个可执行程序上设置断点
dbstop at r in fname	在M文件fname的第r行程序上设置断点
dbstop if v	当遇到条件v时，停止运行程序；当发生错误时，条件v可以是error；当发生NaN或inf时，也可以是naninf/infnan
dstop if warning	如果有警告，则停止运行程序
dbclear at r in fname	清除文件fname的第r行处断点
dbclear all in fname	清除文件fname中的所有断点
dbclear all	清除所有M文件中的所有断点
dbclear in fname	清除文件fname第一个可执行程序上的所有断点
dbclear if v	清除第v行由dbstop if v设置的断点
dbstatus fname	在文件fname中列出所有的断点
dbstatus	显示存放在dbstatus中用分号隔开的行数信息
dbstep	运行M文件的下一行程序
dbstep n	执行下n行程序，然后停止
dbstep in	在下一个调用函数的第一个可执行程序处停止运行
dbcont	执行所有行程序直至遇到下一个断点或到达文件尾
dbquit	退出调试模式

进行程序调试，要调用带有一个断点的函数。当 MATLAB 进入调试模式时，提示符为 K>>。此时只能访问函数的局部变量，不能访问 MATLAB 工作区中的变量。

3.4.2　常见错误类型

常见错误类型有以下几种。

（1）输入错误。常见的输入错误除了在写程序时疏忽所导致的手误外，一般还有：

① 在输入某些标点时没有切换成英文状态；

② 表示循环或判断语句的关键词 for、while、if 的个数与 end 的个数不对应（尤其是在多层循环嵌套语句中）；

③ 左右括号不对应。

（2）语法错误。不符合 MATLAB 语言规定即为语法错误。例如在表示数学式 $k_1 \leqslant x \leqslant k_2$ 时，不能直接写成 k1<=x<=k2，而应写成 k1<=x&x<=k2。此外，输入错误也可能导致语法错误。

（3）逻辑错误。在程序设计中逻辑错误也是较为常见的一类错误，这类错误往往隐蔽性较强、不易查找。产生逻辑错误的原因通常是算法设计有误，这时需要对算法进行修改。

（4）运行错误。程序的运行错误通常包括不能正常运行和运行结果不正确，出错的原因一般有：

① 数据不对，即输入的数据不符合算法要求；

② 输入的矩阵大小不对，尤其是当输入的矩阵为一维数组时，应注意行向量与列向量在使用上的区别；

③ 程序不完善，只能对某些数据运行正确，而对另一些数据则运行错误，或是根本无法正常运行。

对于简单的语法错误，可以采用直接调试法，即直接运行该 M 文件，MATLAB 将直接找出语法错误的类型和位置，根据 MATLAB 的反馈信息对语法错误进行修改。

当 M 文件很大或 M 文件中含有复杂的嵌套时，则需要使用 MATLAB 调试器来对程序进行调试，即使用 MATLAB 提供的大量调试函数以及与之对应的图形化工具。

【例 3-23】编写一个判断 2000—2010 年间的闰年年份的程序并对其进行调试。

解：（1）在编辑器窗口输入以下程序代码，并保存为 leapyear.m 文件。

```
%程序为判断 2000—2010 年 10 年间的闰年年份
%本程序没有输入/输出变量
%函数的调用格式为 leapyear，输出结果为 2000—2010 年 10 年间的闰年年份
function  leapyear                %定义函数 leapyear
for year=2000: 2010               %定义循环区
    sign=1;
    a = rem(year,100);            %求 year 除以 100 后的剩余数
    b = rem(year,4);              %求 year 除以 4 后的剩余数
    c = rem(year,400);           %求 year 除以 400 后的剩余数
    if a =0                       %以下根据 a、b、c 是否为 0 对标志变量 sign 进行处理
        signsign=sign-1;
    end
    if b=0
        signsign=sign+1;
    end
    if c=0
        signsign=sign+1;
    end
    if sign=1
        fprintf('%4d \n',year)
```

```
        end
    end
```

（2）运行以上 M 程序，此时 MATLAB 命令行窗口会给出如下错误提示。

```
>> leapyear
错误: 文件: leapyear.m 行: 5 列: 14
文本字符无效。请检查不受支持的符号、不可见的字符或非 ASCII 字符的粘贴。
```

由错误提示可知，在程序的第 5 行存在语法错误，检测可知"："应修改为"："，修改后继续运行提示如下错误。

```
>> leapyear
错误: 文件: leapyear.m 行: 10 列: 10
'=' 运算符的使用不正确。要为变量赋值，请使用 '='。要比较值是否相等，请使用 '=='。
```

检测可知 if 选择判断语句中，用户将"=="写成了"="。因此将"="改成"=="，同时也更改第 13、16、19 行中的"="为"=="。

（3）程序修改并保存完成后，可直接运行修正后的程序，程序运行结果为

```
>> leapyear
2000
2001
2002
2003
2004
2005
2006
2007
2008
2009
2010
```

显然，2001—2010 年不可能每年都是闰年，由此判断程序存在运行错误。

（4）分析原因。可能在处理年号是否为 100 的倍数时，变量 sign 存在逻辑错误。

（5）断点设置。断点为 MATLAB 程序执行时人为设置的中断点，程序运行至断点时便自动停止运行，等待下一步操作。设置断点只需要用鼠标单击程序行左侧的"–"使得"–"变成红色的圆点（当存在语法错误时圆点颜色为灰色），如图 3-8 所示。

在可能存在逻辑错误或需要显示相关代码执行数据的附近设置断点，例如本例中的 12、15 和 18 行。再次单击红色圆点可以去除断点。

（6）运行程序。按 F5 快捷键或单击选项卡中的 ▷ 按钮执行程序，此时其他调试按钮将被激活。程序运行至第一个断点暂停，在断点右侧则出现向右指向的绿色箭头，如图 3-9 所示。

程序调试运行时，在 MATLAB 的命令行窗口中将显示如下内容。

```
>> leapyear
K>>
```

此时可以输入一些调试指令，更加方便对程序调试的相关中间变量进行查看。

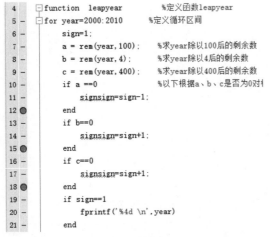

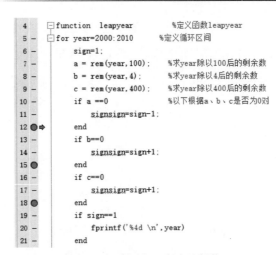

图 3-8　断点标记　　　　　　　　　　　　　　　图 3-9　程序运行至断点处暂停

（7）单步调试。可以通过按 F10 键或单击选项卡中相应的 ▣步进按钮，此时程序将一步一步按照用户需求向下执行，如图 3-10 所示，在按 F10 键后，程序从第 12 步运行到第 13 步。

（8）查看中间变量。将鼠标停留在某个变量上，MATLAB 将会自动显示该变量的当前值，如图 3-11 所示。也可以在 MATLAB 的工作区中直接查看所有中间变量的当前值，如图 3-12 所示。

图 3-10　程序单步执行　　　　　　　　　　　图 3-11　用鼠标停留方法查看中间变量

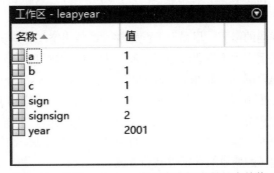

图 3-12　查看 workspace 中所有中间变量的当前值

（9）修正代码。通过查看中间变量可知，在任何情况下 sign 的值都是 1，此时调整修改程序代码如下：

```
%程序为判断 2000—2010 年 10 年间的闰年年份
%本程序没有输入/输出变量
%函数的调用格式为 leapyear，输出结果为 2000—2010 年 10 年间的闰年年份
function leapyear
for year=2000:2010
    sign=0;                              %修改为 0
    a = rem(year,400);                   %修改为 400
    b = rem(year,4);
    c = rem(year,100);                   %修改为 100
    if a ==0
        sign=sign+1;                     %signsign 修改为 sign，-修改为+
    end
    if b==0
        sign=sign+1;
    end
    if c==0
        sign=sign-1;                     %signsign 修改为 sign，+修改为-
    end
    if sign==1
        fprintf('%4d \n',year)
    end
end
```

按 F5 键再次执行程序，运行结果如下：

```
>> leapyear
2000
2004
2008
```

分析发现，结果正确，此时程序调试结束。

3.4.3 效率优化

在程序编写的起始阶段，往往将精力集中在程序的功能实现、结构、准确性和可读性等方面，很少考虑程序的执行效率问题，只是在程序不能够满足需求或者效率太低的情况下才考虑对程序的性能进行优化。由于程序所解决的问题不同，程序的效率优化存在差异，这对编程人员的经验以及对函数的编写和调用有一定的要求，一些通用的程序效率优化建议如下。

程序编写时依据所处理问题的需要，尽量预分配足够大的数组空间，避免在出现循环结构时增加数组空间，但是也要注意不能太大而产生不需要的数组空间，太多的大数组会影响内存的使用效率。例如，声明一个 8 位整型数组 A 时，A=repmat(int8(0),5000,5000)要比 A=int8zeros(5000,5000))快 25 倍左右，且更节省内存。因为前者中的双精度 0 仅需一次转换，然后直接申请 8 位整型内存；而后者不但需要为 zeros(5000,5000))申请 double 型内存空间，而且还需要对每个元素都执行一次类型转换。需要注意的是：

（1）尽量采用函数文件而不是脚本文件，通常运行函数文件都比脚本文件效率更高。

（2）尽量避免更改已经定义的变量的数据类型和维数。

（3）合理使用逻辑运算，防止陷入死循环。

（4）尽量避免不同类型变量间的相互赋值，必要时可以使用中间变量解决。

（5）尽量采用实数运算，对于复数运算可以转化为多个实数进行运算。

（6）尽量将运算转化为矩阵的运算。

（7）尽量使用 MATLAB 的 load、save 指令而避免使用文件的 I/O 操作函数进行文件操作。

以上建议仅供参考，针对不同的应用场合，用户可以有所取舍。程序的效率优化通常要结合 MATLAB 的优势，由于 MATLAB 的优势是矩阵运算，所以尽量将其他数值运算转化为矩阵的运算，在 MATLAB 中处理矩阵运算的效率要比简单四则运算更加高效。

3.4.4　内存优化

内存优化对于普通用户而言可以不用顾及，当前计算机内存容量已能满足大多数数学运算的需求，而且 MATLAB 本身对计算机内存优化提供的操作支持较少，只有遇到超大规模运算时，内存优化才能起到作用。下面给出几个比较常见的内存操作函数，可以在需要时使用。

whos：查看当前内存使用状况。

clear：删除变量及其内存空间，可以减少程序的中间变量。

save：将某个变量以 mat 数据文件的形式存储到磁盘中。

load：载入 mat 数据到内存空间。

由于内存操作函数在函数运行时使用较少，合理地优化内存操作往往由用户编写程序时养成的习惯和经验决定，一些好的做法如下：

（1）尽量保证创建变量的集中性，最好在函数开始时创建。

（2）对于含零元素多的大型矩阵，尽量转换为稀疏矩阵。

（3）及时清除占用内存很大的临时中间变量。

（4）尽量少开辟新的内存，而是重用内存。

程序的优化本质上也是算法的优化，如果一个算法描述得比较详细，几乎也就指定了程序的每一步。若算法本身描述得不够详细，在编程时会给某些步骤的实现方式留有较大空间，这样就需要找到尽量好的实现方式以达到程序优化的目的。如果一个算法设计得足够"优"，就等同于从源头上控制了程序走向"劣质"。

算法优化的一般要求：不仅在形式上尽量做到步骤简化、简单易懂，更重要的是用最少的时间复杂度和空间复杂度完成所需计算。包括巧妙的程序设计流程、灵活的循环控制过程（如及时跳出循环或结束本次循环）、较好的搜索方式及正确的搜索对象等，以避免不必要的计算过程。

例如，在判断一个整数 m 是否为素数时，可以看它能否被 $[2, m/2]$ 区间的整数整除，而更快的方法是，只需看它能否被 $[2, \sqrt{m}]$ 区间的整数整除就可以了。再比如，在求与之间的所有素数时跳过偶数直接对奇数进行判断，这都体现了算法优化的思想。

【例 3-24】 编写冒泡排序算法程序。

解： 冒泡排序是一种简单的交换排序，其基本思想是两两比较待排序记录，如果是逆序则进行交换，直到这个记录中没有逆序的元素。

该算法的基本操作是逐轮进行比较和交换。第一轮比较将最大记录放在 $x[n]$ 的位置。一般地，第 i 轮从 $x[1]$ 到 $x[n-i+1]$ 依次比较相邻的两个记录，将这 $n-i+1$ 个记录中的最大者放在第 $n-i+1$ 的位置上。其算法程序如下：

```
function s=BubbleSort(x)
%冒泡排序，x 为待排序数组
n=length(x);
for i=1:n-1                    %最多做 n-1 趟排序
    flag=0;                    %flag 为交换标志，本趟排序开始前，交换标志应为假
    for j=1:n-i               %每次从前向后扫描，j 从 1 到 n-i
        if x(j)>x(j+1)        %如果前项大于后项则进行交换
            t=x(j+1);
            x(j+1)=x(j);
            x(j)=t;
            flag=1;            %当发生了交换，将交换标志置为真
        end
    end
    if (~flag)                 %若本趟排序未发生交换，则提前终止程序
        break;
    end
end
s=x;
```

本程序通过使用标志变量 flag 来标志每一轮排序是否发生交换，若某轮排序一次交换都没有发生，则说明此时数组已经为有序（正序），应提前终止算法（跳出循环）。若不使用这样的标志变量来控制循环往往会增加不必要的计算量。

3.5 本章小结

本章首先简单介绍了 MATLAB 编程概述和编程原则；其次详细讲述了分支结构、循环结构以及其他控制程序指令，并通过案例说明如何用 MATLAB 进行程序设计，如何编写清楚、高效的程序；最后对 MATLAB 程序调试做了简单介绍，并指出了一些使用技巧和编程者常犯的错误。

第 4 章

图 形 绘 制

强大的绘图功能是 MATLAB 的鲜明特点之一，它提供了一系列的绘图函数，读者不需要过多地考虑绘图的细节，只需要给出一些基本参数就能得到所需图形。此外，MATLAB 还对绘出的图形提供了各种修饰方法，使图形更加美观、精确。而输出的信号图形又是信号处理的重要表现形式，因此本章详细介绍如何使用 MATLAB 进行图形绘制。

学习目标：

（1）了解 MATLAB 数据绘图；

（2）熟练掌握 MATLAB 二维绘图；

（3）熟练掌握 MATLAB 三维绘图；

（4）了解 MATLAB 多种特殊图形的绘制。

4.1 数据图像绘制简介

数据可视化的目的是通过图形，从一堆杂乱的离散数据中观察数据间的内在关系，感受由图形所传递的内在本质。

MATLAB 一向注重数据的图形表示，并不断地采用新技术改进和完备其可视化功能。

4.1.1 离散数据可视化

任何二元实数标量对 (x_a, y_a) 可以在平面上表示一个点；任何二元实数向量对 (X, Y) 可以在平面上表示一组点。

对于离散实函数 $y_n = f(x_n)$，当 $X = [x_1, x_2, \cdots, x_n]$ 以递增或递减的次序取值时，有 $Y = [y_1, y_2, \cdots, y_n]$，这样，当直角坐标序列点表示用该向量对时，实现了离散数据的可视化。

在科学研究中，当处理离散量时，可以用离散序列图来表示离散量的变化情况。

函数 stem 用于实现离散图形的绘制，其调用格式为

stem(y)	%以 x=1,2,3,…作为各个数据点的 x 坐标，以向量 y 的值为 y 坐标，在（x,y）坐标点画一个空心小圆圈，并连接一条线段到 x 轴
stem(x,y,'option')	%以 x 向量的各个元素为 x 坐标，以 y 向量的各个对应元素为 y 坐标，在（x,y）坐标点画一个空心小圆圈，并连接一条线段到 x 轴。option 选项表示绘图时的线型、颜色等设置
stem(x,y,'filled')	%以 x 向量的各个元素为 x 坐标，以 y 向量的各个对应元素为 y 坐标，在（x,y）坐标点画一个空心小圆圈，并连接一条线段到 x 轴

【例 4-1】用 stem 函数绘制一个离散序列图。

解：在编辑器窗口中编写如下代码。

```
clear,clc
X = linspace(0,2*pi,25)';
Y = (cos(2*X));
stem(X,Y,'LineStyle','-.','MarkerFaceColor','red','MarkerEdgeColor','green')
```

执行程序后，输出如图 4-1 所示的图形。

【例 4-2】用 stem 函数绘制一个线型为圆圈的离散序列图。

解：在编辑器窗口中编写如下代码。

```
clear,clc
x = 0:25;
y = [exp(-.04*x).*cos(x);exp(.04*x).*cos(x)]';
h = stem(x,y);
set(h(1),'MarkerFaceColor','blue')
set(h(2),'MarkerFaceColor','red','Marker','square')
```

执行程序后，输出如图 4-2 所示的图形。

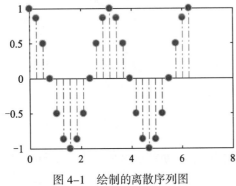

图 4-1　绘制的离散序列图

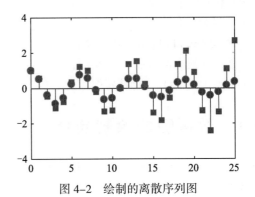

图 4-2　绘制的离散序列图

除了可以使用 stem 函数之外，使用离散数据也可以绘制离散函数图形。

【例 4-3】用图形表示离散函数。

解：在编辑器窗口中编写如下代码。

```
clear,clc
n=0:10;                   %产生一组离散自变量
y=1./abs(n-6);            %计算相应点的函数值
plot(n,y,'r*','MarkerSize',15)  %用尺寸 15 的红星
                          %号标出函数点
grid on                   %画出坐标方格
```

执行程序后，输出如图 4-3 所示的图形。

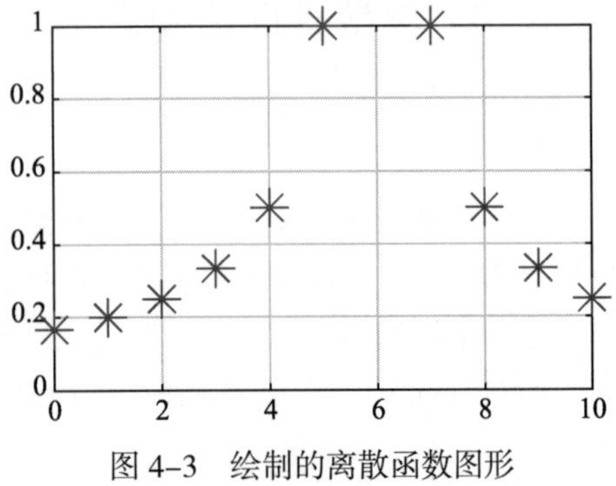

【例 4-4】画出函数 $y = \mathrm{e}^{-\alpha t}\sin\beta t$ 的茎图。

解：在编辑器窗口中编写如下代码。

图 4-3　绘制的离散函数图形

```
clear,clc
a=0.03; b=0.8;
t = 0:1:60;
y = exp(-a*t).*sin(b*t) ;
```

```
plot(t,y)                                       %利用函数plot绘制图形
title('茎图')

figure, stem(t,y)                               %利用二维的茎图函数stem绘制图形
xlabel('Time'),ylabel('stem'),title('茎图')
```

执行程序后，得到 plot 函数绘制的图形如图 4-4 所示，stem 函数绘制的二维茎图如图 4-5 所示。

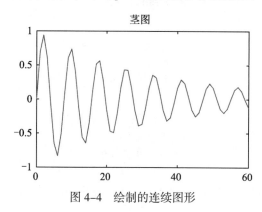

图 4-4 绘制的连续图形

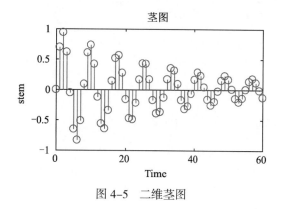

图 4-5 二维茎图

4.1.2 连续函数可视化

对于连续函数可以取一组离散自变量，然后计算函数值，与离散数据的显示方式一样显示。一般画函数或方程式的图形，都是先标上几个图形上的点，进而再将点连接即为函数图形，其点越多图形越平滑。

在 MATLAB 中利用 plot 函数进行二维画图，绘图时先给出 x 和 y 坐标（离散数据），再将这些点连接。其调用格式为

```
plot(x,y)                               %x 为图形上 x 坐标向量，y 为其对应的 y 坐标向量
```

【例 4-5】用图形表示连续调制波形 $y = \sin t \sin 7t$。

解： 在编辑器窗口中编写如下代码。

```
clear,clc
t1=(0:13)/13*pi;                                %自变量取 14 个点
y1=sin(t1).*sin(7*t1);                          %计算函数值
t2=(0:40)/40*pi;                                %自变量取 41 个点
y2=sin(t2).*sin(7*t2);
subplot(2,2,1);                                 %在子图 1 上画图
plot(t1,y1,'r.');                               %用红色的点显示
axis([0,pi,-1,1]);title('子图 1');              %定义坐标大小，显示子图标题
subplot(2,2,2);                                 %子图 2 用红色的点显示
plot(t2,y2,'r.');
axis([0,pi,-1,1]);title('子图 2')
subplot(2,2,3);                                 %子图 3 用直线连接数据点和红色的点显示
plot(t1,y1,t1,y1,'r.')
axis([0,pi,-1,1]);title('子图 3')
subplot(2,2,4);                                 %子图 4 用直线连接数据点
plot(t2,y2);
axis([0,pi,-1,1]);title('子图 4')
```

执行程序后，输出图形如图 4-6 所示。

【例 4-6】分别取 8、40、80 个点，绘制 $y = 2\sin x, x \in [0, 2\pi]$ 的图形。

解：在编辑器窗口中编写如下代码。

```
clear,clc
x8= linspace(0,2*pi,8);              %在 0~2π，等分取 8 个点
y8 =2* sin(x8);                      %计算 x 的正弦函数值
plot(x8,y8);                         %进行二维平面描点作图
title('8 个点绘图')


x40= linspace(0,2*pi,40);            %在 0~2π，等分取 40 个点
y40 =2* sin(x40);                    %计算 x 的正弦函数值
plot(x40,y40);                       %进行二维平面描点作图
title('40 个点绘图')


x80 = linspace(0,2*pi,80);           %在 0~2π，等分取 80 个点
y80 = 2*sin(x80);                    %计算 x 的正弦函数值
plot(x80,y80);                       %进行二维平面描点作图
title('80 个点绘图')
```

执行程序后，输出 8 个点图形如图 4-7 所示，输出 40 个点图形如图 4-8 所示，输出 80 个点图形如图 4-9 所示。

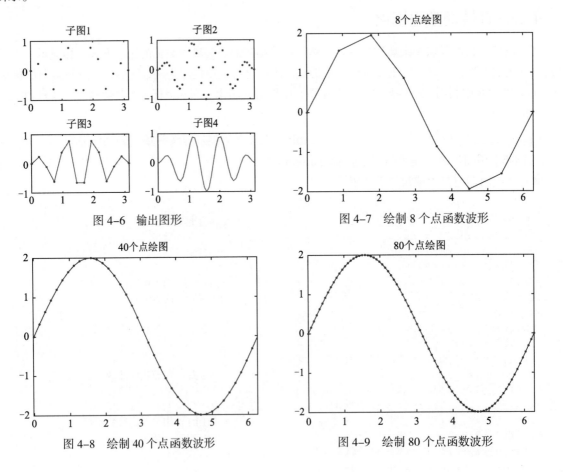

图 4-6 输出图形

图 4-7 绘制 8 个点函数波形

图 4-8 绘制 40 个点函数波形

图 4-9 绘制 80 个点函数波形

4.2　二维绘图

MATLAB 不但擅长与矩阵相关的数值运算，而且还提供许多在二维和三维空间内显示可视信息的函数，利用这些函数可以绘制出所需的图形。本节重点介绍二维绘图的基础内容。

4.2.1　二维图形绘制

函数 plot 也用于二维图形绘制，其调用格式为

```
plot(X,'s')
%当 X 是实向量时，以向量元素的下标为横坐标，元素值为纵坐标画一连续曲线
%当 X 是实矩阵时，按列绘制每列元素值对应其下标的曲线，曲线数目等于 X 矩阵的列数
%当 X 是复数矩阵时，按列分别以元素实部和虚部为横、纵坐标绘制多条曲线
plot(X,Y,'s')
%当 X、Y 是同维向量时，则绘制以 X、Y 元素为横、纵坐标的曲线
%当 X 是向量，Y 是有一维与 X 等维的矩阵时，则绘出多根不同彩色的曲线。曲线数等于 Y 的另一维数，X 作为
%这些曲线的共同坐标
%当 X 是矩阵，Y 是向量时，情况与上相同，Y 作为共同坐标
%当 X、Y 是同维实矩阵时，则以 X、Y 对应的元素为横、纵坐标分别绘制曲线，曲线数目等于矩阵的列数
plot(X1,Y1,'s1',X2,Y2,'s2',...)
%s、s1、s2 是用来指定线型、色彩、数据点形的字符串
```

【例 4-7】 绘制一组幅值不同的正弦函数。

解： 在编辑器窗口中编写如下代码。

```
clear,clc
t=(0:pi/8:2*pi)';          %横坐标列向量
k=0.2:0.1:1;               %9 个幅值
Y=sin(t)*k;                %9 条函数值矩阵
plot(t,Y)
title('函数值曲线')
```

执行程序后，输出如图 4–10 所示的图形。

【例 4-8】 用图形表示连续调制波形及其包络线。

解： 在编辑器窗口中编写如下代码。

```
clear,clc
t=(0:pi/100:3*pi)';
y1=sin(t)*[1,-1];
y2=sin(t).*sin(7*t);
t3=pi*(0:7)/7;
y3=sin(t3).*sin(7*t3);
plot(t,y1,'r:',t,y2,'b',t3,y3,'b*')
axis([0,2*pi,-1,1])
title('连续调制波形及其包络线')
```

执行程序后，输出如图 4–11 所示的图形。

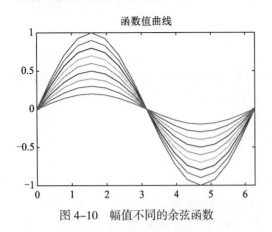

图 4-10　幅值不同的余弦函数

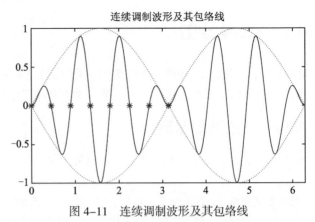

图 4-11　连续调制波形及其包络线

【例 4-9】 用复数矩阵形式画图形。

解： 在编辑器窗口中编写如下代码。

```
clear,clc
t=linspace(0,2*pi,100)';
X=[cos(t),cos(2*t),cos(3*t)]+i*sin(t)*[1,1,1];
plot(X),axis square;
legend('1','2','3')
```

执行程序后，输出如图 4-12 所示的图形。

【例 4-10】 采用模型 $\dfrac{x^2}{a^2}+\dfrac{y^2}{23-a^2}=1$，画一组椭圆。

解： 在编辑器窗口中编写如下代码。

```
clear,clc
th=[0:pi/50:2*pi]';
a =[0.5:.5:4.5];
X =cos(th)*a;
Y =sin(th)*sqrt(23-a.^2);
plot(X,Y), title('椭圆图形')
axis('equal'),xlabel('x'),ylabel('y')
```

执行程序后，输出如图 4-13 所示的椭圆图形。

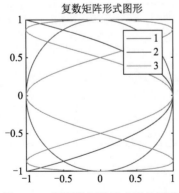

图 4-12　用复数矩阵形式画的图形

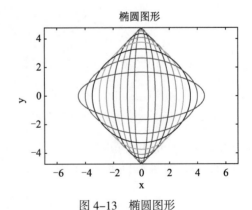

图 4-13　椭圆图形

4.2.2　二维图形的修饰

MATLAB 在绘制二维图形的时候，还提供了多种修饰图形的方法，包括色彩、线型、点型、坐标轴等等方面。本节详细介绍 MATLAB 中常见的二维图形修饰方法。

1. 坐标轴的调整

在一般情况下不必选择坐标系，MATLAB 可以自动根据曲线数据的范围选择合适的坐标系，从而使曲线尽可能清晰地显示出来。但是，如果对 MATLAB 自动产生的坐标轴不满意，可以利用 axis 函数对坐标轴进行调整。

```
axis(xmin xmax ymin ymax)
%将所画图形的 x 轴的大小范围限定在 xmin ~ xmax，y 轴的大小范围限定在 ymin ~ ymax
```

在 MATLAB 中，坐标轴控制的方法如表 4–1 所示。

表 4-1　坐标轴控制方法

指　　令	说　　明	指　　令	说　　明
axis auto	使用缺省设置	axis equal	纵、横轴采用等长刻度
axis manual	使用当前坐标范围不变	axis fill	Manual方式起作用，坐标充满整个绘图区
axis off	取消轴背景	axis image	同equal且坐标紧贴数据范围
axis on	使用轴背景	axis normal	缺省矩形坐标系
axis ij	矩阵式坐标，原点在左上方	axis square	产生正方形坐标系
axis xy	直角坐标，原点在左下方	axis tight	数据范围设为坐标范围
axis(V);V = [x1, x2, y1, y2]; V = [x1,　x2, y1, y2, z1, z2]	人工设定坐标范围	axis vis3d	保持高、宽比不变，用于三维旋转时避免图形大小变化

【例 4-11】尝试使用不同的 MATLAB 坐标轴控制指令，观察各种坐标轴控制指令的影响。

解： 在编辑器窗口中编写如下代码。

```
clear,clc
t=0:2*pi/97:2*pi;
x=1.13*cos(t);
y=3.23*sin(t);                              %椭圆
subplot(2,3,1),plot(x,y),grid on           %子图 1
axis normal,title('normal');
subplot(2,3,2),plot(x,y),grid on           %子图 2
axis equal,title('equal')
subplot(2,3,3),plot(x,y),grid on           %子图 3
axis square,title('Square')
subplot(2,3,4),plot(x,y),grid on           %子图 4
axis image,box off,title('Image and Box off')
subplot(2,3,5),plot(x,y),grid on           %子图 5
axis image fill,box off,title('Image Fill')
subplot(2,3,6),plot(x,y),grid on           %子图 6
axis tight,box off,title('Tight')
```

执行程序后，输出如图 4–14 所示的图形。

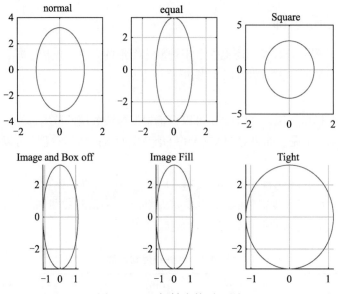

图 4-14　坐标轴变换对比图

【例 4-12】将一个正弦函数的坐标轴由默认值修改为指定值。

解： 在编辑器窗口中编写如下代码。

```
clear,clc
x=0:0.03:3*pi;
y=sin(x);
plot(x,y)
axis([0 3*pi -2 2]) ,title('正弦波图形')
```

执行程序后，输出如图 4-15 所示的图形。

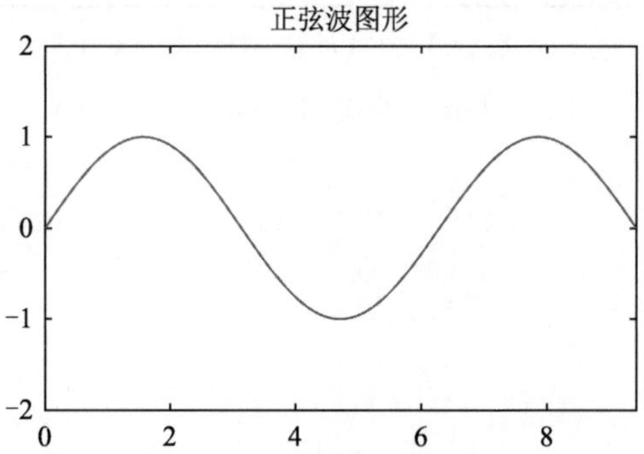

2. 设置坐标框

使用 box 函数，可以开启或封闭二维图形的坐标框，其使用方法如下。

```
box                    %坐标框在封闭和开启间切换
box on                 %开启
box off                %封闭
```

在实际使用过程中，系统默认坐标框处于开启状态。

【例 4-13】使用 box 函数，演示坐标框开启和封闭之间的区别。

解： 在编辑器窗口中编写如下代码。

```
clear,clc;
x = linspace(-3*pi,3*pi);
y1 = sin(x);
y2 = cos(x);
figure
h = plot(x,y1,x,y2);
box on
```

图 4-15　坐标轴调整示意图

执行程序后，输出如图 4-16 所示有坐标框的图形。

在上面代码后面增加如下语句。

```
box off;
```

即可以看到如图 4-17 所示的无坐标框二维图。

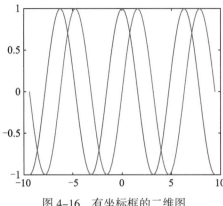

图 4-16　有坐标框的二维图

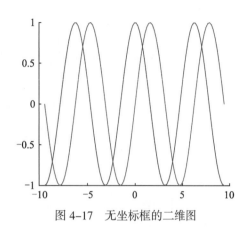

图 4-17　无坐标框的二维图

3. 图形标识

在 MATLAB 中增加标识可以使用 title 和 text 函数。其中，title 是将标识添加在固定位置，text 是将标识添加到用户指定位置。

```
title('string')                        %给绘制的图形加上固定位置的标题
xlabel ('string') ,ylabel ('string')   %给坐标轴加上标注
```

在 MATLAB 中，用户可以在图形的任意位置加注一串文本作为注释。在任意位置加注文本可以使用坐标轴确定文字位置的 text 函数，其调用格式为

```
text(x,y, 'string','option')
```

在图形的指定坐标位置(x,y)处，写出由 string 所给出的字符串。其中 x, y 坐标的单位是由后面的 option 选项决定的。如果不加选项，则 x, y 的坐标单位和图中一致；如果选项为'sc'，表示坐标单位是取左下角为(0,0)，右上角为(1,1)的相对坐标。

【例 4-14】图形标识示例。

解：在编辑器窗口中编写如下代码。

```
clear,clc
x=0:0.02:3*pi;
y1=2*sin(x);
y2=cos(x);
plot(x,y1,x,y2, '--'),grid on
xlabel ('弧度值'),ylabel ('函数值')
title('不同幅度的正弦与余弦曲线')
```

执行程序后，可输出如图 4-18 所示的图形，继续输入如下语句。

```
text(0.4,0.8, '正弦曲线', 'sc')
text(0.7,0.8, '余弦曲线', 'sc')
```

执行程序后，输出如图 4-19 所示的图形。

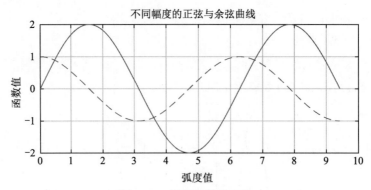

图4-18　标识坐标轴名称

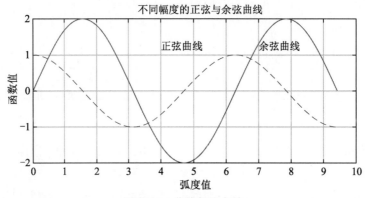

图4-19　曲线加注名称

【例4-15】使用 text 函数，计算标注文字的位置。

解： 在编辑器窗口中编写如下代码。

```
clear,clc
t = 0 : 700;
hold on;
plot ( t, 0.35 * exp ( -0.005 * t ) );
text (300,0.35*exp(-0.005*300),'\bullet \leftarrow \fontname {times} 0.05 at t =
300','FontSize',14)
hold off ;
```

执行程序后，输出如图4-20所示的图形。

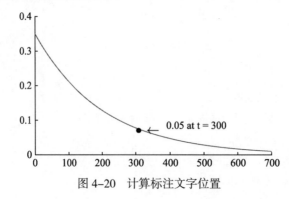

图4-20　计算标注文字位置

【例 4-16】使用 text 函数，绘制连续和离散数据图形，并对图形进行标识。

解： 在编辑器窗口中编写如下代码。

```
clear,clc
x = linspace ( 0, 2 * pi, 60 ) ;
a = sin ( x ) ;
b = cos ( x );
hold on
stem_handles=stem(x,a+b);
plot_handles=plot(x,a,'-r',x,b,'-g');
xlabel('时间' ),ylabel('量级' ),title('两函数的线性组合')
legend_handles = [stem_handles;plot_handles];
legend (legend_handles,'a+b','a=sin(x)','b=cos(x)')
```

执行程序后，输出如图 4-21 所示的详细文字标识图形。

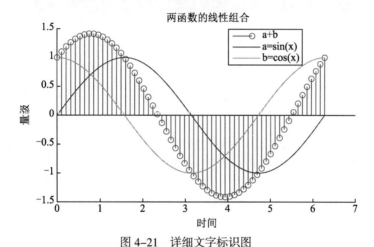

图 4-21　详细文字标识图

【例 4-17】使用 text 函数，绘制包括不同统计量的标注说明。

解： 在编辑器窗口中编写如下代码。

```
clear,clc
x = 0:0.3:15;
b = bar(rand(10,5),'stacked'); colormap(summer); hold on
x=plot(1:10,5*rand(10,1),'marker','square','markersize',12,'markeredgecolor','y',
...
    'markerfacecolor',[.6 0 .6], 'linestyle', '-','color','r', 'linewidth',2);
hold off
legend([b,x],'Carrots','Peas','Peppers','Green Beans', 'Cucumbers','Eggplant')

b = bar(rand(10,5),'stacked');
colormap(summer);
hold on
x=plot(1:10,5*rand(10,1),'marker','square','markersize',12, 'markeredgecolor','y',
...
    'markerfacecolor',[.6 0 .6], 'linestyle','-', 'color','r','linewidth',2);
```

```
hold off
legend([b,x],'Carrots','Peas','Peppers','Green Beans','Cucumbers','Eggplant')
```

执行程序后，输出如图 4-22 所示包括不同统计量的标注说明图形。

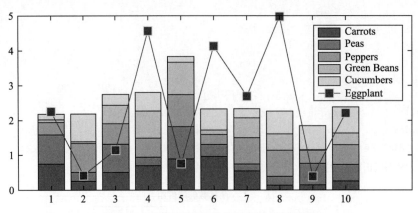

图 4-22　包括不同统计量的标注说明图形

4. 图案填充

MATLAB 除了可以直接画出单色二维图之外，还可以使用 patch 函数在指定的两条曲线和水平轴所包围的区域填充指定的颜色，其调用格式为

```
patch(x, y, [r g b])              %[r g b]中的 r 表示红色，g 表示绿色，b 表示蓝色。
```

【例 4-18】使用函数在图 4-23 中的两条实线之间填充红色，并在两条虚线之间填充黑色。

解：在编辑器窗口中编写如下代码。

```
clear,clc
x=-1:0.01:1;
y=-1.*x.*x;
plot(x,y,'-','LineWidth',1)
XX=x;YY=y;
hold on
y=-2.*x.*x;
plot(x,y,'r-','LineWidth',1)
hold on
XX=[XX x(end:-1:1)];YY=[YY y(end:-1:1)];
patch(XX,YY,'r')
y=-4.*x.*x;
plot(x,y,'g--','LineWidth',1)
XX=x;YY=y;
hold on
y=-8.*x.*x;
plot(x,y,'k--','LineWidth',1)
XX=[XX x(end:-1:1)];YY=[YY y(end:-1:1)];
patch(XX,YY,'b')
```

执行程序后，输出如图 4-24 所示的图形。

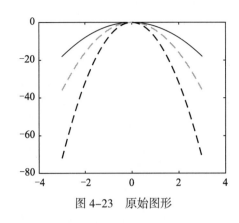

图 4-23　原始图形

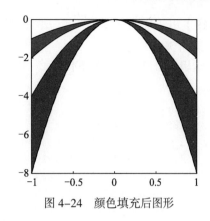

图 4-24　颜色填充后图形

4.2.3　子图绘制法

在一个图形窗口利用函数 subplot 可以同时画出多个子图形，其调用格式为

```
subplot(m,n,p)
%将当前图形窗口分成 m×n 个子窗口，并在第 x 个子窗口建立当前坐标平面
%子窗口按从左到右，从上到下的顺序编号，如图 4-25 所示
%如果 p 为向量，则以向量表示的位置建立当前子窗口的坐标平面
subplot(m,n,p,'replace')
%按图 4-25 建立当前子窗口的坐标平面时，若指定位置已经建立了坐标平面，则以新建的坐标平面代替
subplot(h)
%指定当前子图坐标平面的句柄 h，h 为按 mnp 排列的整数
%如图 4-25 所示的子图中，h=232 表示第 2 个子图坐标平面的句柄
subplot('Position',[left bottom width height])
%在指定的位置建立当前子图坐标平面
%把当前图形窗口看成是 1×1 的平面，left、bottom、width、height 分别在（0，1）的范围内取值
%left、bottom 分别表示所创建当前子图坐标平面距离图形窗口左边、底边的长度
%width、height 分别表示所建子图坐标平面的宽度、高度
h = subplot(___)
%创建当前子图坐标平面时，同时返回其句柄
```

注意：函数 subplot 只是创建子图坐标平面，在该坐标平面内绘制子图，仍然需要使用 plot 函数或其他绘图函数。

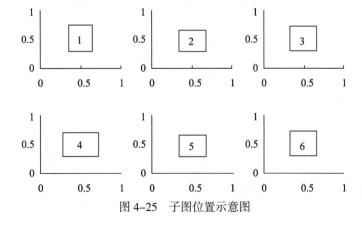

图 4-25　子图位置示意图

【例 4-19】用 subplot 函数画一个子图，要求两行两列共 4 个子窗口，并且分别画出正弦、余弦、正切、余切函数曲线。

解： 在编辑器窗口中编写如下代码。

```
clear,clc
x =-4:0.01:4;
subplot(2,2,1);plot(x,sin(x));                    %画 sin(x)
xlabel('x');ylabel('y');title('sin(x)')
subplot(2,2,2);plot(x,cos(x));                    %画 cos(x)
xlabel('x');ylabel('y');title('cos(x)');
subplot(2,2,3);
x = (-pi/2)+0.01:0.01:(pi/2)-0.01;
plot(x,tan(x));                                   %画 tan(x)
xlabel('x');ylabel('y');title('tan x');
subplot(2,2,4);
x = 0.01:0.01:pi-0.01;
plot(x,cot(x));                                   %画 cot(x)
xlabel('x');ylabel('y');title('cot x');
```

执行程序后，输出如图 4-26 所示的图形。

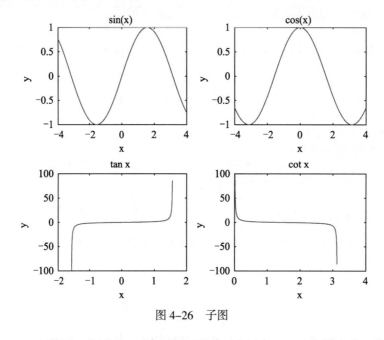

图 4-26　子图

【例 4-20】用 subplot 函数画一个子图，要求两行两列共 4 个子窗口，且分别显示 4 种不同的曲线图像。

解： 在编辑器窗口中编写如下代码。

```
clear,clc
t=0:pi/10:3*pi;
[x,y]=meshgrid(t);
subplot(2,2,1) ,plot(sin(t),cos(t)),axis equal
subplot(2,2,2) ,z=sin(x)+2*cos(y);
plot(t,z),axis([0 2*pi -2 2])
```

```
subplot(2,2,3) ,z=2*sin(x).*cos(y);
plot(t,z),axis([0 2*pi -1 1])
subplot(2,2,4) ,z=(sin(x).^2)-(cos(y).^2);
plot(t,z),axis([0 2*pi -1 1])
```

执行程序后，输出如图 4-27 所示的图形。

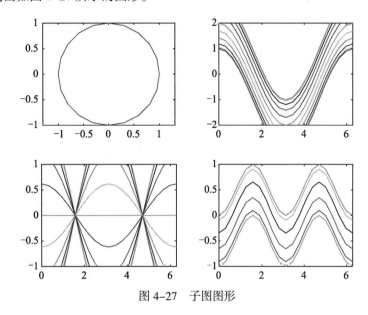

图 4-27　子图图形

4.2.4　二维绘图的经典应用

【例 4-21】利用 MATLAB 绘图函数，绘制模拟电路演示过程，要求电路中有蓄电池、开关和灯，开关默认处于不闭合状态。当开关闭合后，灯变亮。

解：在编辑器窗口中编写如下代码。

```
clear,clc
figure('name','模拟电路图');
axis([-4,14,0,10]);                                          %建立坐标系
hold on                                                      %保持当前图形的所有特性
axis('off');                                                 %关闭所有轴标注和控制
%绘制蓄电池的过程
fill([-1.5,-1.5,1.5,1.5],[1,5,5,1],[0.5,1,1]);
fill([-0.5,-0.5,0.5,0.5],[5,5.5,5.5,5],[0,0,0]);
text(-0.5,1.5,'-');
text(-0.5,3,'电池');
text(-0.5,4.5,'+');
%绘制导电线路的过程
plot([0;0],[5.5;6.7],'color','r','linestyle','-','linewidth',4);   %绘制竖实心导线
plot([0;4],[6.7;6.7],'color','r','linestyle','-','linewidth',4);   %绘制横实心导线
a=line([4;5],[6.7;7.7],'color','b','linestyle','-','linewidth',4); %绘制开关
plot([5.2;9.2],[6.7;6.7],'color','r','linestyle','-','linewidth',4);  %绘制横实心导线
plot([9.2;9.2],[6.7;3.7],'color','r','linestyle','-','linewidth',4);  %绘制竖实心导线
```

```
plot([9.2;9.7],[3.7;3.7],'color','r','linestyle','-','linewidth',4);    %绘制横实心导线
plot([0;0],[1;0],'color','r','linestyle','-','linewidth',4);            %绘制竖实心导线
plot([0;10],[0;0],'color','r','linestyle','-','linewidth',4);           %绘制横实心导线
plot([10;10],[0;3],'color','r','linestyle','-','linewidth',4);          %绘制竖实心导线
%绘制灯泡的过程
fill([9.8,10.2,9.7,10.3],[3,3,3.3,3.3],[0 0 0]);                        %确定填充范围
plot([9.7,9.7],[3.3,4.3],'color','b','linestyle','-','linewidth',0.5);  %绘制灯泡外形线
plot([10.3,10.3],[3.3,4.45],'color','b','linestyle','-','linewidth',0.5);
%绘制圆
x=9.7:pi/50:10.3;
plot(x,4.3+0.1*sin(40*pi*(x-9.7)),'color','b','linestyle','-','linewidth',0.5);
t=0:pi/60:2*pi;
plot(10+0.7*cos(t),4.3+0.6*sin(t),'color','b');
%下面是箭头及注释的显示
text(4.5,10,'电流方向');
line([4.5;6.6],[9.4;9.4],'color','r','linestyle','-','linewidth',4);    %绘制箭头横线
line(6.7,9.4,'color','b','linestyle','-','markersize',10);              %绘制箭头三角形
pause(1);
%绘制开关闭合的过程
t=0;
y=7.6;
while y>6.6                                              %电路总循环控制开关动作条件
    x=4+sqrt(2)*cos(pi/4*(1-t));
    y=6.7+sqrt(2)*sin(pi/4*(1-t));
    set(a,'xdata',[4;x],'ydata',[6.7;y]);
    drawnow;
    t=t+0.1;
end
%绘制开关闭合后模拟大致电流流向的过程
pause(1);
light=line(10,4.3,'color','y','marker','.','markersize',40);    %画灯丝发出的光：黄色
%画电流的各部分
h=line([1;1],[5.2;5.6],'color','r','linestyle','-','linewidth',4);
g=line(1,5.7,'color','b','linestyle','-','markersize',10);
%给循环初值
t=0;
m2=5.6;
n=5.6;
while n<6.5;                                             %确定电流竖向循环范围
    m=1;
    n=0.05*t+5.6;
    set(h,'xdata',[m;m],'ydata',[n-0.5;n-0.1]);
    set(g,'xdata',m,'ydata',n);
    t=t+0.01;
    drawnow;
end
t=0;
while t<1;                                               %在转角处的停顿时间
```

```
        m=1.2-0.2*cos((pi/4)*t);
        n=6.3+0.2*sin((pi/4)*t);
        set(h,'xdata',[m-0.5;m-0.1],'ydata',[n;n]);
        set(g,'xdata',m,'ydata',n);
        t=t+0.05;
        drawnow;
    end
    t=0;
    while t<0.4                                      %在转角后的停顿时间
        t=t+0.5;
        g=line(1.2,6.5,'color','b','linestyle','-','markersize',10);
        g=line(1.2,6.5,'color','b','linestyle','--','markersize',10);
        set(g,'xdata',1.2,'ydata',6.5);
        drawnow;
    end
    pause(0.5);
    t=0;
    while m<7                                         %确定第二个箭头的循环范围
        m=1.1+0.05*t;
        n=6.5;
        set(g,'xdata',m+0.1,'ydata',6.5);
        set(h,'xdata',[m-0.4;m],'ydata',[6.5;6.5]);
        t=t+0.05;
        drawnow;
    end
    t=0;
    while t<1                                         %在转角后的停顿时间
        m=8.1+0.2*cos(pi/2-pi/4*t);
        n=6.3+0.2*sin(pi/2-pi/4*t);
        set(g,'xdata',m,'ydata',n);
        set(h,'xdata',[m;m],'ydata',[n+0.1;n+0.5]);
        t=t+0.05;
        drawnow;
    end
    t=0;
    while t<0.4                                       %在转角后的停顿时间
        t=t+0.5;
        %绘制第三个箭头
        g=line(8.3,6.3,'color','b','linestyle','--','markersize',10);
        g=line(8.3,6.3,'color','b','linestyle','-','markersize',10);
        set(g,'xdata',8.3,'ydata',6.3);
        drawnow;
    end

    pause(0.5);
    t=0;
    while n>1                                         %确定箭头的运动范围
        m=8.3;
```

```
        n=6.3-0.05*t;
        set(g,'xdata',m,'ydata',n);
        set(h,'xdata',[m;m],'ydata',[n+0.1;n+0.5]);
        t=t+0.04;
        drawnow;
    end
    t=0;
    while t<1                                          %箭头的起始时间
        m=8.1+0.2*cos(pi/4*t);
        n=1-0.2*sin(pi/4*t);
        set(g,'xdata',m,'ydata',n);
        set(h,'xdata',[m+0.1;m+0.5],'ydata',[n;n]);
        t=t+0.05;
        drawnow;
    end
    t=0;
    while t<0.5
        t=t+0.5;
        %绘制第四个箭头
        g=line(8.1,0.8,'color','b','linestyle','--','markersize',10);
        g=line(8.1,0.8,'color','b','linestyle','-','markersize',10);
        set(g,'xdata',8.1,'ydata',0.8);
        drawnow;
    end
    pause(0.5);
    t=0;
    while m>1.1                                        %箭头的运动范围
        m=8.1-0.05*t;
        n=0.8;
        set(g,'xdata',m,'ydata',n);
        set(h,'xdata',[m+0.1;m+0.5],'ydata',[n;n]);
        t=t+0.04;
        drawnow;
    end
    t=0;
    while t<1                                          %停顿时间
        m=1.2-0.2*sin(pi/4*t);
        n=1+0.2*cos(pi/4*t);
        set(g,'xdata',m,'ydata',n);
        set(h,'xdata',[m;m+0.5],'ydata',[n-0.1;n-0.5]);
        t=t+0.05;
        drawnow;
    end
    t=0;
    while t<0.5                                        %画第五个箭头
        t=t+0.5;
        g=line(1,1,'color','b','linestyle','-','markersize',10);
        g=line(1,1,'color','b','linestyle','--','markersize',10);
```

```
        set(g,'xdata',1,'ydata',1);
        drawnow;
end
t=0;
while n<6.2
    m=1;
    n=1+0.05*t;
    set(g,'xdata',m,'ydata',n);
    set(h,'xdata',[m;m],'ydata',[n-0.5;n-0.1]);
    t=t+0.04;
    drawnow;
end
%绘制开关断开后的情况
t=0;
y=6.6;
while y<7.6                          %开关的断开
    x=4+sqrt(2)*cos(pi/4*t);
    y=6.7+sqrt(2)*sin(pi/4*t);
    set(a,'xdata',[4;x],'ydata',[6.7;y]);
    drawnow;
    t=t+0.1;
end
pause(0.2);                          %开关延时作用
nolight=line(10,4.3,'color','y','marker','.',
'markersize',40);
```

执行程序后，输出如图 4-28 所示的模拟电路演示图。

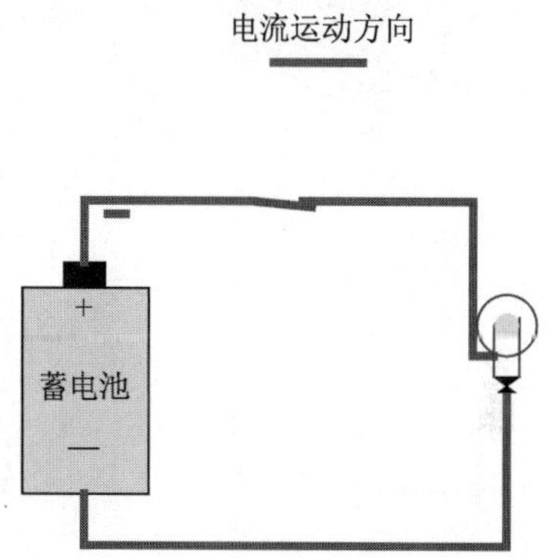

图 4-28　模拟电路演示图

4.3　三维绘图

MATLAB 中的三维图形包括三维折线图、曲线图、曲面图等。创建三维图形和创建二维图形的过程类似，都包括数据准备、绘图区选择、绘图、设置和标注，以及图形的打印或输出。不过，三维图形能够设置和标注更多的元素，如颜色过渡、光照和视角等。

4.3.1　三维绘图函数

绘制二维折线或曲线时，可以使用 plot 函数。与该函数类似，MATLAB 也提供了一个绘制三维折线或曲线的基本函数 plot3，其调用格式为

```
plot3(x1,y1,z1,option1,x2,y2,z2,option2,…)
```

plot3 函数以 x1，y1，z1 所给出的数据分别为 x，y，z 坐标值，option1 为选项参数，以逐点连线的方式绘制一个三维折线图形；同时，以 x2，y2，z2 所给出的数据分别为 x，y，z 坐标值，option2 为选项参数，以逐点连线的方式绘制另一个三维折线图形。

plot3 函数的功能及使用方法与 plot 函数类似，它们的区别在于前者绘制出的是三维图形。plot3 函数参数的含义与 plot 函数的参数含义相类似，它们的区别在于前者多了一个 z 方向上的参数。同样，各个参数的取值情况及其操作效果也与 plot 函数相同。

plot3 函数使用的是以逐点连线的方法来绘制三维折线的，当各个数据点的间距较小时，也可利用它来绘制三维曲线。

【例4-22】绘制三维曲线示例。

解： 在编辑器窗口中编写如下代码。

```
clear,clc
t=0:0.4:40;
figure(1)
subplot(2,2,1);plot3(sin(t),cos(t),t);              %画三维曲线
grid
text(0,0,0,'0');                                    %在 x=0,y=0,z=0 处标记 "0"
title('三维空间');
xlabel('sin(t)'),ylabel('cos(t)'),zlabel('t');
subplot(2,2,2);plot(sin(t),t);
grid
title('x-z平面');                                   %三维曲线在 x-z 平面的投影
xlabel('sin(t)'),ylabel('t');
subplot(2,2,3);plot(cos(t),t);
grid
title('y-z平面');                                   %三维曲线在 y-z 平面的投影
xlabel('cos(t)'),ylabel('t');
subplot(2,2,4);plot(sin(t),cos(t));
title('x-y平面');                                   %三维曲线在 x-y 平面的投影
xlabel('sin(t)'),ylabel('cos(t)');
grid
```

执行程序后，输出如图 4-29 所示的图形。

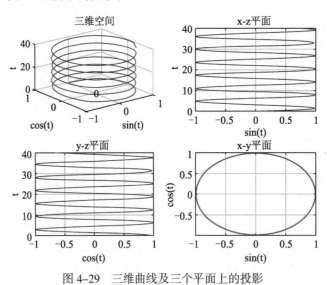

图 4-29   三维曲线及三个平面上的投影

【例4-23】绘制函数 $z = \sqrt{x^2 + 2y^2}$ 的图形，其中 $(x, y) \in [-5, 5]$。

解： 在编辑器窗口中编写如下代码。

```
clear,clc
x=-5:0.1:5;
y=-5:0.1:5;
[X,Y]=meshgrid(x,y);            %将向量x,y指定的区域转化为矩阵X,Y
Z=sqrt(X.^2+Y.^2);              %产生函数值Z
mesh(X,Y,Z)
```

执行程序后，输出如图 4-30 所示的图形。

【例 4-24】利用 plot3 函数绘制 $x = 2\sin(t)$、$y = 3\cos(t)$ 三维螺旋线。

解：在编辑器窗口中编写如下代码。

```
clear,clc
t=0:pi/100:7*pi;
x=2*sin(t);
y=3*cos(t);
z=t;
plot3(x,y,z)
```

执行程序后，输出如图 4-31 所示图形。

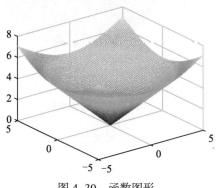

图 4-30　函数图形

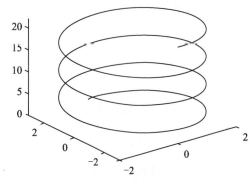

图 4-31　三维螺旋线图形

【例 4-25】利用 plot3 函数绘制 $z = 3x(-x^3 - 2y^2)$ 三维线条图形。

解：在编辑器窗口中编写如下代码。

```
clear,clc
[X,Y]=meshgrid([-4:0.1:4]);
Z=3*X.*(-X.^3-2*Y.^2);
plot3(X,Y,Z,'b')
```

执行程序后，输出如图 4-32 所示的图形。

在 MATLAB 中，可用函数 surf、surfc 来绘制三维曲面图。其调用格式为

```
surf(Z)
%以矩阵Z指定的参数创建一个渐变的三维曲面，坐标x = 1:n, y = 1:m，其中[m,n] = size(Z)
surf(X,Y,Z)
%以Z确定的曲面高度和颜色，按照X、Y形成的格点矩阵，创建一个渐变的三维曲面
%X、Y可以为向量或矩阵，若X、Y为向量，则必须满足m= size(X), n =size(Y), [m,n] = size(Z)
surf(X,Y,Z,C)
%以Z确定的曲面高度，C确定的曲面颜色，按照X、Y形成的格点矩阵，创建一个渐变的三维曲面
```

```
surf(___,'PropertyName',PropertyValue)
%设置曲面的属性
surfc(___)
%格式同 surf 函数，同时在曲面下绘制曲面的等高线
```

【例 4-26】绘制球体的三维图形。

解： 在编辑器窗口中编写如下代码。

```
clear,clc
[X,Y,Z]=sphere(40);                    %计算球体的三维坐标
surf (X,Y,Z);                          %绘制球体的三维图形
xlabel('x'),ylabel('y'),zlabel('z');
```

执行程序后，输出如图 4-33 所示的图形。

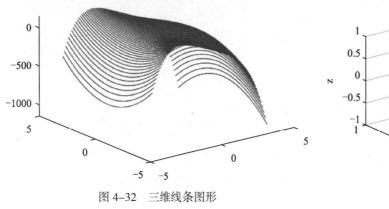

图 4-32　三维线条图形　　　　　　　　　图 4-33　球体图形

注意： 在图形窗口，需将图形的属性 Renderer 设置成 Painters，才能显示出坐标名称和图形标题。

从图 4-33 中可以看到球面被网格线分割成许多小块，每一小块可看作一块补片，嵌在线条之间。这些线条和渐变颜色可以由函数 shading 来指定，其格式为

```
shading faceted
%在绘制曲面时采用分层网格线，为默认值
shading flat
%表示平滑式颜色分布方式：去掉黑色线条，补片保持单一颜色
shading interp
%表示插补式颜色分布方式：同样去掉线条，但补片以插值加色。这种方式需要比分块和平滑更多的计算量
```

4.3.2　隐藏线的显示和关闭

显示或不显示的网格曲面的隐藏线将对图形的显示效果有一定的影响。MATLAB 提供了相关的控制函数 hidden，其调用格式为

```
hidden on                              %去掉网格曲面的隐藏线
hidden off                             %显示网格曲面的隐藏线
```

【例 4-27】绘出有隐藏线和无隐藏线的函数 $f(x,y) = \dfrac{\cos(\sqrt{x^2+y^2})}{\sqrt{x^2+y^2}}$ 的网格曲面图。

解： 在编辑器窗口中编写如下代码。

```
clear,clc
x=-7:0.4:7;
y=x;
[X,Y]=meshgrid(x,y);
R=sqrt(X.^2+Y.^2)+eps;
Z=cos(R)./R;
subplot(1,2,1),mesh(X,Y,Z)
hidden on,grid on
title('hidden on')
axis([-10 10 -10 10 -1 1])
subplot(1,2,2),mesh(X,Y,Z)
hidden off,grid on
title('hidden off')
axis([-10 10 -10 10 -1 1])
```

执行程序后，输出如图 4-34 所示的图形。

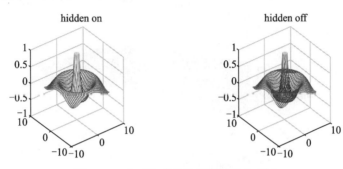

图 4-34 有无隐藏线的函数网格曲面图

4.3.3 三维绘图的实际应用

【例 4-28】在一丘陵地带测量高度，x 和 y 方向每隔 100m 测一个点，得高度见表 4-2，试拟合一个曲面，确定合适的模型，并由此找出最高点和该点的高度。

表 4-2 高度数据

y/m	x/m			
	100	200	300	400
100	536	597	524	278
200	598	612	530	378
300	580	574	498	312
400	562	526	452	234

解：在编辑器窗口中编写如下代码。

```
clear,clc
x=[100 100 100 100 200 200 200 200 300 300 300 300 400 400 400 400];
y=[100 200 300 400 100 200 300 400 100 200 300 400 100 200 300 400];
z=[536 597 524 378 598 612 530 378 580 574 498 312 562 526 452 234];
```

```
xi=100:10:400;
yi=100:10:400;
[X,Y]=meshgrid(xi,yi);
H=griddata(x,y,z,X,Y,'cubic');
surf(X,Y,H);
view(-112,26);
hold on;
maxh=vpa(max(max(H)),6)
[r,c]=find(H>=single(maxh));
stem3(X(r,c),Y(r,c),maxh,'fill')
title('高度曲面')
```

执行程序后，输出如图 4-35 所示的高度曲面图。同时得到该丘陵地带高度最高点为

```
maxh =
    616.113
```

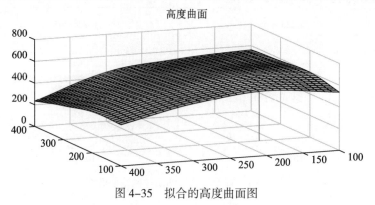

图 4-35　拟合的高度曲面图

4.4　特殊图形绘制

在 MATLAB 中，针对二维、三维绘图除前面介绍的绘图函数外，还有其他一些特殊图形的绘制函数，下面分别进行介绍。

4.4.1　绘制特殊二维图形

在 MATLAB 中，还有其他绘图函数，可以绘制不同类型的二维图形，以满足不同的要求，表 4-3 列出了这些绘图函数。

表 4-3　其他绘图函数

函　　数	二维图的形状	备　　注
bar(x,y)	条形图	x是横坐标，y 是纵坐标
fplot(y,[a b])	精确绘图	y代表某个函数，[a b]表示需要精确绘图的范围
polar(θ,r)	极坐标图	θ 是角度，r 代表以θ 为变量的函数
stairs(x,y)	阶梯图	x是横坐标，y 是纵坐标
line([x1, y1],[x2,y2],…)	折线图	[x1, y1]表示折线上的点

续表

函　　数	二维图的形状	备　　注
fill(x,y,'b')	实心图	x是横坐标，y 是纵坐标，'b'代表颜色
scatter(x,y,s,c)	散点图	s是圆圈标记点的面积，c是标记点颜色
pie(x)	饼图	x为向量
contour(x)	等高线	x为向量
…	…	…

【例 4-29】用函数画一个条形图。

解： 在编辑器窗口中编写如下代码。

```
clear,clc
x = -4:0.4:4;
bar(x,exp(-x.*x));title('条形图')
```

执行程序后，输出如图 4-36 所示的图形。

【例 4-30】用函数画一个针状图。

解： 在编辑器窗口中编写如下代码。

```
clear,clc
x = 0.0.05.4,
y = 2*(x.^0.3).*exp(-x);
stem(x,y),title('针状图')
```

执行程序后，输出如图 4-37 所示的图形。

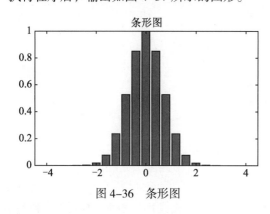

图 4-36　条形图

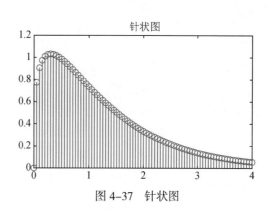

图 4-37　针状图

4.4.2　绘制特殊三维图形

在科学研究中，有时也需要绘制一些特殊的三维图形，如统计学中的三维直方图、圆柱体图、饼状图等特殊样式的三维图形。

1.　螺旋线

在三维绘图中，螺旋线分为静态螺旋线、动态螺旋线和圆柱螺旋线。

【例 4-31】创建静态螺旋线图及动态螺旋线图。

解： 在编辑器窗口中编写如下代码。

```
% 产生静态螺旋线
clear,clc
a=0:0.2:10*pi;
figure(1)
h=plot3(a.*cos(a),a.*sin(a),2.*a,'b','linewidth',2);
axis([-50,50,-50,50,0,150]);grid on
set(h,'markersize',22);title('静态螺旋线');

%产生动态螺旋线
t=0:0.2:8*pi;
i=1;
figure(2)
h=plot3(sin(t(i)),cos(t(i)),t(i),'*');
grid on
axis([-1 1 -1 1 0 30])
for i=2:length(t)
    set(h,'xdata',sin(t(i)),'ydata',cos(t(i)),'zdata',t(i));
    drawnow
    pause(0.01)
end
title('动态螺旋线图像');
```

执行程序后，得到静态螺旋线图形如图 4-38 所示，动态螺旋线图形如图 4-39 所示（动态显示一个点）。

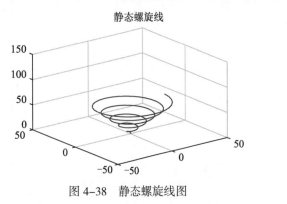

图 4-38　静态螺旋线图

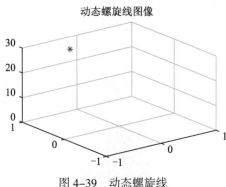

图 4-39　动态螺旋线

2. 直方图

与二维情况相类似，MATLAB 提供了两类画三维直方图的函数：一类是用于画垂直放置的三维直方图，另一类是用于画水平放置的三维直方图。

1）垂直放置的三维直方图

函数 bar3 用于绘制垂直放置的三维直方图，其调用格式为

```
bar3(Z)
%以 x=1,2,…,m 为各个数据点的 x 坐标，y=1,2,…,n 为各个数据点的 y 坐标，以 Z 矩阵的各个对应元素为 z 坐
%标（ Z 矩阵的维数为 m×n ）
bar3(Y,Z)
%以 x=1,2,…,m 为各个数据点的 x 坐标，以 Y 向量的各个元素为各个数据点的 y 坐标，以 Z 矩阵的各个对应元
%素为 z 坐标（ Z 矩阵的维数为 m×n ）；
```

```
bar3(Z,option)
%以 x=1,2,…,m 为各个数据点的 x 坐标，以 y=1,2,…,n 为各个数据点的 y 坐标，以 Z 矩阵的各个对应元素为
%z 坐标（Z 矩阵的维数为 m×n）；并且各个方块的放置位置由字符串参数 option 来指定（detached 为分离式
%三维直方图，grouped 为分组式三维直方图，stacked 为叠加式三维直方图）
```

2）水平放置的三维直方图

MATLAB 中绘制水平放置的三维直方图的函数包括 bar3h(Z)、bar3h(Y,Z)、bar3h(Z,option)。它们的功能及使用方法与前述的 3 个 bar3 函数相同。

【例 4-32】利用函数绘制出不同类型的直方图。

解：在编辑器窗口中编写如下代码。

```
clear,clc
Z=[15,35,10; 20,10,30]
subplot(2,2,1);h1=bar3(Z,'detached')
set(h1,'FaceColor','W');title('分离式直方图')
subplot(2,2,2);h2=bar3(Z,'grouped')
set(h2,'FaceColor','W');title('分组式直方图')
subplot(2,2,3);h3=bar3(Z,'stacked')
set(h3,'FaceColor','W');title('叠加式直方图')
subplot(2,2,4);h4=bar3h(Z)
set(h4,'FaceColor','W');title('水平放置直方图')
```

执行程序后，输出如图 4-40 所示的效果图。

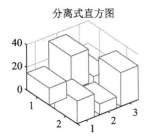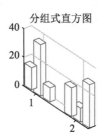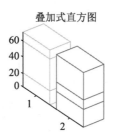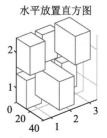

图 4-40　不同类型的三维直方图

3. 三维等高线

函数 contour3 用于三维等高线的绘制，函数 clabel 用于标记等高线的数值，其调用格式为

```
contour3(X,Y,Z,n,option)
%参数 n 指定要绘制出 n 条等高线，若默认参数 n，则系统自动确定绘制等高线的条数；参数 option 指定等高
%线的线型和颜色
clabel(c,h)
%标记等高线的数值，参数 c、h 必须是 contour 函数的返回值
```

【例 4-33】绘制下列函数的曲面及其对应的三维等高线。

$$f(x,y) = 2(1-x)^2 e^{-x^2-(y+1)^2} - 8\left(\frac{x}{6} - x^3 - y^5\right) e^{-(x^2-y^2)} - \frac{1}{4} e^{-(x+1)^2-y^2}$$

解：在编辑器窗口中编写如下代码。

```
clear,clc
x=-4:0.3:4;
```

```
y=x;
[X,Y]=meshgrid(x,y);
Z=2*(1-X).^2.*exp(-(X.^2)-(Y+1).^2)-8*(X/6-X.^3-Y.^5).*exp(-X.^2-Y.^2)-1/4*exp
(-(X+1).^2-Y.^2);
subplot(1,2,1)
mesh(X,Y,Z)
xlabel('x'),ylabel('y'),zlabel('Z')
title('Peaks 函数图形')
subplot(1,2,2)
[c,h]=contour3(x,y,Z);
clabel(c,h)
xlabel('x'),ylabel('y'),zlabel('z')
title('Peaks 函数的三维等高线')
```

执行程序后，输出如图 4-41 所示的结果。

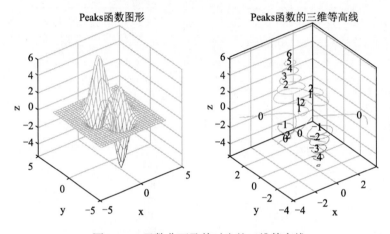

图 4-41 函数曲面及其对应的三维等高线

4.5 本章小结

本章首先介绍了数据图像的绘制，然后重点介绍了 MATLAB 中如何使用绘图函数绘制二维和三维图形，此外针对在 MATLAB 中一些特殊图形的绘制，本章也做了简单介绍。通过本章的学习，能让读者掌握 MATLAB 的各种基础绘图方法，为后续学习奠定基础。

第二部分
信号处理理论

　　本部分包括 7 章内容，主要介绍信号处理的基本理论及其 MATLAB 的实现方法，向读者展示 MATLAB 在处理数字信号方面的方法及技巧。该部分内容为本书的核心内容，读者在掌握 MATLAB 基础知识的基础上，通过学习本部分内容即可掌握数字信号处理的 MATLAB 实现方法。

第三篇

计算方法应用介绍

第 5 章

信号处理基础

信号分析与处理最基本的任务是获得信号的特点和系统的特性。系统的分析和描述借助于建立系统输入信号和输出信号之间关系，因此信号分析和系统分析是密切相关的。本章对离散信号、离散时间序列、信号波形、离散时间系统等进行讲解。

学习目标：

（1）了解离散时间信号的概念与采样定理；

（2）掌握离散时间序列、信号的基本运算；

（3）理解信号波形产生的相关函数；

（4）掌握连续时间系统的时域分析；

（5）掌握离散信号在 MATLAB 中的运算。

5.1 离散时间信号的概念

信号是传递信息的函数，它可表示成一个或几个独立变量的函数。按时间及幅值的连续与离散（幅值的离散称为量化），信号可分为以下几种。

（1）连续时间信号：时间连续、幅值可以连续也可以离散的信号。

（2）模拟信号：时间和幅值都是连续的信号，是连续时间信号的特例。

（3）离散时间信号：时间离散、幅值连续的信号。

（4）数字信号：时间和幅值都是离散化的信号（幅度量化了的离散时间信号）。

离散时间信号是指在离散时刻才有定义的信号，简称离散信号（或者序列）。换句话说，离散时间信号是在时间上取离散值、幅度取连续值的一类信号，可以用序列来表示。

5.1.1 序列的定义

离散序列通常用 $x(n)$ 来表示，自变量必须是整数。序列是指按一定次序排列的数值 $x(n)$ 的集合，表示为

$$\{x(-\infty),\ldots,x(-2),x(-1),x(0),x(1),x(2),\ldots,x(+\infty)\}$$

或

$$x(n), \quad -\infty < n < +\infty$$

其中，n 为整数，$x(n)$ 表示序列，对于具体信号，$x(n)$ 也代表第 n 个序列值。需要注意的是，$x(n)$ 仅当 n 为

整数时才有定义，对于非整数，$x(n)$ 没有定义，不能错误地认为 $x(n)$ 为 0。

离散时间信号通常是对连续时间信号（模拟信号）进行抽样获得的，离散时间信号（序列）的表示方法有三种：列表法、函数法和图示法。

【例 5-1】 用图示法表示离散时间信号示例。

解： 在编辑器窗口中编写如下代码。

```
clear,clc,clf
N=[-3 -2 -1 0 1 3 3 2 5 6 7 6 9 11];          %序号序列
X=[0 2 3 3 2 3 0 -1 -2 -3 -4 -5 1 2];          %值序列
stem(N,X);                                      %绘制离散图
hold on;
plot(N,zeros(1,length(X)),'r');                 %绘制横轴，zeros(1,n)为产生 1 行 n 列元素值为 0 的数组
set(gca,'box','on');                            %产生坐标轴设在方框上
xlabel('序列号');ylabel('序列值');
```

运行结果如图 5-1 所示。

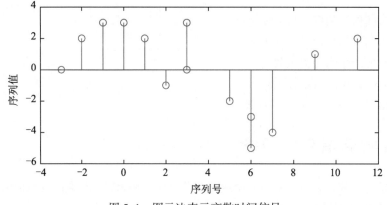

图 5-1　图示法表示离散时间信号

5.1.2　采样定理

所谓模拟信号的数字处理方法就是将待处理模拟信号经过采样、量化和编码形成数字信号，并利用数字信号处理技术对采样得到的数字信号进行处理。

采样定理：一个频带限制在 $(0, f_c)$ 内的模拟信号 $m(t)$，如果以 $f_s \geq 2f_c$ 的采样频率对模拟信号 $m(t)$ 进行等间隔采样，则 $m(t)$ 将被采样得到的采样值确定，即可以利用采样值无失真恢复原始模拟信号 $m(t)$。

其中，"利用采样值无失真恢复原始模拟信号"，这里的无失真恢复是指被恢复信号与原始模拟信号在频谱上无混叠失真，并不是说被恢复的信号就与模拟信号在时域完全一样。其实由于采样和恢复器件的精度限制，以及量化误差的存在，被恢复信号与原始信号之间实际上是存在一定误差或失真的。

关于采样定理的几点总结如下。

（1）一个带限模拟信号 $x_a(t)$，其频谱的最高频率为 f_c，以间隔 T_s 对其进行等间隔采样得采样信号 $\hat{x}_a(t)$，只有在采样频率 $f_s = (1/T_s) \geq 2f_c$ 时，$\hat{x}_a(t)$ 才可不失真地恢复 $x_a(t)$。

（2）上述采样信号 $\hat{x}_a(t)$ 的频谱 $\hat{X}_a(j\Omega)$ 是原模拟信号 $x_a(t)$ 的频谱 $X_a(j\Omega)$ 以 $\Omega_s(= 2\pi f_s)$ 为周期进行周期延拓而成的。

（3）一般称 $f_s/2$ 为折叠频率，只要信号的最高频率不超过该频率，就不会出现频谱混叠现象，否则超过 $f_s/2$ 的频谱会"折叠"回来形成混叠现象。通常把最低允许的采样频率 $f_s(=1/T_s)=2f_c$ 称为奈奎斯特 (Nyquist)频率，最大允许的采样间隔 $T_s=\dfrac{1}{2}f_c$ 称为奈奎斯特间隔。

【**例 5-2**】绘出原始信号及采样后的信号示例。

解： 在编辑器窗口中编写如下代码。

```
clear,clc,clf
dt=0.01;n=0:90-1;
t=n*dt;
f=10;                                      %原始信号的频率为 10 Hz
x=sin(3*pi*f*t+0.5);                       %在计算机上的原始信号
dt=0.1;
n=0:10-1;
t1=n*dt;
% 以 10 Hz 的采样频率采样，取一样的时间长度
% 序号长度为原始信号序号长度的 1/10
x1=sin(3*pi*f*t1+0.5);                      %采样后的信号
subplot(3,1,1);plot(t,x);                   %绘出模拟原始信号
ylim([-1,1]);title('原始信号');             %采样 y 轴的范围为 [-1 1]，用 ylim 给出
subplot(3,1,2);plot(t,x,t1,x1,'rp'),        %绘出在模拟信号基础上的采样过程
ylim([-1,1]);title('采样过程');
subplot(3,1,3);plot(t1,x1);                 %绘出采样后的信号
ylim([-1,1]);xlabel('时间/s');title('采样后信号');
```

运行结果如图 5-2 所示。

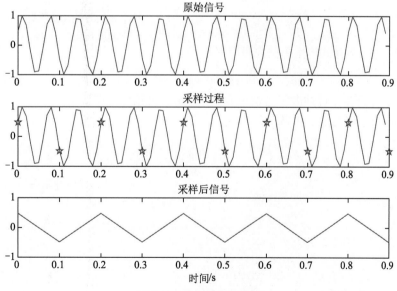

图 5-2　采样频率效果图

5.2 典型离散时间序列

数字信号处理的基础是离散信号及离散系统，在 MATLAB 中可直观、快速地进行离散信号的显示与运算。

5.2.1 单位冲激序列

单位冲激序列（也称单位脉冲序列、单位采样序列） $\delta(n)$ 定义为

$$\delta(n) = \begin{cases} 1, & n = 0 \\ 0, & n \neq 0 \end{cases}$$

单位冲激序列 $\delta(n)$ 的特点是仅在序列 $n = 0$ 时序列值为 1， n 取其他值时序列值为 0。与连续信号中的单位冲激函数 $\delta(t)$ 相当，不同的是，当 $n = 0$ 时， $\delta(n) = 1$ ，而不是无穷大。

因为单位冲激序列的移位序列为

$$\delta(n-m) = \begin{cases} 1, & n = m \\ 0, & n \neq m \end{cases}$$

所以有

$$x(n)\delta(n-m) = \begin{cases} x(m), & n = m \\ 0, & n \neq m \end{cases}$$

由上可得序列的另外一种表现形式，即任何序列均可以表示为单位冲激序列的加权位移和，即

$$x(n) = \sum_{m=-\infty}^{+\infty} x(m)\delta(n-m)$$

在 MATLAB 中，冲激序列可以用 zeros 函数实现。

```
x=zeros(1,N);                          %产生 N 个点的单位冲激序列
x(n)=1;                                %第 n 个点的值为 1
```

也可以利用逻辑关系表达式产生单位冲激序列。

```
x=[(n-n0)==0]
```

【例 5-3】编制程序产生单位冲激序列 $\delta(n)$ 及 $\delta(n-10)$ ，并绘制出图形。

解：在编辑器窗口中编写如下代码。

```
clear,clc,clf
n=50;
x=zeros(1,n);                          %产生 50 个点的单位冲激序列
x(25)=1;                               %第 25 个点为值为 1
xn=0:n-1;
subplot(121);stem(xn,x);
grid on
axis([-1 51 0 1.1]);title('单位冲激序列δ(n)')
ylabel('δ(n)');xlabel('n');
k=10;
x(k)=1;
x(25)=0;
```

```
subplot(122);stem(xn,x);grid on
axis([-1 51 0 1.1]);title('单位冲激序列 δ(n-10)')
ylabel('δ(n-10)');xlabel('n');
```

运行结果如图 5-3 所示。

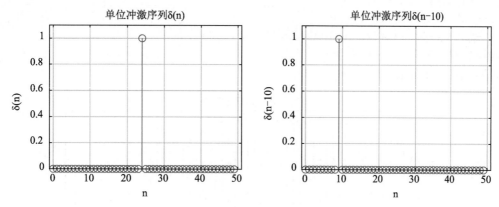

图 5-3　序列及移位

5.2.2　单位阶跃序列

单位阶跃序列 $u(n)$ 定义为

$$u(n) = \begin{cases} 1, & n \geqslant 0 \\ 0, & n < 0 \end{cases}$$

单位阶跃序列的移位序列为

$$u(n-n_0) = \begin{cases} 1, & n \geqslant n_0 \\ 0, & n < n_0 \end{cases}$$

单位阶跃序列和单位冲激序列的关系如下：

$$\delta(n) = u(n) - u(n-1)$$

$$u(n) = \sum_{m=0}^{+\infty} \delta(n-m) = \delta(n) + \delta(n-1) + \delta(n-2) + \cdots$$

单位阶跃序列或其移位序列都可以看作一个零向量和一个全 1 向量的组合。在 MATLAB 中，可以利用函数 ones 产生一个全 1 向量。

```
x=ones(1,N)
```

也可以利用逻辑关系表达式产生单位阶跃序列。

```
x=[(n-n0)>=0]
```

【例 5-4】编制程序产生单位阶跃序列 $u(n)$ 及 $u(n-10)$，并绘制图形。

解： 在编辑器窗口中编写如下代码。

```
clear,clc,clf
n=40;
x=ones(1,n);
xn=0:n-1;
```

```
subplot(211);stem(xn,x);
grid on
axis([-1 51 0 1.1]);title('单位阶跃序列 u(n)')
ylabel('u(n)');xlabel('n')
x=[zeros(1,10),1,ones(1,29)];
subplot(212);stem(xn,x);grid on
axis([-1 51 0 1.1]);title('单位阶跃序列 u(n-10)')
ylabel('u(n-10)');xlabel('n')
```

运行结果如图 5-4 所示。

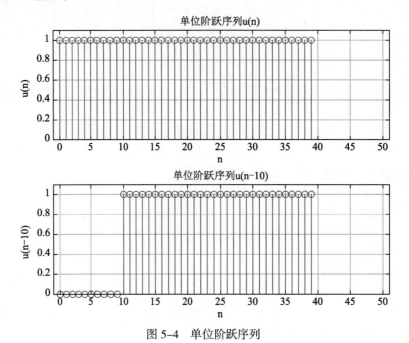

图 5-4　单位阶跃序列

5.2.3　矩形序列

矩形序列 $R_N(n)$ 定义为

$$R_N(n) = \begin{cases} 1, & 0 \leq n \leq N-1 \\ 0, & \text{其他} \end{cases}$$

移位序列为

$$R_N(n-n_0) = \begin{cases} 1, & n_0 \leq n \leq N-1 \\ 0, & \text{其他} \end{cases}$$

矩形序列 $R_N(n)$ 与单位冲激序列 $\delta(n)$、单位阶跃序列 $u(n)$ 的关系如下：

$$R_N(n) = u(n) - u(n-N)$$

$$R_N(n) = \sum_{m=0}^{N-1} \delta(n-m)$$

5.2.4　正弦序列

正弦序列定义为

$$x(n) = A\sin(\omega n + \theta) = A\sin(2\pi f n + \theta)$$

式中，ω 为数字角频率，f 为数字频率，θ 为初相位。

同样余弦序列可以定义为

$$x(n) = A\cos(\omega n + \theta) = A\cos(2\pi f n + \theta)$$

在 MATLAB 中，正弦、余弦序列分别可以由函数 sin、cos 生成。

```
x=A*sin(2*pi*f0/Fs*n+thelta)
x=A*cos(2*pi*f0/Fs*n+thelta)
```

【例 5-5】绘制正弦序列 $x(n) = \sin\dfrac{n\pi}{5}$ 的波形图。

解： 在编辑器窗口中编写如下代码。

```
clear,clc,clf
n=0:59;
x=sin(pi/5*n);
stem(n,x);grid on
axis([0,40,-1.5,1.5]);title('正弦序列')
xlabel('n');ylabel('h(n)')
```

运行结果如图 5-5 所示。

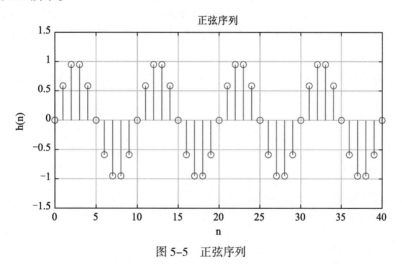

图 5-5　正弦序列

【例 5-6】生成正弦序列 $x(n) = 3\sin(0.2\pi n + 2\pi / 3)$ 。

解： 在编辑器窗口中编写如下代码。

```
clear,clc,clf
n=-21:21;
x=3*sin(0.2*pi*n+2*pi/3);
n1=-24:0.1:24;
x1=3*sin(0.2*pi*n1+2*pi/3);
```

```
stem(n,x,'.');hold on;plot(n1,x1,'--');
axis([-23.5 23.5 -3.5 3.5]);title('3sin(0.2\pin+2\pi/3)序列')
xlabel('n');ylabel('x(n)');set(gcf,'color','w');
```

运行结果如图 5-6 所示。

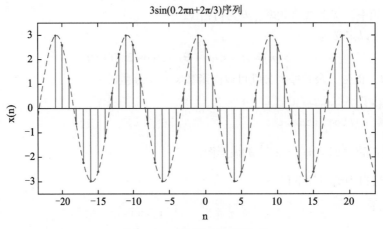

图 5-6　正弦序列效果图

5.2.5　实指数序列

实指数序列定义为

$$x(n) = a^n u(n)$$

若 $|a| < 1$，则 $x(n)$ 的幅度随 n 的增大而减小，此时 $x(n)$ 为收敛序列；若 $|a| > 1$，则 $x(n)$ 的幅度随 n 的增大而增大，此时 $x(n)$ 为发散序列。

【例 5-7】 绘制单边指数序列 $x_1(n) = 1.6^n u(n)$、$x_2(n) = (-1.6)^n u(n)$、$x_3(n) = (0.9)^n u(n)$、$x_4(n) = (-0.9)^n u(n)$ 的波形图。

解： 在编辑器窗口中编写如下代码。

```
clear,clc,clf
n=0:20;
a1=1.6;a2=-1.6;a3=0.9;a4=-0.9;
x1=a1.^n;x2=a2.^n;x3=a3.^n;x4=a4.^n;
subplot(221);stem(n,x1,'fill');
grid on
xlabel('n');ylabel('h(n)');title('x(n)=1.6^{n}')
subplot(222);stem(n,x2,'fill');grid on
xlabel('n');ylabel('h(n)');title('x(n)=(-1.6)^{n}')
subplot(223);stem(n,x3,'fill');grid on
xlabel('n') ;ylabel('h(n)');title('x(n)=0.9^{n}')
subplot(224);stem(n,x4,'fill');grid on
xlabel('n');ylabel('h(n)');title('x(n)=(-0.9)^{n}')
```

运行程序如图 5-7 所示。

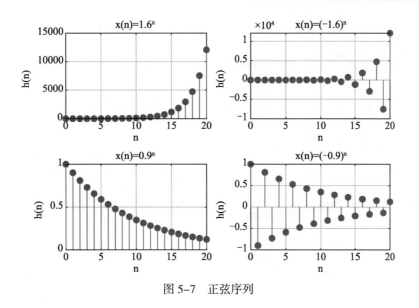

图 5-7　正弦序列

5.2.6　复指数序列

复指数序列定义为

$$x(n) = e^{(a+j\omega_0)n}$$

在 MATLAB 中，复指数序列可以由函数 exp 生成。

```
x=exp((sigma+j*omega)*n);
```

【例 5-8】绘制复指数序列 $x(n) = 3e^{\left(-\frac{1}{9}+j\frac{\pi}{5}\right)n}$ 的实部、虚部、模及相角随时间变化的曲线，并观察其时域特性。

解：在编辑器窗口中编写如下代码。

```
clear,clc,clf
n=0:50;
A=3;a=-1/9;b=pi/5;
x=A*exp((a+1i*b)*n);
subplot(2,2,1);stem(n,real(x),'fill');grid on
axis([0,30,-4,4]);title('实部');xlabel('n')
subplot(2,2,2);stem(n,imag(x),'fill');grid on
axis([0,30,-4,4]);title('虚部');xlabel('n')
subplot(2,2,3);stem(n,abs(x),'fill')grid on
axis([0,30,0,4]);title('模');xlabel('n')
subplot(2,2,4);stem(n,angle(x),'fill');grid on
axis([0,30,-4,4]);title('相角');xlabel('n')
```

运行结果如图 5-8 所示。

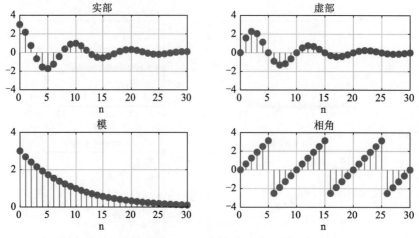

图 5-8　复指数序列

5.2.7　周期序列

如果对所有的 n ，关系式 $x(n) = x(n+N)$ 均成立，且 N 为满足关系式的最小正整数，则定义 $x(n)$ 为周期为 N 的周期序列。

5.3　信号基本运算

信号处理过程就是各种运算的过程，将各种运算恰当地结合起来可以增强系统处理信号的能力，下面介绍信号的基本运算。

5.3.1　序列相加与相乘

信号相加，即两个序列的相加，定义为

$$x(n) = x_1(n) + x_2(n)$$

信号相乘，即两个序列的乘积（或称"点乘"），定义为

$$x(n) = x_1(n)x_2(n)$$

设序列用 x_1 和 x_2 表示，序列相加（相乘）是对应序列值之间的相加（相乘），实现语句为

```
x=x1+x2                          %序列相加
x=x1.*x2                         %序列相乘
```

说明：x1、x2 应具有相同的长度，位置对应，否则需要通过函数 zeros 补 0，方可进行操作。

【例 5-9】信号相加示例。

解：在编辑器窗口中编写如下代码。

```
clear,clc,clf
n1=0:3;
x1=[2 0.5 0.9 1];
subplot(311);
stem(n1,x1)
```

```
axis([-1 9 0 2.1] )
n2=0:7;
x2=[ 0 0.1 0.2 0.3 0.4 0.5 0.6 0.7];
subplot(312);stem(n2,x2);axis([-1 9 0 0.9] )
n=0:7;
x1=[x1 zeros(1,8-length(n1))];
x2=[ zeros(1,8-length(n2)),x2];
x=x1+x2;
subplot(313);stem(n,x);axis([-1 9 0 2.1])
```

运行结果如图 5-9 所示。

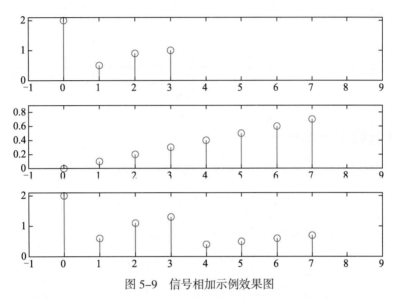

图 5-9　信号相加示例效果图

【例 5-10】信号相乘示例。

解： 在编辑器窗口中编写如下代码。

```
clear,clc,clf
n1=0:3;
x1=[3 0.6 0.8 1];
subplot(311);stem(n1,x1)
axis([-1 8 0 2.1] )
n2=0:7;
x2=[ 0 0.2 0.2 0.3 0.5 0.5 0.6 0.9];
subplot(312);stem(n2,x2);axis([-1 8 0 0.8] )
n=0:7;
x1=[x1 zeros(1,8-length(n1))];
x2=[ zeros(1,8-length(n2)),x2];
x=x1.*x2;
subplot(313);stem(n,x);axis([-1 8 0 0.35])
```

运行结果如图 5-10 所示。

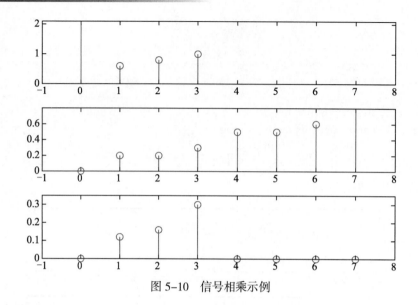

图 5-10　信号相乘示例

5.3.2　序列值累加与乘积

序列值累加是求序列 $x(n)$ 两点 n_1 和 n_2 之间所有序列值的累加为

$$y = \sum_{n=n_1}^{n_2} x(n) = x(n_1) + \cdots + x(n_2)$$

序列值乘积是求序列 $x(n)$ 两点 n_1 和 n_2 之间所有序列值的乘积为

$$y = \prod_{n=n_1}^{n_2} x(n) = x(n_1) \times \cdots \times x(n_2)$$

在 MATLAB 中，可由函数 sum 实现序列值的累加，由函数 prod 实现序列值的乘积。例如，在命令行窗口中输入如下代码。

```
>> n1=[1 2 3 4];
>> sum(n1)
ans =
    10
>> x1=[2 0.5 0.9 2 2];
>> x=prod(x1)
x =
    3.6000
```

5.3.3　序列翻转与移位

序列翻转的表达式为

$$y(n) = x(-n)$$

序列移位的表达式为

$$y(n) = x(n - n_0)$$

在 MATLAB 中，翻转运算由函数 fliplr 实现。设序列 $x(n)$ 用样值向量 $\boldsymbol{x}$ 和位置向量 $\boldsymbol{nx}$ 描述，翻转后的序列 $y(n)$ 用样值向量 $\boldsymbol{y}$ 和位置向量 $\boldsymbol{ny}$ 描述，则实现语句为

```
y=fliplr(x)
ny=-fliplr(nx)
```

设序列 $x(n)$ 用样值向量 x 和位置向量 nx 描述，移位后的序列 $y(n)$ 用样值向量 y 和位置向量 ny 描述，则实现语句为

```
y=x                              %样值向量不变
ny=nx+n0                         %n0>0 表示向右移动 n0 个位置，n0<0 表示向左移动 n0 个位置
```

【例 5-11】 序列翻转示例。

解： 在编辑器窗口中编写如下代码。

```
clear,clc,clf
nx=-2:5;
x=[2 3 4 5 6 7 8 9];
ny=-fliplr(nx);
y=fliplr(x);
subplot(121),stem(nx,x,'.')
axis([-6 6 -1 9]);title('原序列');grid on
xlabel('n');ylabel('x(n)')
subplot(122),stem(ny,y,'.')
axis([-6 6 -1 9]);title('翻转后的序列');grid on
xlabel('n');ylabel('y(n)');set(gcf,'color','w')
```

运行结果如图 5-11 所示。

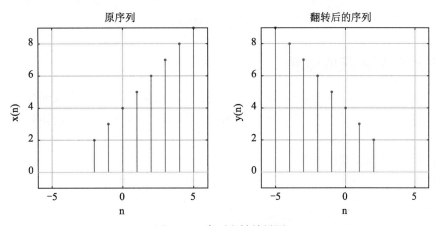

图 5-11　序列翻转效果图

【例 5-12】 序列移位示例。

解： 在编辑器窗口中编写如下代码。

```
clear,clc,clf
nx=-2:5;x=[9 8 7 6 5 5 5 5];
y=x;ny1=nx+3;ny2=nx-2;
subplot(211),stem(nx,x,'.');
axis([-5 9 -1 9]);grid
xlabel('n');ylabel('x(n)');title('原序列')
subplot(223),stem(ny1,y,'.');
```

```
axis([-5 9 -1 9]);grid
xlabel('n');ylabel('y1(n)');title('右移 3 位后的序列')
subplot(224),stem(ny2,y,'.');
axis([-5 9 -1 9]);grid
xlabel('n');ylabel('y2(n)');title('左移 2 位后的序列')
set(gcf,'color','w');
```

运行结果如图 5-12 所示。

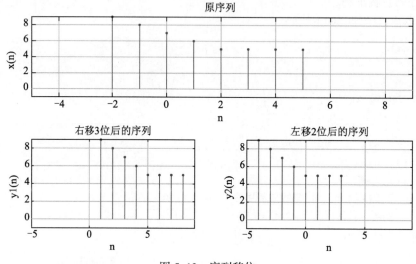

图 5-12　序列移位

5.3.4　连续信号的尺度变换

连续时间信号的尺度变换，是指将信号的横坐标进行扩展或压缩，即将信号 $f(t)$ 的自变量 t 更换为 at，当 $a>1$ 时，信号 $f(at)$ 以原点为基准，沿时间轴压缩到原来的 $1/a$；当 $a<1$ 时，信号 $f(at)$ 沿时间轴扩展至原来的 $1/a$ 倍。

【例 5-13】矩形波的尺度变换示例。

解： 在编辑器窗口中编写如下代码。

```
clear,clc,clf
t=-4:0.001:4;
T=2;
f=rectpuls(t,T);
ft=rectpuls(2*t,T);
subplot(2,1,1);plot(t,f);axis([-4,4,-0.5,1.5])
subplot(2,1,2);plot(t,ft);axis([-4,4,-0.5,1.5])
```

运行结果如图 5-13 所示。

【例 5-14】三角波的尺度变换示例。

解： 在编辑器窗口中编写如下代码。

```
clear,clc,clf
t=-3:0.001:3;
```

```
ft=tripuls(t,4,0.5);
subplot(2,1,1);plot(t,ft)
ft=tripuls(3*t,4,0.5);
subplot(2,1,2);plot(t,ft)
```

运行结果如图 5-14 所示。

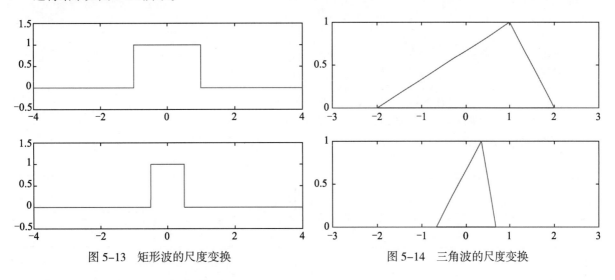

图 5-13　矩形波的尺度变换　　　　　图 5-14　三角波的尺度变换

5.3.5　连续信号的奇偶分解

任何信号都可以分解为一个偶分量与一个奇分量之和的形式。因为任何信号总可以写成

$$f(t) = \frac{1}{2}[f(t) + f(t) + f(-t) - f(-t)]$$

$$= \frac{1}{2}[f(t) + f(-t)] + \frac{1}{2}[f(t) - f(-t)]$$

显然，式中第一部分是偶分量，第二部分是奇分量。即

$$f_e(t) = \frac{1}{2}[f(t) + f(-t)]$$

$$f_o(t) = \frac{1}{2}[f(t) - f(-t)]$$

【例 5-15】对函数 $f(t) = \cos(t+1) + t$ 进行奇偶分解。

解： 在编辑器窗口中编写如下代码。

```
clear,clc,clf
syms t;
f=sym('cos(t+1)+t');
f1=subs(f,t,-t)
g=1/2*(f+f1);
h=1/2*(f-f1);
subplot(311);ezplot(f,[-8,8]);title('原信号')
subplot(312);ezplot(g,[-8,8]);title('偶分量')
subplot(313);ezplot(h,[-8,8]);title('奇分量')
```

运行结果如图 5-15 所示。

【例 5-16】将函数 $f(t) = \sin(t-2) + t$ 的奇偶分量合并成原函数。

解： 在编辑器窗口中编写如下代码。

```
clear,clc,clf
syms t;
f=sym('sin(t-2)+t');
f1=subs(f,t,-t)
g=1/2*(f+f1);
h=1/2*(f-f1);
z=g+h;
subplot(311);ezplot(g,[-8,8]);title('偶分量')
subplot(312);ezplot(h,[-8,8]);title('奇分量')
subplot(313);ezplot(z,[-8,8]);title('原信号')
```

运行结果如图 5-16 所示。

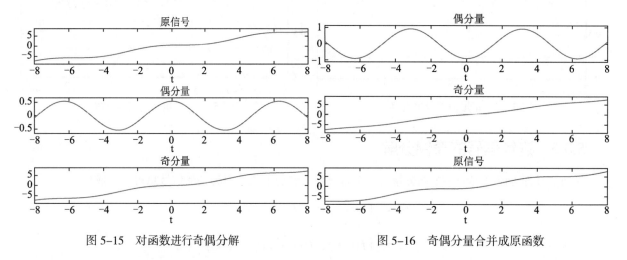

图 5-15　对函数进行奇偶分解　　　　　图 5-16　奇偶分量合并成原函数

5.3.6　信号的积分和微分

在 MATLAB 中，连续时间信号的微分运算用函数 diff 来完成，其调用格式为

```
diff(function,'variable',n)
%function=需要进行求导运算的信号（或被赋值的符号表达式）
%variable=求导运算的独立变量
%n=求导的阶数，默认值为求一阶导数
```

连续时间信号的积分运算用函数 int 来完成，其调用格式为

```
int(function,'variable',a,b)
%function=需要进行被积的信号（或被赋值的符号表达式）
%variable=求积运算的独立变量
%a、b=积分上、下限，当 a 和 b 省略时，表示求不定积分
```

【例 5-17】微分运算示例。

解： 在编辑器窗口中编写如下代码。

```
clear,clc,clf
syms t f2;
```

```
f2=t*(2*heaviside(t)-heaviside(t-1))+heaviside(t-1);
t=-1:0.01:2;
subplot(121);ezplot(f2,t);grid on
ylabel('x(t)');title('原函数')
f=diff(f2,'t',1);
subplot(122);ezplot(f,t);grid on
ylabel('x(t)');title('微分后函数')
```

运行结果如图 5-17 所示。

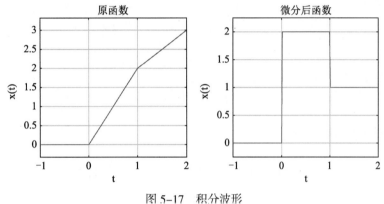

图 5-17 积分波形

【例 5-18】积分运算示例。

解： 在编辑器窗口中编写如下代码。

```
clear,clc,clf
syms t f1;
f1=2*heaviside(t)-heaviside(t-1);
t=-1:0.01:2;
subplot(121);ezplot(f1,t);title('原函数');grid on
f=int(f1,'t');
subplot(122);ezplot(f,t);grid on
ylabel('x(t)');title('积分后函数')
```

运行结果如图 5-18 所示。

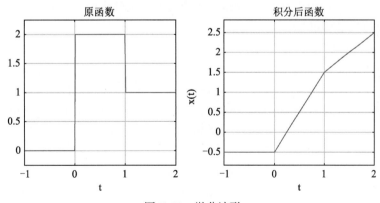

图 5-18 微分波形

5.3.7 卷积运算

卷积运算在信号处理中十分重要。在 MATLAB 中，提供卷积运算的函数有 conv、conv2 和 convn。例如，在命令行窗口中输入如下代码。

```
>> A=ones(1,3)
A =
    1    1    1
>> B=[1 8 8 5]
B =
    1    8    8    5
>> C=conv(A,B)
C =
    1    9   17
```

5.4 信号波形的产生

在 MATLAB 中，提供了许多函数用于产生基本信号，下面分别进行介绍。

5.4.1 随机信号函数

在实际系统的研究和处理中，常常需要产生随机信号，在 MATLAB 中，函数 rand 可以生成随机信号。其调用格式为

```
Y = rand(n)
%返回一个 n x n 的随机矩阵，如果 n 不是数量，则返回错误信息
Y = rand(m,n)
%返回一个 m x n 的随机矩阵，也可以写成 Y = rand([m n])
Y = rand(m,n,p,...)
%产生随机数组，也可以写成 Y = rand([m n p...])
Y = rand(size(A))
%返回一个和 A 有相同尺寸的随机矩阵
```

【例 5-19】生成一组 51 点构成的连续随机信号和与之相应的随机序列。

解： 在编辑器窗口中编写如下代码。

```
clear,clc,clf
tn=0:50;
N=length(tn);
x=rand(1,N);
subplot(1,2,1),plot(tn,x,'k');ylabel('x(t)')
subplot(1,2,2),stem(tn,x,'filled','k');ylabel('x(n)')
```

运行结果如图 5-19 所示。

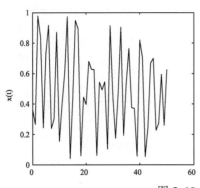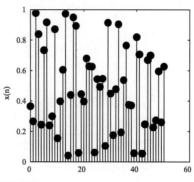

图 5-19　随机信号

5.4.2　方波函数

在 MATLAB 中，使用函数 square 可以得到方波信号。其调用格式为

```
x=square(t)
%类似于 sin(t)，产生周期为 2π，幅值为 1 的方波
x=square(t,duty)
%产生指定周期的矩形波，duty 为占空比，用于指定脉冲宽度占整个周期的比例
```

【例 5-20】 一个连续的周期性矩形信号频率为 6kHz，信号幅度为 0 ~ 3V，脉冲宽度与周期的比例为 1：4。要求在窗口上显示其 2 个周期的信号波形，并对信号的一个周期进行 15 点采样获得离散信号，显示原连续信号与采样获得的离散信号。

解： 在编辑器窗口中编写如下代码。

```
clear,clc,clf
f=6000;nt=3;
N=15;T=1/f;
dt=T/N;
n=0:nt*N-1;
tn=n*dt;
x=square(2*f*pi*tn,25)+1;                    %产生时域信号,且幅度在 0 ~ 2
subplot(2,1,1);stairs(tn,x,'k');
axis([0 nt*T 1.1*min(x) 1.1*max(x)]);ylabel('x(t)')
subplot(2,1,2);stem(tn,x,'filled','k');
axis([0 nt*T 1.1*min(x) 1.1*max(x)]);ylabel('x(n)')
```

运行结果如图 5-20 所示。

5.4.3　非周期方波函数

在 MATLAB 中，函数 rectpuls 用于产生非周期方波信号，其调用格式为

```
y=rectpuls(t)
%产生连续、非周期、单位高度的方波信号，其中心位置在 t=0 处，默认方波宽度为 1
y=rectpuls(t,w)
%产生指定宽度为 w 的非周期方波
```

说明：w 为 0 ~ 1 的标量，是横坐标与周期的比值，用于指定一个周期内方波最大值出现的位置。

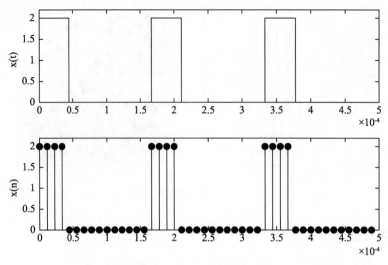

图 5-20　方波发生器

【例 5-21】非周期方波信号函数 rectpuls 的实现。

解：在编辑器窗口中编写如下代码。

```
clear,clc,clf
t=-3:0.001:3;
y=rectpuls(t);
subplot(121);plot(t,y);axis([-2 2 -1 2]);grid on
xlabel('t');ylabel('w(t)')
y=2.5*rectpuls(t,2);
subplot(122);plot(t,y);axis([-2 2 -1 3]);grid on
xlabel('t');ylabel('w(t)')
```

运行结果如图 5-21 所示。

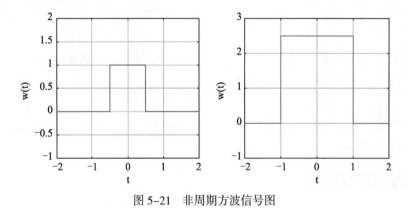

图 5-21　非周期方波信号图

5.4.4　三角波函数

在 MATLAB 中，函数 sawtooth 用于产生锯齿波或三角波信号，其调用格式为

```
x=sawtooth(t)
%产生周期为 2π，振幅为-1~1 的锯齿波，在 2π 的整数倍处值为-1~1，每一段波形的斜率为 1/π
```

```
sawtooth(t,width)
%根据 width 的值产生不同形状的三角波, 其中 width 取值范围为 0 ~ 1
```

说明: width 值为 0 ~ 1 的标量, 是横坐标与周期的比值, 用于指定周期内最大值出现的位置。当 width=0.5 时, 产生标准的对称三角波; 当 width=1 时, 产生锯齿波。

【例 5-22】产生周期为 0.025 的三角波示例。

解: 在编辑器窗口中编写如下代码。

```
clear,clc,clf
Fs=10000;t=0:1/Fs:1;
x1=sawtooth(2*pi*40*t,0);
x2=sawtooth(2*pi*40*t,1);
x3=sawtooth(2*pi*40*t,0.5);
subplot(3,1,1);plot(t,x1);axis([0,0.25,-1,1])
subplot(3,1,2);plot(t,x2);axis([0,0.25,-1,1])
subplot(3,1,3);plot(t,x3);axis([0,0.25,-1,1])
```

运行程序如图 5-22 所示。

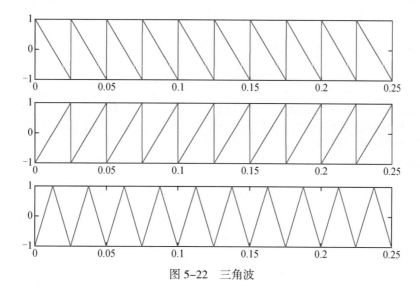

图 5-22 三角波

5.4.5 非周期三角波函数

在 MATLAB 中, tripuls 函数用于产生非周期三角波信号, 该函数的调用格式为

```
y=tripuls(t)
%产生连续、非周期单位高度的三角波信号, 其中心位置在 t=0 处, 默认三角波是对称的, 宽度为 1
y=tripuls(t,w,s)
%产生周期为 w 的非周期方波, 斜率为 s (-1<s<1), 当 s=0 时, 产生一个堆成的三角波
```

【例 5-23】非周期三角波信号的实现。

解: 在编辑器窗口中编写如下代码。

```
clear,clc,clf
t=-2:0.001:2;
```

```
y=tripuls(t,4,0.5);
plot(t,y);grid on;axis([-3 3 -1 2]);
xlabel('t');ylabel('y(t)')
```

运行程序结果如图 5-23 所示。

5.4.6　sinc 函数

在信号处理中，sinc 函数是一个很重要的函数，因为其傅里叶变换正好是幅值为 1 的矩形脉冲。sinc 函数的定义为

$$\mathrm{sinc}(t) = \frac{1}{2\pi}\int_{-\pi}^{\pi} 1 \times \mathrm{e}^{\mathrm{j}\omega t}\mathrm{d}\omega = \begin{cases} 1, & t = 0 \\ \dfrac{\sin \pi t}{\pi t}, & t \neq 0 \end{cases}$$

sinc 函数的调用格式为

```
y=sinc(x)                                 %返回一个以 x 为变量的函数波形
```

【例 5-24】sinc 函数发生器示例。

解： 在编辑器窗口中编写如下代码。

```
clear,clc,clf
t=(1:12)';
x=randn(size(t));
ts=linspace(-10,10,500)';
y=sinc(ts(:,ones(size(t)))-t(:,ones(size(ts)))')*x;
plot(t,x,'o',ts,y);grid on
xlabel('n');ylabel('x(n)')
```

运行结果如图 5-24 所示。

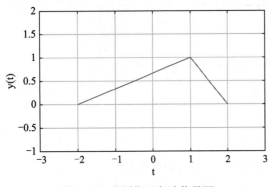

图 5-23　非周期三角波信号图

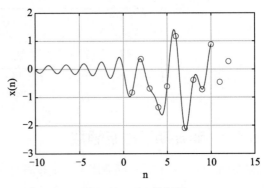

图 5-24　sinc 信号图

5.4.7　diric 函数

diric 函数（又称周期 sinc 函数）是信号处理中一个比较重要的函数，其定义为

$$\mathrm{diric}(x,n) = \begin{cases} (-1)^{\frac{x}{2\pi}(n-1)}, & x = 0, \pm 2\pi, \pm 4\pi, \cdots \\ \dfrac{\sin(nx/2)}{n\sin(x/2)}, & \text{其他} \end{cases}$$

在 MATLAB 中，diric 函数用于产生狄利克雷（Dirichlet）函数或周期辛格（Sinc）函数，其调用格式为

```
y=diric(x,n)
%返回大小与 x 相同的矩阵，其元素为 Dirichlet 函数
%当 n 为奇数时，周期为 2π；当 n 为偶数时，周期为 4π
```

【例 5-25】产生 sinc 函数曲线与 diric 函数曲线。

解： 在编辑器窗口中编写如下代码。

```
clear,clc,clf
t=-3*pi:pi/40:4*pi;
subplot(2,1,1);plot(t,sinc(t));grid on
xlabel('t');ylabel('sinc(t)');title('Sinc')
subplot(2,1,2);plot(t,diric(t,5));grid on
xlabel('t');ylabel('diric(t)');title('Diric')
```

运行结果如图 5-25 所示。

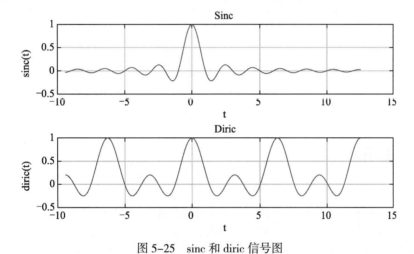

图 5-25 sinc 和 diric 信号图

5.4.8 高斯调制正弦脉冲信号函数

在 MATLAB 中，函数 gauspuls 用于产生高斯调制正弦脉冲信号函数，其调用格式为

```
yi = gauspuls(t,fc,bw)
%产生中心频率为 fc（单位：Hz）、宽带为 bw、采用间隔（持续时间）为 t 的高斯单脉冲信号，其中 bw>0，
%默认 fc=1000Hz，bw=0.5
yi = gauspuls(t,fc,bw,bwr)
%指定任意分数带宽水平 bwr（bwr<0），脉冲宽度为 100*bw%
[yi,yq] = gauspuls(___)
%返回相位积分脉冲 yq
[yi,yq,ye] = gauspuls(___)
%返回射频信号包络 ye
tc = gauspuls('cutoff',fc,bw,bwr,tpe)
%返回按参数 tpe(dB)计算所对应的截断时间 tc（tc≥0）
```

【例 5-26】高斯调制正弦脉冲信号函数的实现。

解： 在编辑器窗口中编写如下代码。

```
clear,clc,clf
tc=gauspuls('cutoff',60e3,0.6,[],-40);
t=-tc:1e-6:tc;
yi=gauspuls(t,60e3,0.6);
plot(t,yi);grid on
xlabel('t');ylabel('h(t)')
```

运行结果如图 5-26 所示。

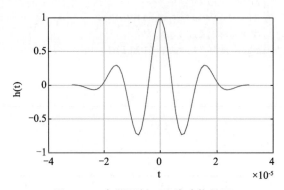

图 5-26　高斯调制正弦脉冲信号图

5.4.9　冲激串函数

在 MATLAB 中，函数 pulstran 用于实现脉冲序列发生器，其调用格式为

y = pulstran(t,d,func)	%基于名为 func 的连续函数（可自定义）并以其为一个周期，产生一串周期性的连续函数
y = pulstran(t,d,func,fs)	%增加采用频率 fs
y = pulstran(t,d,p)	%通过对向量 p（原始序列信号）的多次延迟并相加生成一个新的脉冲序列
y = pulstran(___,intfunc)	%指定差值方法 intfunc

说明：

（1）t（时间轴）指定横坐标的范围，d（采样间隔）指定周期性的偏移量（即各个周期的中心点），func 函数会被计算 length(d) 次，从而产生一个周期性脉冲信号。

（2）func 的取值为 rectpuls（非周期方波）、gauspuls（高斯调制正弦信号）、tripuls（非周期三角波）或者一个函数句柄。

【例 5-27】脉冲序列发生器实现示例。

解： 在编辑器窗口中编写如下代码。

```
clear,clc,clf
T=0:1/1E3:1;
D=0:1/4:1;
Y=pulstran(T,D,'rectpuls',0.1);
subplot(211);plot(T,Y);axis([0,1,-0.1,1.1]);grid on
xlabel('t');ylabel('w(t)')
```

```
T=0:1/1E3:1;
D=0:1/3:1;
Y=pulstran(T,D,'tripuls',0.2,1);
subplot(212); plot(T,Y);axis([0,1,-0.1,1.1]);grid on
xlabel('t');ylabel('w(t)')
```

运行结果如图 5-27 所示。

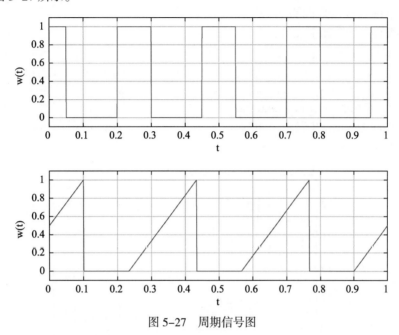

图 5-27　周期信号图

5.4.10　线性调频函数

在 MATLAB 中，函数 chirp 用于产生线性调频扫频信号，其调用格式为

```
y=chirp(t,f0,t1,f1)                   %产生一个线性（频率随时间线性变化）信号，其时间轴设置由数组 t 定义
y=chirp(t,f0,t1,f1,method)            %指定改变扫频的方法
y=chirp(t,f0,t1,f1,method,phi)        %指定信号的初始相位为 phi
y=chirp(t,f0,t1,f1,'quadratic',phi,shape)  %根据指定的方法在时间 t 上产生余弦扫频信号
```

说明：

（1）f_0 为第一时刻的瞬时频率，f_1 为 t_1 时刻的瞬时频率，f_0 和 f_1 单位都为 Hz。如果未指定，f_0 默认为 e–6（对数扫频）或 0（其他扫频），t_1=1，f_1=100Hz。

（2）method 可用的方法有 linear（线性扫频）、quadratic（二次扫频）和 logarithmic（对数扫频），默认为 linear，对于对数扫频，有 f_1>f_0。

linear（线性扫频）瞬时扫频函数为

$$f_i(t) = f_0 + \beta t , \quad \beta=(f_1 - f_0)/t_1$$

quadratic（二次扫频）瞬时扫频函数为

$$f_i(t) = f_0 + \beta t^2 , \quad \beta=(f_1 - f_0)/t_1$$

logarithmic（对数扫频）瞬时扫频函数为

$$f_i(t) = f_0 + 10^{\beta t}, \quad \beta = \ln(f_1 - f_0)/t_1$$

（3）phi 指定一个初始相位（单位为°），默认为 0。如果想忽略此参数而直接设置后面的参数，则可以指定 phi 为 0 或[]。

（4）shape 指定二次扫频方法的抛物线的形状，值为 concave（凹）或 convex（凸）。如果此参数被忽略，则根据 f_0 和 f_1 的相对大小决定是凹还是凸。

【例 5-28】 chirp 函数的实现示例。

解： 在编辑器窗口中编写如下代码。

```
clear,clc,clf
t=0:0.01:2;
y=chirp(t,0,1,120);
plot(t,y);axis([0,1,0,1]); grid on
ylabel('x(t)');xlabel('t')
```

运行结果如图 5-28 所示。

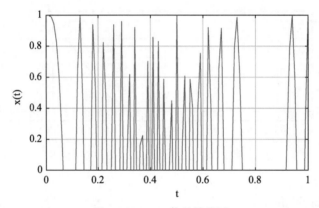

图 5-28　chirp 信号效果图

【例 5-29】 计算谱图与现行调频信号瞬时频率偏差。

解： 在编辑器窗口中编写如下代码。

```
clear,clc,clf
t = 0:0.002:2;
y=chirp(t,0,1,150);
subplot(311);spectrogram(y,256,250,256,1E3,'yaxis');
xlabel('t=0:0.002:2');title('不同采样时间的条件下')
t=-2:0.002:2;
y=chirp(t,100,1,200,'quadratic');
subplot(323);spectrogram(y,128,120,128,1E3,'yaxis');
xlabel('t=-2:0.002:2');
t=-1:0.002:1;
fo=100;f1=400;
y=chirp(t,fo,1,f1,'q',[],'convex');
subplot(324);spectrogram(y,256,200,256,1000,'yaxis')
xlabel('t=-1:0.002:1');
t=0:0.002:1;
```

```
fo=100;f1=25;
y=chirp(t,fo,1,f1,'q',[],'concave');
subplot(325);spectrogram(y,hanning(256),128,256,1000,'yaxis');
xlabel('t=0:0.002:1');
t=0:0.002:10;
fo=10;f1=400;
y=chirp(t,fo,10,f1,'logarithmic');
subplot(326);spectrogram(y,256,200,256,1000,'yaxis')
xlabel('t=0:0.002:10');
```

运行结果如图 5-29 所示。

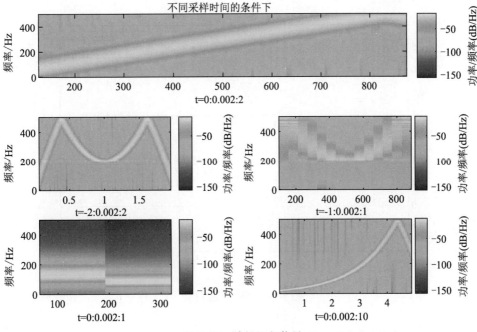

图 5-29　线性调频信号

5.4.11　高斯单脉冲函数

在 MATLAB 中，函数 gmonopuls 用于产生高斯单脉冲信号，其调用格式为

```
y = gmonopuls(t,fc)              %产生中心频率为 fc 的高斯单脉冲信号, t 为采样间隔, 默认 fc=1000Hz
tc = gmonopuls('cutoff',fc)      %产生以 cutoff 为截止频率, 以 fc 为采样频率的高斯单脉冲信
                                 %号的脉冲宽度
```

【例 5-30】高斯单脉冲函数 gmonopuls 应用示例。

解： 在编辑器窗口中编写如下代码。

```
clear,clc,clf
fc=2e9;                          %中心频率
fs=100e9;                        %采样频率
tc=gmonopuls('cutoff',fc);       %脉冲宽度
```

```
t=-2*tc:1/fs:2*tc;
y=gmonopuls(t,fc);
sg=1/(2*pi*fc);
ys=exp(1/2)*t/sg.*exp(-(t/sg).^2/2);
subplot(211);plot(t,y,t,ys,'.')
legend('gmonopuls','Definition')
D=((0:2)*7.5+2.5)*1e-9;                    %时延脉冲
t=0:1/fs:150*tc;
yp=pulstran(t,D,'gmonopuls',fc);
subplot(212);plot(t,yp)
```

运行结果如图 5-30 所示。

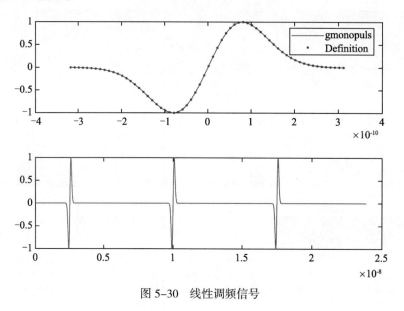

图 5-30　线性调频信号

5.5　线性连续时间系统的时域分析

线性连续时间系统的时域分析就是一个建立和求解线性微分方程的过程，下面介绍时域分析的求解方法。

5.5.1　零状态与零输入的求解分析

连续时间线性时不变（Linear Time Invariant，LTI）系统可以用线性常系数微分方程描述为

$$a_n y^{(n)}(t) + a_{n-1} y^{(n-1)}(t) + \cdots + a_1 y'(t) + a_0 y(t) = b_m f^{(m)}(t) + \cdots + b_1 f'(t) + b_0 f(t)$$

其中 $n \geq m$。系统的初始条件为

$$y(0), y'(0), y''(0), \cdots, y^{(n-1)}(0)$$

系统的响应一般包括两个部分，即由当前输入所产生的响应（零状态响应）和由历史输入（初始状态）所产生的响应（零输入响应）。

对于低阶系统，一般可以通过解析的方法得到响应，但对于高阶系统，手工计算就比较困难，这时借

助 MATLAB 强大的计算功能就比较容易确定系统的各种响应，如冲激响应、阶跃、零状态响应、全响应等。

连续时间系统可以使用常系数微分方程来描述，其完全响应由零输入响应和零状态响应组成。MATLAB 提供 dsolve 函数实现对常系数微分方程的求解，其调用格式为

```
S = dsolve(eqn)
%求解微分方程 eqn，eqn 为符号方程，使用 diff 和==表示微分方程
%例如，diff(y,x) == y 表示方程 dy/dx=y；通过将方程 eqn 指定为微分方程组的向量来求解微分方程组
S = dsolve(eqn,cond)
%用初始条件或边界条件 cond 求解方程 eqn
S = dsolve(___,Name,Value)
%使用由一个或多个参数对 Name-Value 指定的其他选项求解微分方程
[y1,...,yN] = dsolve(___)
%将解分别赋值给变量 y1,...,yN
```

使用 dsolve 函数可以求出系统微分方程的零输入响应和零状态响应，进而求出完全响应。

【例 5-31】 求齐次微分方程的零输入响应示例。

解： 在编辑器窗口中编写如下代码。

```
clear,clc,clf
syms y(t)
eqn=diff(y,2)+3*diff(y)+2*y==0;              %齐次解，求零输入响应
Dy = diff(y,t);
cond = [y(0)==1, Dy(0)==2];
yzi=dsolve(eqn,cond);
yzi=simplify(yzi)
```

运行结果如下：

```
yzi =
    exp(-2*t)*(4*exp(t)-3)
```

5.5.2　数值求解

在 MATLAB 中，控制系统工具箱提供了一个用于求解零初始条件微分方程数值解的函数 lsim。其调用格式为

```
y=lsim(sys,f,t)       %t 为计算系统响应的采样点向量，f 是系统输入的信号向量，sys 是 LTI 系统模型
```

说明：sys 是 LTI 系统模型，用来表示微分方程、差分方程或状态方程。其调用格式为

```
sys=tf(b,a)          %b 和 a 分别是微分方程的右端和左端系数向量
```

例如，对于以下方程

$$a_3 y''(t) + a_2 y''(t) + a_1 y'(t) + a_0 y(t) = b_3 f'''(t) + b_2 f''(t) + b_1 f'(t) + b_0 f(t)$$

可用 $a=[a_3,a_2,a_1,a_0]$，$b=[b_3,b_2,b_1,b_0]$，sys = tf(b,a) 获得其 LTI 模型。

注意： 如果微分方程的左端或右端表达式中有缺项，则其向量 a 或 b 中的对应元素应为零，不能省略不写，否则会出错。

【例 5-32】 求用微分方程 $\ddot{y}(t)+2\dot{y}(t)+200y(t)=10\cos2\pi t$ 描述的系统的零状态响应。

解： 在编辑器窗口中编写如下代码。

```
clear,clc,clf
ts=0;te=5;dt=0.01;
sys=tf([1],[1 2 200]);
t=ts:dt:te;
f=10*cos(2*pi*t);
y=lsim(sys,f,t);
plot(t,y);title('零状态响应');grid on
xlabel('t/s');ylabel('y(t)')
```

运行结果如图 5-31 所示。

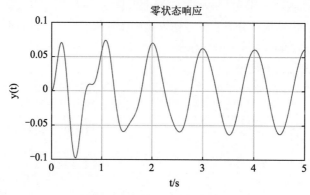

图 5-31 系统的零状态响应

5.5.3 冲激响应和阶跃响应分析

在 MATLAB 中，求解系统的冲激响应可应用控制系统工具箱提供的 impulse 函数，求解阶跃响应可用 step 函数。它们的调用格式为

```
y=impulse(sys,t)          %t 表示计算系统响应的采样点向量，sys 是 LTI 系统模型
y=step(sys,t)             %t 表示计算系统响应的采样点向量，sys 是 LTI 系统模型
```

【例 5-33】 绘制冲激响应和阶跃响应示例。

解： 在编辑器窗口中编写如下代码。

```
clear,clc,clf
t=0:0.002:4;
sys=tf([1,32],[1,4,64]);
h=impulse(sys,t);             %冲激响应
g=step(sys,t);                %阶跃响应
subplot(2,1,1);plot(t,h);title('冲激响应');grid on
xlabel('时间/s');ylabel('h(t)')
subplot(2,1,2);plot(t,g);title('阶跃响应');grid on
xlabel('时间/s');ylabel('g(t)')
```

运行结果如图 5-32 所示。

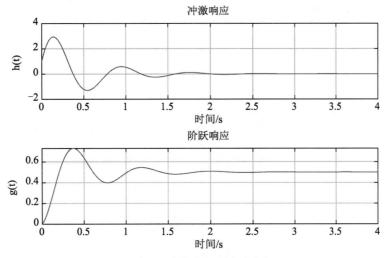

图 5-32　冲激响应和阶跃响应

【**例 5-34**】计算下述系统在冲激、阶跃、斜坡、正弦激励下的零状态响应。

$$y^{(4)}(t)+0.64y^{(3)}(t)+0.94y^{(2)}(t)+0.51y^{(1)}(t)+0.01y(t)=-0.46f^{(3)}(t)-0.25f^{(2)}(t)-0.12f^{(1)}(t)-0.06f(t)$$

解： 在编辑器窗口中编写如下代码。

```
clear,clc,clf
b=[-0.48 -0.25 -0.12 -0.06];a=[1 0.64 0.94 0.51 0.01];
sys=tf(b,a);
T=1000;
t=0:1/T:10;t1=-5:1/T:5;
f1=stepfun(t1,-1/T)-stepfun(t1,1/T);
f2=stepfun(t1,0);
f3=t;
f4=sin(t);
y1=lsim(sys,f1,t);  y2=lsim(sys,f2,t);
y3=lsim(sys,f3,t);  y4=lsim(sys,f4,t);
subplot(221);plot(t,y1);title('冲激激励下的零状态响应')
xlabel('t');ylabel('y1(t)')
grid on;axis([0 10 -1.2 1.2]);
subplot(222);plot(t,y2);title('阶跃激励下的零状态响应')
xlabel('t');ylabel('y2(t)')
grid on;axis([0 10 -1.2 1.2]);
subplot(223);plot(t,y3);title('斜坡激励下的零状态响应')
xlabel('t');ylabel('y3(t)')
grid on;axis([0 10 -5 0.5]);
subplot(224);plot(t,y4);title('正弦激励下的零状态响应')
xlabel('t');ylabel('y4(t)')
grid on;axis([0 10 -1.5 1.2]);
```

运行结果如图 5-33 所示。

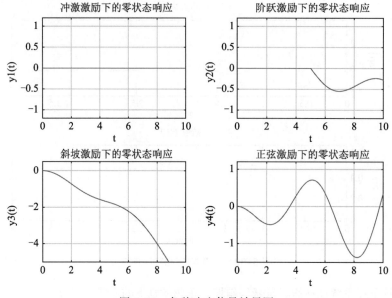

图 5-33　各种响应信号效果图

5.5.4　卷积求解

连续信号的卷积积分定义为

$$f(t) = f_1(t) * f_2(t) = \int_{-\infty}^{\infty} f_1(\tau) f_2(t - \tau) \mathrm{d}\tau$$

信号的卷积运算有符号计算法和数值计算法，此处采用数值计算法，需调用 conv 函数近似计算信号的卷积积分。

【例 5-35】用数值计算法求 $f_1(t) = u(t) - 0.5u(t-2)$ 与 $f_2(t) = 2e^{-3t}u(t)$ 的卷积积分。

解：在编辑器窗口中编写如下代码。

```
clear,clc,clf
dt=0.01;t=-1:dt:2.5;
f1=heaviside(t)-0.5*heaviside(t-2);
f2=2*exp(-3*t).*heaviside(t);
f=conv(f1,f2)*dt; n=length(f); tt=(0:n-1)*dt-2;
subplot(221);plot(t,f1);grid on
axis([-1,2.5,-0.2,1.2]);title('f1(t)')
xlabel('t');ylabel('f1(t)')
subplot(222);plot(t,f2);grid on
axis([-1,2.5,-0.2,1.2]);title('f2(t)');
xlabel('t');ylabel('f2(t)');
subplot(212);plot(tt,f);title('卷积积分');grid on
xlabel('t');ylabel('f3(t)')
```

运行结果如图 5-34 所示。

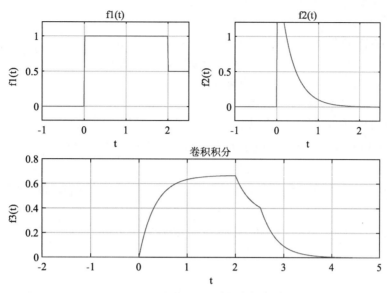

图 5-34　用数值计算法求得卷积积分

5.6　离散时间系统

离散系统是数字信号处理中主要研究的系统对象，下面介绍离散时间系统。

5.6.1　离散时间系统概述

离散时间系统是将输入序列 $x(n)$（通常称作激励）变换成输出序列 $y(n)$（通常称作响应）的一种运算，变换过程用 $T[]$ 描述。因此，一个离散时间系统可以表示为

$$y(n) = T[x(n)]$$

离散时间系统还可分成线性和非线性两种。同时具有叠加性和齐次性（均匀性）的系统，通常称为线性离散系统。当若干个输入信号同时作用于系统时，总的输出信号等于各个输入信号单独作用时所产生的输出信号之和，这个性质称为叠加性。

1. 线性系统

线性系统是一种满足叠加原理的系统。线性系统用数学语言描述如下：

假设序列 $y_1(n)$ 和 $y_2(n)$ 分别是输入序列 $x_1(n)$ 和 $x_2(n)$ 的输出响应，即

$$y_1(n) = T[x_1(n)],\ y_2(n) = T[x_2(n)]$$

若系统 $T[]$ 是线性系统，则下列关系式一定成立。

$$T[x_1(n) + x_2(n)] = T[x_1(n)] + T[x_2(n)] = y_1(n) + y_2(n)$$

$$T[ax_1(n)] = aT[x_1(n)] = ay_1(n)$$

其中，a 为任意常数。满足第一个式子称系统具有叠加性（Superposition Property）；满足第二个式子称系统具有比例性或齐次性（Homogeneity）。将两式结合起来表示为

$$T[ax_1(n) + bx_2(n)] = aT[x_1(n)] + bT[x_2(n)] = ay_1(n) + by_2(n)$$

其中，a 和 b 均为任意常数。

2. 时不变系统

如果系统的输出响应随输入的移位而移位，即若 $y(n)=T[x(n)]$，则

$$y(n-k)=T[x(n-k)]$$

称这样的系统为时不变系统。式中，k 为任意整数。

描述一个线性时不变离散时间系统，有两种常用方法，即

（1）用单位冲激响应表征系统；

（2）用差分方程（Difference Equation）描述系统输入和输出之间的关系。

3. 单位冲激响应

单位冲激响应是指输入为单位冲激信号时系统的输出，一般用 $h(n)$ 来表示单位冲激响应，即

$$h(n)=T[\delta(n)]$$

线性时不变系统可用它的单位冲激响应来表征，因为任意序列都可表示为单位冲激序列的移位加权和的形式。

4. 因果系统

因果系统指系统某时刻的响应只取决于该时刻和该时刻以前的系统激励的系统。一个线性时不变系统是因果系统的充要条件是

$$h(n)=0, \quad n<0$$

5. 稳定系统

稳定系统指系统输入为有界时，系统的响应也是有界的。一个线性时不变系统是稳定系统的充要条件是

$$\sum_{n=-\infty}^{+\infty}|h(n)|=P<\infty$$

5.6.2 离散时间系统响应

离散时间 LTI 系统可用线性常系数差分方程来描述，即

$$\sum_{i=0}^{N}a_i y(n-i)=\sum_{j=0}^{M}b_j x(n-j)$$

其中，$a_i(i=0,1,\cdots,N)$ 和 $b_j(j=0,1,\cdots,M)$ 为实常数。

在 MATLAB 中，函数 filter 可用于求解差分方程在指定时间范围内的输入序列所产生的响应，其调用格式为

```
y=filter(b,a,x)          %x 为输入的离散序列；y 为输出的离散序列，且 length(y)=length(x)；b，a
                         %分别为差分方程左端、左端的系数向量
```

【例 5-36】已知 $y(k)-0.35y(k-1)+1.5y(k-2))=f(k)+f(k-1)$，$f(k)=(1/2)^k \varepsilon(k)$，求零状态响应。

解：在编辑器窗口中编写如下代码。

```
clear,clc,clf
a=[1 -0.35 1.5];
b=[1 1];
t=0:20;
x=(1/2).^t;
y=filter(b,a,x)
subplot(1,2,1);stem(t,x);title('输入序列');
xlabel('n');ylabel('h(n)');grid on
```

```
subplot(1,2,2);stem(t,y);title('响应序列');
xlabel('n');ylabel('h(n)');grid on
```

运行结果如下：

```
y =
  列 1 至 7
    1.0000    1.8500   -0.1025   -2.4359   -0.5113    3.5686    2.0628
  列 8 至 14
   -4.6075   -4.6952    5.2738    8.8915   -4.7972  -15.0155    1.9407
  列 15 至 21
   23.2027    5.2100  -32.9805  -19.3582   42.6954   43.9807  -48.6498
```

系统的零状态响应如图 5-35 所示。

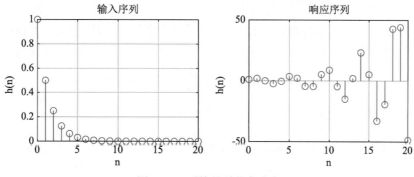

图 5-35 系统的零状态响应

5.6.3 离散时间系统的冲激响应和阶跃响应

在 MATLAB 中，函数 impz 用于求解离散时间系统的单位冲激响应，其调用格式为

```
h=impz(b,a, k)
% b,a 分别是差分方程左端、右端的系数向量；k 为输出序列的取值范围（可省略）；h 为系统单位冲激响应
```

说明：如果没有输出参数，直接调用 impz(b, a, k)，则 MATLAB 将会在当前绘图窗口中自动画出系统单位冲激响应的图形。

【例 5-37】用 impz 函数求离散时间系统的单位冲激响应示例。

解： 在编辑器窗口中编写如下代码。

```
clear,clc,clf
k=0:10;
a=[1 64];
b=[1 3];
h=impz(b,a,k);
subplot(1,2,1);stem(k,h);title('单位冲激响应的近似值');
xlabel('n');ylabel('h(n)');grid on
hk=-(-1).^k+2*(-2).^k;
subplot(1,2,2);stem(k,h);title('单位冲激响应的理论值');
xlabel('n');ylabel('h(n)');grid on
```

运行结果如图 5-36 所示。

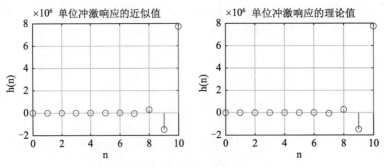

图 5-36　离散时间系统的单位冲激响应

5.6.4　离散时间信号的卷积和运算

卷积是用来计算系统零状态响应的有力工具，由于系统的零状态响应是激励与系统的单位取样响应的卷积，因此卷积运算在离散时间信号处理领域被广泛应用。离散时间信号的卷积定义为

$$y(n) = x(n) * h(n) = \sum_{m=-\infty}^{\infty} x(m)h(n-m)$$

在 MATLAB 中，函数 conv 用于计算两个离散序列的卷积，其调用格式为

```
c=conv(a,b)
%a，b 分别为待卷积的两序列的向量表示；c 是卷积结果的向量表示，其长度为 a 与 b 的长度之和减 1，即
%length(c)=length(a)+length(b)-1
```

【例 5-38】已知某系统的单位取样响应 $h(n) = 0.9^n\left[u(n) - u(n-9)\right]$，当激励信号 $x(n) = u(n) - u(n-4)$ 时，试求系统的零状态响应。

解：编写产生单位阶跃的子函数。

```
function y=uDT(n)
y=n>=0;
end
```

在编辑器窗口中编写如下代码。

```
clear,clc,clf
nx=-1:5;
nh=-2:10;
x=uDT(nx)-uDT(nx-4);
h=0.9.^nh.*(uDT(nh)-uDT(nh-9));
y=conv(x,h);
ny1=nx(1)+nh(1);
ny=ny1+(0:(length(nx)+length(nh)-2));
subplot(131);stem(nx,x,'fill');grid on
xlabel('n'),ylabel('x(n)');title('x(n)')
axis([-4 16 0 2])
subplot(132);stem(nh,h','fill');grid on
xlabel('n');ylabel('h(n)');title('h(n)')
axis([-4 16 0 2])
subplot(133);stem(ny,y,'fill');grid on
xlabel('n');ylabel('y(n)');title('y(n)=x(n)*h(n)')
axis([-4 16 0 4])
```

运行结果如图 5-37 所示。

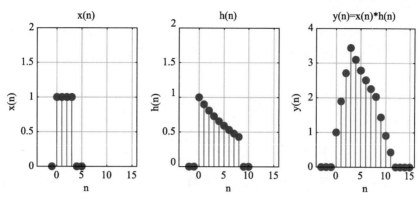

图 5-37　卷积法求解状态响应

【例 5-39】已知序列求卷积结果示例。

解： 在编辑器窗口中编写如下代码。

```
clear,clc,clf
x=[1,3,5,7];
y=[1,1,1,1];
z=conv(x,y)
subplot(131);stem(0:length(x)-1,x);
ylabel('x[n]');xlabel('n');grid on
subplot(132);stem(0:length(y)-1,y);
ylabel('y[n]');xlabel('n');grid on
subplot(133);stem(0:length(z)-1,z);
ylabel('z[n]');xlabel('n');grid on
```

运行结果如下：

```
z =
    1    4    9   16   15   12    7
```

卷积结果图如图 5-38 所示。

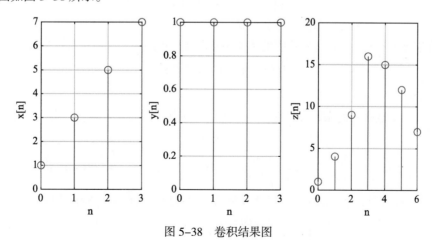

图 5-38　卷积结果图

5.6.5　离散时间系统模型

在 MATLAB 中，线性离散系统模型有多种表示方法。例如：传递函数法、零极点增益法、状态空间法、部分分式法、二次分式法及格型结构法等。下面介绍这些系统模型表示方法。

1. 传递函数法

传递函数是表示离散时间系统最主要的模型，它是离散系统的 z 域表示形式，是两个多项式的比值。传递函数的表达式为

$$Y(z) = \frac{b(1) + b(2)z^{-1} + \cdots + b(n_b+1)z^{-n_b}}{1 + a(2)z^{-1} + \cdots + a(n_a+1)z^{-n_a}} X(z)$$

其中，$n = \max(na, nb)$ 为滤波器阶数；$b(i)$ 和 $a(i)$ 是离散系统的系数，独立存储在以下两个向量中。

$$\boldsymbol{b} = \begin{bmatrix} b(1) & b(2) & \cdots & b(n_b+1) \end{bmatrix}$$
$$\boldsymbol{a} = \begin{bmatrix} 1 & a(2) & \cdots & a(n_a+1) \end{bmatrix}$$

2. 零极点增益法

零极点增益法也是传递函数的一种方法，它把分子和分母上的多项式表示成一系列一阶因式相乘的形式，其表达式为

$$H(z) = \frac{Y(z)}{X(z)} = k\frac{(z-y(1))(z+y(2))\cdots(z-y(n_b))}{(z-x(1))(z-x(2))\cdots(z-x(n_a))}$$

其中，k 为系统的增益；$y(i)$ 和 $x(i)$ 是离散系统的系数，独立存储在以下两个向量中。

$$\boldsymbol{Z} = \begin{bmatrix} y(1) & y(2) & \cdots & y(n_b) \end{bmatrix}$$
$$\boldsymbol{P} = \begin{bmatrix} x(1) & x(2) & \cdots & x(n_a) \end{bmatrix}$$

3. 状态空间法

线性离散系统总可以用一组一阶微分方程来表达，即状态空间表达法，可表示为

$$x(n+1) = Ax(n) + Bu(n)$$
$$y(n) = Cx(n) + Du(n)$$

其中，u 为系统输入，x 为系统状态，y 为系统输出。

对状态方程进行 z 变换，可以得到系统的传递函数形式。传递函数和状态方程矩阵之间的关系为

$$H(z) = C(zI - A)^{-1}B + D$$

4. 部分分式法

任何一个用传递函数表示的系统都存在一个带余数的部分分式与之对应。带余数的部分分式的表达式如下：

$$H(z) = \frac{r(1)}{1-p(1)z^{-1}} + \cdots + \frac{r(n)}{1-p(n)z^{-n}} + k(1) + k(2)z^{-1} + \cdots + k(m-n+1)z^{-(m-n)}$$

该式成立的条件是 $H(z)$ 没有重复的极点，式中 n 是系统的阶数。当存在 S_r 阶极点时，$H(Z)$ 表示为

$$\frac{r(j)}{1-p(j)z^{-1}} + \frac{r(j+1)}{(1-p(j)z^{-1})^2} + \cdots + \frac{r(j+s_r-1)}{(1-p(j)z^{-1})^{s_r}}$$

因此，使用一个极点列向量 $p = [\,p(1)\ \ p(2)\ \cdots\ p(n)\,]$、一个与极点对应的余数列向量 $r = [\,r(1)\ \ r(2)\ \cdots\ r(n)\,]$ 和余数多项式系数行向量 $k = [\,k(1)\ \ k(2)\ \cdots\ k(m-n+1)\,]$ 就可以完整地标识整个系统。

5. 二次分式法

任何传递函数 $H(z)$ 都可以用二次分式表示为

$$H(z) = \prod_{k=1}^{L} H_k(z) = \prod_{k=1}^{L} \frac{b_{0k} + b_{1k}z^{-1} + b_{2k}z^{-2}}{a_{0k} + a_{1k}z^{-1} + a_{2k}z^{-2}}$$

该表达式实际上是系统的二阶子系统串联实现。其中，L 是描述系统的二次分式的数目，$H_k(z)$ 为各阶子系统。

在 MATLAB 中，用一个 $L \times 6$ 的矩阵 **SOS** 表示离散系统的二次分式形式，**SOS** 矩阵的每一行代表一个二次分式，前半部分为分子系数，后半部分为分母系数。矩阵的形式如下

$$\mathbf{SOS} = \begin{bmatrix} b_{01} & b_{11} & b_{21} & a_{01} & a_{11} & a_{21} \\ b_{02} & b_{12} & b_{22} & a_{02} & a_{12} & a_{22} \\ \vdots & \vdots & \vdots & \vdots & \vdots & \vdots \\ b_{0L} & b_{1L} & b_{2L} & a_{0L} & a_{1L} & a_{2L} \end{bmatrix}$$

6. 格型结构法

格型（Lattice）结构法是由 Gay 和 Markel 提出的一种系统的结构形式。对于离散系统的 N 阶全零点或全极点传递函数，可用一个多项式系数向量 $a(n)$ 描述，其中 $n = 1, 2, \cdots, N+1$。

若存在 N 个相应的网状结构映射系数 $k(n)$，$n = 1, 2, \cdots, N$，可以利用 $k(n)$ 按照图 5-39 和图 5-40 所示的网状结构来表示这种离散系统。

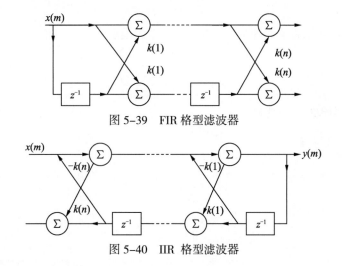

图 5-39　FIR 格型滤波器

图 5-40　IIR 格型滤波器

5.6.6　离散系统模型变换

MATLAB 工具箱为同一离散系统的不同系统模型的变换提供了很多函数，如表 5-1 所示，下面分别进行介绍。

表 5-1 离散系统模型变换函数

函　　数	系统原模型	系统转换模型	函　　数	系统原模型	系统转换模型
tf2ss	传递函数	状态空间	ss2zp	状态空间	零极点增益
tf2zp	传递函数	零极点增益	ss2sos	状态空间	二次分式
tf2sos	传递函数	二次分式	sos2tf	二次分式	传递函数
tf2latc	传递函数	格型结构	sos2zp	二次分式	零极点增益
zp2ss	零极点增益	状态空间	sos2ss	二次分式	状态空间
zp2tf	零极点增益	传递函数	poly2rc	格型结构	多项式
zp2sos	零极点增益	二次分式	rc2poly	多项式	格型结构
ss2tf	状态空间	传递函数			

1. tf2ss函数

tf2ss 函数可以将传递函数模型转换为状态空间模型，其调用格式为

```
[A,B,C,D] = tf2ss(b,a)          %b、a 为系统传递函数模型的分子、分母所组成的向量系统传递函数
                                %模型的分子、分母多项式的长度必须相等，否则需进行补 0
```

传递函数模型为

$$H(s)=\frac{B(s)}{A(s)}=\frac{b_1 s^{n-1}+\cdots+b_{n-1}s+b_n}{a_1 s^{m-1}+\cdots+a_{m-1}s+a_m}=C(sI-A)^{-1}B+D$$

状态空间模型为

$$x=Ax+Bu$$
$$y=Cx+Du$$

【例 5-40】利用 tf2ss 函数将下面的系统变换成状态空间模型。

$$H(s)=\frac{\begin{bmatrix}\dfrac{2s+3}{s^2+2s+1}\end{bmatrix}}{s^2+0.4s+1}$$

解：在编辑器窗口中编写如下代码。

```
b = [0 2 3; 1 2 1];
a = [1 0.4 1];
[A,B,C,D] = tf2ss(b,a)
```

运行结果如下：

```
z =
    1    4    9    16    15    12    7
A =
  -0.4000   -1.0000
   1.0000        0
B =
   1
   0
C =
   2.0000   3.0000
   1.6000        0
```

```
D =
     0
     1
```

2. tf2zp函数

tf2zp 函数可以将传递函数模型转换为零极点增益模型，其调用格式为

```
[z,p,k] = tf2zp(b,a)
%b、a 为系统传递函数模型的分子、分母所组成的向量
%系统传递函数模型的分子、分母多项式的长度必须相等，否则需进行补零
%z、p 和 k 为系统零极点增益模型的零点、极点向量和系统增益
```

零极点增益模型为

$$H(s) = \frac{Z(s)}{P(s)} = k\frac{(s-z_1)(s-z_2)\cdots(s-z_m)}{(s-p_1)(s-p_2)\cdots(s-p_n)}$$

【例 5-41】tf2zp 函数应用示例。

解：在编辑器窗口中编写如下代码。

```
b = [2 3];
a = [1 1/sqrt(2) 1/4];
[b,a] = eqtflength(b,a);
[z,p,k] = tf2zp(b,a)
```

运行结果如下：

```
z =
          0
    -1.5000
p =
    -0.3536 + 0.3536i
    -0.3536 - 0.3536i
k =
     2
```

3. tf2sos函数

tf2sos 函数可以将传递函数模型转换为二次分式模型，其调用格式为

```
[sos,g] = tf2sos(b,a)
%将传递函数模型转换为二次分式模型 sos
%g 为系统增益，输入向量 b、a 为系统传递函数模型的分子、分母所组成的向量
%系统传递函数模型的分子、分母多项式的长度必须相等，否则需进行补零
[sos,g] = tf2sos(b,a,order)
%利用参数 order 指定 sos 中行的顺序
%指定 up 时，首行中所包含的极点离原点最近，离单位圆最远
%指定 down 时，首行中所包含的极点离原点最远，离单位圆最近
[sos,g] = tf2sos(b,a,order,scale)              %输入参数 scale 指定所需要的增益因子
```

【例 5-42】tf2sos 函数应用示例。

解：在编辑器窗口中编写如下代码。

```
[nm,dn] = butter(4,0.5);
[ss,gn] = tf2sos(nm,dn);
```

```
numers = [conv(ss(1,1:3),ss(2,1:3))*gn;nm]
denoms = [conv(ss(1,4:6),ss(2,4:6));dn]
```

运行结果如下：

```
numers =
    0.0940    0.3759    0.5639    0.3759    0.0940
    0.0940    0.3759    0.5639    0.3759    0.0940
denoms =
    1.0000    0.0000    0.4860    0.0000    0.0177
    1.0000    0.0000    0.4860    0.0000    0.0177
```

4. tf2latc函数

tf2latc 函数可以将传递函数模型转换为格型结构模型，其调用格式为

```
[k,v] = tf2latc(b,a)
%返回 IIR（ARMA）梯度格型滤波器的格栅参数 k 和梯度参数 v，由 a(1) 归一化
%如果滤波器在单位圆上存在任何零点，都会产生错误
k = tf2latc(1,a)
%返回 IIR 全极点（AR）格型滤波的格栅参数 k
[k,v] = tf2latc(1,a)
%返回向量 v 为正确位置处的标量梯度系数，其他元素均为 0
k = tf2latc(b)
%由 b(1) 归一化的 FIR（MA）格型滤波器的栅格参数 k
k = tf2latc(b,'phase')
%利用'phase'指定 FIR（MA）格型滤波器的类型
%当'phase'取'max'时为最大相位滤波器取；反之取'min'时，为最小相位滤波器
```

【例 5-43】tf2latc 函数应用示例。

解：在编辑器窗口中编写如下代码。

```
b = [2 3];
a = [1 1/sqrt(2) 1/4];
[k,v] = tf2latc (b,a)
```

运行结果如下：

```
k =
    0.5657
    0.2500
v =
    0.3029
    3.0000
         0
```

5. zp2ss函数

zp2ss 函数可以将零极点增益模型转换为状态空间模型，其调用格式为

```
[A,B,C,D] = zp2ss(z,p,k)
%将系统零极点增益模型的零点向量 z、极点向量 p 和系统增益 k，转换为状态空间模型[A,B,C,D]
```

【例 5-44】zp2ss 函数应用示例。

解：在编辑器窗口中编写如下代码。

```
z = [0 0];
p = roots([1 0.01 1]);
k = 1;
[A,B,C,D] = zp2ss(z,p,k)
```

运行结果如下：

```
A =
   -0.0100   -1.0000
    1.0000        0
B =
     1
     0
C =
   -0.0100   -1.0000
D =
     1
```

6. zp2tf函数

zp2tf 函数可以将零极点增益模型转换为传递函数模型，其调用格式为

```
[b,a] = zp2tf(z,p,k)
%将系统零极点增益模型的零点向量 p、极点向量 p 和系统增益 k，转换为传递函数模型[b,a]
```

【例 5-45】zp2tf 函数应用示例。

解：在编辑器窗口中编写如下代码。

```
k = 1;
z = [0 0]';
p = roots([1 0.01 1]);
[b,a] = zp2tf(z,p,k)
```

运行结果如下：

```
b =
     1     0     0
a =
    1.0000    0.0100    1.0000
```

7. zp2sos函数

zp2sos 函数可以将零极点增益模型转换为二次分式模型，其调用格式为

```
[sos,g] = zp2sos(z,p,k)
%将系统零极点增益模型的零点 z、极点 p 和系统增益 k，转换为二次分式模型
%g 为整个系统的增益，即 H(z)=g*H1(z)*H2(Z)*…*HL(z)
%零点、极点必须以共轭复数对的形式出现
[sos,g] = zp2sos(z,p,k,order)
%参数 order 指定 sos 中行的顺序
%当指定 up 时（默认），首行中所包含的极点离原点最近，离单位圆最远
%当指定 down 时，首行中所包含的极点离原点最远，离单位圆最近
[sos,g] = zp2sos(z,p,k,order,scale)
%参数 scale 指定所需要的增益因子，其取值为 none（默认）、Inf 或 2
[sos,g] = zp2sos(z,p,k,order,scale,zeroflag)
```

```
% 参数 zeroflag 指定处理相互为负的实零点，其取值为 false（默认）或 true
```

说明：**sos** 以一个 $L \times 6$ 矩阵返回，它的行包含 $H(z)$ 二阶截面的分子和分母系数，即 b_{ik} 和 a_{ik}。具体定义如下：

$$H(z) = k \frac{(z - z_1)(z - z_2) \cdots (z - z_n)}{(z - p_1)(z - p_2) \cdots (z - p_m)}$$

$$\mathbf{sos} = \begin{bmatrix} b_{01} & b_{11} & b_{21} & 1 & a_{11} & a_{21} \\ b_{02} & b_{12} & b_{22} & 1 & a_{12} & a_{22} \\ \vdots & \vdots & \vdots & \vdots & \vdots & \vdots \\ b_{0L} & b_{1L} & b_{2L} & 1 & a_{1L} & a_{2L} \end{bmatrix}$$

$$H(z) = g \prod_{k=1}^{L} H_k(z) = g \prod_{k=1}^{L} \frac{b_{0k} + b_{1k} z^{-1} + b_{2k} z^{-2}}{1 + a_{1k} z^{-1} + a_{2k} z^{-2}}$$

如果传递函数有 n 个零点和 m 个极点，则 L 大于或等于 $\max(n/2, m/2)$ 最近的整数。

【例 5-46】 zp2sos 函数应用示例。

解： 在编辑器窗口中编写如下代码。

```
[z,p,k] = butter(5,0.2);
sos = zp2sos(z,p,k)
```

运行结果如下：

```
sos =
    0.0013    0.0013         0    1.0000   -0.5095         0
    1.0000    2.0000    1.0000    1.0000   -1.0966    0.3554
    1.0000    2.0000    1.0000    1.0000   -1.3693    0.6926
```

8. ss2tf 函数

ss2tf 函数可以将状态空间模型转换为传递函数模型，其调用格式为

```
[b,a] = ss2tf(A,B,C,D)        %将系统的状态空间模型[A,B,C,D]转换为系统传递函数模型[b,a]
[b,a] = ss2tf(A,B,C,D,ni)     %返回当具有多个输入的方程组时第 ni 个输入受单位脉冲影响时所生
                              %成的传递函数模型
```

【例 5-47】 ss2tf 函数应用示例。

解： 在编辑器窗口中编写如下代码。

```
b = [2 3 0];
a = [1 0.4 1];
[A,B,C,D] = tf2ss(b,a);
[b,a] = ss2tf(A,B,C,D,1)
```

运行结果如下：

```
b =
     2     3     0
a =
    1.0000    0.4000    1.0000
```

9. ss2zp 函数

ss2zp 函数可以将状态空间模型转换为零极点增益模型，其调用格式为

```
[z,p,k] = ss2zp(A,B,C,D)        %将系统的状态空间模型[A,B,C,D]转换为系统零极点增益模型[z,p,k]
[z,p,k] = ss2zp(A,B,C,D,ni)     %返回当具有多个输入的方程组时第 ni 个输入受单位脉冲影响时所生成的
                                %零极点增益模型
```

【例 5-48】ss2zp 函数应用示例。

解: 在编辑器窗口中编写如下代码。

```
b = [2 3 0];
a = [1 0.4 1];
[A,B,C,D] = tf2ss(b,a);
[z,p,k] = ss2zp(A,B,C,D,1)
```

运行结果如下:

```
z =
         0
   -1.5000
p =
   -0.2000 + 0.9798i
   -0.2000 - 0.9798i
k =
     2
```

10. ss2sos函数

ss2sos 函数可以将状态空间模型转换为二次分式模型,其调用格式为

```
[sos,g] = ss2sos(A,B,C,D)        %将单输入系统转换为二次分式模型 sos
[sos,g] = ss2sos(A,B,C,D,iu)     %将多输入系统转换为二次分式模型 sos,参数 iu 指定变换中的输入量
[sos,g] = ss2sos(A,B,C,D,'order')        %将多输入系统转换为二次分式模型 sos,参数 order 指
                                         %定 sos 中行的顺序
[sos,g] = ss2sos(A,B,C,D,iu,'order')     %参数 iu 指定变换中的输入量,参数 order 指定 sos 中行
                                         %的顺序
[sos,g] = ss2sos(A,B,C,D,iu,'order','scale')        %输入参数 scale 指定所需要的增益因子
```

【例 5-49】ss2sos 函数应用示例。

解: 在编辑器窗口中编写如下代码。

```
[A,B,C,D] = butter(5,0.2);
sos = ss2sos(A,B,C,D)
```

运行结果如下:

```
sos =
    0.0013    0.0013         0    1.0000   -0.5095         0
    1.0000    2.0010    1.0010    1.0000   -1.0966    0.3554
    1.0000    1.9973    0.9973    1.0000   -1.3693    0.6926
```

11. sos2tf函数

sos2tf 函数可以将二次分式模型转换为传递函数模型,其调用格式为

```
[b,a] = sos2tf(sos)        %将系统的二次分式模型 sos 转换为系统的传递函数模型[b,a]
[b,a] = sos2tf(sos,g)      %参数 g 为二次分式模型系统的增益因子,默认为 1
```

【例 5-50】 sos2tf 函数应用示例。

解： 在编辑器窗口中编写如下代码。

```
sos = [1 1 1 1 0 -1; -2 3 1 1 10 1];
[b,a] = sos2tf(sos)
```

运行结果如下：

```
b =
    -2    1    2    4    1
a =
     1   10    0  -10   -1
```

12. sos2zp函数

sos2zp 函数可以将二次分式模型转换为零极点增益模型，其调用格式为

```
[z,p,k] = sos2zp(sos)        %将系统的二次分式模型 sos 转换为系统的零极点增益模型[z,p,k]
[z,p,k] = sos2zp(sos,g)      %参数 g 为二次分式模型系统的增益因子，默认为 1
```

【例 5-51】 sos2zp 函数应用示例。

解： 在编辑器窗口中编写如下代码。

```
sos = [1 1 1 1 0 -1; -2 3 1 1 10 1];
[z,p,k] = sos2zp(sos)
```

运行结果如下：

```
z =
  -0.5000 + 0.8660i
  -0.5000 - 0.8660i
   1.7808 + 0.0000i
  -0.2808 + 0.0000i
p =
  -1.0000
   1.0000
  -9.8990
  -0.1010
k =
    -2
```

13. sos2ss函数

sos2ss 函数可以将二次分式模型转换为状态空间模型，其调用格式为

```
[A,B,C,D] = sos2ss(sos)      %将系统的二次分式模型 sos 转换为系统的状态空间模型[A,B,C,D]
[A,B,C,D] = sos2ss(sos,g)    %参数 g 为二次分式模型系统的增益因子，默认为 1
```

【例 5-52】 sos2ss 函数应用示例。

解： 在编辑器窗口中编写如下代码。

```
sos = [1 1 1 1 0 -1 ; -2 3 1 1 10 1];
[A,B,C,D] = sos2ss(sos,2)
```

运行结果如下：

```
A =
  -10    0   10    1
```

```
     1     0     0     0
     0     1     0     0
     0     0     1     0
B =
     1
     0
     0
     0
C =
    42     4   -32    -2
D =
    -4
```

14. poly2rc函数

poly2rc 函数可以将多项式转换为格型结构的映射系数，其调用格式为

```
k = poly2rc(a)      %将系统的多项式转换为格型结构的映射系数，如果 a(1)≠1，则多项式将被 a(1) 线性化
[k,r0] = poly2rc(a,efinal)       %返回自相关系数 r0，参数 efinal 指定最后的误差，默认为 0
```

【例 5-53】poly2rc 函数应用示例。

解： 在编辑器窗口中编写如下代码。

```
a = [1.0000 0.6149 0.9099 0.0000 0.0031 -0.0082];
efinal = 0.2;
[k,r0] = poly2rc(a,efinal)
```

运行结果如下：

```
k =
    0.3090
    0.9801
    0.0031
    0.0081
   -0.0082
r0 =
    5.6032
```

15. rc2poly函数

rc2poly 函数可以将格型结构的映射系数转换为多项式，其调用格式为

```
a = rc2poly(k)                   %系统的格型结构的映射系数转换为系统多项式
[a,efinal] = rc2poly(k,r0)       %返回最终的误差 efinal，参数 r0 为自相关系数
```

【例 5-54】rc2poly 函数应用示例。

解： 在编辑器窗口中编写如下代码。

```
k = [0.3090 0.9800 0.0031 0.0082 -0.0082];
a = rc2poly(k)
```

运行结果如下：

```
k =
    0.3090
```

```
    0.9801
    0.0031
    0.0081
   -0.0082
r0 =
    5.6032
a =
    1.0000    0.6148    0.9899    0.0000    0.0032   -0.0082
```

5.7　本章小结

时间信号与系统是研究信号与系统理论的基本概念和基本分析方法，本章讲解了如何建立信号与系统的数学模型，介绍了信号的基本特性、基本运算，并研究了其时域特性等，为学习信号处理建立了必要的理论基础。相信读者通过本章的学习，可以对时间信号与系统的 MATLAB 实现有一定的理解。

第 6 章

信 号 变 换

信号与系统分析除了时域分析方法外，还有变换域分析方法。连续时间信号与系统的变换域分析方法主要是傅里叶变换和拉普拉斯变换。离散时间信号的 Z 变换是分析线性时不变离散时间系统问题的重要工具，在数字信号处理、计算机控制系统等领域有着广泛的应用。

学习目标：

（1）了解 Z 变换的概念与性质；

（2）掌握离散系统中的 Z 域描述方法；

（3）了解傅里叶级数与变换；

（4）理解离散傅里叶变换及其性质；

（5）掌握频率域采样和快速傅里叶变换；

（6）了解离散余弦变换、Chirp Z 变换。

6.1 Z 变换概述

在分析离散信号系统时，Z 变换是极为重要的数学工具，它可以将描述离散系统的差分方程转化为代数方程，简化求解过程。

6.1.1 Z 变换的定义

序列 $x(n)$ 的 Z 变换（简称 ZT）定义为

$$X(z) = \sum_{n=-\infty}^{+\infty} x(n) z^{-n}$$

该式称为双边 Z 变换或标准 Z 变换，其中 z 为复变量。

如果 $x(n)$ 的非零值区间为 $(-\infty, 0]$ 或者 $[0, +\infty)$，则上式可变为

$$X(z) = \sum_{n=-\infty}^{0} x(n) z^{-n} , \quad X(z) = \sum_{n=0}^{+\infty} x(n) z^{-n}$$

此时，称为序列 $x(n)$ 的单边 Z 变换。

序列的 ZT 存在的条件为

$$|X(z)| = \left| \sum_{n=-\infty}^{+\infty} x(n) z^{-n} \right| \leqslant \sum_{n=-\infty}^{+\infty} |x(n) z^{-n}| = \sum_{n=-\infty}^{+\infty} |x(n)| |z^{-n}| < +\infty$$

满足该式的 z 的取值范围称为 Z 变换的收敛域（Region of Convergence，ROC），该收敛域通常为 z 平面上的

一个环状域，即

$$R_{x^-} < |z| < R_{x^+}$$

6.1.2　Z 变换的收敛域

由于序列 Z 变换的收敛域与序列的形态有关，因此同一个 Z 变换表达式，不同的收敛域，可以确定不同的序列形态。下面根据序列的不同形态，分别讨论其收敛域。

对于任意给定的序列 $x(n)$，能使 $X(z) = \sum\limits_{n=-\infty}^{\infty} x(n)z^{-n}$ 收敛的所有 z 值的集合称为收敛域。即满足

$$\sum_{n=-\infty}^{\infty} \left| x(n)z^{-n} \right| = M < \infty$$

$X(z)$ 的收敛域一般用 $R_{x^-} < |z| < R_{x^+}$ 表示，其中 R_{x^-}、R_{x^+} 称为收敛半径，R_{x^+} 可以趋向于 ∞，R_{x^-} 可以趋向于 0。

不同的 $x(n)$ 的 Z 变换，由于收敛域不同可能对应于相同的 Z 变换，故在确定 Z 变换时，必须指明收敛域。

1. 有限长序列

（1）有限序列的描述函数为

$$x(n) = \begin{cases} x(n), & n_1 \leqslant n \leqslant n_2 \\ 0, & \text{其他} \end{cases}$$

其 Z 变换为

$$X(z) = \sum_{n=n_1}^{n_2} x(n)z^{-n}$$

因此 Z 变换式是有界序列，也即为有限项之和，只要级数的每一项有界，则级数就收敛，收敛域为 $0 < |z| < \infty$。

（2）在 n_1、n_2 的特殊取值情况下，收敛域还可扩大为

$$0 < |z| \leqslant \infty, \quad n_1 \geqslant 0$$
$$0 \leqslant |z| < \infty, \quad n_2 \leqslant 0$$

2. 右边序列

右边序列的描述函数为

$$x(n) = \begin{cases} x(n), & n \geqslant n_1 \\ 0, & \text{其他} \end{cases}$$

其 Z 变换为

$$X(z) = \sum_{n=n_1}^{\infty} x(n)z^{-n} = \sum_{n=n_1}^{-1} x(n)z^{-n} + \sum_{n=0}^{\infty} x(n)z^{-n}$$

因此 Z 变换式是无限项之和。当 $n_1 \geqslant 0$ 时，由根值判别法有

$$\lim_{n \to \infty} \sqrt[n]{\left| x(n)z^{-n} \right|} < 1$$

所以此时收敛域为

$$|z| > \lim_{n \to \infty} \sqrt[n]{|x(n)|} = R_{x^-}$$

当 $n_1 < 0$ 时，级数全收敛，所以右边序列的收敛域为

$$R_{x^-} < |z| < \infty$$

因果序列是当 $n_1 = 0$ 时的右边序列，此时收敛域为 $R_{x^-} < |z| \leqslant \infty$。

3. 左边序列

左边序列的描述函数为

$$x(n) = \begin{cases} x(n), & n \leqslant n_2 \\ 0, & \text{其他} \end{cases}$$

其 Z 变换为

$$X(z) = \sum_{n=-\infty}^{n_2} x(n)z^{-n} = \sum_{n=-n_2}^{\infty} x(-n)z^n$$

当 $n_2 < 0$ 时，由根值判别法有

$$\lim_{n \to \infty} \sqrt[n]{|x(-n)z^n|} < 1$$

由此求得的收敛域为

$$|z| < \lim_{n \to \infty} \sqrt[n]{|x(-n)|} = R_{x^+}$$

当 $n_2 > 0$ 时，此时相当于增加了一个 $n_2 > 0$ 的有限长序列，还应除去原点，则左边序列的收敛域为

$$0 < |z| < R_{x^+}$$

反因果序列是当 $n_2 - 0$ 时的左边序列，此时收敛域为 $0 \leqslant |z| < R_{x^+}$。

4. 双边序列

双边序列的描述函数为

$$x(n) = x(n)[u(-n-1) + u(n)]$$

其 Z 变换为

$$X(z) = \sum_{n=-\infty}^{\infty} x(n)z^{-n} = \sum_{n=-\infty}^{-1} x(n)z^{-n} + \sum_{n=0}^{\infty} x(n)z^{-n}$$

因为 $\sum_{n=0}^{\infty} x(n)z^{-n}$ 的收敛域为 $|z| > R_{x^-}$，$\sum_{n=-\infty}^{-1} x(n)z^{-n}$ 的收敛域为 $|z| < R_{x^+}$，所以双边序列的收敛域为

$$R_{x^-} < |z| < R_{x^+}$$

6.1.3　Z 逆变换

已知序列 $x(n)$ 的 Z 变换 $X(z)$ 及其收敛域，求原序列，称为求 Z 逆变换（IZT）。$X(z)$ 的 Z 逆变换为围线积分，即

$$x(n) = \frac{1}{2\pi j} \oint_c X(z)z^{n-1}\mathrm{d}z, \quad c \in (R_{x^-}, R_{x^+})$$

式中，c 为收敛域内一条环绕原点逆时针闭合围线。

求 Z 逆变换的方法主要有留数法（围线积分法）和部分分式展开法两种。

1. 留数法

由留数定理可知，若函数在围线 c 上连续，在 c 以内有 K 个极点，而在 c 以外有 M 个极点，则有

$$\frac{1}{2\pi j} \int X(z)z^{n-1}\mathrm{d}z = \sum_k \mathrm{Res}\left[X(z)z^{n-1}\right]_{z=z_k}$$

当极点为一阶时的留数为

$$\mathrm{Res}\left[X(z)z^{n-1}\right]_{z=z_r} = \left[(z-z_r)X(z)z^{n-1}\right]_{z=z_r}$$

当极点为多重极点时的留数为

$$\mathrm{Res}\left[X(z)z^{n-1}\right]_{z=z_r} = \frac{1}{(l-1)!}\frac{\mathrm{d}^{l-1}}{\mathrm{d}z^{l-1}}\left[(z-z_r)^l X(z)z^{n-1}\right]_{z=z_r}$$

2. 部分分式展开法

部分分式展开法是把 x 的一个实系数的真分式分解成几个分式的和，使各分式具有 $\dfrac{a}{(x+A)^k}$ 或者 $\dfrac{ax+b}{(x^2+Ax+B)^k}$ 的形式。

通常情况下传递函数可分解为

$$X(z) = \frac{B(z)}{A(z)} = \frac{\displaystyle\sum_{i=0}^{M}b_i z^{-i}}{1+\displaystyle\sum_{i=1}^{N}a_i z^{-i}}$$

MATLAB 提供了计算 Z 变换的函数 ztrans 和计算 Z 逆变换的函数 iztrans，其调用格式为

```
F=ztrans(f)                    % f 为时域表示式的符号表示
f=iztrans(F)                   % F 为 Z 域表示式的符号表示
```

其中 f 和 F 可由函数 sym 实现，其调用格式为

```
S=sym(A)
```

在 MATLAB 中，留数法求 Z 逆变换可以通过函数 residuez 实现，其调用格式为

```
[R P K] = residuez(B,A)
```

其中，B 和 A 分别为 $X(z)$ 的多项式中的分子多项式和分母多项式的系数向量；返回值 R 为留数向量，P 为极点向量，两者均为列向量；返回值 K 为直接项系数，仅在分子多项式最高次幂大于或等于分母多项式最高次幂时存在，否则，返回值为空。

【例 6-1】 ①求 $f(n)=\sin(ak)u(k)$ 的 Z 变换；②求 $F(z)=\dfrac{z}{(z-3)^2}$ 的 Z 逆变换。

解： 在编辑器窗口中编写如下代码。

```
f=sym('sin(a*k)');
F=ztrans(f)
F=sym('z/(z-3)^2');
f=iztrans(F)
```

Z 变换运行结果如下：

```
F =
    (z*sin(a))/(z^2 - 2*cos(a)*z + 1)
```

Z 逆变换运行结果如下：

```
f =
    3^n/3 + (3^n*(n - 1))/3
```

【例 6-2】求 $X(z) = \dfrac{(1+0.4z^{-1})^2}{(1+0.8z^{-1})^2(1-0.5z^{-1})^2(1+0.1z^{-1})}, |z| > 0.8$ 的 Z 逆变换。

解：在编辑器窗口中编写如下代码。

```
clear all;close all;clc;
B=poly([-0.4 -0.4]);
A=poly([-0.8 -0.8 0.5 0.5 -0.1]);
[R P K]=residuez(B,A);
R=R',P=P',K
```

运行结果如下：

```
R =
  0.2842 + 0.0000i   0.1082 - 0.0000i   0.2031 - 0.0000i   0.3994 + 0.0000i   0.0051
+ 0.0000i
P =
 -0.8000 - 0.0000i  -0.8000 + 0.0000i   0.5000 - 0.0000i   0.5000 + 0.0000i  -0.1000
+ 0.0000i
K =
    []
```

6.1.4 Z 变换的性质

Z 变换拥有很多重要的性质，在信号处理中是极为有用的性质，掌握这些性质可以简化分析过程，下面介绍这些性质。

1. 线性性质

线性就是满足比例性和可加性，设

$$Z[x_1(k)] = X_1(z), \quad R_{x_1^-} < |z| < R_{x_1^+}$$

$$Z[x_2(k)] = X_2(z), \quad R_{x_2^-} < |z| < R_{x_2^+}$$

则对于任意常数 a、b，Z 变换满足

$$Z[ax_1(k) + bx_2(k)] = aX_1(z) + bX_2(z), \quad R_{x^-} < |z| < R_{x^+}$$

其中，$R_{x^-} = \max[R_{x_1^-} \quad R_{x_2^-}]$，$R_{x^+} = \min[R_{x_1^+} \quad R_{x_2^+}]$，即线性组合后的收敛域为各序列 Z 变换的公共收敛域，如果组合中某些零点和极点相互抵消，收敛域可能会扩大。

2. 序列移位

1）双边 Z 变换

若序列 $x(n)$ 的 Z 变换为

$$Z[x(n)] = X(z) = \sum_{n=-\infty}^{+\infty} x(n)z^{-n}, \quad R_{x^-} < |z| < R_{x^+}$$

（1）将 $x(n)$ 右移 m（任意正整数）位后，有

$$Z[x(n-m)] = z^{-m}X(z), \quad R_{x^-} < |z| < R_{x^+}$$

（2）同样地，将 $x(n)$ 左移 m 位后，有

$$Z[x(n+m)] = z^{m}X(z), \quad R_{x^-} < |z| < R_{x^+}$$

由此可知，序列移位后只是在 $X(z)$ 上乘了一个 z^{-m} 或 z^{m} 因子，因此只会使 $X(z)$ 在 $z = 0$ 或 $z = \infty$ 处的

零点、极点发生变换。

2）单边 Z 变换

（1）将 $x(n)$ 右移 m（任意正整数）位后，有

$$Z^+[x(n-m)] = z^{-m}\left[X^+(z) + \sum_{i=-m}^{-1} x(i)z^{-i}\right]$$

（2）将 $x(n)$ 左移 m 位（任意正整数）后，有

$$Z^+[x(n-m)] = z^m\left[X^+(z) + \sum_{i=0}^{m-1} x(i)z^{-i}\right]$$

3）因果序列

如果序列 $x(n)$ 是因果序列，即 $x(n)=0, n<0$，则 $X(z)=X^+(z)$，即在单边 Z 变换情况下有

（1）将 $x(n)$ 右移 m 位（任意正整数）后，有

$$Z^+[x(n-m)] = z^{-m}X^+(z) = z^{-m}X(z)$$

由此可知，因果序列右移后的单边 Z 变换与右移后的双边 Z 变换相同。

（2）将 $x(n)$ 左移 m 位（任意正整数）后，有

$$Z^+[x(n-m)] = z^m\left[X^+(z) + \sum_{i=0}^{m-1} x(i)z^{-i}\right] = z^m\left[X(z) + \sum_{i=0}^{m-1} x(i)z^{-i}\right]$$

由此可知，因果序列右移后的单边 Z 变换与右移后的双边 Z 变换不同。

3. 序列相乘（Z 域复卷积）

若 $y(n)$ 为 $x(n)$ 与 $h(n)$ 的乘积，即

$$y(n) = x(n)h(n)$$
$$X(z) = Z[x(n)], \quad R_{x^-} < |z| < R_{x^+}$$
$$H(z) = Z[h(n)], \quad R_{h^-} < |z| < R_{h^+}$$

则有

$$Y(z) = Z[y(n)] = Z[x(n)h(n)] = \frac{1}{2\pi j}\oint_c X\left(\frac{z}{v}\right)H(v)v^{-1}dv, \quad R_{x^-}R_{h^-} < |z| < R_{x^+}R_{h^+}$$

其中，c 是哑变量 v 平面上 $X\left(\dfrac{z}{v}\right)$、$H(v)$ 的公共收敛域内环绕原点的一条逆时针旋转的单封闭围线。v 平面的收敛域为

$$\max\left[R_{h^-}, \frac{|z|}{R_{x^+}}\right] < |v| < \min\left[R_{h^+}, \frac{|z|}{R_{x^-}}\right]$$

4. 乘以指数序列（Z 域尺度变换性）

如果序列 $x(n)$ 有

$$X(z) = Z[x(n)] \quad R_{x^-} < |z| < R_{x^+}$$

乘以指数序列 a^n，则有

$$Z[a^n x(n)] = X\left(\frac{z}{a}\right), |a|R_{x^-} < |z| < |a|R_{x^+}$$

其中，a 是 z 平面的尺度变换因子（压缩扩张因子），既可以为常数也可以为复数。

5. 序列（时域）卷积和性质

若 $y(n)$ 为 $x(n)$ 与 $h(n)$ 的卷积和，即

$$y(n) = x(n) * h(n) = \sum_{m=-\infty}^{+\infty} x(m)h(n-m)$$

$$X(z) = Z[x(n)], \quad R_{x^-} < |z| < R_{x^+}$$

$$H(z) = Z[h(n)], \quad R_{h^-} < |z| < R_{h^+}$$

则有

$$Y(z) = Z[y(n)] = H(z)X(z), \quad \max[R_{x^-}, \ R_{h^-}] < |z| < \min[R_{x^+}, \ R_{h^+}]$$

6. 序列线性加权性（微分性）

如果有

$$X(z) = Z[x(n)], \quad R_{x^-} < |z| < R_{x^+}$$

则有

$$Z[nx(n)] = -z \cdot \frac{\mathrm{d}}{\mathrm{d}z}X(z), \quad R_{x^-} < |z| < R_{x^+}$$

7. 序列共轭性

已知一个复序列 $x(n)$ 的共轭序列为 $x^*(n)$，若

$$Z[x(n)] = X(z), \quad R_{x^-} < |z| < R_{x^+}$$

则有

$$Z[x^*(n)] = X^*(z^*), \quad R_{x^-} < |z| < R_{x^+}$$

8. 序列翻褶性

对于序列 $x(n)$，若

$$Z[x(n)] = X(z), \quad R_{x^-} < |z| < R_{x^+}$$

则有

$$Z[x(-n)] = X\left(\frac{1}{z}\right), \quad \frac{1}{R_{x^+}} < |z| < \frac{1}{R_{x^-}}$$

9. 因果序列的累加性（时域求和）

如果 $x(n)$ 为因果序列，即

$$x(n) = 0, \quad n < 0$$

$$X(z) = Z[x(n)], \quad |z| > R_{x^-}$$

则有

$$Z\left[\sum_{m=0}^{n} x(m)\right] = \frac{z}{z-1}X(z), \quad |z| > \max\left[R_{x^-}, 1\right]$$

10. 初值定理

如果 $x(n)$ 为因果序列，即

$$x(n) = 0, \quad n < 0$$

$$X(z) = Z[x(n)], \quad |z| > R_{x^-}$$

则有

$$\lim_{z \to \infty} X(z) = \lim_{z \to \infty} \left(\sum_{n=-\infty}^{+\infty} x(n)u(n)z^{-n} \right) = x(0)$$

11. 终值定理

如果 $x(n)$ 为因果序列，且 $X(z) = Z[x(n)]$ 的极点处于单位圆 $|z|=1$ 内（单位圆上最多在 $z=1$ 处有一阶极点），则有

$$\lim_{k \to \infty} x(n) = \lim_{z \to 1}(z-1)X(z)$$

由于 $\lim_{z \to 1}(z-1)X(z)$ 为 $X(z)$ 在 $z=1$ 处的留数，因此终值定理也可以写成

$$x(\infty) = \mathrm{Res}\left[X(z) \right]_{z-1}$$

12. 帕塞瓦尔定理

帕塞瓦尔（Parseval）定理是利用复卷积定理得到的。针对 $x(n)$，若

$$X(z) = Z[x(n)], \quad R_{x^-} < |z| < R_{x^+}$$
$$H(z) = Z[h(n)], \quad R_{h^-} < |z| < R_{h^+}$$

且

$$R_{x^-}R_{h^-} < |z| < R_{x^+}R_{h^+}$$

则有

$$\sum_{n=-\infty}^{+\infty} x(n)h^*(n) = \frac{1}{2\pi \mathrm{j}} \oint_c X(v)H^*(\frac{1}{v^*})v^{-1}\mathrm{d}v$$

其中，*表示取复共轭，积分闭合围线 c 应在 $X(v)$ 和 $H^*(\frac{1}{v^*})$ 的公共收敛域内，有

$$\max\left[R_{x^-}, \frac{1}{R_{h^+}} \right] < |v| < \min\left[R_{x^+}, \frac{1}{R_{h^-}} \right]$$

6.2 离散系统中的 Z 域描述

线性时不变离散系统可用线性常系数差分方程描述，即

$$\sum_{i=0}^{N} a_i y(n-i) = \sum_{j=0}^{M} b_j x(n-j)$$

其中，$y(k)$ 为系统的输出序列，$x(k)$ 为输入序列。将上式两边进行 Z 变换，并进行因式分解得

$$H(z) = \frac{Y(z)}{X(z)} = \frac{\displaystyle\sum_{j=0}^{M} b_j z^{-j}}{\displaystyle\sum_{i=0}^{N} a_i z^{-i}} = C \frac{\displaystyle\prod_{j=1}^{M}(z-q_j)}{\displaystyle\prod_{i=1}^{N}(z-p_i)} = \frac{B(z)}{A(z)}$$

其中，C 为常数，$q_j(j=1,2,\cdots,M)$ 为 $H(z)$ 的 M 个零点，$p_i(i=1,2,\cdots,N)$ 为 $H(z)$ 的 N 个极点。系统函数 $H(z)$ 的零极点分布完全决定了系统的特性，若某系统函数的零极点已知，则系统函数便可确定下来。

6.2.1 离散系统函数频域分析

离散系统的频率响应 $H(e^{j\omega})$ 对于某因果稳定离散系统，如果激励序列为正弦序列，即

$$x(n) = A\sin(\omega_0 n)u(n)$$

则系统的稳态响应为

$$y_{ss}(n) = A\left|H(e^{j\omega})\right|\sin[\omega n + \varphi(\omega)]u(n)$$

定义离散系统的频率响应为

$$H(e^{j\omega}) = H(z)\big|_{z=e^{j\omega}} = \left|H(e^{j\omega})\right|e^{j\varphi(\omega)}$$

其中，$\left|H(e^{j\omega})\right|$ 为离散系统的幅频特性；$\varphi(\omega)$ 为离散系统的相频特性；$H(e^{j\omega})$ 是以 2π 为周期的周期函数，只要分析 $H(e^{j\omega})$ 在 $|\omega| \leqslant \pi$ 范围内的情况，便可分析出系统的整个频率特性。

利用几何矢量求解离散系统的频响，设

$$e^{j\omega} - p_i = A_i e^{j\theta_i}$$
$$e^{j\omega} - q_j = B_j e^{j\psi_j}$$

则离散系统的平率响应为

$$H(e^{j\omega}) = \frac{\displaystyle\prod_{i=1}^{M} B_j e^{j(\psi_1 + \psi_2 + \cdots + \psi_M)}}{\displaystyle\prod_{i=1}^{N} A_i e^{j(\theta_1 + \theta_2 + \cdots + \theta_N)}} = \left|H(e^{j\omega})\right|e^{j\varphi(\omega)}$$

系统的幅频特性和相频特性为

$$\left|H(e^{j\omega})\right| = \frac{\displaystyle\prod_{j=1}^{M} B_j}{\displaystyle\prod_{i=1}^{N} A_i}, \quad \varphi(\omega) = \sum_{j=1}^{M}\psi_j - \sum_{i=1}^{N}\theta_i$$

在 MATLAB 中，求解频率响应的过程如下：

（1）根据系统函数 $H(z)$ 定义分子、分母多项式系数向量 **B** 和 **A**；

（2）调用前述的 ljdt 函数求出 $H(z)$ 的零极点，并绘出零极点图；

（3）定义 z 平面单位圆上的 k 个频率分点；

（4）求出 $H(z)$ 所有的零点和极点到这些等分点的距离；

（5）求出 $H(z)$ 所有的零点和极点到这些等分点矢量的相角；

（6）求出系统的 $\left|H(e^{j\omega})\right|$ 和 $\varphi(\omega)$；

（7）绘制指定范围内系统的幅频曲线和相频曲线。

在 MATLAB 中，函数 freqz 用于求离散时间系统频响特性，其调用格式为

```
[h,w]=freqz(B,A,n)
        %B、A 分别表示 H(z) 的分子、分母多项式的系数向量
        %n 为正整数，默认为 512
        %w 包含[0,π]区间内的 n 个频率等分点
        %h 是离散时间系统频率响应在[0,π]区间内 n 的频率处对应的值
[h,w] = freqz(sos,n)                    %返回对应于二阶截面矩阵 sos 的 n 点复频率响应
```

```
[h,w] = freqz(d,n)                    %返回数字滤波器 d 的 n 点复频率响应
[h,w]=freqz(___,n ,'whole')           %返回整个单位圆周围 n 个采样点处的频率响应
```

【例 6-3】绘制系统 $H(z) = \dfrac{z-1.3}{z}$ 的频响曲线。

解： 在编辑器窗口中编写如下代码。

```
clear,clc,clf
B=[1 -1.3];
A =[1 0];
[H,w]=freqz(B,A,400,'whole');
Hf=abs(H);
Hx=angle(H);
subplot(121);plot(w,Hf);title('离散系统幅频特性曲线');grid on
xlabel('频率');ylabel('幅度')
subplot(122);plot(w,Hx);title('离散系统相频特性曲线');grid on
xlabel('频率');ylabel('幅度')
```

运行程序结果如图 6-1 所示。

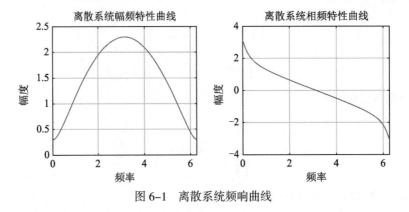

图 6-1　离散系统频响曲线

【例 6-4】绘制离散系统的幅频响应和相频响应曲线示例。

解： 在编辑器窗口中编写如下代码。

```
clear,clc,clf
w=(-4*pi:0.001:4*pi)+eps;
X=1./(1-0.6*exp(-j*w));
subplot(211);plot(w/pi,abs(X));title('幅频响应')
xlabel('\omega/\pi');ylabel('|H(e^j^\omega)|')
axis([-3.2 3.2 0.5 2.2]);grid
subplot(212);plot(w/pi,angle(X));title('相频响应')
xlabel('\omega/\pi');ylabel('\theta(\omega)')
axis([-3.2 3.2 -0.6 0.6]);grid
set(gcf,'color','w');
```

运行结果如图 6-2 所示。

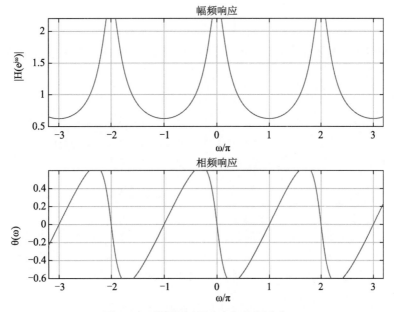

图 6-2 系统的幅频响应和相频响应

6.2.2 离散系统函数零点分析

离散时间系统的系统函数定义为

$$H(z) = \frac{Y(z)}{X(z)}$$

如果系统函数的有理函数可表示为

$$H(z) = \frac{b_1 z^m + b_2 z^{m-1} + \cdots b_m z + b_{m+1}}{a_1 z^m + a_2 z^{n-1} + \cdots a_n z + a_{n+1}}$$

则在 MATLAB 中，系统函数的零极点就可以通过函数 roots 得到。

函数的零极点也可以由函数 tf2zp 获得，其调用格式为

```
[Z,P,K]=tf2zp(B,A)        %将 H(z) 的有理分式转换为零极点增益形式
                          %B、A 分别表示为 H(z) 的分子、分母多项式的系数向量
```

利用函数 tf2zp 可以将 $H(z)$ 的有理分式转换为零极点增益形式，即

$$H(z) = k \frac{(z-z_1)(z-z_2)\cdots(z-z_m)}{(z-p_1)(z-p_x)\cdots(z-p_n)}$$

函数 zplane 用于绘制 $H(z)$ 的零极点图，其调用格式为

```
zplane(z,p)         %绘制出列向量 z 中的零点 (以符号 o 表示) 和 p 中的极点 (以符号×表示)
                    %以及参考单位圆，并在多阶零点和极点的右上角标出其阶数
```

说明：如果 z 和 p 为矩阵，则会以不同颜色绘出 z 和 p 各列中的零点和极点。

【例 6-5】已知某离散系统的系统函数如下，试用 MATLAB 求出该系统的零极点，并画出零极点分布图，判断系统是否稳定。

$$H(z) = \frac{2z+1}{3z^5 - 2z^4 + 1}$$

解： 在编辑器窗口中编写子程序函数 ljdt，用于求系统零极点，并绘制其零极点图及单位圆。

```
function ljdt(A,B)
p=roots(A);                    %求系统极点
q=roots(B);                    %求系统零点
p=p';                          %将极点列向量转置为行向量
q=q';                          %将零点列向量转置为行向量
x=max(abs([p q 1]));           %确定纵坐标范围
x=x+0.1;
y=x;                           %确定横坐标范围
hold on
axis([-x x -y y])              %确定坐标轴显示范围
w=0:pi/300:2*pi;
t=exp(i*w);
plot(t)                        %画单位圆
axis('square')
plot([-x x],[0 0])             %画横坐标轴
plot([0 0],[-y y])             %画纵坐标轴
text(0.1,x,'jIm[z]')
text(y,1/10,'Re[z]')
plot(real(p),imag(p),'x')      %画极点
plot(real(q),imag(q),'o')
title('零极点图');hold off
```

在编辑器窗口中编写如下代码。

```
%绘制零极点分布图的实现程序
a=[3 -2 0 0 0 1];
b=[2 1];
ljdt(a,b)
p=roots(a)
q=roots(b)
pa=abs(p)
```

运行结果如图 6-3 所示，同时在命令行窗口中输出如下结果。

```
p =
   0.8212 + 0.4270i
   0.8212 - 0.4270i
  -0.1367 + 0.7316i
  -0.1367 - 0.7316i
  -0.7024 + 0.0000i
q =
  -0.5000
pa =
   0.9256
   0.9256
   0.7442
```

```
      0.7442
      0.7024
```

【例 6-6】 各种系统零极点图的实现。

解： 在编辑器窗口中编写如下代码。

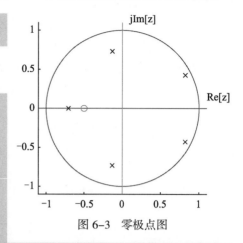

图 6-3　零极点图

```
clear,clc,clf
%绘制情况(a)系统零极点分布图及系统单位序列响应
z=0;                           %定义系统零点位置
p=0.25;                        %定义系统极点位置
k=1;                           %定义系统增益
subplot(221);zplane(z,p);grid on      %绘制系统零极点
                                       %分布图
[num,den]=zp2tf(z,p,k);%零极点模型转换为传递函数模型
subplot(222);impz(num,den);grid on    %绘制系统单位序
                                       %列响应时域波形
title('h(n)')                  %定义标题
%绘制情况(b)系统零极点分布图及系统单位序列响应
p=1;
subplot(223);zplane(z,p);grid on
[num,den]=zp2tf(z,p,k);
subplot(224);impz(num,den);grid on;title('h(n)')
```

运行结果如图 6-4 所示。

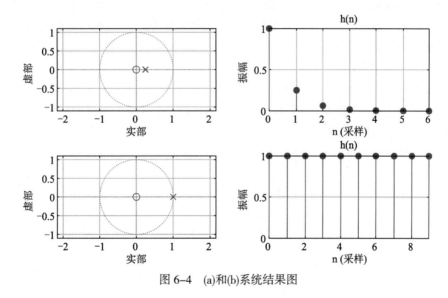

图 6-4　(a)和(b)系统结果图

6.2.3　离散系统差分函数求解

连续函数 $f(t)$ 经过采样后，获得采样函数 $f(kT)$ ，则一阶向前和向后差分形式分别为

$$\Delta f(k) = f(k+1) - f(k)$$
$$\nabla f(k) = f(k) - f(k-1)$$

二阶向前和向后的差分形式分别为

$$\Delta^2 f(k) = \Delta f(k+1) = f(k+2) - 2f(k+1) + f(k)$$

$$\nabla^2 f(k) = \nabla[\Delta f(k)] = f(k) - 2f(k-1) + f(k-2)$$

根据上式可以推导向前和向后的 n 阶差分形式分别为

$$\Delta^n f(k) = \Delta^{n-1} f(k+1) - \Delta^{n-1} f(k)$$

$$\nabla^n f(k) = \nabla^{n-1} f(k) - \nabla^{n-1} f(k-1)$$

连续系统的时间序列方程为

$$\frac{\mathrm{d}^2 c(t)}{\mathrm{d}t^2} + a\frac{\mathrm{d}c(t)}{\mathrm{d}t} + bc(t) = kr(t)$$

上式中的微分用差分替代，则有

$$\frac{\mathrm{d}^2 c(t)}{\mathrm{d}t^2} = \Delta^2 c(t) = c(k+2) - 2c(k+1) + c(k)$$

$$\frac{\mathrm{d}c(t)}{\mathrm{d}t} = c(k+1) - c(k)$$

推导到离散时间系统，$c(k)$ 代替 $c(t)$，$r(k)$ 代替 $r(t)$，则有

$$[c(k+2) - 2c(k+1) + c(k)] + a[c(k+1) - c(k)] + bc(k) = kr(k)$$

整理得

$$c(k+2) + (a-2)c(k+1) + (1-a+b)c(k) = kr(k)$$

由此可以推出一般离散系统的差分方程为

$$c(k+n) + a_1 c(k+n-1) + a_2 c(k+n-2) + \cdots + a_n c(k) = b_0 r(k+m) + b_1 r(k+m-1) + \cdots + b_m r(k)$$

差分方程的解也分为通解与特解，通解是与方程初始状态有关的解；特解是与外部输入有关的解，它描述系统在外部输入作用下的强迫运动。

【例 6-7】求解下列差分方程：

$$y(n) - 0.5y(n-1) - 0.45y(n-2) = 0.55x(n) + 0.5x(n-1) - x(n-2)$$

其中，$x(n) = 0.7^n \varepsilon(n)$，初始状态 $y(-1) = 1$，$y(-2) = 2$，$x(-1) = 2$，$x(-2) = 3$。

解： 在编辑器窗口中编写如下代码。

```
clear,clc,clf
num=[0.55 0.5 -1];
den=[1 -0.5 -0.45];
x0=[2 3];y0=[1 2];
N=50;
n=[0:N-1]';
x=0.7.^n;
Zi=filtic(num,den,y0,x0);
[y,Zf]=filter(num,den,x,Zi);
plot(n,x,'r-',n,y,'b--');title('响应');grid
xlabel('n');ylabel('x(n)-y(n)')
legend('输入 x','输出 y')
```

运行结果如图 6-5 所示。

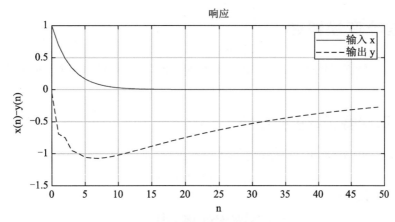

图 6-5 离散系统差分方程解

【例 6-8】编制程序求解下列系统的单位冲激响应，并绘出其图形。

$$y[n]+0.75y[n-1]+0.125y[n-2]=x[n]-x[n-1]$$

解： 在编辑器窗口中编写如下代码。

```
clear,clc,clf
N=32;
x_delta=zeros(1,N);
x_delta(1)=1;
p=[1,-1,0];
d=[1,0.75,0.125];
h1_delta=filter(p,d,x_delta);
subplot(211);stem(0:N-1,h1_delta,'r');hold off
title('单位冲激响应')
x_unit=ones(1,N);
h1_unit=filter(p,d,x_unit);
subplot(212);stem(0:N-1,h1_unit,'r');hold off
title('阶跃响应')
```

运行结果如图 6-6 所示。

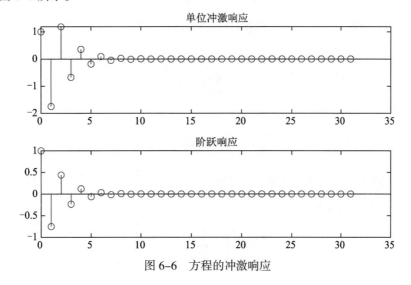

图 6-6 方程的冲激响应

6.3 傅里叶变换概述

傅里叶变换是信号分析和处理的重要工具，在各种数字信号处理的运算中，傅里叶变换起到越来越重要的作用。

6.3.1 傅里叶级数和傅里叶变换

描述周期现象最简单的周期函数为物理学中的谐波函数，由余弦（或正弦）函数可表示为

$$y(t) = A\cos(\omega t + \varphi)$$

根据三角公式，上式可以写成

$$y(t) = A\cos\varphi\cos\omega t - A\sin\varphi\sin t$$

其中，φ 为常数，令 $a = A\cos\varphi$，$b = -A\sin\varphi$，则

$$y(t) = a\cos\omega t + b\sin t$$

其中

$$A = \sqrt{a^2 + b^2}, \quad \varphi = \arctan\left(-\frac{b}{a}\right)$$

由此可以看出，一个带初相位的余弦函数可以看成一个不带初相位的正弦函数与一个不带初相位的余弦函数的合成。

谐波函数是周期函数中最简单的函数，它描述的也是最简单的周期现象，在实际中所碰到的周期现象往往要比它复杂很多。但这些复杂的函数都可以近似分解成不同频率的正弦函数和余弦函数。

下面介绍一种复杂的函数分解为一系列不同频率的正弦函数和余弦函数的方法。

在高等代数中，将一个周期为 $2l$ 的函数分解成傅里叶级数的公式为

$$f(x) = \frac{a_0}{2} + \sum_{n=1}^{\infty}\left(a_n\cos\frac{n\pi x}{l} + b_n\sin\frac{n\pi x}{l}\right)$$

其中

$$a_0 = \frac{1}{l}\int_{-l}^{l}f(x)\mathrm{d}x, \quad a_n = \frac{1}{l}\int_{-l}^{l}f(x)\cos\frac{n\pi x}{l}\mathrm{d}x, \quad b_n = \frac{1}{l}\int_{-l}^{l}f(x)\sin\frac{n\pi x}{l}\mathrm{d}x$$

（1）如果 $f(x)$ 是奇函数，积分上下限相互对称，则 $f(x)\cos\dfrac{n\pi x}{l}$ 为奇函数，可知 a_n 均为零，此时得到傅里叶级数为正弦级数，表示如下：

$$f(x) = \sum_{n=1}^{\infty}b_n\sin\frac{n\pi x}{l}$$

其中，b_n 可以简写为

$$b_n = \frac{2}{l}\int_{0}^{l}f(x)\sin\frac{n\pi x}{l}\mathrm{d}x$$

（2）如果 $f(x)$ 是偶函数，积分上下限相互对称，则 $f(x)\sin\dfrac{n\pi x}{l}$ 为奇函数，可知 b_n 均为零，此时得到的傅里叶级数为余弦级数，表示如下：

$$f(x) = \frac{a_0}{2} + \sum_{n=1}^{\infty}a_n\cos\frac{n\pi x}{l}$$

其中，a_n 可以简写为

$$a_n = \frac{2}{l} \int_0^l f(x) \cos \frac{n\pi x}{l} \mathrm{d}x$$

6.3.2　周期序列的离散傅里叶级数

对于周期信号，通常都可以用傅里叶级数来描述，如连续时间周期信号

$$f(t) = f(t + mT)$$

用指数形式的傅里叶级数表示为

$$f(t) = \sum_{n=-\infty}^{\infty} F_n \mathrm{e}^{\mathrm{j}n\Omega t}$$

可以看成信号被分解成不同次谐波的叠加，每个谐波都有一个幅值，表示该谐波分量所占的比重。其中 $\mathrm{e}^{\mathrm{j}\Omega t}$ 为基波，基频为 $\Omega = 2\pi/T$（T 为周期）。

假设 $\tilde{x}(n)$ 是周期为 N 的一个周期序列，即 $\tilde{x}(n) = \tilde{x}(n + rN)$，$r$ 为任意整数，则用指数形式的傅里叶级数表示为

$$\tilde{x}(n) = \sum_{k=-\infty}^{\infty} \tilde{X}_k \mathrm{e}^{\mathrm{j}k\omega_0 n}$$

其中 $\omega_0 = 2\pi/N$ 是基频，基频序列为 $\mathrm{e}^{\mathrm{j}\omega_0 n}$。

下面分析第 $k+rN$ 次谐波 $\mathrm{e}^{\mathrm{j}(k+rN)\omega_0 n}$ 和第 k 次谐波 $\mathrm{e}^{\mathrm{j}k\omega_0 n}$ 之间的关系。因为 $\omega_0 = \dfrac{2\pi}{N}$，代入表达式，可得 $\mathrm{e}^{\mathrm{j}(k+rN)\omega_0 n} = \mathrm{e}^{\mathrm{j}k\omega_0 n}$，$r$ 为任意整数。

这说明 $k+rN$ 次谐波能够被第 k 次谐波代表，也即在所有的谐波成分中，只有 N 个是独立的，用 N 个谐波就可完全表示 $\tilde{x}(n)$。k 的取值范围为 $0 \sim N-1$。因此

$$\tilde{x}(n) = \frac{1}{N} \sum_{k=0}^{N-1} \tilde{X}_k \mathrm{e}^{\mathrm{j}k\omega_0 n}$$

其中，$\dfrac{1}{N}$ 是为了计算方便而加入的。

下面根据 $\tilde{x}(n)$ 求解 $\tilde{X}_k$。在两边都乘以 $\mathrm{e}^{-\mathrm{j}\frac{2\pi}{N}rn}$，有

$$\sum_{n=0}^{N-1} \tilde{x}(n) \mathrm{e}^{-\mathrm{j}\frac{2\pi}{N}rn} = \sum_{n=0}^{N-1} \frac{1}{N} \sum_{k=0}^{N-1} \tilde{X}_k \mathrm{e}^{\mathrm{j}\frac{2\pi}{N}(k-r)n}$$

交换求和顺序，再根据复指数正交性，即

$$\sum_{n=0}^{N-1} \mathrm{e}^{\mathrm{j}\frac{2\pi}{N}(k-r)n} = \begin{cases} 1, & k-r = mN, \ m \text{为整数} \\ 0, & \text{其他} \end{cases}$$

该式表示对 n 求和，其结果取决于 $k-r$ 的值。

由上可得

$$\tilde{X}(k) = \sum_{n=0}^{N-1} \tilde{x}(n) \mathrm{e}^{-\mathrm{j}\frac{2\pi}{N}kn}$$

可以看出 $\tilde{X}(k)$ 也是周期为 N 的周期序列，即 $\tilde{X}(k) = \tilde{X}(k+N)$。因此，上式即为周期序列的傅里叶级数。

6.3.3　离散傅里叶变换

离散傅里叶变换（Discrete Fourier Transform，DFT）是傅里叶变换在时域和频域上都呈离散的形

式。在信号处理中，通常遇到的不是一个函数，而是一个离散的数列，例如等间隔时间取样的时间序列 $\{x_0,\ x_1,\ x_2,\cdots,\ x_{N-1}\}$，其中 N 为数据个数，一般取偶数，当取 2 的对数所对应的偶数时能够加快计算速度。

下面对取值范围进行改造。首先，得到的数字信号只能在正的时间段取值，在负的时间段不能取值。但由于取的是无限长的周期序列，周期为 $2l$，因此把取值范围 $(-l,l)$ 修改为 $(0,2l)$，这样就可以避免在负的时间段取值。

由于处理的是离散数据序列，需要用积分的离散形式——求和来表示，即

$$\int_0^{2l} \to \sum_{k=1}^{N} x_k$$

在 $(0,2l)$ 区间等间隔取 N 个取值点，取样时间间隔为 $\mathrm{d}x \to \Delta t$，其中 $l = \dfrac{N\Delta t}{2}$。

根据上述改造，可得

$$f(x) \to \{x_0,x_1,x_2,\cdots,x_{N-1}\}$$
$$\frac{n\pi x}{l} \to \frac{k\pi i\Delta t}{\dfrac{N\Delta t}{2}} = \frac{2\pi ki}{N}$$

其离散形式为

$$x_i = \frac{a_0}{2} + \sum_{k=1}^{m}\left(a_k\cos\frac{2\pi ki}{N} + b_k\sin\frac{2\pi ki}{N}\right)$$

式中

$$a_0 = \frac{1}{\dfrac{N\Delta t}{2}}\sum_{i=0}^{N-1}x_i = \frac{2}{N}\sum_{i=0}^{N-1}x_i$$

$$a_k = \frac{1}{\dfrac{N\Delta t}{2}}\sum_{i=0}^{N-1}x_i\cos\frac{2\pi ki}{N} = \frac{2}{N}\sum_{i=0}^{N-1}x_i\cos\frac{2\pi ki}{N}$$

$$b_k = \frac{1}{\dfrac{N\Delta t}{2}}\sum_{i=0}^{N-1}x_i\sin\frac{2\pi ki}{N} = \frac{2}{N}\sum_{i=0}^{N-1}x_i\sin\frac{2\pi ki}{N},\ \ k=1,2,3,\cdots,m$$

在实际数据处理中，k 一般取 $N/2$，此时波的周期最小，获得的频率范围最大，所以想要获得高频率的信号，就需要缩短取样间隔。

在 MATLAB 中，函数 dftmtx 用来计算 DFT（离散傅里叶变换）的矩阵，其调用格式为

```
A = dftmtx(n)          %返回 n×n 的 DFT 矩阵 A
                       %若 x 为给定长度的行向量，则 y=x*A，返回 x 的 DFT 变换 y
```

函数 conj 与函数 dftmtx 结合可以用来计算 IDFT（Inverse Discrete Fourier Transform，离散傅里叶反变换）的矩阵，其调用格式为

```
Ai = conj(dftmtx(n))/n              %返回 n×n 的 IDFT 矩阵 Ai
```

【例 6-9】计算序列 $x(n)$ 的 DFT 示例。

解： 在编辑器窗口中编写如下代码。

```
clear,clc,clf
t=linspace(1e-3,100e-3,10);
```

```
xn=sin(100*2*pi*t);                    %产生有限序列 x(n)
N=length(xn);                          %获得序列的长度
WNnk=dftmtx(N);                        %计算 DFT 矩阵
Xk=xn*WNnk;                            %计算 x(n) 的 DFT
subplot(1,2,1);stem(1:N,xn);
subplot(1,2,2);stem(1:N,abs(Xk));
```

运行结果如图 6-7 所示。

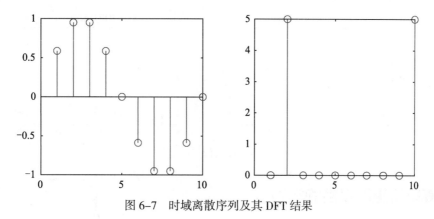

图 6-7 时域离散序列及其 DFT 结果

【**例 6-10**】已知复正弦序列 $x_1(n) = \mathrm{e}^{\mathrm{j}\frac{\pi}{8}n}R_N(n)$，余弦序列 $x_2(n) = \cos\left(\dfrac{\pi}{8}n\right)R_N(n)$，分别对序列求当 $N = 16$ 和 $N = 8$ 时的 DFT，绘出幅频特性曲线，并分析两种 N 值下 DFT 是否有差别及产生差别的原因。

解：在编辑器窗口中编写如下代码。

```
clear,clc,clf
N=16;N1=8;
n=0:N-1;k=0:N1-1;
x1n=exp(j*pi*n/8);                     %产生 x1(n)
X1=fft(x1n,N);                         %计算 N 点 DFT[x1(n)]
X2=fft(x1n,N1);                        %计算 N1 点 DFT[x1(n)]
x2n=cos(pi*n/8);                       %产生 x2(n)
X3=fft(x2n,N);                         %计算 N 点 DFT[x2(n)]
X4=fft(x2n,N1);                        %计算 N1 点 DFT[x2(n)]
subplot(2,2,1);stem(n,abs(X1),'.');title('16 点的 DFT[x1(n)]')
axis([0,20,0,20]);ylabel('|X1(k)|')
subplot(2,2,2);stem(n,abs(X3),'.');title('16 点的 DFT[x2(n)]')
axis([0,20,0,20]);ylabel('|X2(k)|')
subplot(2,2,3);stem(k,abs(X2),'.');title('8 点的 DFT[x1(n)]')
axis([0,20,0,20]);ylabel('|X1(k)|');
subplot(2,2,4);stem(k,abs(X4),'.');title('8 点的 DFT[x2(n)]')
axis([0,20,0,20]);ylabel('|X2(k)|')
```

运行结果如图 6-8 所示。

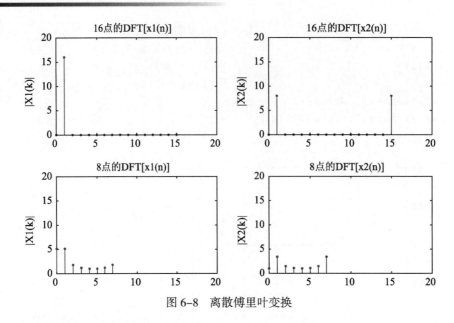

图 6-8　离散傅里叶变换

6.3.4　离散傅里叶变换的性质

1. 线性

对任意常数 $a_m (1 \leqslant m \leqslant M)$，有

$$\text{DFT}\left[\sum_{m=1}^{M} a_m x_m(n)\right] \Leftrightarrow \sum_{m=1}^{M} a_m \text{DFT}\left[x_m(n)\right]$$

注意特殊情况下如何限定线性组合后序列的长度，通常是以长度值大的为周期。

2. 循环移位定理

若 $\text{DFT}\left[x(n)\right] = X(k)$，$y(n) = x((n-m))_N R_N(n)$，则

$$\text{DFT}\left[y(n)\right] = W_N^{mk} X(k)$$

循环移位定理表明序列圆周移位后的 DFT 为 $X(k)$ 乘上相移因子 W_N^{mk}，即时域中圆周移 m 位，仅使频域信号产生 W_N^{mk} 的相移，而幅度频谱不发生改变，即

$$\left\|W_N^{mk} X(k)\right\| = X(k)$$

3. 循环卷积定理

$x_1(n)$ 和 $x_2(n)$ 的长度都为 N，若 $Y(k) = X_1(k) X_2(k)$，则

$$y(n) = \left[\sum_{m=0}^{N-1} x_1(m) x_2((n-m))_N\right] R_N(n)$$

$$= \left[\sum_{m=0}^{N-1} x_2(m) x_1((n-m))_N\right] R_N(n) = x_1(n) \otimes x_2(n)$$

根据循环卷积定理可以求出圆周卷积。求圆周卷积，也可以借助 IDFT 来计算，即 $\text{IDFT}[Y(k)]=y(n)$。

4. 共轭对称性

如果对于给定的整数 M，当复序列 $x(n)$ 满足

$$x(n) = \pm x^*(M - n), \quad -\infty < n < +\infty$$

则称 $x(n)$ 关于 $M/2$ 共轭对称（式中取"+"）或共轭反对称（式中取"-"）。

给定整数 M，任何序列 $x(n)$ 都可以分解成关于 $M/2$ 共轭对称的序列 $x_e(n)$ 和共轭反对称的序列 $x_o(n)$ 之和，即

$$x(n) = x_e(n) + x_o(n)$$

其中，$x_e(n)$、$x_o(n)$ 分别为

$$x_e(n) = \frac{1}{2}\left[x(n) + x^*(M - n)\right]$$

$$x_o(n) = \frac{1}{2}\left[x(n) - x^*(M - n)\right]$$

如果 $x(n) = x_R(n) + jx_I(n)$，$x(n)$ 的 DTFT 为 $X(e^{j\omega}) = X_e(e^{j\omega}) + X_e(e^{j\omega})$，$X_e(e^{j\omega})$，$X_o(e^{j\omega})$ 分别为 $X(e^{j\omega})$ 的实部和虚部，则

$$\begin{cases} X_e(e^{j\omega}) = \text{DTFT}[x_R(n)] \\ X_o(e^{j\omega}) = \text{DTFT}[jx_I(n)] \end{cases}$$

如果 $x(n) = x_e(n) + x_o(n)$，$x(n)$ 的 DTFT 为 $X(e^{j\omega}) = X_R(e^{j\omega}) + jX_I(e^{j\omega})$，则

$$\begin{cases} X_R(e^{j\omega}) = \text{DTFT}[x_e(n)] \\ jX_I(e^{j\omega}) = \text{DTFT}[x_o(n)] \end{cases}$$

6.4　频率域采样

由于周期序列的离散傅里叶级数的系数 $\tilde{X}(k)$ 的值和 $\tilde{x}(n)$ 的一个周期的 Z 变换在单位圆（即序列的傅里叶变换）的 N 个均匀点上的采样值相等，这其实就是频域的采样。因此，可以用 N 个点的 $X(k)$ 来代表序列的傅里叶变换，但不是所有的序列都可以这样。

由于 $\tilde{x}(n) = \sum\limits_{r=-\infty}^{\infty} x(n + rN)$，即周期序列可以看作非周期序列以某个 N 为周期进行延拓而成。只有在 N 大于非周期序列 $x(n)$ 的长度时，延拓后才不会发生重叠。所以要求 $x(n)$ 为有限长序列，且长度小于或等于 N，这样就可以用 $\tilde{X}(k)$ 来代表 $X(e^{j\omega})$。

其实 $\tilde{X}(k)$ 的一个周期就可以代表 $X(e^{j\omega})$，所以只在一个周期（即 $X(k)$）分析如何用 $X(k)$ 来表示 $X(e^{j\omega})$。

有限长序列 $x(n)$（$0 \leq n \leq N-1$）的 Z 变换为

$$X(z) = \sum_{n=0}^{N-1}\left[\frac{1}{N}\sum_{k=0}^{N-1}X(k)W_N^{-kn}\right]z^{-n} = \frac{1}{N}\sum_{k=0}^{N-1}X(k)\left[\sum_{n=0}^{N-1}W_N^{-kn}z^{-n}\right]$$

$$= \frac{1}{N}\sum_{k=0}^{N-1}X(k)\frac{1 - W_N^{-Nk}z^{-N}}{1 - W_N^{-k}z^{-1}} = \frac{1 - z^{-N}}{N}\sum_{k=0}^{N-1}\frac{X(k)}{1 - W_N^{-k}z^{-1}}$$

这就是用 N 个频率采样值来恢复 $X(z)$ 的插值公式。将上式中的 z 换成 $e^{j\omega}$ 可以变成用 N 个频率采样值来恢复 $X(e^{j\omega})$ 的插值公式。

6.4.1　频率响应的混叠失真

采样定理要求 $f_s > 2f_h$，一般取 $f_s = (2.5 \sim 3.0)f_h$。如不满足该条件，则会产生频域响应的周期延拓分量重叠现象，即频率响应的混叠失真。

根据 $f_0 = f_s / N$ ，若增加 f_s ， N 固定时，则 f_0 增加，会导致分辨率下降。反之，要提高分辨率，即 f_0 减小，当 N 固定时，则导致 f_s 减小。若想不发生混叠，需要减小 f_h 。

由此要想兼顾 f_h 和 f_0 ，只有增加 N 。其中 $N = f_s / f_0 > (2 f_h) / f_0$ 是实现 DFT 算法必须满足的最低条件。

6.4.2　频谱泄漏

现实情况下，信号都是取有限长的，即对原始序列作加窗处理使其成为有限长序列，这造成了频谱的泄漏。通过选取更长的数据（与原始数据尽量相近）可以减小泄漏，但是会加大运算量，通常可以选择窗的形状使窗谱的旁瓣能量更小。

6.4.3　栅栏效应

在进行 DFT 计算时需要对信号的频域进行采样，而从序列的傅里叶变换可知谱线是连续的。因此从 DFT 上看到的谱线都是离散的，相当于看到的是谱的一些离散点，而不是全部，就像透过栅栏看到的情景，称为栅栏效应。

通过增加频域采样点数 N（在不改变时域数据的情况下，在数据末端添加一些零值点，使得谱线更密），缩小谱线间距，可以减轻栅栏效应。

6.4.4　频率分辨率

增加频率分辨率只能通过增加取样点 N ，但不能通过补零的方式来增加 N ，因为补零不是原始信号的有效信号。而在时域上补零等价于在频域上进行插值，由此增加了频率的点数，使得频谱曲线变得更光滑，即增加了频率分辨率。

【例 6-11】已知模拟信号 $X(k)$ ，当采样频率为 5000Hz 和 1000Hz 时，分别绘出其离散傅里叶变换图。

解： 在编辑器窗口中编写如下代码。

```
clear,clc,clf
Dt=0.00005;t=-0.005:Dt:0.005;              %模拟信号
xa=exp(-2000*abs(t));
Ts=0.0002;n=-25:1:25;                      %离散时间信号
x=exp(-1000*abs(n*Ts));
K=500;k=0:1:K;w=pi*k/K;
%离散时间傅里叶变换
X=x*exp(-j*n'*w);X=real(X);
w=[-fliplr(w),w(2:501)];
X=[fliplr(X),X(2:501)];
figure
subplot(2,2,1);plot(t*1000,xa,'.'); title ('离散信号'); hold on
ylabel('x1(t)'); xlabel('t');
stem(n*Ts*1000,x);hold off
subplot(2,2,2);plot(w/pi,X,'.'); title('离散时间傅里叶变换')
xlabel('f');ylabel('X1(jw)')
Ts=0.001;n=-25:1:25;
%离散时间信号
x=exp(-1000*abs(n*Ts));
K=500;k=0:1:K;w=pi*k/K;
%离散时间傅里叶变换
```

```
X=x*exp(-j*n'*w);X=real(X);
w=[-fliplr(w),w(2:501)];
X=[fliplr(X),X(2:501)];
subplot(2,2,3);plot(t*1000,xa,'.'); title('离散信号')
xlabel('t');ylabel('x2(t)');hold on
stem(n*Ts*1000,x);hold off
subplot(2,2,4);plot(w/pi,X,'.');title('离散时间傅里叶变换')
xlabel('f');ylabel('X2(jw)');
```

运行程序结果如图 6-9 所示。

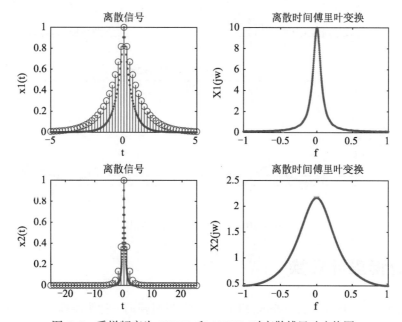

图 6-9　采样频率为 5000Hz 和 1000Hz 时离散傅里叶变换图

【例 6-12】对例 6-11 中产生的离散序列 $x_1(n)$ 和 $x_2(n)$，采用 sinc 函数进行内插重构。

解： 在编辑器窗口中编写如下代码。

```
clear,clc,clf
Ts1=0.0002;Fs1=1/Ts1;n1=-25:1:25;nTs1=n1*Ts1;          %离散时间信号
x1=exp(-1000*abs(nTs1));
Ts2=0.001;
Fs2=1/Ts2;
n2=-5:1:5;
nTs2=n2*Ts2;
x2=exp(-2000*abs(nTs2));
Dt=0.00005;t=-0.005:Dt:0.005;                          %模拟信号重构
xa1=x1*sinc(Fs1*(ones(length(nTs1),1)*t-nTs1'*ones(1,length(t))));
xa2=x2*sinc(Fs2*(ones(length(nTs2),1)*t-nTs2'*ones(1,length(t))));
subplot(2,1,1);plot(t*1000,xa1,'.');title('从 x1(n)重构模拟信号 x1(t)')
xlabel('t');ylabel('x1(t)'); hold on
stem(n1*Ts1*1000,x1);
subplot(2,1,2);plot(t*1000,xa2,'.');title('从 x2(n)重构模拟信号 x2(t)')
```

```
xlabel('t');ylabel('x2(t)'); hold on
stem(n2*Ts2*1000,x2);
```

运行程序结果如图 6-10 所示。

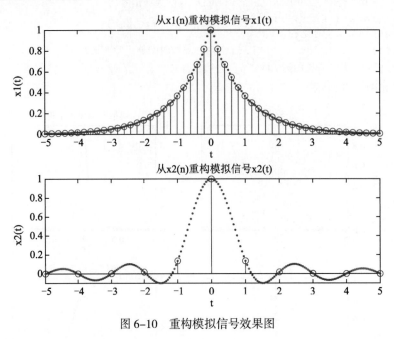

图 6-10　重构模拟信号效果图

6.5　快速傅里叶变换

快速傅里叶变换（Fast Fourier Transform, FFT）是傅里叶变换的一种快速算法，采用该算法可以大大减少计算离散傅里叶变换（DFT）所需要的乘法次数，特别是被变换的采样点数 N 越多，FFT 算法计算量的节省就越显著。

6.5.1　直接计算 DFT 的问题及改进途径

设 $x(n)$ 为一个 N 点复序列，其 N 点 DFT 序列 $X(k)$ 通常也是一个复序列。将 $x(n)$ 和周期复指数序列 W_N^{nk} 表示成实部和虚部的组合形式为

$$x(n) = \text{Re}[x(n)] + j\text{Im}[x(n)]$$

$$W_N^{nk} = \text{Re}[W_N^{nk}] + j\text{Im}[W_N^{nk}] = \cos\left(\frac{2\pi}{N}nk\right) - j\sin\left(\frac{2\pi}{N}nk\right)$$

则 DFT 的定义式可表示为

$$
\begin{aligned}
X(k) &= \sum_{n=0}^{N-1} x(n)W_N^{nk} \\
&= \sum_{n=0}^{N-1}\left\{\text{Re}[x(n)]\cos\left(\frac{2\pi}{N}nk\right) + \text{Im}[x(n)]\sin\left(\frac{2\pi}{N}nk\right)\right\} + \\
&\quad j\left\{\text{Im}[x(n)]\cos\left(\frac{2\pi}{N}nk\right) - \text{Re}[x(n)]\sin\left(\frac{2\pi}{N}nk\right)\right\}, \quad 0 \leqslant k \leqslant N-1
\end{aligned}
$$

易知，一次复数乘法相当于 4 次实数乘法和 2 次实数加法，而一次复数加法相当于 2 次实数加法。因此，每计算一个 $X(k)$ 需要 $4N$ 次实数乘法和 $2N+2(N-1)=2(2N-1)$ 次实数加法。

DFT 计算共需要计算 N 个 $X(k)$，因此完成整个 DFT 计算共需要 $4N^2$ 次实数乘法和 $2N(2N-1)=4N^2-2N$ 次实数加法。可见，直接计算 N 点 DFT 所需的计算量是和 N^2 成正比的，当 N 非常大时，计算量将显著增加。

通过 DFT 与 IDFT 的运算发现，利用以下两个特性可减少运算量。

（1）系数 $W_N^{nk} = \mathrm{e}^{-\mathrm{j}\frac{2\pi}{N}nk}$ 是一个周期函数，其周期性和对称性可用来改进运算，提高计算效率。

$$W_N^{n(N-k)} = W_N^{k(N-n)} = W_N^{-nk}$$

$$W_N^{N/2} = -1, \ W_N^{(k+N/2)} = -W_N^k$$

利用上述周期性和对称性，可合并 DFT 运算中的某些项。

（2）利用 W_N^{nk} 的周期性和对称性，把长度为 N 点的大点数的 DFT 运算依次分解为若干小点数的 DFT。因为 DFT 的计算量正比于 N^2，N 越小计算量也就越小。FFT 算法正是基于这种思想发展起来的，它有多种形式，但基本可分为时间抽取法和频率抽取法两类。

6.5.2　基 2 时分的 FFT 算法

假定 N 是 2 的整数次幂，首先将序列 $x(n)$ 分解为偶数项和奇数项两组，即

$$\begin{cases} x(2r) = x_1(r) \\ x(2r+1) = x_2(r) \end{cases}, \quad r = 0,1,\cdots, N/2-1$$

将 DFT 运算也相应分为两组，即

$$x(k) = \mathrm{DFT}\big[x(n)\big] = \sum_{n=0}^{N-1} x(n)W_N^{nk}$$

$$= \sum_{\text{偶数}n=0}^{N-2} x(n)W_N^{nk} + \sum_{\text{奇数}n=1}^{N-1} x(n)W_N^{nk}$$

$$= \sum_{r=0}^{N/2-1} x(2r)W_N^{2rk} + \sum_{r=0}^{N/2-1} x(2r+1)W_N^{(2r+1)k}$$

$$= \sum_{r=0}^{N/2-1} x(2r)W_N^{2rk} + W_N^k \sum_{r=0}^{N/2-1} x(2r+1)W_N^{2rk}$$

由对称性可知

$$W_N^{2n} = \mathrm{e}^{-\mathrm{j}\frac{2\pi}{N}2n} = \mathrm{e}^{-\mathrm{j}\frac{2\pi}{N/2}n} = W_{N/2}^n$$

因此有

$$X(k) = \sum_{r=0}^{N/2-1} x(2r)W_{N/2}^{rk} + W_N^k \sum_{r=0}^{N/2-1} x(2r+1)W_{N/2}^{rk} = G(k) + W_N^k H(k)$$

其中，$G(k)$、$H(k)$ 分别为

$$G(k) = \sum_{r=0}^{N/2-1} x(2r)W_{N/2}^{rk}$$

$$H(k) = \sum_{r=0}^{N/2-1} x(2r+1)W_{N/2}^{rk}$$

注意，$H(k)$、$G(k)$ 有 $N/2$ 个点，即 $k=0,1,\cdots,N/2-1$。

由系数 W_N^{nk} 的对称性可知

$$W_{N/2}^{r(N/2+k)} = W_{N/2}^{rk}, \quad W_N^{(k+N/2)} = -W_N^k$$

那么

$$X(k+N/2) = G(k) - W_N^k H(k), \quad k = 0,1,\cdots,N/2-1$$

可见，一个 N 点的 DFT 被分解为两个 $N/2$ 点的 DFT，这两个 $N/2$ 点的 DFT 再合成为一个 N 点 DFT，即

$$X(k+N/2) = G(k) - W_N^k H(k), \quad k = 0,1,\cdots,N/2-1$$

$$X(k+N/2) = G(k) - W_N^k H(k), \quad k = 0,1,\cdots,N/2-1$$

以此类推，可以继续分下去，这种按时间抽取算法是在输入序列分成越来越小的子序列上执行 DFT 运算，最后再合成为 N 点的 DFT。

对于 $N=2^M$，总是可以通过 M 次分解最后成为 2 点的 DFT 运算。这样构成从 $x(n)$ 到 $X(k)$ 的 M 级运算过程。从上面的流图可看到，每一级运算都由 $N/2$ 个蝶形运算构成。

因此每一级运算都需要 $N/2$ 次复乘和 N 次复加，这样，经过时间抽取后，M 级运算总共需要的运算为 $\frac{N}{2}\log_2 N$ 次复数乘法和 $N\log_2 N$ 复数加法。

6.5.3　基 2 频分的 FFT 算法

对于 $N=2^M$ 情况下的另外一种普遍使用的 FFT 结构是频率抽取法。对于频率抽取法，输入序列不是按偶奇数分开，而是按前后对半分开，这样便将 N 点 DFT 写成前后两部分，即

$$\begin{aligned}
X(k) &= \sum_{n=0}^{N/2-1} x(n)W_N^{nk} + \sum_{n=N/2}^{N-1} x(n)W_N^{nk} \\
&= \sum_{n=0}^{N/2-1} x(n)W_N^{nk} + \sum_{n=0}^{N/2-1} x\left(n+\frac{N}{2}\right)W_N^{\left(n+\frac{N}{2}\right)k} \\
&= \sum_{n=0}^{N/2-1} [x(n) + W_N^{(N/2)k}x(n+N/2)]W_N^{nk}
\end{aligned}$$

$$W_N^{N/2} = -1$$

$$W_N^{(N/2)k} = (-1)^k = \begin{cases} 1, & k \text{为偶数} \\ -1, & k \text{为奇数} \end{cases}$$

进一步分解为偶数组和奇数组，即

$$X(k) = \sum_{n=0}^{N/2-1} [x(n) + (-1)^k x(n+N/2)]W_N^{nk}$$

$$X(2r) = \sum_{n=0}^{N/2-1} [x(n) + x(n+N/2)]W_N^{2nr} = \sum_{n=0}^{N/2-1} [x(n) + x(n+N/2)]W_{N/2}^{2nr}$$

$$X(2r+1) = \sum_{n=0}^{N/2-1} [x(n) - x(n+N/2)]W_N^{n(2r+1)} = \sum_{n=0}^{N/2-1} [x(n) - x(n+N/2)]W_N^n W_{N/2}^{nr}$$

令

$$b(n) = x(n) + x(n+N/2)$$

$$b(n) = [x(n) - x(n+N/2]W_N^n$$

于是有

$$X(2r) = \sum_{n=0}^{N/2-1} a(n)W_{N/2}^{nr}$$

$$X(2r+1) = \sum_{n=0}^{N/2-1} b_2(n) W_{N/2}^{nr}$$

这正是两个 $N/2$ 点的 DFT 运算，即将一个 N 点的 DFT 分解为两个 $N/2$ 点的 DFT。与时间抽取法一样，由于 $N=2^M$，$N/2$ 仍是一个偶数，这样，一个 $N=2^M$ 点的 DFT 通过 M 次分解后，最后只剩下全部是 2 点的 DFT，2 点 DFT 实际上只有加减运算。

6.5.4　快速傅里叶变换函数

在 MATLAB 中还提供一些变换函数，如表 6-1 所示。

表 6-1　快速傅里叶变换函数

名　称	功　能	调用格式
fft	快速傅里叶变换	Y = fft(X) Y = fft(X,n) Y = fft(X,n,dim)
fft2	二维快速傅里叶变换	Y = fft2(X) Y = fft2(X,m,n)
fftn	N维快速傅里叶变换	Y = fftn(X) Y = fftn(X,sz)
nufft	非均匀快速傅里叶变换	Y = nufft(X,t) Y = nufft(X,t,f) Y = nufft(X,t,f,dim) Y = nufft(X)
nufftn	N维非均匀快速傅里叶变换	Y = nufftn(X,t) Y = nufftn(X,t,f) Y = nufftn(X)
fftshift	将零频分量移到频谱中心	Y = fftshift(X) Y = fftshift(X,dim)
fftw	定义用来确定FFT 算法的方法	method = fftw('planner') previous = fftw('planner',method) fftinfo = fftw(wisdom) previous = fftw(wisdom,fftinfo)
ifft	快速傅里叶逆变换	X = ifft(Y) X = ifft(Y,n) X = ifft(Y,n,dim) X = ifft(___,symflag)
ifft2	二维快速傅里叶逆变换	X = ifft2(Y) X = ifft2(Y,m,n) X = ifft2(___,symflag)
ifftn	多维快速傅里叶逆变换	X = ifftn(Y) X = ifftn(Y,sz) X = ifftn(___,symflag)
ifftshift	逆零频平移	X = ifftshift(Y) X = ifftshift(Y,dim)

下面介绍函数 fft 与函数 ifft，其余函数请读者自行学习。

1. fft 函数

函数 fft 用于快速计算离散傅里叶变换，其调用格式为

```
Y = fft(X)          %用快速傅里叶变换(FFT)算法计算 X 的离散傅里叶变换(DFT)
```

说明：X 是取样样本，可以是向量或矩阵，Y 是 X 的快速傅里叶变换。在实际操作中，会对 X 进行补零操作，使 X 的长度等于 2 的整数次幂，这样可以提高计算速度。

① 如果 X 是向量，则 fft(X) 返回该向量的傅里叶变换；

② 如果 X 是矩阵，则 fft(X) 将 X 的各列视为向量，并返回每列的傅里叶变换；

③ 如果 X 是多维数组，则 fft(X) 将沿大小不等于 1 的第一个数组维度的值视为向量，并返回每个向量的傅里叶变换。

```
Y = fft(X,n)        %返回 n 点 DFT，如果未指定任何值，则 Y 的大小与 X 相同
```

说明：

① 如果 X 是向量且 X 的长度小于 n，则为 X 补上尾零以达到长度 n；

② 如果 X 是向量且 X 的长度大于 n，则对 X 进行截断以达到长度 n；

③ 如果 X 是矩阵，则每列的处理与在向量情况下相同；

④ 如果 X 是多维数组，则大小不等于 1 的第一个数组维度的处理与在向量情况下相同。

```
Y = fft(X,n,dim)    %返回沿维度 dim 的傅里叶变换
                    %例如，如果 X 是矩阵，则 fft(X,n,2) 返回每行的 n 点傅里叶变换
```

2. ifft 函数

函数 ifft 是使用快速傅里叶变换算法计算 Y 的逆离散傅里叶变换，其调用格式为

```
X = ifft(Y)         %使用快速傅里叶变换算法计算 Y 的逆离散傅里叶变换，X 与 Y 的大小相同
```

说明：

① 如果 Y 是向量，则 ifft(Y) 返回该向量的逆变换；

② 如果 Y 是矩阵，则 ifft(Y) 返回该矩阵每一列的逆变换；

③ 如果 Y 是多维数组，则 ifft(Y) 将大小不等于 1 的第一个维度上的值视为向量，并返回每个向量的逆变换。

```
X = ifft(Y,n)       %通过用尾随零填充 Y 以达到长度 n，返回 Y 的 n 点傅里叶逆变换
X = ifft(Y,n,dim)   %返回沿维度 dim 的傅里叶逆变换
                    %例如，如果 Y 是矩阵，则 ifft(Y,n,2) 返回每一行的 n 点逆变换
X = ifft(___,symflag) %指定 Y 的对称性。例如，ifft(Y,'symmetric') 将 Y 视为共轭对称
```

【例 6-13】已知信号 $x = 0.5\sin(2\pi f_1 t) + 2\sin(2\pi f_2 t)$，其中 $f_1=20\text{Hz}$，$f_2=60\text{Hz}$，采样频率 $f_s=100\text{Hz}$，绘制 $y(t)$ 经过快速傅里叶变换后的频谱图。

解： 在编辑器窗口中编写如下代码。

```
clear,clc,clf
fs=100;                  %采样频率
Ndata=32;                %数据长度
N=32;                    %FFT 的数据长度
n=0:Ndata-1;
t=n/fs;                  %数据对应的时间序列
```

```
x=0.5*sin(2*pi*20*t)+2*sin(2*pi*60*t);        %时间域信号
y=fft(x,N);                                    %信号的傅里叶变换
mag=abs(y);                                    %求取振幅
f=(0:N-1)*fs/N;                                %真实频率
subplot(2,2,1);plot(f(1:N/2),mag(1:N/2)*2/N);
xlabel('频率/Hz');ylabel('振幅')
title('Ndata=32; FFT 所以采点个数=32');grid on


Ndata=32;                                      %数据长度
N=128;                                         %FFT 采用的数据长度
n=0:Ndata-1;
t=n/fs;                                        %时间序列
x=0.5*sin(2*pi*20*t)+2*sin(2*pi*60*t);        %时间域信号
y=fft(x,N);
mag=abs(y);
f=(0:N-1)*fs/N;                                %真实频率
subplot(2,2,2);plot(f(1:N/2),mag(1:N/2)*2/N);
xlabel('频率/Hz');ylabel('振幅')
title('Ndata=32; FFT 所以采点个数=128');grid on


Ndata=136;                                     %数据长度
N=128;                                         %FFT 采用的数据长度
n=0:Ndata-1;
t=n/fs;                                        %时间序列
x=0.5*sin(2*pi*20*t)+2*sin(2*pi*60*t);        %时间域信号
y=fft(x,N);
mag=abs(y);
f=(0:N-1)*fs/N;                                %真实频率
subplot(2,2,3);plot(f(1:N/2),mag(1:N/2)*2/N);
xlabel('频率/Hz');ylabel('振幅')
title('Ndata=136; FFT 所以采点个数=128');grid on


Ndata=136;                                     %数据长度
N=512;                                         %FFT 采用的数据长度
n=0:Ndata-1;
t=n/fs;                                        %时间序列
x=0.5*sin(2*pi*20*t)+2*sin(2*pi*60*t);        %时间域信号
y=fft(x,N);
mag=abs(y);
f=(0:N-1)*fs/N;                                %真实频率
subplot(2,2,4);plot(f(1:N/2),mag(1:N/2)*2/N);
xlabel('频率/Hz');ylabel('振幅')
title('Ndata=136; FFT 所以采点个数=512');grid on
```

运行结果如图 6-11 所示。

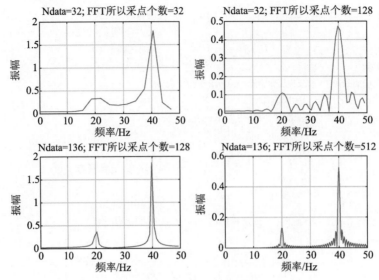

图 6-11　改变后对傅里叶谱的影响效果图

【例 6-14】设 $x(n)$ 是由一个正弦信号、一个余弦信号及白噪声叠加的信号，试用 FFT 对其进行频谱分析。

解：在编辑器窗口中编写如下代码。

```
clear,clc,clf
N=1024;
f1=.1;f2=.2;fs=1;
a1=5;a2=3;
w=2*pi/fs;
x=a1*sin(w*f1*(0:N-1))+a2*cos(w*f2*(0:N-1))+randn(1,N);          %信号
%应用 FFT 求频谱
subplot(2,1,1);plot(x(1:N/4));title('原始信号')
f=-0.5:1/N:0.5-1/N;
X=fft(x);
subplot(2,1,2);plot(f,fftshift(abs(X)));title('频域信号')
```

运行结果如图 6-12 所示。

【例 6-15】逆 FFT 示例。

解：在编辑器窗口中编写如下代码。

```
clear,clc,clf
fs=200;                                                    %采样频率
N=128;                                                     %数据个数
n=0:N-1;
t=n/fs;                                                    %数据对应的时间序列
x=0.5*sin(2*pi*20*t)+2*sin(2*pi*60*t);                     %时间域信号
subplot(2,2,1);plot(t,x) ;title('原始信号'); grid on
xlabel('时间/s');ylabel('x')


y=fft(x,N);                                                %傅里叶变换
mag=abs(y);                                                %得到振幅谱
f=n*fs/N;                                                  %频率序列
subplot(2,2,2);plot(f(1:N/2),mag(1:N/2)*2/N); grid on
```

```
xlabel('频率/Hz');ylabel('振幅');title('原始信号的 FFT')

xifft=ifft(y);                               %进行傅里叶逆变换
realx=real(xifft);                           %求取傅里叶逆变换的实部
ti=[0:length(xifft)-1]/fs;                   %傅里叶逆变换的时间序列
subplot(2,2,3);plot(ti,realx); grid on
xlabel('时间/s');ylabel('x');title('运用傅里叶逆变换得到的信号')

yif=fft(xifft,N);                            %将傅里叶逆变换得到的时间域信号进行傅里叶变换
mag=abs(yif);
f=[0:length(y)-1]'*fs/length(y);            %频率序列
subplot(2,2,4);plot(f(1:N/2),mag(1:N/2)*2/N); grid on
xlabel('频率/Hz');ylabel('振幅');title('运用 IFFT 得到信号的快速傅里叶变换')
```

运行结果如图 6-13 所示。

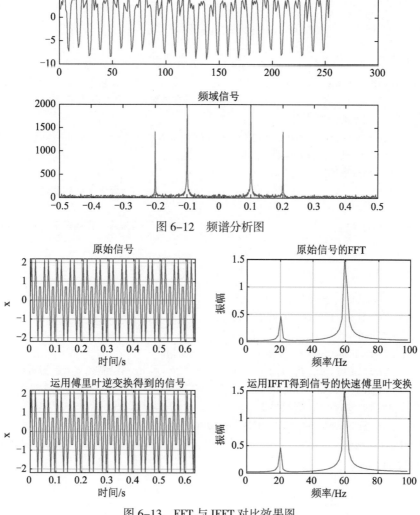

图 6-12　频谱分析图

图 6-13　FFT 与 IFFT 对比效果图

【例 6-16】利用 FFT 对叠加白噪声的信号 $x = 0.5\sin(2\pi f_1 t) + \sin(2\pi f_2 t)$ 进行滤波，将频率为 4~8Hz 的波滤除掉。

解： 在编辑器窗口中编写如下代码。

```
clear,clc,clf
dt=0.05;N=1024;
n=0:N-1; t=n*dt;                                    %时间序列
f=n/(N*dt);                                         %频率序列
f1=3; f2=10;                                        %信号的频率成分
x=0.5*cos(2*pi*f1*t)+sin(2*pi*f2*t) +randn(1,N);

subplot(2,2,1);plot(t,x);                          %绘制原始的信号
title('原始信号的时间域');xlabel('时间/s');
y=fft(x);                                           %对原信号作 FFT 变换
xlim([0 12]);ylim([-2 2]);
subplot(2,2,2);plot(f,abs(y)*2/N);                 %绘制原始信号的振幅谱
xlabel('频率/Hz');ylabel('振幅')
xlim([0 25]);ylim([0 0.6]);title('原始振幅谱')

f1=4;f2=8;                                          %要滤去频率的上限和下限
yy=zeros(1,length(y));                             %设置与 y 相同的元素数组
for m=0:N-1                             %将频率落在该频率范围及其大于 Nyquist 频率的波滤去
    %小于 Nyquist 频率的滤波范围
    if (m/(N*dt)>f1 & m/(N*dt)<f2) | (m/(N*dt)>(1/dt-f2) & m/(N/dt)<(1/dt-f1));
        %大于 Nyquist 频率的滤波范围
        %1/dt 为一个频率周期
        yy(m+1)=0;                                 %设置在此频率范围内的振动振幅为零
    else
        yy(m+1)=y(m+1);                            %其余频率范围的振动振幅不变
    end
end

subplot(2,2,3);plot(t,real(ifft(yy)));
%绘制滤波后的数据运用 ifft 变换回时间域并绘图
title('通过 IFFT 回到时间域')
xlabel('时间/s');ylim([-1.5 1.5]);xlim([0 12])
subplot(2,2,4);plot(f,abs(yy)*2/N)                 %绘制滤波后的振幅谱
xlim([0 25]);ylim([0 0.6]);
xlabel('频率/Hz');ylabel('振幅')
gstext=sprintf('自%4.1f-%4.1fHz 的频率被滤除',f1,f2);
title(gstext);                                     %将滤波范围显示作为标题
```

运行结果如图 6-14 所示。

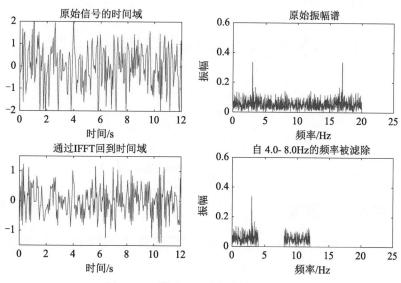

图 6-14 利用 FFT 进行滤波示例效果

6.6 离散余弦变换

离散余弦变换（Discrete Cosine Transform，DCT）是一种与傅里叶变换紧密相关的数学运算。在傅里叶级数展开式中，如果被展开的函数是实偶函数，那么其傅里叶级数中只包含余弦项，再将其离散化可导出余弦变换，因此称之为离散余弦变换。

6.6.1 一维离散余弦变换

对于一维离散函数 $f(x)$，$x = 0,1,\cdots,N-1$，进行离散变换后可得

$$F(u) = \sqrt{\frac{2}{N}} \sum_{x=0}^{N-1} f(x) \cos\left[\frac{\pi}{2N}(2x+1)u\right], \quad u = 1,2,\cdots,N-1$$

$$F(0) = \frac{1}{\sqrt{N}} \sum_{x=0}^{N-1} f(x), \quad u = 0$$

其逆变换为

$$f(x) = \frac{1}{\sqrt{N}} F(0) + \sqrt{\frac{2}{N}} \sum_{u=1}^{N-1} F(u) \cos\left[\frac{\pi}{2N}(2x+1)u\right], \quad x = 0,1,\cdots,N-1$$

其中

$$g(x,0) = \frac{1}{\sqrt{N}}, \quad g(x,u) = \sqrt{\frac{2}{N}} \cos\frac{(2x+1)u\pi}{2N}$$

6.6.2 二维离散余弦变换

对于二维离散函数 $f(m,n)$，$m,n = 0,1,\cdots,N-1$，进行离散变换后可得

$$F(u,v) = a(u)a(v) \sum_{m=0}^{N-1} \sum_{n=0}^{N-1} f(m,n) \cos\frac{(2m+1)u\pi}{2N} \cos\frac{(2n+1)v\pi}{2N}$$

其逆变换为

$$f(m,n) = \sum_{u=0}^{N-1}\sum_{v=0}^{N-1} a(u)a(v)F(u,v)\cos\frac{(2m+1)u\pi}{2N}\cos\frac{(2n+1)v\pi}{2N}$$

其中

$$m,n = 0,1,\cdots,N-1$$

$$a(u) = a(v) = \begin{cases} \sqrt{\dfrac{1}{N}}, & u=0\text{或}v=0 \\ \sqrt{\dfrac{2}{N}}, & u,v=1,2,\cdots,N-1 \end{cases}$$

6.6.3　离散余弦变换函数

在 MATLAB 中，提供了函数 dct、idct、dct2、idct2 等用于离散余弦变换，限于篇幅，下面只介绍 dct、idct 函数。

1. dct函数

dct 函数用于进行 DCT 变换，其调用格式为

```
y = dct(x)                    %返回序列 x 的 DCT 结果，x 为所要进行变换的信号序列
y = dct(x,n)                  %参数 n 用于指定变换的数据长度，根据 n 的大小对原数据进行截取或补零
                              %y 为 x 的 DCT 变换的系数，与 x 具有相同长度
y = dct(x,n,dim)              %沿尺寸 dim 计算 DCT，如果输入维度并使用默认值 n
                              %需将第二个参数指定为空[]
y = dct(___,'Type',dcttype)   %指定要计算的离散余弦变换的类型
```

说明：如果 x 为矩阵，则此变换为对矩阵的每一列进行 DCT 变换。

2. idct函数

idct 函数用于 DCT 逆变换，该函数调用方法为

```
x = idct(y)                   %计算 y 的 DCT 逆变换 x，x 与 y 的大小相同，参数与 dct 相同
x = idct(y,n)
x = idct(y,n,dim)
y = idct(___,'Type',dcttype)
```

【例 6-17】对信号进行离散余弦变换示例。

解： 在编辑器窗口中编写如下代码。

```
clear,clc,clf
n=1:100;
x=10*sin(2*pi*n/20)+20*cos(2*pi*n/30);
y=dct(x);
subplot(1,2,1);plot(x);title('原始信号')
subplot(1,2,2);plot(y);title('DCT 效果')
```

运行结果如图 6-15 所示。

【例 6-18】DCT 逆变换示例。

解： 在编辑器窗口中编写如下代码。

```
clear,clc,clf
n=0:200-1;
```

```
f=200;  fs=3000;
x=cos(2*pi*n*f/fs);
y=dct(x);                           %计算 DCT 变换
m=find(abs(y<5));                   %利用阈值对变换系数截取
y(m)=zeros(size(m));
z=idct(y);                          %对门限处理后的系数 DCT 逆变换
subplot(1,2,1);plot(n,x);xlabel('n');title('序列 x(n)')
subplot(1,2,2);plot(n,z);xlabel('n');title('序列 z(n)')
```

运行结果如图 6-16 所示。

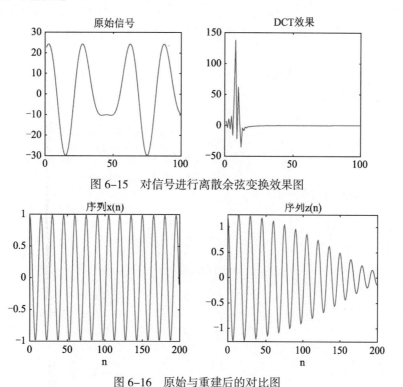

图 6-15　对信号进行离散余弦变换效果图

图 6-16　原始与重建后的对比图

6.7　Chirp Z 变换

对于序列 $x(n)$，$0 \leqslant n \leqslant N-1$，其 Z 变换公式为

$$X(z_k) = \sum_{n=0}^{N-1} x(n) z_k^{-n}$$

令 z 的取样点为

$$z_k = AW^{-k}, \quad k = 0,1,\cdots,M-1$$

其中

$$A = A_0 \mathrm{e}^{\mathrm{j}\theta_0}, W = W_0 \mathrm{e}^{\mathrm{j}\varphi_0}$$

代入可得

$$X(z_k) = \sum_{n=0}^{N-1} x(n) A^{-n} W^{nk} = W^{\frac{k^2}{2}} \sum_{n=0}^{N-1} x(n) A^{-n} W^{\frac{n^2}{2}} W^{-\frac{(k-n)^2}{2}}$$

如果定义 $g(n) = x(n)A^{-n}W^{\frac{n^2}{2}}$，$h(n) = W^{\frac{-n^2}{2}}$，那么有

$$X(z_k) = W^{\frac{k^2}{2}} \sum_{n=0}^{N-1} g(n)h(k-n) = W^{\frac{k^2}{2}} g(k) * h(k), \quad k = 0,1,\cdots,M-1$$

以上 Z 变换公式通过转换变成了卷积形式，因而可采用 FFT 进行运算，这样可大大提高计算速度。系统的单位冲激响应 $h(n) = W^{\frac{-n^2}{2}}$ 与频率随时间呈线性增加的线性调频信号相似，因此称为 Chirp-Z 变换。

在 MATLAB 中，函数 czt 用于实现 Chirp-Z 变换，其调用格式为

```
Y=czt(x,m,w,a)          %计算由 z=a*w.^(-(0:m-1)) 定义的 z 平面螺旋线上各点的 Z 变换
```

说明：a 为起点，w 为相邻点的比例，m 为变换的长度，其默认值分别为 a=1、w=exp(j*2*pi/m)、m=length(x)，因此 y=czt(x)就等于 y=fft(x)。

【例 6-19】MATLAB 的 czt 函数实现频率细化。

解： 在编辑器窗口中编写如下代码。

```
clear,clc,clf
fs=256;                             %采样频率
N=512;                              %采样点数
nfft=512;
n=0:1:N-1;                          %时间序列号
%n/fs:采样频率下对应的时间序列值
n1=fs*(0:nfft/2-1)/nfft;            %FFT 对应的频率序列
x=3*sin(2*pi*100*n/fs)+3*cos(2*pi*101.45*n/fs)+2*sin(2*pi*102.3*n/fs)+…
    4*cos(2*pi*106.8*n/fs)+5*sin(2*pi*104.5*n/fs);
figure;
subplot(231);plot(n,x);title('信号的时域波形')
xlabel('时间 t');ylabel('值')
XK=fft(x,nfft);                     %单边幅值谱
subplot(232);stem(n1,abs(XK(1:(nfft/2))));title('FFT 变换后的频谱(杆状图)')
axis([95,110,0,1500]);
subplot(233);plot(n1,abs(XK(1:(N/2))));title('FFT 变换后的频谱(线图)')
axis([95,110,0,1500]);
f1=100;                             %细化频率段起点
f2=110;                             %细化频率段终点
M=256;                              %细化频段的频点数（细化精度）
w=exp(-j*2*pi*(f2-f1)/(fs*M));      %细化频段的跨度（步长）
a=exp(j*2*pi*f1/fs);                %细化频段的起始点，运算后才能代入 czt 函数
xk=czt(x,M,w,a);
h=0:1:M-1;                          %细化频点序列
f0=(f2-f1)/M*h+100;                 %细化的频率值
subplot(234);stem(f0,abs(xk));title('CZT 变换后的细化频谱(杆状图)')
xlabel('f');ylabel('值');
subplot(235);plot(f0,abs(xk));title('CZT 变换后的细化频谱(线图)')
xlabel('f')
```

运行结果如图 6-17 所示。

【例 6-20】利用 Chirp Z 变换计算滤波器在 100~200Hz 的频率特性，并比较 czt 和 fft 函数。

解： 在编辑器窗口中编写如下代码。

```
clear,clc,clf
h=fir1(30,125/500,boxcar(31));
```

```
Fs=1000;
f1=100;
f2=200;
m=1024;
w=exp(-j*2*pi*(f2-1)/(m*Fs));
a=exp(j*2*pi*f1/Fs);
y=fft(h,m);
z=czt(h,m,w,a);
fy=(0:length(y)-1)'*Fs/length(y);
fz=(0:length(z)-1)'*(f2-f1)/length(z)+f1;
subplot(2,1,1);plot(fy(1:500),abs(y(1:500)));title('FFT')
subplot(2,1,2);plot(fz,abs(z));title('CZT')
```

运行结果如图 6-18 所示。

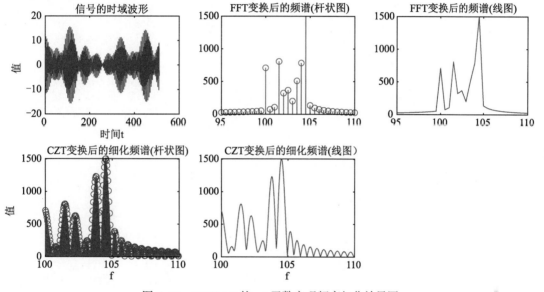

图 6-17　MATLAB 的 czt 函数实现频率细化效果图

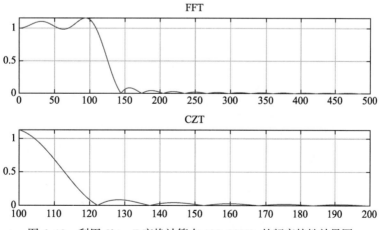

图 6-18　利用 Chirp Z 变换计算在 100~200Hz 的频率特性效果图

6.8　本章小结

信号变换是信号处理的基础，因此本章重点讲解了 Z 变换、离散傅里叶变换、快速傅里叶变换、离散余弦变换的基本原理及其在 MATLAB 中的实现手段。通过本章的学习，可以帮助读者利用 MATLAB 解决信号变换问题。

第 7 章

IIR 滤波器设计

数字滤波技术是数字信号处理中的一个重要环节，数字滤波器的设计则是数字信号处理的核心之一。MATLAB 为滤波器的设计应用提供了丰富的函数和图形工具，使原来繁杂的程序设计变成了简单的函数调用。本章基于 MATLAB 函数详细介绍 IIR 滤波器的设计和使用，并对其性能进行分析。

学习目标：

（1）了解 IIR 滤波器的结构；

（2）理解模拟滤波器的基础知识与原型设计；

（3）掌握模拟滤波器的频率变换；

（4）理解冲激响应不变法与双线性变换法；

（5）理解实现滤波器设计。

7.1　数字滤波器概述

数字滤波器（Digital Filter，DF）是指用有限精度算法实现、能够完成信号滤波处理功能的离散时间线性非时变系统。数字滤波是数字信号处理的基础，在信号的过滤、检测与参数估计等过程中的应用最为广泛。数字滤波器处理的对象是经由采样器件将模拟信号转换得到的数字信号。

数字滤波器的输入是一组由模拟信号取样和量化的数字量，其输出是经过数字变换的另一组数字量。数字滤波器的数学运算通常有频域法与时域法两种方法。

7.1.1　滤波器的原理

滤波器就是对系统的输入信号进行滤波，如果滤波器的输入和输出都为离散信号，那么该滤波器的脉冲响应也一定是离散信号，这样的滤波器称为数字滤波器。

滤波器输出 $y(n)$ 与输入 $x(n)$ 之间的关系是冲激响应 $h(n)$，即

$$y(n) = x(n) * h(n)$$

该系统为时域离散系统，其频域特性为

$$Y\left(e^{j\omega}\right) = X\left(e^{j\omega}\right) H\left(e^{j\omega}\right)$$

其中，$Y\left(e^{j\omega}\right)$、$X\left(e^{j\omega}\right)$ 分别为数字滤波器的输出序列和输入序列的频域特性，$H\left(e^{j\omega}\right)$ 是数字滤波器的频域响应。

可以看出，输入序列的频谱 $X\left(e^{j\omega}\right)$ 经过滤波后变成了 $X\left(e^{j\omega}\right) H\left(e^{j\omega}\right)$；因此按照输入信号频谱的特点

和处理信号的目的适当选择 $H\left(\mathrm{e}^{\mathrm{j}\omega}\right)$，使得滤波后的 $X\left(\mathrm{e}^{\mathrm{j}\omega}\right)H\left(\mathrm{e}^{\mathrm{j}\omega}\right)$ 满足设计性能要求，这就是数字滤波器的滤波原理。

7.1.2　滤波器的分类

滤波器的种类有很多，一般可以分为模拟滤波器和数字滤波器两大类。根据滤波器的功能，又可以分为低通滤波器（LPF）、高通滤波器（HPF）、带通滤波器（BPF）及带阻滤波器（BSF）4 种。它们的理想幅频响应如图 7-1 所示。

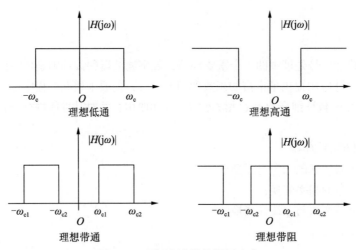

图 7-1　理想滤波器的幅频响应

数字滤波器根据其冲激响应函数的时域特性可分为无限长单位冲激响应（Infinite Impulse Response，IIR）滤波器和有限长单位冲激响应（Finite Impulse Response，FIR）滤波器。

IIR 滤波器也称为递归型滤波器，具有反馈功能，其特点是指数成长、指数衰减或是弦波输出。这种滤波器一般会产生无穷长度的冲激响应（无限冲激响应）。

FIR 滤波器又称为非递归型滤波器，是数字信号处理系统中最基本的元件，它可以在保证任意幅频特性的同时具有严格的线性相频特性，同时其单位冲激响应是有限长的，因而是稳定的系统。

（1）对于一个 N 阶递归型数字滤波器，其差分方程为

$$y(n)=\sum_{i=0}^{M}b_{i}x(n-i)-\sum_{i=1}^{N}a_{i}y(n-i)$$

相应的系统函数为

$$H(z)=\dfrac{\displaystyle\sum_{r=0}^{M}b_{r}z^{-r}}{1+\displaystyle\sum_{k=1}^{N}a_{k}z^{-k}}$$

由此可知，递归型系统结构上存在输出到输入的反馈，而且系统函数 $H(z)$ 在有限 z 平面上有极点存在。

FIR 滤波器一般采用非递归型结构来实现。非递归型数字滤波器的当前输出值 $y(n)$ 仅为当前输入值 $x(n)$ 和之前各输入值 $x(n-1)$，$x(n-2)$，…，$x(n-N+1)$ 的函数，而与之前的输出值无关。

（2）对于一个 N 阶非递归型数字滤波器，其差分方程为

$$y(n) = \sum_{k=0}^{N-1} h(k)x(n-k) = \sum_{k=0}^{N-1} b_k x(n-k)$$

相应的系统函数为

$$H(z) = \sum_{k=0}^{N-1} b_k z^{-k}$$

由此可知，非递归型系统结构上不存在输出到输入的反馈，而且系统函数 $H(z)$ 在 $|z| > 0$ 处收敛，极点全部位于 $z = 0$ 处。

7.1.3　数字滤波器表达方式

在线性系统理论中，用来表示系统常用的数学模型包括传递函数、状态方程和零极点增益等模型。这些数学模型之间存在着等效关系，在不同的使用场合具有各自的优势。同样地，数字滤波器作为一个离散时间线性时不变系统，也具有多种表达方式。

1. 滤波器的传递函数模型

滤波器由滤波器系数构成的两个向量——分子向量 $\boldsymbol{B}$ 和分母向量 $\boldsymbol{A}$ 来唯一确定

$$\boldsymbol{A} = [a_1, a_2, \cdots, a_m]$$
$$\boldsymbol{B} = [b_1, b_2, \cdots, b_n]$$

2. 滤波器的状态方程

状态方程模型可简写成 (A, B, C, D)，即

$$x\big[(i+1)T\big] = Ax(iT) + Bu(iT)$$
$$y\big[(i+1)T\big] = Cx\big[(i+1)T\big] + Du\big[(i+1)T\big]$$

3. 滤波器的零极点增益模型

零极点增益模型可以简记为 $[Z, P, X]$，一个单输入单输出系统的零极点增益模型为

$$G(s) = K \frac{\prod\limits_{i=1}^{m}(s + z_i)}{\prod\limits_{i=1}^{n}(s + p_i)} = K \frac{(s+z_1)(s+z_2)\cdots(s+z_m)}{(s+p_1)(s+p_2)\cdots(s+p_n)}$$

由于滤波器的不同数学模型在不同的使用场合具有各自的优势，所以它们之间的数学转换十分重要。

7.1.4　滤波函数

在 MATLAB 中，滤波函数主要有 filter、filter2、filtfilt 和 fftfilt 四个。

1. filter函数

filter 函数表征的滤波器是一个直接 Ⅱ 型滤波器，其标准差分方程为

$$a(1)y(n) = b(1)x(n) + b(2)x(n-1) + \cdots + b(n_b+1)x(n-n_b) - $$
$$a(2)y(n-1) - \cdots - a(n_a+1)y(n-n_a)$$

如果 $a(1) \neq 1$，那么滤波器的系数将用 $a(1)$ 进行归一化处理，即各系数同除以 $a(1)$，且 $a(1) \neq 0$。

在 MATLAB 中，函数 filter 用来实现 IIR 滤波器的直接型结构。其调用格式为

```
y = filter(b,a,x)      %由分子和分母系数 b、a 定义的传递函数对输入 x 进行滤波，输出 y
y = filter(b,a,x,zi)   %将初始条件 zi 用于滤波器延迟，zi 的长度为 max(length(a),length(b))-1
```

```
y = filter(b,a,x,zi,dim)          %沿维度 dim 进行计算
                                  %若 x 为矩阵，则 filter(b,a,x,zi,2)返回每行滤波后的数据
[y,zf] = filter(___)              %返回滤波器延迟的最终条件 zf
```

说明：

（1）如果 x 为向量，则 filter 将滤波后数据以大小与 x 相同的向量形式返回；

（2）如果 x 为矩阵，则 filter 沿着第一维度操作并返回每列的滤波后的数据；

（3）如果 x 为多维数组，则 filter 沿大小不等于 1 的第一个数组维度进行计算。

【例 7-1】 请创建一组正弦曲线数据，并使用 filter 函数计算沿数据向量的平均值。

解： 在编辑器窗口中编写代码。

```
clear,clc,clf
t = linspace(-pi,pi,100);
rng default
x = sin(t) + 0.25*rand(size(t));      %创建一个被随机干扰损坏的正弦曲线数据组
windowSize = 5;
b = (1/windowSize)*ones(1,windowSize);
a = 1;
y = filter(b,a,x);                    %计算有理传递函数的分子和分母系数
plot(t,x);hold on; plot(t,y);grid
legend('原始数据','滤波后数据')
```

运行程序后，输出结果如图 7-2 所示。

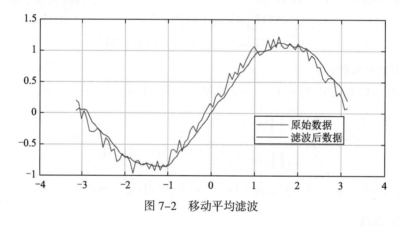

图 7-2　移动平均滤波

2. filter2 函数

在 MATLAB 中，函数 filter2 用来实现输入信号的二维数字滤波。其调用格式为

```
Y = filter2(H,X)    %对输入信号进行二维数字滤波。返回值 Y 与输入 X 大小相同；矩阵 H 为滤波器的系数
Y = filter2(H,X,shape)         %根据 shape 返回滤波数据的子区
```

说明：

（1）输入参数 shape 用来指定返回值 Y 的大小。当 shape 取'same'时，返回滤波数据的中心部分，大小与 X 相同；取'full'时，返回完整的二维滤波数据；取'valid'时，仅返回没有补零边缘的滤波数据部分。

（2）该函数通过取输入 X 的二维卷积和旋转 180° 的系数矩阵 H 对数据进行滤波，filter2(H,X,shape)等同于 conv2(X,rot90(H,2),shape)。

【**例 7-2**】使用 filter2 函数对二维数据进行数字滤波，并与 conv2 函数对比。

解： 在编辑器窗口中编写代码。

```
clear,clc,clf
A = zeros(20);
A(3:7,3:7) = ones(5);
subplot(131); mesh(A) ;title('原始数据')
H = [1 2 1; 0 0 0; -1 -2 -1];
Y = filter2(H,A,'full');              %对数据进行滤波，并返回已滤波数据的满矩阵
subplot(132);mesh(Y);title('filter2 滤波')
C = conv2(A,rot90(H,2));              %将 H 旋转 180° 后与 A 卷积，其输出等同于 filter2 滤波
subplot(133);mesh(C);title('conv2 变换')
```

运行程序后，输出结果如图 7-3 所示。

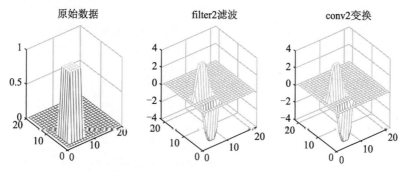

图 7-3　filter2 滤波与 conv2 效果对比

3. filtfilt 函数

filtfilt 函数表征的滤波器的标准差分方程为

$$y(n) = b(1)x(n) + b(2)x(n-1) + \cdots + b(n_b+1)x(n-n_b) - $$
$$a(2)y(n-1) - \cdots - a(n_a+1)y(n-n_a)$$

在 MATLAB 中，函数 filtfilt 可以实现零相位数字滤波。其调用格式为

```
y = filtfilt(b,a,x)        %对输入信号 x 进行前向和反向处理实现零相位数字滤波，b、a 为滤波器
                           %的分子、分母系数向量
y = filtfilt(sos,g,x)      %零相位使用由矩阵 sos 和标度值 g 表示的二阶截面（双四阶）滤波器对输
                           %入信号 x 进行滤波
y = filtfilt(d,x)          %零相位使用数字滤波器 d 对输入信号 x 进行滤波，d 由 designfilt 函
                           %数根据频率响应生成
```

说明：

（1）滤波器的阶数为 max(length(b)−l,length(a)−1)，输入向量 x 的长度要比滤波器的阶数大 3 倍。

（2）由于 Hilbert FIR 滤波器的实现主要是基于相位响应完成，因此该函数不能用于该类滤波器的设计。

【**例 7-3**】比较 filtfilt 函数和 filter 函数的滤波效果。

解： 在编辑器窗口中编写代码。

```
clear,clc,clf
wform = ecg(500);
rng default
x = wform' + 0.25*randn(500,1);
```

```
d = designfilt('lowpassfir','PassbandFrequency',0.15,'StopbandFrequency',0.2, ...
    'PassbandRipple',1,'StopbandAttenuation',60,'DesignMethod','equiripple');
y = filtfilt(d,x);
y1 = filter(d,x);
subplot(3,1,1);plot(wform);title('原始波形')
subplot(3,1,2);plot([y y1]);title('滤波波形')
legend('零相位滤波','常规滤波')
d1 = designfilt('lowpassiir','FilterOrder',12, ...
    'HalfPowerFrequency',0.15,'DesignMethod','butter');
y = filtfilt(d1,x);
subplot(3,1,3);plot(x);hold on;
plot(y,'LineWidth',2);legend('心电图噪声','零相位滤波')
```

上述代码中利用心电图（electrocardiogram，ECG）信号发生器函数 ecg 创建的数据进行滤波，函数代码如下：

```
function x = ecg(L)                           %ECG 信号发生器
%ecg(L)用于生成长度为 L 的分段线性 ECG 信号，示例如下
%x = ecg(500).';
%y = sgolayfilt(x,0,3);                       %典型值 d=0、F=3,5,9,…
%y5 = sgolayfilt(x,0,5);
%y15 = sgolayfilt(x,0,15);
%plot(1:length(x),[x y y5 y15]);
a0 = [0,1,40,1,0,-34,118,-99,0,2,21,2,0,0,0];
d0 = [0,27,59,91,131,141,163,185,195,275,307,339,357,390,440];
a = a0 / max(a0);
d = round(d0 * L / d0(15));                   %以适合的长度 L 进行缩放
d(15)=L;
for i=1:14
    m = d(i) : d(i+1) - 1;
    slope = (a(i+1) - a(i)) / (d(i+1) - d(i));
    x(m+1) = a(i) + slope * (m - d(i));
end
end
```

运行程序后，输出结果如图 7-4 所示，可以看出，filtfilt 函数可以消除滤波的相位失真。

4. fftfilt 函数

fftfilt 函数表征的滤波器的时域表达式为

$$y(n) = b(1)x(n) + b(2)x(n-1) + \cdots + b(n_b+1)x(n-n_b)$$

频域表达式为

$$Y(z) = \left(b(1) + b(2)z^{-1} + \cdots + b(n_b+1)z^{-n_b}\right)X(z)$$

在 MATLAB 中，fftfilt 函数可以实现基于 FFT 的重叠相加法的 FIR 滤波。其调用格式为

```
y = fftfilt(b,x)    %使用系数向量 b 描述的滤波器对信号 x 进行基于 FFT 和重叠相加法的 FIR 滤波
```

说明：当 length(x)≤length(b)时，FFT 采用的点数为 nfft=2^nextpow2(length(b)+length(x)−l)。

```
y = fftfilt(b,x,n)    %使用 n 来控制 FFT 的长度
```

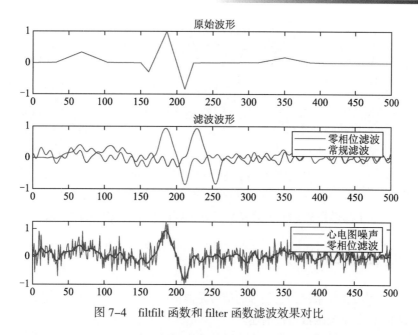

图 7-4　filtfilt 函数和 filter 函数滤波效果对比

说明：要求 n≥length(b)，所采用的 FFT 长度 nfft=2^nextpow2(n)，而数据块的长度为 L=nfft− length(b)+1。

`y - fftfilt(d,x)`	%使用 digitalFilter 对象 d 过滤向量 x 中的数据
`y = fftfilt(d,x,n)`	%使用 n 来确定 FFT 的长度
`y = fftfilt(gpuArrayb,gpuArrayX,n)`	%使用 gpuArrayb 中存储的 gpuArray 中的 FIR 滤波器系数过滤 gpuArray（并行计算工具）对象 gpuArrayX 中的数据

说明：

（1）如果输入信号 x 为矩阵，则对 x 的每列信号分别进行滤波；

（2）如果 b 为矩阵，则分别以 b 的每列元素所组成的滤波器对 x 进行滤波；

（3）如果 x、b 都是大小相等的相同结构的矩阵，则以 b 矩阵的每列元素组成的滤波器对 x 矩阵相对应的列向量进行滤波。

【例 7-4】对比 fftfilt 函数与 filter 函数滤波的执行效率。

解：在编辑器窗口中编写代码。

```
clear,clc,clf
rng default
N = 100;
shrt = 20;
long = 2000;
tfs = 0;tls = 0;tfl = 0;tll = 0;
for kj = 1:N
    x = rand(1,1e6);
    bshrt = rand(1,shrt);
    tic
    sfs = fftfilt(bshrt,x);tfs = tfs+toc/N;
    tic
    sls = filter(bshrt,1,x);tls = tls+toc/N;
    blong = rand(1,long);
```

```
    tic
    sfl = fftfilt(blong,x);tfl = tfl+toc/N;
    tic
    sll = filter(blong,1,x);tll = tll+toc/N;
end
fprintf('%4d-点滤波均值: fftfilt: %f s; filter: %f s\n',shrt,tfs,tls)
fprintf('%4d-点滤波均值: fftfilt: %f s; filter: %f s\n',long,tfl,tll)
```

运行程序后，输出结果如下所示。

```
  20-点滤波均值: fftfilt: 0.109776 s; filter: 0.009543 s
2000-点滤波均值: fftfilt: 0.043290 s; filter: 0.133997 s
```

由结果可知，对于较小的操作数，filter 函数滤波更有效；而对于较大的操作数，fftfilt 函数滤波更有效。

7.2　IIR 滤波器结构

数字滤波器是一种离散实际系统，它处理的信号是离散时间信号。时域离散系统或网络一般可以用差分方程、单位冲激响应以及系统函数进行描述。

一个数字滤波器通常可以用系统函数（滤波器的传递函数）表示为

$$H(z) = \frac{\sum_{k=0}^{M} b_k z^{-k}}{1 - \sum_{k=1}^{N} a_k z^{-k}} = \frac{Y(z)}{X(z)}$$

由这样的系统函数可以得到表示系统输入与输出关系的常系数线性差分方程，表示为

$$y(n) = \sum_{k=0}^{M} b_k x(n-k) + \sum_{k=1}^{N} a_k y(n-k)$$

由此可知，实现一个数字滤波器需要以下几种基本的运算单元。

（1）加法器。该元件通常由两个输入和一个输出实现，当三个或多个信号相加时，由相连的两输入加法器实现。

（2）乘法器（增益）。该元件有一个输入和一个输出。

（3）延迟单元（移位或记忆）。该元件将通过它的信号延迟一个样本，由移位寄存器实现。

由此可见，数字滤波器的功能就是将输入序列 $x(n)$ 通过一定的运算变换成输出序列 $y(n)$。运算处理方法的不同决定了滤波器实现结构的不同。

IIR 滤波器的单位冲激响应 $h(n)$ 是无限长的，对于一个给定的线性时不变系统的系统函数，有各种不同的等效差分方程或网络结构。由于乘法是一种耗时运算，每个延迟单元都要有一个存储寄存器。在现实应用中，通常采用最少常数乘法器和最少延迟单元的网络结构，以提高运算速度和减少存储器。然而，当需要考虑有限寄存器长度的影响时，也采用非最少乘法器和延迟单元的结构。

IIR 滤波器的基本结构主要有直接型、级联型和并联型，下面将分别进行介绍。

7.2.1　直接型

1. 直接Ⅰ型

直接Ⅰ型的系统输入输出关系的 N 阶差分方程为

$$y(n) = \sum_{k=0}^{M} b_k x(n-k) + \sum_{k=1}^{N} a_k y(n-k)$$

其中，$y(n)$ 由两部分相加构成，结构优点如下：

（1）$\sum_{k=0}^{M} b_k x(n-k)$（第一部分）表示输入及其延时组成的 M 节延时网络，是一个实现零点的横向延时网络。

（2）$\sum_{k=1}^{N} a_k y(n-k)$（第二部分）表示输出及其延时组成的 N 节延时网络，是一个实现极点的反馈网络。

（3）直接 I 型需要 $N+M$ 级延时单元。

2. 直接 II 型

如果相同输出的延迟单元合并成一个，N 阶滤波器只需要 N 级延迟单元，这是实现 N 阶滤波器所必需的最少数量的延迟单元。这种结构称为直接 II 型，有时将直接 I 型简称为直接型，将直接 II 型称为典型形式。直接 I 型和直接 II 型 IIR 滤波器的结构分别如图 7-5 和图 7-6 所示。

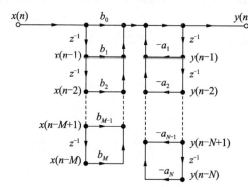

图 7-5　直接 I 型 IIR 滤波器结构

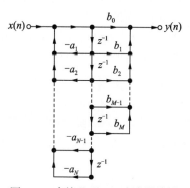

图 7-6　直接 II 型 IIR 滤波器结构

IIR 滤波器的系统函数可以表示为

$$H(z) = \frac{Y(z)}{X(z)} = \frac{Y(z)}{W(z)} \cdot \frac{W(z)}{X(z)} = \sum_{k=0}^{M} b_k z^{-k} \frac{1}{1 - \sum_{k=1}^{N} a_k z^{-k}}$$

此时，$H(z)$ 可以看成由分子多项式与分母多项式的倒数所构成的两个子系统函数的乘积，即对应两个子系统的级联。其中，第一个子系统实现的零点为

$$H_1(z) = \frac{Y(z)}{W(z)} = \sum_{k=0}^{M} b_k z^{-k}$$

由此可得

$$Y(z) = \sum_{k=0}^{M} b_k z^{-k} W(z)$$

其时域表示为

$$y(z) = \sum_{k=0}^{M} b_k w(z)$$

第二个子系统实现的零点为

$$H_2(z) = \frac{W(z)}{X(z)} = \frac{1}{1 - \sum\limits_{k=1}^{N} a_k z^{-k}}$$

由此可得

$$W(z) = X(z) + \sum_{k=1}^{N} a_k z^{-k} W(z)$$

其时域表示为

$$w(z) = x(z) + \sum_{k=1}^{N} a_k w(n-k)$$

直接 II 型 IIR 滤波器的结构特点如下：

（1）只需 N 个延时单元；

（2）系数对滤波器的性能控制作用不明显；

（3）极点对系数变化过于灵敏。

在实际应用中，很少采用上述两种结构实现高阶系统，而是通过把高阶系统变换成一系列不同组合的低阶（一、二阶）系统实现。

在 MATLAB 中，函数 filter 用来实现 IIR 的直接型结构，函数说明在前面已经介绍过，这里不再赘述，只给出其调用格式：

```
y = filter(b,a,x)
y = filter(b,a,x,zi)
y = filter(b,a,x,zi,dim)
```

【例 7-5】用直接型实现系数函数的 IIR 滤波器，求单位冲激相应和单位阶跃响应的输出。系统函数如下：

$$H(z) = \frac{1 - 3z^{-1} + 13z^{-2} + 27z^{-3} + 18z^{-4}}{15 + 11z^{-1} + 2z^{-2} + -4z^{-3} - 2z^{-4} - 1z^{-5}}$$

解：在编辑器窗口中编写代码。

```
clear,clc,clf
b=[1,-3,13,27,18];
a=[15,11,2,-4,-2,-1];
N=30;
delta=impz(b,a,N);
x=[ones(1,5),zeros(1,N-5)];
h=filter(b,a,delta);
y = filter(b,a,x);
subplot(211);stem(h);title('直接型 h(n)')
subplot(212);stem(y);title('直接型 y(n)')
```

运行程序，效果如图 7-7 所示。

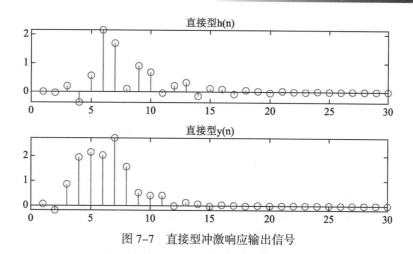

图 7-7　直接型冲激响应输出信号

7.2.2　级联型

系统函数按零极点进行分解得

$$H(z) = \frac{\sum\limits_{k=0}^{M} b_k z^{-k}}{1 - \sum\limits_{k=1}^{N} a_k z^{-k}} = A \frac{\prod\limits_{k=1}^{M_1}(1 - p_k z^{-1})\prod\limits_{k=1}^{M_2}(1 - q_k z^{-1})(1 - q_k^* z^{-1})}{\prod\limits_{k=1}^{N_1}(1 - c_k z^{-1})\prod\limits_{k=1}^{N_2}(1 - d_k z^{-1})(1 - d_k^* z^{-1})}$$

将共轭因子合并，有

$$H(z) = A \frac{\prod\limits_{k=1}^{M_1}(1 - p_k z^{-1})\prod\limits_{k=1}^{M_2}(1 + \beta_{1k} z^{-1} + \beta_{2k} z^{-2})}{\prod\limits_{k=1}^{N_1}(1 - c_k z^{-1})\prod\limits_{k=1}^{N_2}(1 - \alpha_{1k} z^{-1} - \alpha_{2k} z^{-2})}$$

$H(z)$ 完全分解成实系数的二阶因子形式为

$$H(z) = A\prod_{k} \frac{1 + \beta_{1k} z^{-1} + \beta_{2k} z^{-2}}{1 - \alpha_{1k} z^{-1} - \alpha_{2k} z^{-2}} = A\prod_{k} H_k(z)$$

级联型 IIR 滤波器的结构如图 7-8 所示。

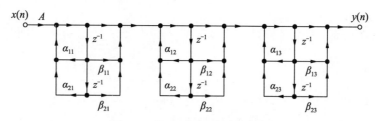

图 7-8　级联型 IIR 滤波器结构

实现方法：

（1）当 $M=N$ 时，共有 $\left\lfloor \dfrac{N+1}{2} \right\rfloor$ 节；

（2）如果有奇数个实零点，则有一个 $\beta_{2k} = 0$；如果有奇数个实极点，则有一个 $\alpha_{2k} = 0$；

（3）通过一阶、二阶基本节实现整个滤波器级联。

特点：

（1）系统实现简单，只需一个二阶节系统通过改变输入系数即可完成；

（2）极点位置可单独调整；

（3）运算速度快（可并行进行）；

（4）各二阶网络的误差互不影响，总的误差小，对字长要求低。

缺点：

不能直接调整零点，因多个二阶节的零点并不是整个系统函数的零点，当需要准确地传输零点时，级联型最合适。

【例 7-6】用级联结构实现 IIR 滤波器，并求单位冲激响应和单位阶跃响应的输出。系统函数如下：

$$H(z) = \frac{3(1+z^{-1})(1-3.1415926z^{-1}+z^{-2})}{(1-0.6z^{-1})(1+0.7z^{-1}+0.72z^{-2})}$$

解： 在编辑器窗口中编写代码。

```
clear,clc,clf
b0=3;
N=30;
B=[1,1,0;1,-3.1415926,1];
A=[1,-0.6,0;1,0.7,0.72];
delta=impseq(0,0,N);
x=[ones(1,5),zeros(1,N-5)];
h=casfilter(b0,B,A,delta);          %级联型单位冲激响应
y=casfilter(b0,B,A,x) ;             %级联型输出响应
subplot(211);stem(h);title('级联型 h(n)')
subplot(212);stem(y);title('级联型 y(n)')
```

程序需要用到以下子函数。

（1）casfilter 函数：实现级联型系统结构。

```
function y=casfilter(b0,B,A,x)
%IIR 滤波器的级联型实现
%y=输出
%b0=增益系数
%B=包含各因子系数 bk 的 K 行 3 列矩阵
%A=包含各因子系数 ak 的 K 行 3 列矩阵
%x=输入
[K,L]=size(B);
N=length(x);
w=zeros(K+1,N);
w(1,:)=x;
for i=1:1:K
    w(i+1,:)=filter(B(i,:),A(i,:),w(i,:));
end
y=b0*w(K+1,:);
end
```

（2）impseq 函数：实现冲激序列，在 n0~n2 的范围，除了在 n1 时值为 1，其余都为 0。

```
function [x,n]=impseq(n0,n1,n2)
%产生 x(n)=delta((n-n0);n1<=n0<=n2
if(n0<n1||n2<n0||n2<n1)
    error('参数须满足 n1<=n0<=n2')
end
n=n1:n2;
%x=[zeros(1,(n0-n1)),1,zeros(1,(n2-n0));
x=((n-n0)==0);
end
```

运行程序，输出如图 7-9 所示的图形。

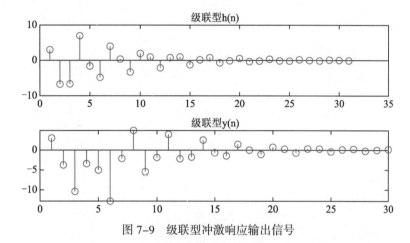

图 7-9　级联型冲激响应输出信号

【例 7-7】用级联实现 IIR 滤波器，并求单位冲激响应和单位阶跃响应的输出。系统函数如下：

$$H(z)=\frac{1-7z^{-1}+13z^{-2}+27z^{-3}+19z^{-4}}{17+13z^{-1}+5z^{-2}-6z^{-3}-2z^{-4}}$$

解：在编辑器窗口中编写代码。

```
clear,clc,clf
N=30;
b=[1,-7,13,27,19];
a=[17,13,5,-6,-2];
delta=impseq(0,0,N);
h=filter(b,a,delta);                                    %直接型
x=[ones(1,5),zeros(1,N-5)];
y=filter(b,a,x);
subplot(221);stem(h);title('直接型 h(n)');grid
subplot(222);stem(y);title('直接型 y(n)');grid
[b0,B,A]=dir2cas(b,a)
h=casfilter(b0,B,A,delta);
y=casfilter(b0,B,A,x);
subplot(223);stem(h);title('级联型 h(n)');grid
subplot(224);stem(y);title('级联型 y(n)');grid
```

函数 dir2cas 可以将直接型系统结构转换为级联型系统结构，代码如下：

```
function [b0,B,A]=dir2cas(b,a);
%直接型转换为级联型
%b0=增益系数
%B=包含各因子系数 bk 的 K 行 3 列矩阵
%A=包含各因子系数 ak 的 K 行 3 列矩阵
%b=直接型的分子多项式系数
%a=直接型的分母多项式系数
b0=b(1);b=b/b0;
a0=a(1);a=a/a0;
b0=b0/a0;
%将分子、分母多项式系数的长度补齐进行计算
M=length(b);N=length(a);
if N>M
    b=[b zeros(1,N-M)];
elseif M>N
    a=[a zeros(1,M-N)];N=M;
else
    NM=0;
end
%级联型系数矩阵初始化
K=floor(N/2);B=zeros(K,3);A=zeros(K,3);
if K*2==N
    b=[b 0];
    a=[a 0];
end
%根据多项式系数利用函数 roots 求出所有的根
%利用函数 cplxpair 进行按实部从小到大成对排序
broots=cplxpair(roots(b));
aroots=cplxpair(roots(a));
%取出复共轭对的根变换成多项式系数即为所求
for i=1:2:2*K
    Brow=broots(i:1:i+1,:);
    Brow=real(poly(Brow));
    B(fix(i+1)/2,:)=Brow;
    Arow=aroots(i:1:i+1,:);
    Arow=real(poly(Arow));
    A(fix(i+1)/2,:)=Arow;
end
end
```

运行结果如下，同时输出如图 7-10 所示的图形。

```
b0 =
    0.0588
B =
    1.0000    1.4026    0.7919
    1.0000   -8.4026   23.9937
A =
```

```
1.0000      1.0228      0.7212
1.0000     -0.2580     -0.1631
```

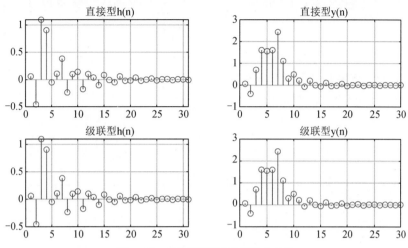

图 7-10　直接型和级联型输出对比

【例 7-8】用直接型结构实现 IIR 滤波器，求单位冲激响应和单位阶跃响应的输出。系统函数如下：

$$H(z) = \frac{3(1+z^{-1})(1-3.1415926z^{-1}+z^{-2})}{(1-0.6z^{-1})(1+0.7z^{-1}+0.72z^{-2})}$$

解： 在编辑器窗口中编写代码。

```
clear,clc,clf
b0=3;
N=30;
B=[1,1,0;1,-3.1415926,1];
A=[1,-0.6,0;1,0.7,0.72];
delta=impseq(0,0,N);
x=[ones(1,5),zeros(1,N-5)];
[b,a]=cas2dir(b0,B,A)
h=filter(b,a,delta);                        %直接型单位冲激响应
y=filter(b,a,x);                            %直接型输出响应
subplot(211);stem(h);title('直接型 h(n)')
subplot(212);stem(y);title('直接型 y(n)')
```

函数 cas2dir 可以将级联型转化为直接型，代码如下：

```
function [b,a]=cas2dir(b0,B,A)
%级联型转换为直接型
%b=直接型的分子多项式系数
%a=直接型的分母多项式系数
%b0=增益系数
%B=包含各因子系数 bk 的 K 行 3 列矩阵
%A=包含各因子系数 ak 的 K 行 3 列矩阵
[K,L]=size(B);
b=[1];
a=[1];
```

```
for i=1:1:K
    b=conv(b,B(i,:));
    a=conv(a,A(i,:));
end
b=b*b0;
end
```

运行结果如下，同时输出如图 7-11 所示的图形。

```
b =
    3.0000   -6.4248   -6.4248    3.0000        0
a =
    1.0000    0.1000    0.3000   -0.4320        0
```

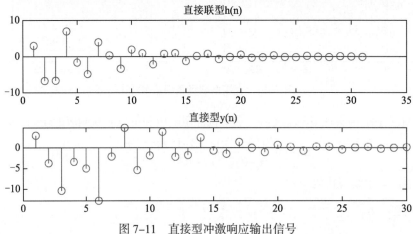

图 7-11　直接型冲激响应输出信号

7.2.3　并联型

将因式分解的 $H(z)$ 展成部分分式的形式，可以得到并联 IIR 的基本结构，即

$$H(z) = \frac{\sum\limits_{k=0}^{M} b_k z^{-k}}{1 - \sum\limits_{k=1}^{N} a_k z^{-k}} = \sum_{k=1}^{N_1} \frac{A_k}{1 - c_k z^{-1}} + \sum_{k=1}^{N_2} \frac{B_k(1 - g_k z^{-1})}{(1 - d_k z^{-1})(1 - d_k^* z^{-1})} + \sum_{k=0}^{M-N} G_k z^{-k}$$

式中，$N = N_1 + 2N_2$，d_k^* 是 d_k 的共轭复数；由于系统函数的系数都是实系数，故 A_k、B_k、G_k、c_k 及 g_k 全为实数。

如果 $M < N$，则不含 $\sum\limits_{k=0}^{M-N} G_k z^{-k}$ 项；如果 $M = N$，则 $\sum\limits_{k=0}^{M-N} G_k z^{-k} = G_0$。通常 IIR 系统皆满足 $M \leqslant N$。

当 $M = N$ 时，$H(z)$ 可表示为

$$H(z) = G_0 + \sum_{k=1}^{N_1} \frac{A_k}{1 - c_k z^{-1}} + \sum_{k=1}^{N_2} \frac{\gamma_{0k} + \gamma_{1k} z^{-1}}{1 - \alpha_{1k} z^{-1} - \alpha_{2k} z^{-2}}$$

当总系统函数为各部分系统函数之和时，表示总系统为各相应子系统的并联，由此可以将上式理解为一阶和二阶系统的并联组合。

将共轭极点化成实系数二阶多项式表示，则

$$H(z) = G_0 + \sum_{k=1}^{(N+1)/2} \frac{\gamma_{0k} + \gamma_{1k}z^{-1}}{1 - \alpha_{1k}z^{-1} - \alpha_{2k}z^{-2}}$$

可进一步简化为

$$H(z) = G_0 + \sum_{k=1}^{(N+1)/2} H_k(z)$$

并联型结构的优点如下：

（1）简化实现，用一个二阶节，通过变换系数即可实现整个系统；

（2）极、零点可单独控制、调整，调整 α_{2k}, r_{2k} 只单独调整了第 i 对零点，调整 β_{1i}、β_{2i} 则单独调整了第 i 对极点；

（3）各二阶节零、极点的搭配可互换位置，优化组合以减小运算误差；

（4）可流水线操作。

缺点：二阶阶电平难控制，电平大易导致溢出，电平小则使信噪比减小。

【例 7-9】用并联结构实现 IIR 滤波器，并求单位脉冲相应和单位阶跃响应的输出。系统函数如下：

$$H(z) = \frac{-13.65 - 14.81z^{-1}}{1 - 2.95z^{-1} + 3.14z^{-2}} + \frac{32.60 - 16.37z^{-1}}{1 - z^{-1} + 0.5z^{-2}}$$

解： 在编辑器窗口中编写代码。

```
clear,clc,clf
C=0;
N=30;
B=[-13.65,-14.81;32.60,16.37];
A=[1,-2.95,3.14;1,-1,0.5];
delta=impseq(0,0,N);
x=[ones(1,5),zeros(1,N-5)];
h=parfiltr(C,B,A,delta);              %并联型单位冲激响应，delta 为增量或差值
y=parfiltr(C,B,A,x);                  %并联型输出响应
subplot(211);stem(h);title('并联型 h(n)')
subplot(212);stem(y);title('并联型 y(n)')
```

利用函数 parfiltr 实现并联型结构，其代码如下：

```
function y=parfiltr(C,B,A,x)
%IIR 滤波器的并联型实现
%y=输出
%C=当 B 长度等于 A 长度时的多项式部分
%B=包含各因子系数 bk 的 K 行 2 列矩阵
%A=包含各因子系数 ak 的 K 行 2 列矩阵
%x=输入
[K,L]=size(B);
N=length(x);
w=zeros(K+1,N);
w(1,:)=filter(C,1,x);
for i=1:1:K
    w(i+1,:)=filter(B(i,:),A(i,:),x);
end
y=sum(w);
```

```
end
```

运行程序，效果如图 7-12 所示。

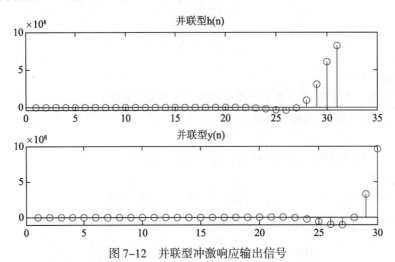

图 7-12 并联型冲激响应输出信号

【例 7-10】用并联型实现 IIR 滤波器，并求单位脉冲相应和单位阶跃响应的输出。系统函数如下：

$$H(z) = \frac{1 - 7z^{-1} + 13z^{-2} + 27z^{-3} + 19z^{-4}}{17 + 13z^{-1} + 5z^{-2} - 6z^{-3} - 2z^{-4}}$$

解：在编辑器窗口中编写代码。

```
clear,clc,clf
b=[1 -7 13 27 19];
a=[17 13 5 -6 -2];
N=25;
delta=impseq(0,0,N);
[C,B,A]=dir2par(b,a);
h=parfilter(C,B,A,delta);
x=[ones(1,5),zeros(1,N-5)];                    %单位阶跃信号
y=casfilter(C,B,A,x);
subplot(211);stem(h);title('并联型 h(n)')
subplot(212);stem(y);title('并联型 y(n)')
```

通过函数 dir2par 将直接型结构转换为并联型结构，其代码如下：

```
function [C,B,A]=dir2par(b,a)
%直接型转换为并联型
%C=当 B 长度等于 A 长度时的多项式部分
%B=包含各因子系数 bk 的 K 行 2 列矩阵
%A=包含各因子系数 ak 的 K 行 2 列矩阵
%b=直接型的分子多项式系数
%a=直接型的分母多项式系数
M=length(b);
N=length(a);
[r1,p1,C]=residuez(b,a);
p=cplxpair(p1,10000000*eps);
```

```
I=cplxcomp(p1,p);
r=r1(I);
K=floor(N/2);
B=zeros(K,2);
A=zeros(K,3);
if K*2==N;
    for i=1:2:N-2
        Brow=r(i:1:i+1,:);
        Arow=p(i:1:i+1,:);
        [Brow,Arow]=residuez(Brow,Arow,[]);
        B(fix((i+1)/2),:)=real(Brow);
        A(fix((i+1)/2),:)=real(Arow);
    end
    [Brow,Arow]=residuez(r(N-1),p(N-1),[]);
    B(K,:)=[real(Brow) 0];
    A(K,:)=[real(Arow) 0];
else
    for i=1:2:N-1
        Brow=r(i:1:i+1,:);
        Arow=p(i:1:i+1,:);
        [Brow,Arow]=residuez(Brow,Arow,[]);
        B(fix((i+1)/2),:)=real(Brow);
        A(fix((i+1)/2),:)=real(Arow);
    end
end
```

函数 parfilter 用于并联型滤波器的实现，其代码如下：

```
function y=parfilter(C,B,A,x)
%IIR 滤波器的并联型实现
%y=经过滤波后的输出序列
%C=当 B 长度等于 A 长度时的多项式部分，大部分时候为 0
%B=系统传递函数的分子系数矩阵
%A=系统传递函数的分母系数矩阵
%x=输入序列
[K,L]=size(B);                      %系数矩阵的维度，K 行 L 列
N=length(x);                        %输入序列的长度
w=zeros(K+1,N);
w(1,:)=filter(C,1,x);               %创建 K+1 行 N 列的零矩阵
for i=1:1:K
    w(i+1,:)=filter(B(i,:),A(i,:),x);   %单独计算每一个并联节点的输出序列
end
y=sum(w);                           %将所有并联节点的输出相加即最后的输出结果
```

在运行程序中，还需要调用自定义函数 cplxcomp，将两个混乱的复数数组进行比较，返回一个数组的下标，用它重新给数组排序。其代码如下：

```
function I=cplxcomp(p1,p2)           %比较两个包含同样标量元素但(可能)有不同下标的复数对
%本程序必须用在 cplxpair 程序后，以便重新排序频率极点矢量及其相应的留数矢量
%p2=cplxpair(p1)
```

```
I=[];
for j=1:length(p2)
    for i=1:length(p1)
        if (abs(p1(i)-p2(j))<0.0001)
            I=[I,i];
        end
    end
end
I=I';
end
```

运行结果如图 7-13 所示。

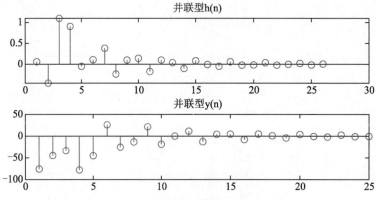

图 7-13 并联型单位冲激响应输出信号

【例 7-11】 用直接型实现系统函数的数字滤波器，其中

$$H(z) = \frac{-13.65 - 14.81z^{-1}}{1 - 2.95z^{-1} + 3.14z^{-2}} + \frac{32.60 - 16.37z^{-1}}{1 - z^{-1} + 0.5z^{-2}}$$

解： 在编辑器窗口中编写代码。

```
clear,clc,clf
C=0;B=[-13.65 -14.81;32.60-16.37];
A=[1,-2.95,3.14;1,-1,0.5];N=60;
delta=impseq(0,0,N);
[b,a]=par2dir(C,B,A);
h=filter(b,a,delta);
x=[ones(1,5),zeros(1,N-5)];
y=filter(b,a,x);
subplot(211);stem(h);title('直接型 h(n)');
subplot(212);stem(y);title('直接型 y(n)');
```

函数 par2dir 用于将并联型结构转换为直接型结构，函数代码为

```
function [b,a]=par2dir(C,B,A)
%并联型转换为直接型
%b=直接型的分子多项式系数
%a=直接型的分母多项式系数
%C=当 B 长度等于 A 长度时的多项式部分
```

```
%B=包含各因子系数 bk 的 K 行 2 列矩阵
%A=包含各因子系数 ak 的 K 行 2 列矩阵
[K,L]=size(A);
R=[];
P=[];
for i=1:1:K
    [r,p,k]=residuez(B(i,:),A(i,:));
    R=[R;r];
    P=[P;p];
end
[b,a]=residuez(R,P,C);
b=b(:)';
a=a(:)';
end
```

运行结果如图 7-14 所示。

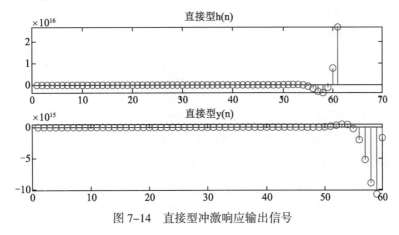

图 7-14　直接型冲激响应输出信号

7.3　模拟滤波器原型设计

滤波器是具有频率选择作用的电路或运算处理系统，具有滤除噪声和分离各种不同信号的功能。模拟滤波器的设计就是根据一组设计规范来设计模拟系统函数 $H_a(S)$，使其逼近某个理想滤波器的特性。

考虑因果系统，有

$$H_a(j\Omega) = \int_0^\infty h_a(t) e^{-j\Omega t} dt$$

式中，$h_a(t)$ 为系统的单位冲激响应，是实函数。因此有

$$H_a(j\Omega) = \int_0^\infty h_a(t)(\cos\Omega t - j\sin\Omega t) dt$$

不难得出

$$H_a(-j\Omega) = H_a^*(j\Omega)$$

模拟滤波器振幅平方函数定义为

$$A(\Omega^2) = \left| H_a(j\Omega) \right|^2 = H_a(j\Omega) H_a^*(j\Omega)$$

$$A(\Omega^2) = H_a(j\Omega) H_a(-j\Omega) = H_a(s) H_a(-s) \big|_{s=j\Omega}$$

式中，$H_a(s)$ 为模拟滤波器的系统函数，它是 s 的有理函数；$H_a(j\Omega)$ 是其稳态响应，又称为滤波器的频率特性；$A(\Omega^2)$ 是滤波器的稳态振幅特性。

如果系统稳定，则

$$A(\Omega^2) = A(-s^2)\Big|_{s=j\Omega}$$

为了保证 $H_a(s)$ 稳定，应选用 $A(-s^2)$ 在 s 平面的左半平面的极点作为 $H_a(s)$ 的极点。

模拟滤波器的设计以几种典型的低通滤波器的原型函数为基础，如巴特沃斯滤波器、切比雪夫滤波器和椭圆滤波器等。滤波器有严格的设计公式以及曲线和图表可供设计人员使用。各种模拟滤波器的设计过程都是先设计出低通滤波器，然后再通过频率变换将低通滤波器转换为其他类型的模拟滤波器。下面介绍几种常用的模拟滤波器模型。

7.3.1 巴特沃斯滤波器

巴特沃斯（Butterworth）滤波器又称为"最平"的幅频响应滤波器，该滤波器的特点是在通带内具有最大平坦的幅度且随频率升高呈单调减小。

N 阶低通巴特沃斯滤波器的特性函数（振幅平方函数）为

$$A(\Omega^2) = \left|H_a(j\Omega)\right|^2 = \cfrac{1}{1 + \left(\cfrac{j\Omega}{j\Omega_c}\right)^{2N}} = \cfrac{1}{1 + \left(\cfrac{\Omega}{\Omega_c}\right)^{2N}}$$

式中，Ω_c 为带通宽度，即通带截止频率；N 为滤波器的阶数，N 越大，通带和阻带的近似性越好，特性曲线的过渡带也越陡，其特性越接近于理想的矩形幅频特性 $\left|H(s)\right|^2$。

巴特沃斯滤波器属于全极点设计，其极点由下式确定：

$$\left|H_a(s)\right|^2 = \cfrac{1}{1 + \left(\cfrac{s}{j\Omega_c}\right)^{2N}}$$

在介绍 MATLAB 相关函数之前，先介绍频率归一化。

在信号处理工具箱中使用的频率为奈奎斯特频率，根据香农定理，它为采样频率的一半，在滤波器设计中的截止频率均使用奈奎斯特频率进行归一化。如果将归一化频率转换为角频率，则将归一化频率乘以 π。如果将归一化频率转换为 Hz，则将归一化频率乘以采样频率的一半。

在 MATLAB 中，函数 buttap、buttord 及 butter 用于设计巴特沃斯滤波器。

1. buttap函数

在 MATLAB 中，buttap 函数用于计算 N 阶巴特沃斯归一化（3dB 截止频率 $\Omega_c = 1$）模拟低通原型滤波器系统函数的极点和增益因子，其调用格式为

```
[z,p,k]=buttap(N)
%返回巴特沃斯滤波器原型的极点和增益
%z=一个空矩阵
%p=设计的巴特沃斯滤波器的零点
%k=设计的巴特沃斯滤波器的增益
%N=想要设计的巴特沃斯滤波器的阶次
```

巴特沃斯滤波器的传递函数为

$$H(s) = \frac{z(s)}{p(s)} = \frac{k}{\big(s-p(1)\big)\big(s-p(2)\big)\cdots\big(s-p(n)\big)}$$

实现代码如下：

```
z = [];
p = exp(sqrt(-1)*(pi*(1:2:2*n-1)/(2*n)+pi/2)).';
k = real(prod(-p));
```

2. buttord 函数

在 MATLAB 中，buttord 函数可以求出所需要的滤波器的阶数和 3dB 截止频率，其调用格式为

```
[n,Wn]=buttord(Wp,Ws,Rp,Rs)
%n=滤波器的最低阶数
%Wn=3dB 截止频率
%Wp=通带截止频率
%Ws=阻带起始频率
%Rp=通带内波动
%Rs=阻带内最小衰减
[n,Wn]=buttord(Wp,Ws,Rp,Rs,'s')
%设计模拟巴特沃斯滤波器的最低阶数 n 和截止频率 Wn
```

3. butter 函数

由巴特沃斯滤波器的阶数 n 以及 3dB 截止频率 W_n 可以计算出对应传递函数 $H(z)$ 的分子分母系数。在 MATLAB 中，butter 函数用于求解巴特沃斯滤波器的系数，其调用格式为

```
[b,a] = butter(n,Wn)
% 返回巴特沃斯低通滤波器的系数
%b=H(z)的分子多项式系数
%a=H(z)的分母多项式系数
[b,a] = butter(n,Wn,'high')
% 返回巴特沃斯高通滤波器系数
[b,a] = butter(n, [W1,W2])
% 返回巴特沃斯带通滤波器系数（2*n 阶）
% [W1,W2]=截止频率，是二元向量
[b,a] = butter(ceil(n/2),[W1,W2], 'stop')
% 返回巴特沃斯带阻滤波器系数（2*n 阶）
%[W1,W2]=截止频率，是二元向量
[z,p,k] = butter(___)
%设计数字巴特沃斯滤波器，并返回其零点、极点和增益
[A,B,C,D] = butter(___)
%设计数字巴特沃斯滤波器，并返回指定其状态空间表示形式的矩阵
[___] = butter(___,'s')
%设计模拟巴特沃斯滤波器，截止频率为 Wn
```

说明：

（1）滤波器的传递函数系数：对于低通和高通滤波器，返回长度为 $n+1$ 的行向量；对于带通和带阻滤波器，返回长度为 $2n+1$ 的行向量。

① 对于数字滤波器，传递函数用 b 和 a 表示为

$$H(z) = \frac{B(z)}{A(z)} = \frac{b(1) + b(2)z^{-1} + \cdots + b(n+1)z^{-n}}{a(1) + a(2)z^{-1} + \cdots + a(n+1)z^{-n}}$$

② 对于模拟滤波器，传递函数用 b 和 a 表示为

$$H(z) = \frac{B(s)}{A(s)} = \frac{b(1)s^n + b(2)s^{n-1} + \cdots + b(n+1)}{a(1)s^n + a(2)s^{n-1} + \cdots + a(n+1)}$$

（2）滤波器的零点 z、极点 p 和增益 k 为标量，且是长度为 n（对于带通和带阻设计为 $2n$）的列向量。

① 对于数字滤波器，传递函数用 z、p 和 k 表示为

$$H(z) = k \frac{\left(1 - z(1)z^{-1}\right)\left(1 - z(2)z^{-1}\right) \cdots \left(1 - z(n)z^{-1}\right)}{\left(1 - p(1)z^{-1}\right)\left(1 - p(2)z^{-1}\right) \cdots \left(1 - p(n)z^{-1}\right)}$$

② 对于模拟滤波器，传递函数用 z、p 和 k 表示为

$$H(s) = k \frac{\left(s - z(1)\right)\left(s - z(2)\right) \cdots \left(s - z(n)\right)}{\left(s - p(1)\right)\left(s - p(2)\right) \cdots \left(s - p(n)\right)}$$

【例 7-12】产生一个 20 阶低通模拟滤波器原型，表示为零极点增益形式，并绘制频率特性图。

解： 在编辑器窗口中编写代码。

```
clear,clc,clf
[z,p,k]=buttap(20);
[num,den]=zp2tf(z,p,k);
freqs(num,den);
```

运行结果如图 7-15 所示。

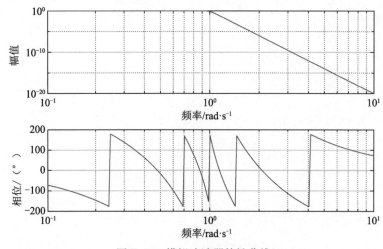

图 7-15　模拟滤波器特性曲线

【例 7-13】设计一个数字滤波器，采样频率 $f_s = 1\mathrm{kHz}$，要求滤除 100Hz 的干扰，其 3 dB 的边界频率为 85Hz 和 125Hz，原型归一化低通滤波器为 $H_a^1(s) = \dfrac{1}{1+s}$。

解： 在编辑器窗口中编写代码。

```
clear,clc,clf
w1=85/500;
```

```
w2=125/500;
[B,A]=butter(1,[w1, w2],'stop');
[h,w]=freqz(B,A);
f=w/pi*500;
plot(f,20*log10(abs(h)));grid
axis([50,150,-30,10]);
xlabel('频率/Hz');ylabel('幅度/dB')
```

运行结果如图 7-16 所示。

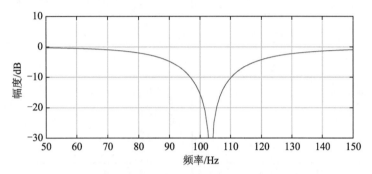

图 7-16　巴特沃斯带阻滤波器曲线

【**例 7-14**】设计模拟巴特沃斯低通滤波器，并绘制幅频特性响应曲线。

解： 在编辑器窗口中编写代码。

```
clear,clc,clf
n=0:0.01:2;
for i=1:4,
    switch i
        case 1;
            N=1;
        case 2;
            N=3;
        case 3;
            N=8;
        case 4;
            N=12;
    end;
    [z,p,k]=buttap(N);              %函数调用
    [b,a]=zp2tf(z,p,k);             %得到传递函数
    [h,w]=freqs(b,a,n);            %特性分析
    magh=abs(h);
    subplot(2,2,i);plot(w,magh);
    axis([0 2 0 1]);
    xlabel('w/wc');ylabel('|H(jw)|^2');
    title([' filter N=',num2str(N)]);
    grid on
end
```

运行结果如图 7-17 所示。

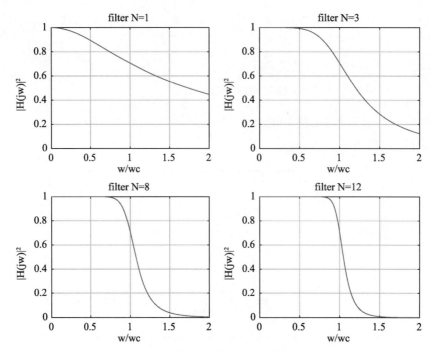

图 7-17 巴特沃斯低通滤波器幅频特性曲线

【例 7-15】Buttord 函数选择合适的阶数。

解： 在编辑器窗口中编写代码。

```
clear,clc,clf
Fs=40000;fp=5000;fs=9000;
rp=1;rs=30;
wp=2*fp/Fs;ws=2*fs/Fs;              %计算数字滤波器的设计指标
[N,wc]=buttord(wp,ws,rp,rs);        %计算数字滤波器的阶数和通带截止频率
[b,a]=butter(N,wc);                 %计算数字滤波器系统函数
w=0:0.01*pi:pi;
[h,w]=freqz(b,a,w);                 %计算数字滤波器的幅频响应
plot(w/pi,20*log10(abs(h)),'k');
axis([0,1,-100,10]);grid
xlabel('\omega/\pi');ylabel('幅度/dB')
```

运行结果如图 7-18 所示。

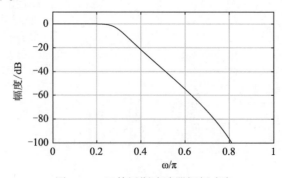

图 7-18 巴特沃斯滤波器幅频响应

【**例 7-16**】设计一个低通滤波器，采样速率为 10kHz，f_p=2kHz，f_s=3kHz，R_p=4dB，R_s=30dB。

解： 在编辑器窗口中编写代码。

```
clear,clc,clf
fn=10000;
fp=2000;
fs=3000;
Rp=4;
Rs=30;
Wp=fp/(fn/2);                        %计算归一化角频率
Ws=fs/(fn/2);
[n,Wn]=buttord(Wp,Ws,Rp,Rs);         %计算阶数和截止频率
[b,a]=butter(n,Wn);                  %计算H(z)分子、分母多项式系数
[H,F]=freqz(b,a,1000,8000);          %计算H(z)的幅频响应，freqz(b,a,计算点数,采样速率)
subplot(121); plot(F,20*log10(abs(H)));grid on
xlabel('频率/Hz');ylabel('幅值/dB')
axis([0 4000 -30 3]);
pha=angle(H)*180/pi;
subplot(122);plot(F,pha);grid on
xlabel('频率/Hz');ylabel('相位')
```

运行结果如图 7-19 所示。

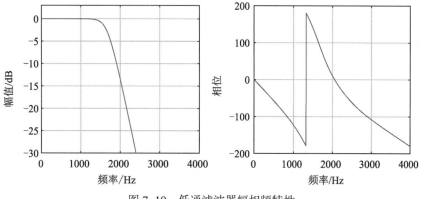

图 7-19　低通滤波器幅相频特性

【**例 7-17**】设计一个高通滤波器，采样速率为 10kHz，f_p=0.9kHz，f_s=0.6kHz，R_p=3dB，R_s=20dB。

解： 在编辑器窗口中编写代码。

```
clear,clc,clf
fn=10000;
fp=900;
fs=600;
Rp=3;
Rs=20;
Wp=fp/(fn/2);                        %计算归一化角频率
Ws=fs/(fn/2);
[n,Wn]=buttord(Wp,Ws,Rp,Rs);         %计算阶数和截止频率
[b,a]=butter(n,Wn,'high');           %计算H(z)分子、分母多项式系数
```

```
[H,F]=freqz(b,a,900,10000);            %计算 H(z)的幅频响应，freqz(b,a,计算点数，采样速率)
subplot(121);plot(F,20*log10(abs(H)));grid on
axis([0 4000 -30 3])
xlabel('频率/Hz');ylabel('幅值/dB')
pha=angle(H)*180/pi;
subplot(122);plot(F,pha);grid on
xlabel('频率/Hz');ylabel('相位')
```

运行结果如图 7-20 所示。

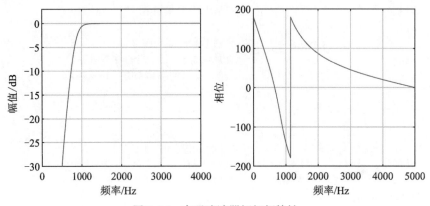

图 7-20　高通滤波器幅相频特性

【例 7-18】设计一个带通滤波器，采样速率为 10kHz，f_p=[0.9kHz, 1.2kHz]，f_s=[0.6kHz, 1.7kHz]，R_p=3dB，R_s=20dB。

解： 在编辑器窗口中编写代码。

```
clear,clc,clf
fn=10000;
fp=[900,1200];
fs=[600,1700];
Rp=3;
Rs=20;
Wp=fp/(fn/2);                          %计算归一化角频率
Ws=fs/(fn/2);
[n,Wn]=buttord(Wp,Ws,Rp,Rs);          %计算阶数和截止频率
[b,a]=butter(n,Wn);                    %计算 H(z)分子、分母多项式系数
[H,F]=freqz(b,a,1000,10000);          %计算 H(z)的幅频响应，freqz(b,a,计算点数，采样速率)
subplot(121)
plot(F,20*log10(abs(H)));grid on
axis([0 5000 -30 3])
xlabel('频率/Hz');ylabel('幅值/dB')
subplot(122)
pha=angle(H)*180/pi;
plot(F,pha);grid on
xlabel('频率/Hz');ylabel('相位')
```

运行结果如图 7-21 所示。

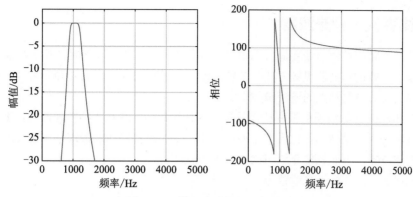

图 7-21 带通滤波器幅相频特性

【例 7-19】设计一个带阻滤波器，采样速率为 10kHz，f_p =[0.6kHz, 1.7kHz]，f_s =[0.9kHz, 1.2kHz]，R_p =4dB，R_s =30dB。

解：在编辑器窗口中编写代码。

```
clear,clc,clf
fn=10000;
fp=[600,1700];
fs=[900,1200];
Rp=4;
Rs=30;
Wp=fp/(fn/2);                      %计算归一化角频率
Ws=fs/(fn/2);
[n,Wn]=buttord(Wp,Ws,Rp,Rs);       %计算阶数和截止频率
[b,a]=butter(n,Wn,'stop');         %计算H(z)分子、分母多项式系数
[H,F]=freqz(b,a,1000,10000);       %计算H(z)的幅频响应，freqz(b,a,计算点数,采样速率)
subplot(121)
plot(F,20*log10(abs(H)));grid on
axis([0 5000 -35 3])
xlabel('频率/Hz');ylabel('幅值/dB')
subplot(122)
pha=angle(H)*180/pi;
plot(F,pha);grid on
xlabel('频率/Hz');ylabel('相位')
```

运行结果如图 7-22 所示。

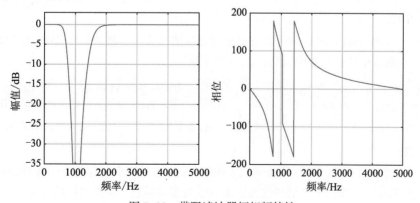

图 7-22 带阻滤波器幅相频特性

7.3.2 切比雪夫 I 型滤波器

巴特沃斯滤波器的频率特性曲线在通带和阻滞内都是单调的，因此在通带的边界处满足性能指标时，通带内会存有余量。有效的滤波器设计方法是将精确度均匀的分布在整个通带和阻带内，或者分布在两者之间，这需要选择具有等波纹特性的逼近函数来实现。

切比雪夫（Chebyshev）滤波器的振幅特性就具有等波纹特性，它有两种实现形式：①振幅特性在通带内是等波纹的、在阻带内是单调的切比雪夫 I 型滤波器；②振幅特性在阻带内是等波纹的、在通带内是单调的切比雪夫 II 型滤波器。下面先来介绍切比雪夫 I 型滤波器。

切比雪夫 I 型滤波器的振幅平方函数为

$$A(\Omega^2) = |H_a(j\Omega)|^2 = \frac{1}{1 + \varepsilon^2 V_N\left(\dfrac{\Omega}{\Omega_c}\right)}$$

式中，Ω_c 为有效通带宽度，即截止频率；ε 是与通带纹波有关的参量，表示通带内振幅波动的程度，ε 越大波纹越大，$0 < \varepsilon < 1$；V_N 为 N 阶切比雪夫多项式。

$$V_N(x) = \begin{cases} \cos(N\cos^{-1}x), & |x| \leqslant 1 \\ \cosh(N\cosh^{-1}x), & |x| > 1 \end{cases}$$

切比雪夫多项式的递推公式为

$$V_{N+1}(x) = N_x V_N(x) - V_{N-1}(x)$$

由此可知，切比雪夫滤波器有 ε、Ω_c、N 三个参数。

在 MATLAB 中，函数 cheb1ap、cheb1ord 及 cheby1 用于设计切比雪夫 I 型滤波器。

1. cheb1ap函数

在 MATLAB 中，cheb1ap 函数用于设计切比雪夫 I 型低通滤波器，其调用格式为

```
[z,p,k]= cheb1ap (n,rp)          %返回切比雪夫 I 型滤波器的极点 p 和增益 k
```

说明：输入 n 为滤波器的阶数，rp 为通带的幅度误差（滤波器在通带内的最大衰减值），返回的 z 是一个空矩阵。

切比雪夫 I 型滤波器的传递函数为

$$H(s) = \frac{z(s)}{p(s)} = \frac{k}{(s - p(1))(s - p(2))\cdots(s - p(n))}$$

2. cheb1ord函数

在 MATLAB 中，利用 cheb1ord 函数可以求出所需要的滤波器的阶数和截止频率，滤波器在通带中的损耗不超过 Rp dB，在阻带中的衰减至少为 Rs dB。其调用格式为

```
[n,Wn] = cheb1ord (Wp,Ws,Rp,Rs)      %返回值 n 为滤波器的最低阶数，Wn 为截止频率
[n,Wn] = cheb1ord (Wp,Ws,Rp,Rs,'s')  %设计模拟切比雪夫 I 型滤波器的最低阶数 n 和截止频率 Wn
```

说明：Wp、Ws、Rp、Rs 分别为通带截止频率、阻带起始频率、通带内波动、阻带内最小衰减。

3. cheby1函数

由切比雪夫 I 型滤波器的阶数 n 以及通带截止频率 Wn 可以计算出对应传递函数 H(z)的分子分母系数。
MATLAB 提供 cheby1 函数用于求解切比雪夫 I 型滤波器的系数，函数调用格式为

```
        [b,a] = cheby1 (n, Rp,Wp)                  %返回切比雪夫 I 型低通滤波器传递函数的系数
```

说明：b 为 H(z)的分子多项式系数，a 为 H(z)的分母多项式系数，Wp 为标准化通带边缘频率，Rp 为峰间通带纹波。

```
        [b,a] = cheby1 (n, Rp,Wp, ftype)
%根据 ftype 的值和 Wp 的元素数，设计低通、高通、带通或带阻切比雪夫 I 型滤波器，其中带通和带阻设计为
%2n 级
        [z,p,k] = cheby1 (___)
%设计数字切比雪夫 I 型滤波器，并返回其零点、极点和增益
        [A,B,C,D] = cheby1 (___)
%设计数字切比雪夫 I 型滤波器，并返回指定其状态空间表示形式的矩阵
        [___] = cheby1 (___,'s')
%设计通带边缘角频率为 Wp、通带纹波为 Rp 的模拟切比雪夫 I 型滤波器
```

说明：

（1）滤波器的传递函数系数：对于低通和高通滤波器，返回长度为 $n+1$ 的行向量；对于带通和带阻滤波器，返回长度为 $2n+1$ 的行向量。

① 对于数字滤波器，传递函数用 b 和 a 表示为

$$H(z) = \frac{B(z)}{A(z)} = \frac{b(1)+b(2)z^{-1}+\cdots+b(n+1)z^{-n}}{a(1)+a(2)z^{-1}+\cdots+a(n+1)z^{-n}}$$

② 对于模拟滤波器，传递函数用 b 和 a 表示为

$$H(z) = \frac{B(s)}{A(s)} = \frac{b(1)s^{n}+b(2)s^{n-1}+\cdots+b(n+1)}{a(1)s^{n}+a(2)s^{n-1}+\cdots+a(n+1)}$$

（2）滤波器的零点 z、极点 p 和增益 k 为标量，且是长度为 n（对于带通和带阻设计为 $2n$）的列向量。

① 对于数字滤波器，传递函数用 z、p 和 k 表示为

$$H(z) = k\frac{\left(1-z(1)z^{-1}\right)\left(1-z(2)z^{-1}\right)\cdots\left(1-z(n)z^{-1}\right)}{\left(1-p(1)z^{-1}\right)\left(1-p(2)z^{-1}\right)\cdots\left(1-p(n)z^{-1}\right)}$$

② 对于模拟滤波器，传递函数用 z、p 和 k 表示为

$$H(s) = k\frac{(s-z(1))(s-z(2))\cdots(s-z(n))}{(s-p(1))(s-p(2))\cdots(s-p(n))}$$

（3）ftype 包括'low'、'high'、'bandpass'及'stop'，含义如下：

① 'low'：指定通带边缘频率为 Wp 的低通滤波器，为默认值；

② 'high'：指定通带边缘频率为 Wp 的高通滤波器；

③ 'bandpass'：指定 2n 阶的带通滤波器，如果 Wp 是两个元素向量，默认为'bandpass'；

④ 'stop'：如果 Wp 是两个元素向量，指定 2n 阶带阻滤波器。

【例 7-20】设计切比雪夫 I 型低通滤波器示例。

解： 在编辑器窗口中编写代码。

```
clear,clc,clf
Wp=3*pi*4*12^3;
Ws=3*pi*12*10^3;
rp=1;
rs=30;                                           %设计滤波器的参数
```

```
wp=1;ws=Ws/Wp;                          %对参数归一化
[N,wc]=cheb1ord(wp,ws,rp,rs, 's');      %计算滤波器阶数和阻带起始频率
[z,p,k]=cheb1ap(N,rs);                  %计算零点、极点、增益
[B,A]=zp2tf(z,p,k);                     %计算系统函数的多项式
w=0:0.02*pi:pi;
[h,w]=freqs(B,A,w);
plot(w*wc/wp,20*log10(abs(h)),'k');grid
xlabel('\lambda');ylabel('A(\lambda)/dB')
```

运行结果如图 7-23 所示。

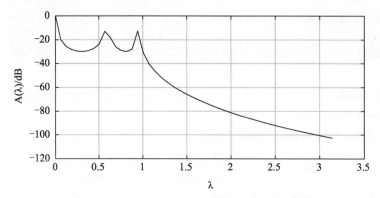

图 7-23　切比雪夫 I 型低通滤波器幅频响应曲线

【例 7-21】设计一个数字高通滤波器，它的通带范围为 400～500Hz，通带内容许有 0.5dB 的波动，在小于 317Hz 的频带内阻带内衰减至少为 19dB，采样频率为 1000Hz。

解： 在编辑器窗口中编写代码。

```
clear,clc,clf
wc=2*1000*tan(2*pi*400/(2*1000));
wt=2*1000*tan(2*pi*317/(2*1000));
[N,wn]=cheb1ord(wc,wt,0.5,19,'s');
                %选择最小阶和截止频率
[B,A]=cheby1(N,0.5,wn, 'high','s');
                %设计切比雪夫 I 型高通模拟滤波器
[num,den]=bilinear(B,A,1000);
                %数字滤波器设计
[h,w]=freqz(num,den);
f=w/pi*500;
plot(f,20*log10(abs(h)));grid
axis([0,500,-80,10]);
xlabel('频率/Hz');ylabel('幅度/dB')
```

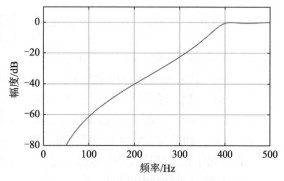

图 7-24　切比雪夫 I 型数字高通滤波器

运行结果如图 7-24 所示。

【例 7-22】利用 cheb1ord 函数用法示例。

解： 在编辑器窗口中编写代码。

```
clear,clc,clf
Wp=[60 200]/500;
```

```
Ws=[50 250]/500;
Rp=3;Rs=40;
[n,Wn]=cheb1ord(Wp,Ws,Rp,Rs)
[b,a]=butter(n,Wn);
freqz(b,a,128,1000);
title('n=7 巴特沃斯滤波器')
```

如图 7-25 所示，运行结果为

```
n =
    7
```

```
Wn =
    0.1200    0.4000
```

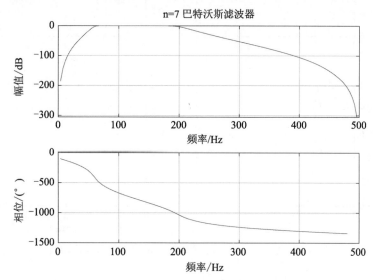

图 7-25　切比雪夫 I 型滤波器频率响应曲线

【例 7-23】绘制切比雪夫 I 型低通滤波器的平方幅频响应曲线。

解：在编辑器窗口中编写代码。

```
clear,clc,clf
n=0:0.02:4;                          %频率点
for i=1:4                            %取 4 种滤波器
    switch i
        case 1; N=1;
        case 2; N=3;
        case 3; N=5;
        case 4; N=7;
    end
    Rp=1;                            %设置通滤波纹为 1dB
    [z,p,k]=cheb1ap(N,Rp);          %设计切比雪夫 I 型滤波器
    [b,a]=zp2tf(z,p,k);             %将零点极点增益形式转换为传递函数形式
    [H,w]=freqs(b,a,n);             %按 n 指定的频率点给出频率响应
    magH2=(abs(H)).^2;             %给出传递函数幅度平方
    subplot(2,2,i);
```

```
    plot(w,magH2);grid on
    title(['N=' num2str(N)]);                      %将数字 N 转换为字符串并与'N='作为标题
    xlabel('w/wc');ylabel('H(jw)|^2')
end
```

运行结果如图 7-26 所示。

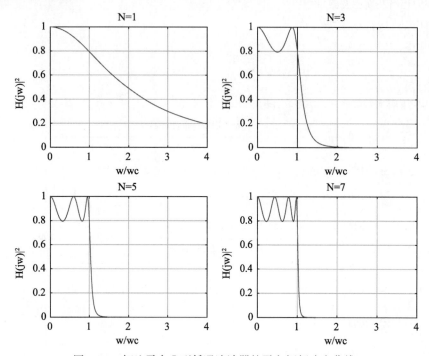

图 7-26　切比雪夫Ⅰ型低通滤波器的平方幅频响应曲线

7.3.3　切比雪夫Ⅱ型滤波器

切比雪夫Ⅱ型滤波器的振幅平方函数为

$$|H_a(j\Omega)|^2 = \frac{1}{1+\varepsilon^2 T_N^2\left(\dfrac{\Omega}{\Omega_c}\right)^{-1}}$$

在 MATLAB 中，函数 cheb2ap、cheb2ord 及 cheby2 用于设计切比雪夫Ⅱ型滤波器。

1. cheb2ap函数

在 MATLAB 中，cheb2ap 函数用于设计切比雪夫Ⅱ型低通滤波器。其调用格式为

`[z,p,k]=cheb2ap(n,Rs)`　　　　　　　%返回切比雪夫Ⅱ型滤波器的零点 z、极点 p 和增益 k

说明：输入参数 n 为滤波器的阶数，Rs 为通带的波动，也即滤波器在通带内的最小衰减值。

切比雪夫Ⅱ型滤波器的传递函数为

$$H(s) = \frac{z(s)}{p(s)} = k\frac{(s-z(1))(s-z(2))\cdots(s-z(n))}{(s-p(1))(s-p(2))\cdots(s-p(n))}$$

2. cheb2ord函数

在 MATLAB 中，可以利用 cheb1ord 函数求出所需要的滤波器的阶数和截止频率，滤波器在通带中的损耗不超过 Rp dB，在阻带中的衰减至少为 Rs dB。其调用格式为

```
[n,Wn] = cheb2ord (Wp,Ws,Rp,Rs)        %返回切比雪夫Ⅱ型滤波器的最低阶数 n 及相应截止频率 Wn
```

说明：滤波器通带中的损耗不超过 Rp dB，在阻带中的衰减至少为 Rs dB。Wp、Ws、Rp、Rs 分别为通带截止频率、阻带起始频率、通带内波动、阻带内最小衰减。

```
[n,Wn] = cheb2ord (Wp,Ws,Rp,Rs,'s')    %设计模拟切比雪夫Ⅱ型滤波器的最低阶数 n 和截止频率 Wn
```

3. cheby2函数

由切比雪夫Ⅱ型滤波器的阶数 n 以及通带截止频率 Wn 可以计算出对应传递函数 H(z)的分子分母系数。MATLAB 提供 cheby2 函数用于求解切比雪夫Ⅱ型滤波器的系数，其调用格式为

```
[b,a] = cheby2(n,Rs,Ws)                % 返回切比雪夫Ⅱ型低通滤波器传递函数的系数
```

说明：b 为 H(z)的分子多项式系数，a 为 H(z)的分母多项式系数，Wp 为标准化通带边缘频率，Rp 为峰间通带纹波。

```
[b,a] = cheby2(n,Rs,Ws,ftype)          %根据 ftype 的值和 Ws 的元素数，设计低通、高通、带通或带
                                       %阻切比雪夫Ⅱ型滤波器，其中带通和带阻设计为 2n 级
[z,p,k] = cheby2(___)                  %设计数字切比雪夫Ⅱ型滤波器，并返回其零点、极点和增益
[A,B,C,D] = cheby2(___)                %设计数字切比雪夫Ⅱ型滤波器，并返回指定其状态空间表示形
                                       %式的矩阵
[___] = cheby2(___,'s')                %设计通带边缘角频率为 Ws，阻带衰减为 Rs 的模拟切比雪夫Ⅱ
                                       %型滤波器
```

说明：滤波器的传递函数系数 b 和 a、零点 z、极点 p、增益 k、ftype 的含义同 cheby1 函数，这里不再赘述。

【例 7-24】 设计一个6阶切比雪夫Ⅱ型模拟低通滤波器，阻带波动为70dB，并显示其幅值和相位响应。

解： 在编辑器窗口中编写代码。

```
clear,clc,clf
[z,p,k] = cheb2ap(6,70);               %低通滤波器原型
[num,den] = zp2tf(z,p,k);              %转换为传递函数形式
freqs(num,den)                         %模拟滤波器的频率响应
```

运行结果如图 7-27 所示。

【例 7-25】 针对 1000Hz 采样的数据，设计一个低通滤波器，在 0~40Hz 的通带中纹波小于 3dB，在 150Hz 到奈奎斯特频率的阻带中衰减至少 60dB。

解： 在编辑器窗口中编写代码。

```
clear,clc,clf
Wp=40/500;
Ws=150/500;
Rp=3;
Rs=60;
[n,Ws]=cheb2ord(Wp,Ws,Rp,Rs)
[b,a]=cheby2(n,Rs,Ws);
```

```
freqz(b,a,512,1000)
title('切比雪夫Ⅱ型低通滤波器')
```

运行结果如图 7-28 所示。

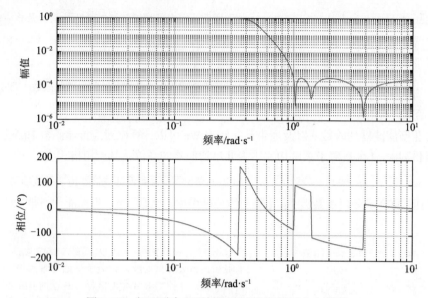

图 7-27　切比雪夫Ⅱ型低通滤波器的幅频响应曲线

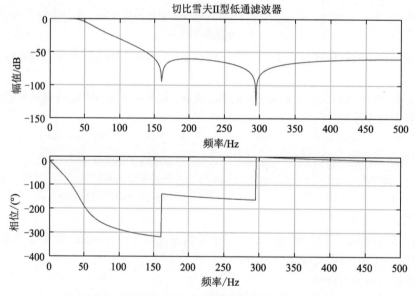

图 7-28　切比雪夫Ⅱ型低通滤波器的幅频响应曲线

【例 7-26】设计切比雪夫Ⅱ型低通滤波器示例。

解： 在编辑器窗口中编写代码。

```
clear,clc,clf
Wp=3*pi*4*12^3;
Ws=3*pi*12*10^3;
```

```
rp=1;
rs=30;                                     %设计滤波器的参数
wp=1;ws=Ws/Wp;                             %对参数归一化
[N,wc]=cheb2ord(wp,ws,rp,rs, 's');         %计算滤波器阶数和阻带起始频率
[z,p,k]=cheb2ap(N,rs);                     %计算零点、极点、增益
[B,A]=zp2tf(z,p,k);                        %计算系统函数的多项式
w=0:0.02*pi:pi;
[h,w]=freqs(B,A,w);
plot(w*wc/wp,20*log10(abs(h)),'k');grid
xlabel('\lambda');ylabel('A(\lambda)/dB')
```

运行结果如图 7-29 所示。

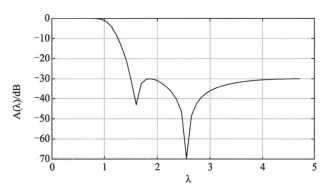

图 7-29　切比雪夫 II 型低通滤波器幅频响应曲线

【例 7-27】绘制切比雪夫 II 型滤波器的平方幅频响应曲线。

解： 在编辑器窗口中编写代码。

```
clear,clc,clf
n=0:0.02:4;                                %频率点
for i=1:4                                  %取 4 种滤波器
    switch i
        case 1, N=1;
        case 2, N=3;
        case 3, N=5;
        case 4, N=7;
    end
    Rs=20;
    [z,p,k]=cheb2ap(N,Rs);                 %设计切比雪夫 II 型模拟原型滤波器
    [b,a]=zp2tf(z,p,k);                    %将零点极点增益形式转换为传递函数形式
    [H,w]=freqs(b,a,n);                    %按 n 指定的频率点给出频率响应
    magH2=(abs(H)).^2;                     %给出传递函数幅度平方
    subplot(2,2,i);
    plot(w,magH2);grid on
    title(['N=' num2str(N)]);             %将数字 N 转换为字符串'N='合并作为标题
    xlabel('w/wc');ylabel('H(jw)|^2')     % 显示坐标
end
```

运行结果如图 7-30 所示。

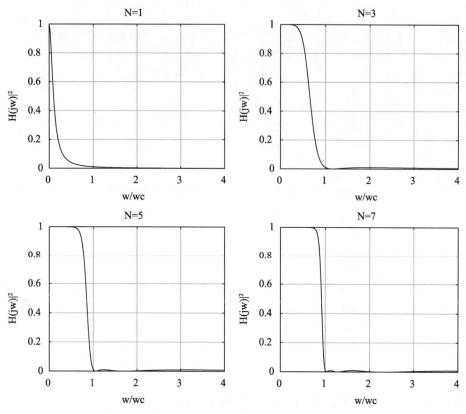

图 7-30　切比雪夫 Ⅱ 型滤波器的平方幅频响应曲线

【例 7-28】设带通滤波器的通带范围为 9~16kHz，通带左边阻带的截止频率为 7kHz，通带右边阻带的起始频率为 17kHz，通带最大衰减 $\alpha_p = 1$dB，阻带最小衰减 $\alpha_s = 30$dB，试设计切比雪夫 Ⅱ 型模拟带通滤波器。

解：在编辑器窗口中编写代码。

```
clear,clc,clf
Wp=[3*pi*9000,3*pi*16000];
Ws=[3*pi*7000,3*pi*17000];
rp=1;rs=30;                          %模拟滤波器的设计指标
[N,wso]=cheb2ord(Wp,Ws,rp,rs,'s');   %计算滤波器的阶数
[b,a]=cheby2(N,rs,wso,'s');          %计算滤波器的系统函数的分子、分母向量
w=0:3*pi*100:3*pi*25000;
[h,w]=freqs(b,a,w);                  %计算频率响应
plot(w/(2*pi),20*log10(abs(h)),'k');grid
xlabel('f/Hz');ylabel('幅度/dB')
```

运行结果如图 7-31 所示。

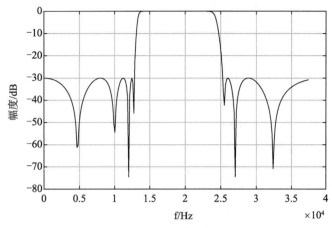

图 7-31　设计切比雪夫 II 型模拟带通滤波器

7.3.4　椭圆滤波器

椭圆滤波器又称考尔滤波器，是在通带和阻带范围内都具有等波纹的一种滤波器。椭圆滤波器相比其他类型的滤波器，在阶数相同的条件下有最小的通带和阻带波动，它在通带和阻带的波动相同，这一点区别于在通带和阻带都平坦的巴特沃斯滤波器、以及通带平坦、阻带等波纹或是阻带平坦、通带等波纹的切比雪夫滤波器。椭圆滤波器的特点如下：

（1）椭圆低通滤波器是一种零、极点型滤波器，它在有限频率范围内存在传输零点和极点。

（2）椭圆低通滤波器的通带和阻带都具有等波纹特性，因此通带、阻带逼近特性良好。

（3）对于同样地性能要求，它比前两种滤波器所需用的阶数都低，而且它的过渡带比较窄。

椭圆滤波器振幅平方函数为

$$A(\Omega^2) = \left| H_a(\mathrm{j}\Omega) \right|^2 = \frac{1}{1+\varepsilon^2 R_N^2(\Omega, L)}$$

其中，$R_N(\Omega, L)$ 为雅可比椭圆函数，L 为一个表示波纹性质的参量，阶数 N 等于通带和阻带内最大点和最小点的总和，ε 是与通带衰减相关的参数。

系统函数和阶数 N 由截止频率 Ω_c、通带内最大衰减 A_p、阻带截止频率 Ω_s 以及阻带内最小衰减 A_s 等性能指标确定。

在 MATLAB 中，函数 ellipap、elliporld 及 ellip 用于设计椭圆滤波器。

1. ellipap函数

ellipap 函数的调用格式为

```
[z,p,k]=ellipap(n,Rp,Rs)
%返回椭圆模拟低通滤波器原型的零点 z、极点 p 和增益 k，滤波器阶数为 n，通带中的纹波为 Rp dB，通带中
%的峰值为阻带 Rs dB
```

说明：零点和极点以长度为 n 的列向量 z 和 p 返回，增益以标量 k 返回。如果 n 为奇数，则 z 的长度为 $n-1$。零极点形式的传递函数为

$$H(s) = \frac{z(s)}{p(s)} = k\frac{(s-z_1)(s-z_2)\cdots(s-z_n)}{(s-p_1)(s-p_2)\cdots(s-p_n)}$$

椭圆滤波器可以提供比巴特沃斯和切比雪夫滤波器更陡的幅降特性，但它们在通带和阻带上都是等波纹的。在四种经典滤波器中，椭圆滤波器通常以最低的滤波器阶数满足给定的一组滤波器性能指标。

函数 ellipap 将椭圆滤波器的通带边缘角频率 ω_0 设置为1，以获得归一化结果。通带边缘角频率是通带结束时的频率，滤波器的幅值响应为 $10^{-Rp/20}$。

2. ellipord 函数

在 MATLAB 中，可以利用 ellipord 函数求出所需要的滤波器的阶数和截止频率，滤波器在通带中的损耗不超过 Rp dB，在阻带中的衰减至少为 Rs dB。其调用格式为

```
[n,Wn]=ellipord(Wp,Ws,Rp,Rs)
%返回数字椭圆滤波器的最低阶数和通带截止频率
%n=最低阶数
%Wn=通带截止频率
%Wp=通带边缘频率,从 0~1 标准化,其中 1 对应 π rad/sample
%Ws=阻带边缘频率,从 0~1 标准化,其中 1 对应 π rad/sample
%Rp=通带纹波(dB)值
%Rs=阻带最小衰减(dB)值
[n,Wn]=ellipord(Wp,Ws,Rp,Rs,'s')
%设计模拟椭圆滤波器的最小阶数 n 和截止频率 Wn
%以 rad/s 为单位指定频率 Wp 和 Ws,通带或阻带可以是无限的
```

3. ellip 函数

在 MATLAB 中，可以利用 ellip 函数求解椭圆滤波器的系数，其调用格式为

```
[b,a] = ellip(n,Rp,Rs,Wp)
%返回具有归一化通带边缘频率 Wp 的 n 阶低通数字椭圆滤波器的传递函数系数
```

说明：该滤波器具有 Rp dB 的峰间通带纹波和 Rs dB 的阻带衰减，b 为 H(z)的分子多项式系数，a 为 H(z)的分母多项式系数。

```
[b,a] = ellip(n,Rp,Rs,Wp,ftype)
%根据 ftype 的值和 Wp 的元素数,设计椭圆滤波器,由此产生的带通和带阻设计为 2n 级
[z,p,k] = ellip(___)
%设计椭圆滤波器,并返回其零点、极点和增益
[A,B,C,D] = ellip(___)
%设计数字椭圆滤波器,并返回指定其状态空间表示形式的矩阵
[___] = ellip(___,'s')
%设计阻带边缘频率为 Ws,阻带衰减为 Rs 的模拟椭圆滤波器
```

说明：滤波器的传递函数系数 b 和 a、零点 z、极点 p、增益 k、ftype 的含义同 cheby1 函数，这里不再赘述。

【例 7-29】ellipord 函数设计椭圆滤波器示例。

解： 在编辑器窗口中编写代码。

```
clear,clc,clf
Wp=3*pi*4*12^3;
Ws=2*pi*12*12^3;
rp=2;
rs=25;                              %设计滤波器的参数
wp=1;ws=Ws/Wp;                      %对参数归一化
```

```
[N,wc]=ellipord(wp,ws,rp,rs, 's');        %计算滤波器阶数和阻带起始频率
[z,p,k]=ellipap(N,rp,rs);                 %计算零点、极点、增益
[B,A]=zp2tf(z,p,k);                       %计算系统函数的多项式
w=0:0.03*pi:2*pi;[h,w]=freqs(B,A,w);
plot(w,20*log10(abs(h)),'k');grid
xlabel('\lambda');ylabel('A(\lambda)/dB')
```

运行结果如图 7-32 所示。

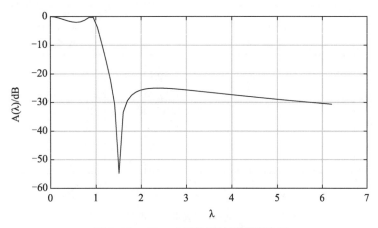

图 7-32　ellipord 函数设计椭圆滤波器

【例 7-30】ellipap 函数设计椭圆滤波器示例。

解：在编辑器窗口中编写代码。

```
clear,clc,clf
n=0:0.02:4;                               %频率点
for i=1:4                                 %取 4 种滤波器
    switch i
        case 1, N=1;
        case 2; N=3;
        case 3; N=5;
        case 4; N=7;
    end
    Rp=1; Rs=15;                          %设置通带纹波为 1dB，阻带衰减为 15dB
    [z,p,k]=ellipap(N,Rp,Rs);            %设计椭圆滤波器
    [b,a]=zp2tf(z,p,k);                   %将零点极点增益形式转换为传递函数形式
    [H,w]=freqs(b,a,n);                   %按 n 指定的频率点给出频率响应
    magH2=(abs(H)).^2;                    %给出传递函数幅度平方
    subplot(2,2,i);plot(w,magH2);grid on
    title(['N=' num2str(N)]);            %将数字 N 转换为字符串 'N=' 合并作为标题
    xlabel('w/wc');ylabel(' |H(jw)|^2)   %显示坐标
end
```

运行结果如图 7-33 所示。

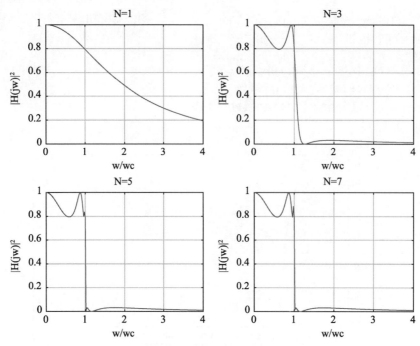

图 7-33　ellipap 函数设计椭圆滤波器效果图

7.4　模拟滤波器频率变换

频率变换（Frequency Transformation）是指把一个频带范围变换到另一个相应的频带范围，是滤波器设计的一种方法。利用频率变换可设计各种类型的频率选择滤波器。

频率变换的基本思想是：根据给定的待设计指标，变换成相应的低通原型滤波器的设计指标；然后按照低通滤波器的设计方法，设计出一个低通原型波滤器；再通过频率变换，求得实际要求的低通、高通、带通或带阻滤波器。频率变换分为模拟频率变换与数字频率变换，可根据设计对象的要求来选取。

对于模拟滤波器，已经形成了许多成熟的设计方案，如前面介绍的巴特沃斯滤波器、切比雪夫滤波器、椭圆（考尔）滤波器等。因此在模拟滤波器的设计中，只要掌握原型变换，就可以通过归一化低通原型的参数，去设计各种实际的低通、高通、带通或带阻滤波器。模拟滤波器的设计方法如下：

首先，将要设计的滤波器的技术指标通过频率变换为模拟低通滤波器的技术指标，然后根据这些指标设计出低通滤波器的传递函数，最后根据频率转换关系得到所需滤波器的传递函数。

若给定滤波器的低通原型系统函数 $H_L(z)$，通过一定的变换设计其他类型滤波器的系统函数 $H_d(Z)$，这种变换其实就是将 $H_L(z)$ 的 z 平面变换映射变换到 $H_d(Z)$ 的 z 平面，其映射关系为

$$z^{-1} = G(Z^{-1})$$

有

$$H_d(Z) = H_L(z)\big|_{z^{-1}=G(Z^{-1})}$$

7.4.1　低通到低通

若 $H_L(\mathrm{e}^{\mathrm{j}\theta})$、$H_d(\mathrm{e}^{\mathrm{j}\omega})$ 均为低通滤波器的系统函数，但截止频率不同，要求 θ 从 0 变到 π 时，相应的 ω

也从 0 变到 π，其变换函数为

$$z^{-1} = G(Z^{-1}) = \frac{Z^{-1} - \alpha}{1 - \alpha Z^{-1}}$$

其边界条件为

$$z = 1 \rightarrow Z = 1, \quad z = e^{j\theta_c} \rightarrow Z = e^{j\omega_c}$$

由此可得

$$\alpha = \frac{\sin\left(\dfrac{\theta_c - \omega_c}{2}\right)}{\sin\left(\dfrac{\theta_c + \omega_c}{2}\right)}$$

其中，θ_c 为原截止频率，ω_c 为希望得到的截止频率。

在 MATLAB 中，函数 lp2lp 用于将模拟低通滤波器转换为实际模拟低通滤波器。其调用格式为

```
[bt,at] = lp2lp(b,a,Wo)
%将多项式系数给出的模拟低通滤波器原型转换为截止角频率为 Wo 的低通滤波器
[At,Bt,Ct,Dt] = lp2lp(A,B,C,D,Wo)
%将用状态方程表示的、截止频率为 1rad/s 的模拟低通滤波器转换为截止角频率为 Wo 的低通滤波器，用矩阵
%At、Bt、Ct、Dt 表示
```

说明：

（1）Wo 为模拟低通滤波器的通带截止角频率；b、a 分别是归一化模拟低通滤波器系统函数的分子、分母的系数；bt、at 分别是频率变换后的模拟低通滤波器系统函数的分子、分母的系数。

（2）行向量 **b** 和 **a** 以 s 的降幂指定原型的分子和分母的系数。传递函数为

$$H(s) = \frac{B(s)}{A(s)} = \frac{b(1)s^n + b(2)s^{n-1} + \cdots + b(n+1)}{a(1)s^m + a(2)s^{n-1} + \cdots + a(m+1)}$$

（3）利用转换矩阵 **A**、**B**、**C**、**D** 表示连续时间状态空间低通滤波器原型，即

$$\dot{x} = Ax + Bu$$
$$y = Cx + Du$$

【例 7-31】设计合适的切比雪夫 I 型滤波器，实现低通到低通的频率变换。

解： 在编辑器窗口中编写代码。

```
clear,clc,clf
Wp=3*pi*5000;
Ws=3*pi*13000;
rp=2;
rs=25;                              %模拟滤波器的设计指标
wp=Wp/Wp;ws=Ws/Wp;
[N,wc]=cheb1ord(wp,ws,rp,rs, 's');  %计算切比雪夫 I 型滤波器的阶数
[z,p,k]=cheb1ap(N,wc);              %计算归一化滤波器的零、极点
[bp,ap]=zp2tf(z,p,k);              %计算归一化滤波器的系统函数分子、分母系数
[b,a]=lp2lp(bp,ap,Wp);            %计算一般模拟滤波器的系统函数分子、分母系数
w=0:3*pi*120:3*pi*30000;
[h,w]=freqs(b,a,w);                %计算频率响应
plot(w/(2*pi),20*log10(abs(h)),'k');grid
xlabel('f/Hz');ylabel('幅度/dB')
```

运行结果如图 7-34 所示。

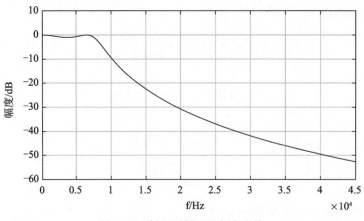

图 7-34　低通到低通的频率变换

【例 7-32】将 4 阶椭圆模拟滤波器变换为截止频率为 0.6 的低通滤波器，其中通带波纹 Rp=3dB，阻带衰减 Rs=30dB。

解：在编辑器窗口中编写代码。

```
clear,clc,clf
Rp=3; Rs=30;                              %模拟原型滤波器的通带纹波与阻带衰减
[z,p,k]=ellipap(4,Rp,Rs);                %设计椭圆滤波器
[b,a]=zp2tf(z,p,k);                       %由零点极点增益形式转换为传递函数形式
n=0:0.02:4;
[h,w]=freqs(b,a,n);                       %给出复数频率响应
subplot(121);plot(w,abs(h).^2); grid on  %绘出平方幅频函数
xlabel('w/wc');ylabel('|H(jw)|^2')
title('原型低通椭圆滤波器(wc=1)')
[bt,at]=lp2lp(b,a,0.6);                   %将模拟原型低通滤波器的截止频率变换为0.6
[ht,wt]=freqs(bt,at,n);                   %给出复数频率响应
subplot(122);plot(wt,abs(ht).^2); grid on %绘出平方幅频函数
xlabel('w/wc');ylabel('|H(jw)|^2')
title('原型低通椭圆滤波器(wc=0.6)')
```

运行结果如图 7-35 所示。

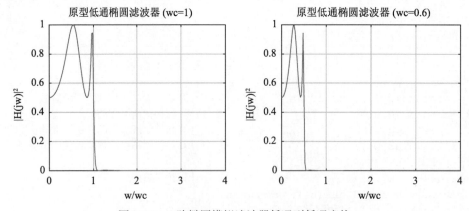

图 7-35　4 阶椭圆模拟滤波器低通到低通变换

7.4.2 低通到高通

从低通到高通只需要将低通滤波器的频率响应在单位圆上旋转 180°即可，即采用旋转变换，由 Z 变换成 $-Z$ ，其变换函数为

$$z^{-1} = G(Z^{-1}) = \frac{-Z^{-1} - \alpha}{1 + \alpha Z^{-1}}$$

其边界条件为

$$z = 1 \rightarrow Z = 1, \ z = e^{j\theta_c} \rightarrow Z = e^{j\omega_c}$$

由此可得

$$\alpha = \frac{\sin\left(\dfrac{\theta_c + \omega_c}{2}\right)}{\sin\left(\dfrac{\theta_c - \omega_c}{2}\right)}$$

其中，θ_c 为原截止频率，ω_c 为希望得到的截止频率。

在 MATLAB 中，函数 lp2hp 用于把模拟低通滤波器转换为一般的模拟高通滤波器。其调用格式为

```
[bt,at] = lp2hp(b,a,Wo)
%将由多项式系数(由行向量 b、a 指定)给出的模拟低通滤波器原型转换为具有截止频率 Wo 的高通模拟滤波器，
%输入系统必须是模拟滤波器原型
```

说明：Wo 为模拟高通滤波器的截止频率；b、a 是归一化模拟低通滤波器系统函数的分子、分母的系数；bt、at 分别是频率变换后的模拟高通滤波器系统函数的分子、分母的系数。

```
[At,Bt,Ct,Dt] = lp2hp(A,B,C,D,Wo)
%将连续时间状态空间低通滤波器原型(由矩阵 A、B、C 和 D 指定)转换为具有截止频率 Wo 的高通模拟滤波器，
%输入系统必须是模拟滤波器原型
```

说明：行向量 b、a，转换矩阵 A、B、C、D 的说明同 lp2lp 函数。

【例 7-33】 设计合适的切比雪夫 I 型滤波器，实现低通到高通的频率变换。

解： 在编辑器窗口中编写代码。

```
clear,clc,clf
Wp=3*pi*11000;
Ws=3*pi*7000;
rp=2;
rs=25;                              %模拟滤波器的设计指标
wp=Wp/Wp;ws=Wp/Ws;                  %频率变换，得到归一化滤波器
[N,wc]=cheb1ord(wp,ws,rp,rs,'s');   %计算切比雪夫 I 型滤波器的阶数
[z,p,k]=cheb1ap(N,wc);              %计算归一化滤波器的零、极点
[bp,ap]=zp2tf(z,p,k);              %计算归一化滤波器的系统函数分子、分母系数
[b,a]=lp2hp(bp,ap,Wp);            %计算一般模拟滤波器的系统函数分子、分母系数
w=0:3*pi*130:3*pi*25000;
[h,w]=freqs(b,a,w);                %计算频率响应
plot(w/(2*pi),20*log10(abs(h)), 'k');grid
xlabel('f/Hz');ylabel('幅度/dB')
```

运行结果如图 7-36 所示。

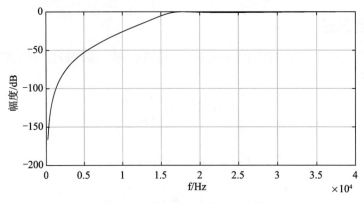

图 7-36　低通到高通的频率变换

【例 7-34】将 5 阶切比雪夫 I 型模拟原型滤波器变换为截止频率为 0.6 的模拟高通滤波器，通带纹波 Rp=0.5dB。

解： 在编辑器窗口中编写代码。

```
clear,clc,clf
Rp=0.5;                            %设置滤波器的通带纹波为 0.5dB
[z,p,k]=cheb1ap(5,Rp);             %设计切比雪夫 I 型模拟原型滤波器
[b,a]=zp2tf(z,p,k);               %由零点极点增益形式转换为传递函数形式
n=0:0.02:4;
[h,w]=freqs(b,a,n);               %给出复数频率响应
subplot(121);plot(w,abs(h).^2);grid on    %绘出平方幅频函数
xlabel('w/wc');ylabel('|H(jw)|^2')
title('切比雪夫 I 型低通原型滤波器(wc=1)')
[bt,at]=lp2hp(b,a,0.6);           %由低通原型滤波器转换为截止频率为 0.6 的高通滤波器
[ht,wt]=freqs(bt,at,n);           %给出复数频率响应
subplot(122);plot(wt,abs(ht).^2); grid on   %绘出平方幅频函数
xlabel('w/wc');ylabel('|H(jw)|^2')
title('切比雪夫 I 型高通滤波器(wc=0.6)')
```

运行结果如图 7-37 所示。

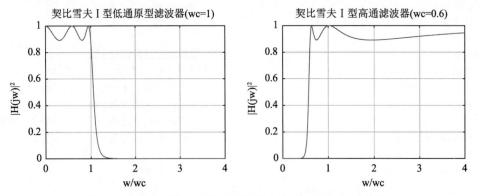

图 7-37　切比雪夫 I 型原型滤波器变换为模拟高通滤波器

7.4.3　低通到带通

低通到带通变换后，ω 在 $(-\pi, \pi)$ 或 $(0, 2\pi)$ 之间形成两个通带，其变换函数为

$$z^{-1} = G(Z^{-1}) = \frac{Z^{-2} + d_1 Z^{-1} + d_2}{d_2 Z^{-2} + d_1 Z^{-1} + 1}$$

其边界条件为

$$z = \mathrm{e}^{-\mathrm{j}\theta_c} \rightarrow Z = \mathrm{e}^{\mathrm{j}\omega_1}, \; z = \mathrm{e}^{\mathrm{j}\theta_c} \rightarrow Z = \mathrm{e}^{\mathrm{j}\omega_2}, \; z = 1 \rightarrow Z = \mathrm{e}^{\pm \mathrm{j}\omega_0}$$

由此可得

$$d_1 = \frac{-2\cos\left(\dfrac{\omega_2 + \omega_1}{2}\right) \bigg/ \cos\left(\dfrac{\omega_2 - \omega_1}{2}\right)}{1 + \cot\left(\dfrac{\theta_c}{2}\right)\tan\left(\dfrac{\omega_2 - \omega_1}{2}\right)}$$

$$d_2 = \frac{1 - \cot\left(\dfrac{\theta_c}{2}\right)\tan\left(\dfrac{\omega_2 - \omega_1}{2}\right)}{1 + \cot\left(\dfrac{\theta_c}{2}\right)\tan\left(\dfrac{\omega_2 - \omega_1}{2}\right)}$$

$$\omega_0 = \arccos\left[\cos\left(\dfrac{\omega_2 + \omega_1}{2}\right) \bigg/ \cos\left(\dfrac{\omega_2 - \omega_1}{2}\right)\right]$$

其中，ω_1、ω_2 分别为带通滤波器的上、下截止频率，ω_0 为中心频率。

在 MATLAB 中，函数 lp2bp 用于模拟低通滤波器转换为模拟带通滤波器。其调用格式为

```
[bt,at] = lp2bp(b,a,Wo,Bw)
%将多项式系数给出的模拟低通滤波器原型转换为中心频率为 Wo、带宽为 Bw 的带通滤波器，行向量 b 和 a 以 s
%的降幂指定原型的分子和分母的系数
```

说明：

（1）b、a 分别是归一化模拟低通滤波器系统函数的分子、分母的系数；bt、at 分别是频率变换后的模拟带通滤波器系统函数的分子、分母的系数；Wo、Bw 分别是模拟滤波器的中心频率、带宽。

（2）若给出上、下截止频率为 w1、w2 的滤波器，则 Wo = sqrt(w1*w2)及 Bw = w1−w2。

```
[At,Bt,Ct,Dt] = lp2bp(A,B,C,D,Wo,Bw)
%将转换矩阵 A、B、C、D 中的连续时间状态空间低通滤波器原型转换成中心频率为 Wo、带宽为 Bw 的带通滤波
%器，并以矩阵 At、Bt、Ct、Dt 的形式返回
```

说明：转换矩阵 A、B、C、D 的说明同 lp2lp。

【例 7-35】设计切比雪夫 I 型模拟带通滤波器，实现低通到带通的频率变换。

解： 在编辑器窗口中编写代码。

```
clear,clc,clf
Wc1=3*pi*9000;
Wc2=3*pi*16000;
rp=2;
rs=25;
Wd1=3*pi*6000;
Wd2=3*pi*20000;                                        %模拟滤波器的设计指标
```

```
B=Wc2-Wc1;
wo=sqrt(Wc1*Wc2);wp=1;
ws2=(Wd2*Wd2-wo*wo)/Wd2/B;
ws1=-(Wd1*Wd1-wo*wo)/Wd1/B;
ws=min(ws1,ws2);                        %频率变换，得到归一化滤波器
[N,wc]=cheb1ord(wp,ws,rp,rs, 's');      %计算切比雪夫Ⅰ型滤波器的阶数
[z,p,k]=cheb1ap(N,wc);                  %计算归一化滤波器的零、极点
[bp,ap]=zp2tf(z,p,k);                   %计算归一化滤波器的系统函数分子、分母系数
[b,a]=lp2bp(bp,ap,wo,B);               %计算一般模拟滤波器的系统函数分子、分母系数
w=0:3*pi*130:3*pi*25000;
[h,w]=freqs(b,a,w);                     %计算频率响应
plot(w/(2*pi),20*log10(abs(h)), 'k');grid
axis([0,30000,-100,0]);
xlabel('f/Hz');ylabel('幅度/dB')
```

运行结果如图 7-38 所示。

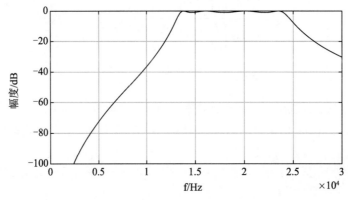

图 7-38 低通到带通的频率变换

【例 7-36】将 4 阶切比雪夫Ⅱ型模拟原型滤波器变换为模拟带通滤波器，其上、下边界的截止频率 Wc=0.7~1.6rad/s，阻带误差 Rs=30dB。

解： 在编辑器窗口中编写代码。

```
clear,clc,clf
Rs=30;                                  %滤波器的阻带衰减为 30dB
[z,p,k]=cheb2ap(4,Rs);                  %设计切比雪夫Ⅱ型模拟原型滤波器
[b,a]=zp2tf(z,p,k);                     %由零点极点增益形式转换为传递函数形式
n=0:0.02:4;
[h,w]=freqs(b,a,n);                     %给出复数频率响应
subplot(121);plot(w,abs(h).^2); grid on  %绘出平方幅频函数
xlabel('w/wc');ylabel('|H(jw)|^2')
title('切比雪夫Ⅱ型低通原型滤波器(wc=1)')
w1=0.7; w2=1.6;                         %给定将要设计滤波器通带的下限和上限频率
w0=sqrt(w1*w2);                         %计算中心点频率
bw=w2-w1;                              %计算中心点频带宽度
[bt,at]=lp2bp(b,a,w0,bw);             %频率转换
[ht,wt]=freqs(bt,at,n);               %计算滤波器的复数频率响应
subplot(122);plot(wt,abs(ht).^2);grid on  %绘出平方幅频函数
```

```
xlabel('w/wc');ylabel('|H(jw)|^2')
title('切比雪夫Ⅱ型带通滤波器(wc=0.7~1.6)')
```

运行结果如图 7-39 所示。

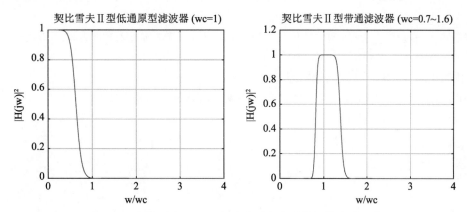

图 7-39　切比雪夫Ⅱ型原型滤波器变换为模拟带通滤波器

7.4.4　低通到带阻

低通到带阻变换后，ω 在 $(-\pi,\pi)$ 或 $(0,2\pi)$ 之间形成两个阻带，其变换函数为

$$z^{-1} = G(Z^{-1}) = \frac{Z^{-2} + d_1 Z^{-1} + d_2}{d_2 Z^{-2} + d_1 Z^{-1} + 1}$$

其边界条件为

$$z = \mathrm{e}^{-\mathrm{j}\theta_\mathrm{c}} \to Z = \mathrm{e}^{\mathrm{j}\omega_2},\ z = \mathrm{e}^{\mathrm{j}\theta_\mathrm{c}} \to Z = \mathrm{e}^{\mathrm{j}\omega_1},\ z = 1 \to Z = \pm 1$$

由此可得

$$d_1 = \frac{-2\cos\left(\dfrac{\omega_2+\omega_1}{2}\right)\bigg/\cos\left(\dfrac{\omega_2-\omega_1}{2}\right)}{1 + \tan\left(\dfrac{\theta_\mathrm{c}}{2}\right)\tan\left(\dfrac{\omega_2-\omega_1}{2}\right)}$$

$$d_2 = \frac{1 - \tan\left(\dfrac{\theta_\mathrm{c}}{2}\right)\tan\left(\dfrac{\omega_2-\omega_1}{2}\right)}{1 + \tan\left(\dfrac{\theta_\mathrm{c}}{2}\right)\tan\left(\dfrac{\omega_2-\omega_1}{2}\right)}$$

$$\omega_0 = \arccos\left[\cos\left(\dfrac{\omega_2+\omega_1}{2}\right)\bigg/\cos\left(\dfrac{\omega_2-\omega_1}{2}\right)\right]$$

其中，ω_1、ω_2 分别为带阻滤波器阻带边沿上、下两个通带的截止频率，ω_0 为阻带中心频率。

在 MATLAB 中，函数 lp2bs 用于将模拟低通滤波器转换为一般的模拟带阻滤波器。其调用格式为

```
[bt,at] = lp2bs(b,a,Wo,Bw)
%将多项式系数给出的模拟低通滤波器原型转换为中心频率为Wo、带宽为Bw的带阻滤波器，行向量b、a以s
%的降幂指定原型的分子和分母的系数
```

说明：

（1）b、a 分别是归一化模拟低通滤波器系统函数的分子、分母的系数；bt、at 分别是频率变换后的模

拟带阻滤波器系统函数的分子、分母的系数；Wo、Bw 分别是模拟滤波器的中心频率、带宽，两者单位均为 rad/s。

（2）若给出上、下截止频率为 w1、w2 的滤波器，则 Wo = sqrt(w1*w2)、Bw = w1−w2。

```
[At,Bt,Ct,Dt] = lp2bs(A,B,C,D,Wo,Bw)
%将转换矩阵 A、B、C、D 中的连续时间状态空间低通滤波器原型转换成中心频率为 Wo、带宽为 Bw 的带阻滤波
%器，并以矩阵 At、Bt、Ct、Dt 的形式返回
```

说明：转换矩阵 A、B、C、D 的说明同 lp2lp 函数。

【例 7-37】设计合适的切比雪夫 I 型滤波器，实现低通到带阻的频率变换。

解：在编辑器窗口中编写代码。

```
clear,clc,clf
Wc1=3*pi*9000;
Wc2=3*pi*16000;
rp=2;
rs=25;
Wd1=3*pi*6000;
Wd2=3*pi*20000;                          %模拟滤波器的设计指标
B=Wd2-Wd1;wo=sqrt(Wd1*Wd2);wp=1;
ws2=(Wc2*B)/(Wc2*Wc2-wo*wo);ws1=-(Wc1*B)/(Wc1*Wc1-wo*wo);
ws=max(ws1,ws2);                         %频率变换，得到归一化滤波器
[N,wc]=cheb1ord(wp,ws,rp,rs, 's');       %计算切比雪夫 I 型滤波器的阶数
[z,p,k]=cheb1ap(N,wc);                   %计算归一化滤波器的零、极点
[bp,ap]=zp2tf(z,p,k);                    %计算归一化滤波器的系统函数分子、分母系数
[b,a]=lp2bs(bp,ap,wo,B);                 %计算一般模拟滤波器的系统函数分子、分母系数
w=0:3*pi*130:3*pi*30000;
[h,w]=freqs(b,a,w);                      %计算频率响应
plot(w/(2*pi),20*log10(abs(h)), 'k');grid
axis([0,30000,-100,0]);
xlabel('f/Hz');ylabel('幅度/dB')
```

运行结果如图 7-40 所示。

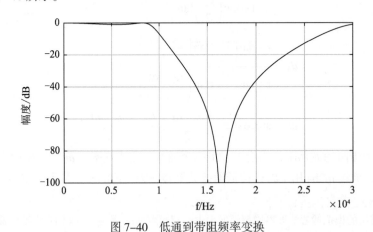

图 7-40　低通到带阻频率变换

【例 7-38】将 5 阶巴特沃斯模拟原型滤波器变换为模拟带阻滤波器，上下边界频率 wc=0.6~1.6rad/s。

解：在编辑器窗口中编写代码。

```
clear,clc,clf
[z,p,k]=buttap(5);                          %设计巴特沃斯模拟原型滤波器
[b,a]=zp2tf(z,p,k);                         %由零点极点增益形式转换为传递函数形式
n=0:0.02:4;
[h,w]=freqs(b,a,n);                         %给出复数频率响应
subplot(121);plot(w,abs(h).^2);grid on      %绘出平方幅频函数
xlabel('w/wc');ylabel('|H(jw)|^2')
title('巴特沃斯模拟原型滤波器(wc=1)');
w1=0.6;
w2=1.6;                                      %给定将要设计带阻的下限和上限频率
w0=sqrt(w1*w2);                              %计算中心点频率
bw=w2-w1;                                    %计算中心点频带宽度
[bt,at]=lp2bs(b,a,w0,bw);                    %频率转换
[ht,wt]=freqs(bt,at,n);                      %计算带阻滤波器的复数频率响应
subplot(122);plot(wt,abs(ht).^2); grid on    %绘出平方幅频函数
xlabel('w/wc');ylabel('|H(jw)|^2')
title('巴特沃斯带阻滤波器(wc=0.6~1.6)')
```

运行结果如图 7-41 所示。

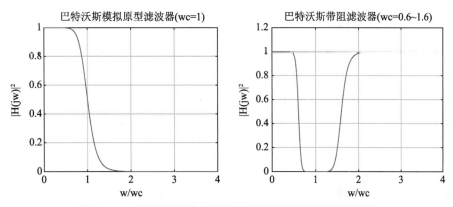

图 7-41　巴特沃斯模拟原型滤波器变换为模拟带阻滤波器

7.5　IIR 滤波器的频率变换

前面介绍了模拟滤波器的频率变换，本节将介绍数字滤波器（IIR 滤波器）的频率变换。在设计 IIR 滤波器时，必须将频率进行归一化转换为角频率，其范围为(0,1)。如果要将归一化的频率转换为 Hz，则须将归一化频率乘以采样频率的一半。

7.5.1　频率移位变换

1. 实频率移位变换

实频率移位变换使用的是一个二阶全通映射滤波器，将频率响应的一个指定特征精确地映射到新的位置，既包括 Nyquist 特征又包括 DC 特征。变换公式为

$$H_A(z) = z^{-1} \cdot \frac{1 - \alpha z^{-1}}{\alpha - z^{-1}}$$

此处，α 为

$$\alpha = \begin{cases} \dfrac{\cos\dfrac{\pi}{2}(\omega_{\text{old}} - 2\omega_{\text{new}})}{\cos\dfrac{\pi}{2}\omega_{\text{old}}}, & \left|\cos\dfrac{\pi}{2}(\omega_{\text{old}} - 2\omega_{\text{new}})\right| < 1 \\[4mm] \dfrac{\sin\dfrac{\pi}{2}(\omega_{\text{old}} - 2\omega_{\text{new}})}{\sin\dfrac{\pi}{2}\omega_{\text{old}}}, & \text{其他} \end{cases}$$

其中，ω_{old} 为原型滤波器指定特征的频率位置，ω_{new} 为原型滤波器 ω_{old} 处的特征在目标滤波器中的位置。

在 MATLAB 中，函数 iirshift 用于实现 IIR 实频率移位变换。其调用格式为

```
[Num,Den,AllpassNum,AllpassDen] = iirshift(B,A,Wo,Wt)
%用指定的原型低通滤波器进行实频率移位变换，返回目标滤波器的分子和分母向量 Num、Den
```

说明：

（1）输入参数 B、A 分别为原型低通滤波器的分子与分母，Wo 为原型低通滤波器的频率数值，Wt 为目标滤波器指定的频率位置。

（2）输出参数 Num、Den 分别为目标滤波器的分子与分母，AllpassNum、AllpassDen 分别为影射滤波器的分子与分母。

注意：在滤波器设计中，频率必须归一化转换为角频率，其范围为(0,1)。如果要将归一化频率转换为 Hz，则须将归一化频率乘以采样频率的一半。

【例 7-39】将一个数字低通滤波器进行实频率移位变换。

解：在编辑器窗口中编写代码。

```
clear,clc,clf
[b, a] = ellip(3, 0.1, 30, 0.409);          %标准椭圆法设计原型实 IIR 滤波器
Wo = 0.5; Wt = 0.75;
[num, den] = iirshift(b, a, Wo, Wt);
hvft = fvtool(b, a, num, den);
legend(hvft,'原型','目标')
```

运行结果如图 7-42 所示。

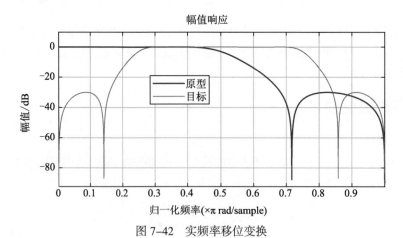

图 7-42 实频率移位变换

2. 复频率移位变换

复频率移位变换使用的是一个最简单的一阶不变换，它将频率响应的一个指定特征精确地映射到新的位置，同时能旋转整个频率响应。变换公式为

$$H_A(z) = \alpha z^{-1}$$

此处，α 为

$$\alpha = e^{j2\pi(\omega_{\mathrm{new}} - \omega_{\mathrm{old}})}$$

其中，ω_{old} 为原型滤波器指定特征的频率位置，ω_{new} 为原型滤波器 ω_{old} 处的特征在目标滤波器中的位置。

在 MATLAB 中，函数 iirshiftc 用于实现 IIR 实频率移位变换。其调用格式为

```
[Num,Den,AllpassNum,AllpassDen] = iirshiftc(B,A,Wo,Wc)
%用指定的原型低通滤波器进行复频率移位变换，返回目标滤波器的分子和分母向量 Num、Den
[Num,Den,AllpassNum,AllpassDen] = iirshiftc(B,A,0,0.5)
%对原始滤波器进行 Hilbert 变换，即在频域内按照逆时针旋转 90°
[Num,Den,AllpassNum,AllpassDen] = iirshiftc(B,A,0,-0.5)
%对原始滤波器进行 Hilbert 变换，即在频域内按照顺时针旋转 90°
```

说明：

（1）输入参数 B、A 分别为原型低通滤波器的分子与分母，Wo 为原型低通滤波器的频率数值，Wc 为目标滤波器指定的频率位置。

（2）输出参数 Num、Den 分别为目标滤波器的分子与分母，AllpassNum、AllpassDen 分别为影射滤波器的分子与分母。

注意： 在滤波器设计中，频率必须归一化转换为角频率，其范围为 (-1,1)。如果要将归一化频率转换为 Hz，则须将归一化频率乘以采样频率的一半。

【例 7-40】 将一个数字低通滤波器进行复频率移位变换。

解： 在编辑器窗口中编写代码。

```
clear,clc,clf
[b, a] = ellip(3, 0.1, 30, 0.409);
[num, den] = iirshiftc(b, a, 0.5, 0.25);
hvft = fvtool(b, a, num, den);
legend(hvft,'原型','目标')
```

运行结果如图 7-43 所示。

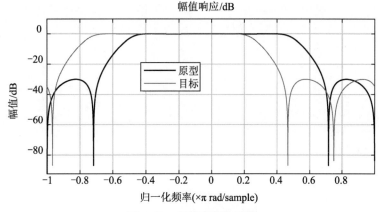

图 7-43　复频率移位变换

7.5.2 实低通到实低通

实低通到实低通的频率移位变换使用的是一个一阶全通映射滤波器，将频率响应的一个指定特征精确地映射到新的位置，保持了 Nyquist 特征和 DC 特征。变换的公式为

$$H_A(z) = -\frac{1 - \alpha z^{-1}}{\alpha - z^{-1}}$$

此处，α 为

$$\alpha = \frac{\sin \dfrac{\pi}{2}(\omega_{\text{old}} - \omega_{\text{new}})}{\sin \dfrac{\pi}{2}(\omega_{\text{old}} + \omega_{\text{new}})}$$

其中，ω_{old} 为原型滤波器指定特征的频率位置，ω_{new} 为目标滤波器中同样特征的频率位置。

在 MATLAB 中，函数 iirlp2lp 用于实现 IIR 低通到低通频率变换。其调用格式为

```
[Num,Den] = iirlp2lp(B,A,Wo,Wt)
%用指定的原型低通滤波器进行低通到低通的频率移位变换，返回目标滤波器的分子和分母向量 Num、Den
[Num,Den,AllpassNum,AllpassDen] = iirlp2lp(B,A,Wo,Wt)
%还返回全通映射滤波器的分子、分母系数
```

说明：

（1）输入参数 B、A 分别为原型低通滤波器的分子与分母，Wo 为原型低通滤波器的频率数值，Wc 为目标滤波器指定的频率位置。

（2）输出参数 Num、Den 分别为目标滤波器的分子与分母，AllpassNum、AllpassDen 分别为影射滤波器的分子与分母。

注意： 在滤波器设计中，频率须归一化转换为角频率，其范围为(0,1)。如果要将归一化频率转换为 Hz，则须将归一化频率乘以采样频率的一半。

【例 7-41】 将一个数字低通滤波器进行低通到低通实频率移位变换。

解： 在编辑器窗口中编写代码。

```
clear,clc,clf
[b,a] = iirlpnorm(10,6,[0 0.0175 0.02 0.0215 0.025 1], ...
    [0 0.0175 0.02 0.0215 0.025 1],[1 1 0 0 0 0], ...
    [1 1 1 1 10 10]);
wc = 0.0175;
wd = 0.2;
[num,den] = iirlp2lp(b,a,wc,wd);
hvft = fvtool(b,a,num,den);
legend(hvft,'原型','目标')
```

运行结果如图 7-44 所示。

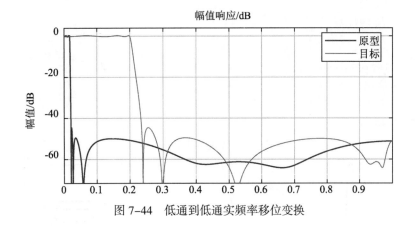

图 7-44 低通到低通实频率移位变换

7.5.3 实低通到实高通

实低通到实高通的频率移位变换使用的是一个一阶全通映射滤波器,将频率响应的一个指定特征精确地映射到新的位置,保持了 Nyquist 特征和 DC 特征。变换的公式为

$$H_A(z) = -\frac{1 - \alpha z^{-1}}{\alpha - z^{-1}}$$

此处,α 为

$$\alpha = -\frac{\cos \dfrac{\pi}{2}(\omega_{\text{old}} + \omega_{\text{new}})}{\cos \dfrac{\pi}{2}(\omega_{\text{old}} - \omega_{\text{new}})}$$

其中,ω_{old} 为原型滤波器指定特征的频率位置,ω_{new} 为目标滤波器中同样特征的频率位置。

在 MATLAB 中,函数 iirlp2hp 用于实现 IIR 低通到低通频率变换。其调用格式为

```
[Num,Den] = iirlp2hp(B,A,Wo,Wt)
%用指定的原型低通滤波器进行低通到高通的频率移位变换,返回目标滤波器的分子和分母向量 Num、Den
[Num,Den,AllpassNum,AllpassDen] = iirlp2hp (B,A,Wo,Wt)
%还返回全通映射滤波器的分子、分母系数
```

说明:

(1)输入参数 B、A 分别为原型低通滤波器的分子与分母,Wo 为原型低通滤波器的频率数值,Wc 为目标滤波器指定的频率位置。

(2)输出参数 Num、Den 分别为目标滤波器的分子与分母,AllpassNum、AllpassDen 分别为影射滤波器的分子与分母。

注意:在滤波器设计中,频率须归一化转换为角频率,其范围为(0,1)。如果要将归一化频率转换为 Hz,则须将归一化频率乘以采样频率的一半。

【例 7-42】将一个数字低通滤波器进行低通到高通实频率移位变换。

解:在编辑器窗口中编写代码。

```
clear,clc,clf
[b,a] = iirlpnorm(10,6,[0 0.0175 0.02 0.0215 0.025 1], ...
    [0 0.0175 0.02 0.0215 0.025 1],[1 1 0 0 0 0], ...
```

```
        [1 1 1 1 20 20]);
wc = 0.0175;
wd = 0.4;
[num,den] = iirlp2hp(b,a,wc,wd);
hvft = fvtool(b,a,num,den);
legend(hvft,'原型','目标')
```

运行结果如图 7-45 所示。

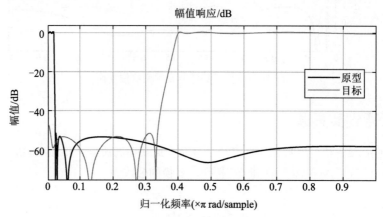

图 7-45　低通到高通实频率移位变换

7.5.4　低通到带通

1. 实低通到实带通

实低通到实带通的频率移位变换使用的是一个二阶全通映射滤波器，将频率响应的一个指定特征精确地映射到新的位置，保持了 Nyquist 特征和 DC 特征。变换的公式为

$$H_A(z) = -\frac{1 - \beta(1+\alpha)z^{-1} - \alpha z^{-2}}{\alpha - \beta(1+\alpha)z^{-1} + z^{-2}}$$

此处，α 和 β 分别为

$$\alpha = \frac{\sin\dfrac{\pi}{4}\left(2\omega_{old} - \omega_{new,2} + \omega_{new,1}\right)}{\sin\dfrac{\pi}{4}\left(2\omega_{old} + \omega_{new,2} - \omega_{new,1}\right)}$$

$$\beta = \cos\frac{\pi}{2}\left(\omega_{new,1} + \omega_{new,2}\right)$$

其中，ω_{old} 为原型滤波器指定特征的频率位置，$\omega_{new,1}$ 为原型滤波器 $-\omega_{old}$ 处的特征在目标滤波器中的位置，$\omega_{new,2}$ 为原型滤波器 $+\omega_{old}$ 处的特征在目标滤波器中的位置。

在 MATLAB 中，函数 iirlp2bp 用于实现 IIR 低通到低通实频率变换。其调用格式为

```
[Num,Den] = iirlp2bp(B,A,Wo,Wt)
%用指定的原型低通滤波器进行低通到带通的频率移位变换，返回目标滤波器的分子和分母向量 Num、Den
[Num,Den,AllpassNum,AllpassDen] = iirlp2bp (B,A,Wo,Wt)
%还返回全通映射滤波器的分子、分母系数
```

说明：

（1）输入参数 B、A 分别为原型低通滤波器的分子与分母，Wo 为原型低通滤波器的频率数值，Wc 为

目标滤波器指定的频率位置。

（2）输出参数 Num、Den 分别为目标滤波器的分子与分母，AllpassNum、AllpassDen 分别为影射滤波器的分子与分母。

注意：在滤波器设计中，频率须归一化转换为角频率，其范围为(0,1)。如果要将归一化频率转换为 Hz，则须将归一化频率乘以采样频率的一半。

【例 7-43】将一个数字低通滤波器进行低通到带通实频率移位变换。

解：在编辑器窗口中编写代码。

```
clear,clc,clf
[b,a] = ellip(3,0.1,30,0.409);
[num,den] = iirlp2bp(b,a,0.5,[0.25 0.75]);
hvft = fvtool(b,a,num,den);
legend(hvft,'原型','目标')
```

运行结果如图 7-46 所示。

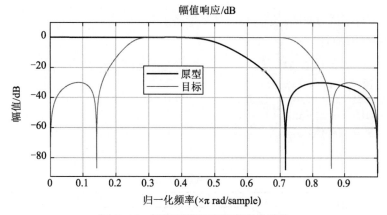

图 7-46　低通到带通实频率移位变换

2. 实低通到复带通

实低通到复带通的频率移位变换采用一阶变换，将频率响应的一个指定特征精确地映射到两个新的位置，在这两个位置之间产生通带。Nyquist 特征和 DC 特征与频率响应的剩余部分一起被移动。变换的公式为

$$H_A(z) = \frac{\beta - \alpha z^{-1}}{z^{-1} - \alpha\beta}$$

此处，α 和 β 为

$$\alpha = \frac{\sin\dfrac{\pi}{4}\left(2\omega_{old} - \omega_{new,2} + \omega_{new,1}\right)}{\sin\dfrac{\pi}{4}\left(2\omega_{old} + \omega_{new,2} - \omega_{new,1}\right)}$$

$$\beta = e^{-j\pi(\omega_{new} - \omega_{old})}$$

其中，ω_{old} 为原型滤波器指定特征的频率位置，$\omega_{new,1}$ 为原型滤波器 $-\omega_{old}$ 处的特征在目标滤波器中的位置，$\omega_{new,2}$ 为原型滤波器 $+\omega_{old}$ 处的特征在目标滤波器中的位置。

在 MATLAB 中，函数 iirlp2bpc 用于实现 IIR 低通到复带通频率变换。其调用格式为

```
[Num,Den] = iirlp2bpc(B,A,Wo,Wc)
%用指定的原型低通滤波器进行低通到复带通的频率移位变换，返回目标滤波器的分子和分母向量 Num、Den
[Num,Den,AllpassNum,AllpassDen] = iirlp2bpc(B,A,Wo,Wc)
%还返回全通映射滤波器的分子、分母系数
```

说明：

（1）输入参数 B、A 分别为原型低通滤波器的分子与分母，Wo 为原型低通滤波器的频率数值，Wc 为目标滤波器指定的频率位置。

（2）输出参数 Num、Den 分别为目标滤波器的分子与分母，AllpassNum、AllpassDen 分别为影射滤波器的分子与分母。

注意：

（1）在滤波器设计中，Wo 频率必须归一化转换为角频率，其范围为(0,1)。如果要将归一化频率转换为 Hz，则须将归一化频率乘以采样频率的一半。

（2）在滤波器设计中，Wc 频率必须归一化转换为角频率，其范围为(-1,1)。如果要将归一化频率转换为 Hz，则须将归一化频率乘以采样频率的一半。

【例 7-44】 将一个数字低通滤波器进行低通到复带通频率移位变换。

解： 在编辑器窗口中编写代码。

```
clear,clc,clf
[b,a] = ellip(3,0.1,30,0.409);
[num,den] = iirlp2bpc(b,a,0.5,[0.25 0.75]);
hvft = fvtool(b,a,num,den);
legend(hvft,'原型','目标')
```

运行结果如图 7-47 所示。

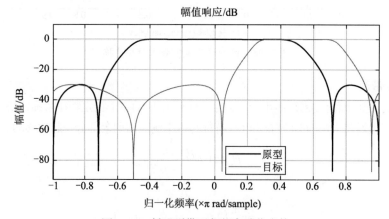

图 7-47　低通到带通复频率移位变换

7.5.5　低通到带阻

1．实低通到实带阻

实低通到实带阻的频率移位变换使用的是一个二阶全通映射滤波器，将频率响应的一个指定特征精确地映射到新的位置，保持了 Nyquist 特征和 DC 特征。变换的公式为

$$H_A(z) = -\frac{1-\beta(1+\alpha)z^{-1}+\alpha z^{-2}}{\alpha-\beta(1+\alpha)z^{-1}+z^{-2}}$$

此处，α 和 β 为

$$\alpha = \frac{\cos\dfrac{\pi}{4}\left(2\omega_{old}+\omega_{new,2}-\omega_{new,1}\right)}{\cos\dfrac{\pi}{4}\left(2\omega_{old}-\omega_{new,2}+\omega_{new,1}\right)}$$

$$\beta = \cos\frac{\pi}{2}\left(\omega_{new,1}+\omega_{new,2}\right)$$

其中，ω_{old} 为原型滤波器指定特征的频率位置，$\omega_{new,1}$ 为原型滤波器 $-\omega_{old}$ 处的特征在目标滤波器中的位置，$\omega_{new,2}$ 为原型滤波器 $+\omega_{old}$ 处的特征在目标滤波器中的位置。

在 MATLAB 中，函数 iirlp2bs 用于实现 IIR 低通到带阻频率变换。其调用格式为

```
[Num,Den] = iirlp2bs(B,A,Wo,Wt)
%用指定的原型低通滤波器进行低通到带阻的实频率移位变换，返回目标滤波器的分子和分母向量 Num、Den
[Num,Den,AllpassNum,AllpassDen] = iirlp2bs(B,A,Wo,Wt)
%还返回全通映射滤波器的分子、分母系数
```

说明：

（1）输入参数 B、A 分别为原型低通滤波器的分子与分母，Wo 为原型低通滤波器的频率数值，Wt 为目标滤波器指定的频率位置。

（2）输出参数 Num、Den 分别为目标滤波器的分子与分母，AllpassNum、AllpassDen 分别为影射滤波器的分子与分母。

注意：在滤波器设计中，频率必须归一化转换为角频率，其范围为 $(0,1)$。如果要将归一化频率转换为 Hz，则须将归一化频率乘以采样频率的一半。

【例 7-45】将一个数字低通滤波器进行低通到实带阻实频率移位变换。

解：在编辑器窗口中编写代码。

```
clear,clc,clf
[b,a] = ellip(3,0.1,30,0.409);
[num,den] = iirlp2bs(b,a,0.5,[0.25 0.75]);
hvft = fvtool(b,a,num,den);
legend(hvft,'原型','目标')
```

运行结果如图 7-48 所示。

2. 实低通到复带阻

实低通到复带阻的频率移位变换使用的是一个一阶变换，将频率响应的一个指定特征精确地映射到两个新的位置，在这两个位置之间产生通带。Nyquist 特征和 DC 特征和频率响应的剩余部分一起被移动。变换的公式为

$$H_A(z) = \frac{\beta-\alpha z^{-1}}{\alpha\beta-z^{-1}}$$

此处，α 和 β 分别为

$$\alpha = \frac{\cos\pi\left(2\omega_{old}+\omega_{new,2}-\omega_{new,1}\right)}{\cos\pi\left(2\omega_{old}-\omega_{new,2}+\omega_{new,1}\right)}$$

$$\beta = e^{-j\pi(\omega_{\text{new}} - \omega_{\text{old}})}$$

其中，ω_{old} 为原型滤波器指定特征的频率位置，$\omega_{\text{new,1}}$ 为原型滤波器 $-\omega_{\text{old}}$ 处的特征在目标滤波器中的位置，$\omega_{\text{new,2}}$ 为原型滤波器 $+\omega_{\text{old}}$ 处的特征在目标滤波器中的位置。

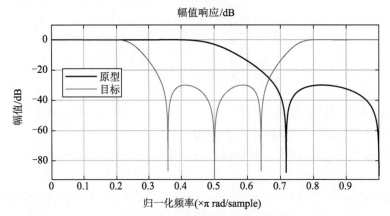

图 7-48　低通到带阻频率移位变换

在 MATLAB 中，函数 iirlp2bsc 用于实现 IIR 低通到复带阻频率变换。其调用格式为

```
[Num,Den] = iirlp2bsc(B,A,Wo,Wt)
%用指定的原型低通滤波器进行低通到复带阻的实频率移位变换，返回目标滤波器的分子和分母向量 Num、Den
[Num,Den,AllpassNum,AllpassDen] = iirlp2bsc(B,A,Wo,Wt)
%还返回全通映射滤波器的分子、分母系数
```

说明：

（1）输入参数 B、A 分别为原型低通滤波器的分子与分母，Wo 为原型低通滤波器的频率数值，Wt 为目标滤波器指定的频率位置。

（2）输出参数 Num、Den 分别为目标滤波器的分子与分母，AllpassNum、AllpassDen 分别为影射滤波器的分子与分母。

注意：

（1）在滤波器设计中，Wo 频率必须归一化转换为角频率，其范围为(0,1)。如果要将归一化频率转换为 Hz，则须将归一化频率乘以采样频率的一半。

（2）在滤波器设计中，Wc 频率必须归一化转换为角频率，其范围为(-1,1)。如果要将归一化频率转换为 Hz，则须将归一化频率乘以采样频率的一半。

【例 7-46】将一个数字低通滤波器进行低通到复带阻频率移位变换。

解：在编辑器窗口中编写代码。

```
clear,clc,clf
[b,a] = ellip(3,0.1,30,0.409);
[num,den] = iirlp2bsc(b,a,0.5,[-0.25 0.75]);
hvft = fvtool(b,a,num,den);
legend(hvft,'原型','目标')
```

运行结果如图 7-49 所示。

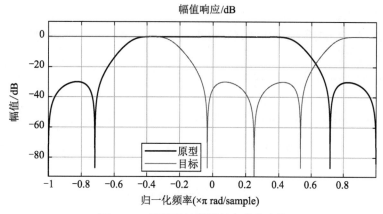

图 7-49　低通到复带阻频率移位变换

7.5.6　低通到多带

1. 实低通到实多带

实低通到实多带的频率移位变换使用的是一个高阶全通映射滤波器，将频率响应的一个指定特征精确地映射到多个新的位置。它最常见的用途就是将一个带有确定带通和带阻纹波的低通滤波器转换为一个具有 N 个带边的多带滤波器，其中 N 为全通映射滤波器的阶数。变换的公式为

$$H_A(z) = s \frac{\sum_{i=0}^{N} \alpha_i z^{-i}}{\sum_{i=0}^{N} \alpha_i z^{-N+i}}$$

此处，系数 α 为

$$\begin{cases} \alpha_0 = 1, & k = 0 \\ \alpha_k = -s \dfrac{\sin \dfrac{\pi}{2}\left[N\omega_{\text{new}} + (-1)^k \omega_{\text{old}} \right]}{\sin \dfrac{\pi}{2}\left[(N-2k)\omega_{\text{new}} + (-1)^k \omega_{\text{old}} \right]}, & k = 1, 2, \cdots, N \end{cases}$$

其中，ω_{old} 为原型滤波器指定特征的频率位置，ω_{new} 为原型滤波器 ω_{old} 处的特征在目标滤波器中的位置，s 为灵活因子。s 用于指定 DC 或者 Nyquist 特征的灵活性，其定义如下：

$$s = \begin{cases} 1, & \text{Nyquist} \\ -1, & \text{DC} \end{cases}$$

在 MATLAB 中，函数 iirlp2mb 用于实现 IIR 低通到多带实频率变换。其调用格式为

```
[Num,Den] = iirlp2mb(B,A,Wo,Wt)
%用指定的原型低通滤波器进行低通到多带实频率移位变换，返回目标滤波器的分子和分母向量 Num、Den
[Num,Den,AllpassNum,AllpassDen] = iirlp2mb(B,A,Wo,Wt)
%还返回全通映射滤波器的分子、分母系数
[Num,Den,AllpassNum,AllpassDen] = iirlp2mb(B,A,Wo,Wt,Pass)
%指定附加参数 Pass
```

说明：

（1）输入参数 B、A 分别为原型低通滤波器的分子与分母，Wo 为原型低通滤波器的频率数值，Wt 为目标滤波器指定的频率位置。

（2）输出参数 Num、Den 分别为目标滤波器的分子与分母，AllpassNum、AllpassDen 分别为影射滤波器的分子与分母。

（3）输入参数 Pass 包括'pass'或'stop'选项，其中'pass'（默认）为直流通带，'stop'为阻带。

注意： 在滤波器设计中，频率必须归一化转换为角频率，其范围为(0,1)。如果要将归一化频率转换为 Hz，则须将归一化频率乘以采样频率的一半。

【例 7-47】 将一个数字低通滤波器进行低通到多带实频率移位变换。

解： 在编辑器窗口中编写代码。

```
clear,clc,clf
[b,a] = ellip(3,0.1,30,0.409);
[num1,den1] = iirlp2mb(b,a,0.5,[2 4 6 8]/10);
[num2,den2] = iirlp2mb(b,a,0.5,[2 4 6 8]/10, 'stop');
hvft = fvtool(b,a,num1,den1,num2,den2);
legend(hvft,'原型','双带通','双带阻')
```

运行结果如图 7-50 所示。

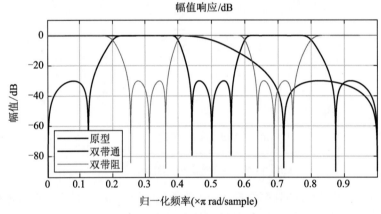

图 7-50　低通到多带实频率移位变换

2. 实低通到复多带

实低通到复多带的频率移位变换使用的是一个高阶变换，将频率响应的一个指定特征精确地映射到多个新的位置。它最常见的用途就是将一个带有确定带通和带阻纹波的低通滤波器转换为一个具有 N 个带边的多带滤波器，其中 N（必须为偶数）为全通映射滤波器的阶数。变换的公式为

$$H_A(z) = s \frac{\sum_{i=0}^{N} \alpha_i z^{-i}}{\sum_{i=0}^{N} \alpha_i z^{-N+i}}, \quad \alpha_0 = 1$$

此处，系数 α 为

$$
\begin{cases}
\displaystyle\sum_{i=1}^{N} \Re(\alpha_i) \cdot \left[\cos\beta_{1,k} - \cos\beta_{2,k}\right] + \Im(\alpha_i) \cdot \left[\sin\beta_{1,k} + \sin\beta_{2,k}\right] = \cos\beta_{3,k} \\[2mm]
\displaystyle\sum_{i=1}^{N} \Re(\alpha_i) \cdot \left[\sin\beta_{1,k} - \sin\beta_{2,k}\right] + \Im(\alpha_i) \cdot \left[\cos\beta_{1,k} + \cos\beta_{2,k}\right] = \sin\beta_{3,k} \\[2mm]
\beta_{1,k} = -\pi\left[\omega_{\text{old}} \cdot (-1)^k + \omega_{\text{new},k} \cdot (N-k)\right] \\[2mm]
\beta_{2,k} = -\pi\left[\Delta C + \omega_{\text{new},k} \cdot k\right] \\[2mm]
\beta_{3,k} = -\pi\left[\omega_{\text{old}} \cdot (-1)^k + \omega_{\text{new},k} \cdot N\right] \\[2mm]
k = 1, 2, \cdots, N
\end{cases}
$$

其中，ω_{old} 为原型滤波器指定特征的频率位置，$\omega_{\text{new},i}$ 为原型滤波器 $\pm\omega_{\text{old}}$ 处的特征在目标滤波器中的位置，参数 s 是指定频率距离 ΔC 的附加旋转因子。s 的定义如下：

$$s = \mathrm{e}^{-\mathrm{j}\pi\Delta C}$$

在 MATLAB 中，函数 iirlp2mbc 用于实现 IIR 低通到复多带频率变换。其调用格式为

```
[Num,Den] = iirlp2mbc(B,A,Wo,Wc)
%用指定的原型低通滤波器进行低通到复多带的频率移位变换，返回目标滤波器的分子和分母向量 Num、Den
[Num,Den,AllpassNum,AllpassDen] = iirlp2mbc(B,A,Wo,Wc)
%还返回全通映射滤波器的分子、分母系数
```

说明：

（1）输入参数 B、A 分别为原型低通滤波器的分子与分母，Wo 为原型低通滤波器的频率数值，Wt 为目标滤波器指定的频率位置。

（2）输出参数 Num、Den 分别为目标滤波器的分子与分母，AllpassNum、AllpassDen 分别为影射滤波器的分子与分母。

注意：

（1）在滤波器设计中，Wo 频率必须归一化转换为角频率，其范围为 (0,1)。如果要将归一化频率转换为 Hz，则须将归一化频率乘以采样频率的一半。

（2）在滤波器设计中，Wc 频率必须归一化转换为角频率，其范围为 (-1,1)。如果要将归一化频率转换为 Hz，则须将归一化频率乘以采样频率的一半。

【例 7-48】 将一个数字低通滤波器进行低通到复多带频率移位变换。

解： 在编辑器窗口中编写代码。

```
clear,clc,clf
[b,a] = ellip(3,0.1,30,0.409);
[num,den] = iirlp2mbc(b,a,0.5,[-7 -5 6 8]/10);
hvft = fvtool(b,a,num,den);
legend(hvft,'原型','目标')
```

运行结果如图 7-51 所示。

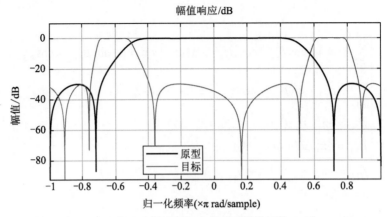

图 7-51 低通到复多带频率移位变换

7.5.7 低通到多点

1. 实低通到实多点

实低通到实多点的频率移位变换使用的是一个高阶全通映射滤波器。它将频率响应的一个指定特征精确地映射到多个新的位置。变换的公式为

$$H_A(z) = s \frac{\sum_{i=0}^{N} \alpha_i z^{-i}}{\sum_{i=0}^{N} \alpha_i z^{-N+i}}, \quad \alpha_0 = 1$$

对 N 阶的多点频率变换，系数 α 为

$$\begin{cases} \sum_{i=1}^{N} \alpha_{N-i} z_{\text{old},k}^{i} \cdot z_{\text{new},k}^{N-i} - s \cdot z_{\text{new},k}^{N-i} = -z_{\text{old},k} - s \cdot z_{\text{new},k} \\ z_{\text{old},k} = \text{e}^{\text{j}\pi\omega_{\text{old},k}} \\ z_{\text{new},k} = \text{e}^{\text{j}\pi\omega_{\text{new},k}} \\ k = 1, \cdots, N \end{cases}$$

其中 $\omega_{\text{old},k}$ 为原型滤波器指定特征的频率位置，$\omega_{\text{new},k}$ 为原型滤波器 $\omega_{\text{old},k}$ 处的特征在目标滤波器中的位置，s 为灵活因子。s 用于指定 DC 或者 Nyquist 特征的灵活性，其定义如下：

$$s = \begin{cases} 1, & \text{Nyquist} \\ -1, & \text{DC} \end{cases}$$

在 MATLAB 中，函数 iirlp2xn 用于实现 IIR 低通到实多点频率变换。其调用格式为

```
[Num,Den] = iirlp2xn(B,A,Wo,Wt)
%用指定的原型低通滤波器进行低通到实多点频率移位变换，返回目标滤波器的分子和分母向量 Num、Den
[Num,Den,AllpassNum,AllpassDen] = iirlp2xn(B,A,Wo,Wt)
%还返回全通映射滤波器的分子、分母系数
[Num,Den,AllpassNum,AllpassDen] = iirlp2xn (B,A,Wo,Wt,Pass)
%指定附加参数 Pass
```

说明：

（1）输入参数 B、A 分别为原型低通滤波器的分子与分母，Wo 为原型低通滤波器的频率数值，Wt 为

目标滤波器指定的频率位置。

（2）输出参数 Num、Den 分别为目标滤波器的分子与分母，AllpassNum、AllpassDen 分别为影射滤波器的分子与分母。

（3）输入参数 Pass 包括'pass'或'stop'选项，其中'pass'（默认）为直流通带，'stop'为阻带。

注意： 在滤波器设计中，频率必须归一化转换为角频率，其范围为(0,1)。如果要将归一化频率转换为 Hz，则须将归一化频率乘以采样频率的一半。

【例7-49】 将一个数字低通滤波器进行低通到实多点实频率移位变换。

解： 在编辑器窗口中编写代码。

```
clear,clc,clf
[b,a] = ellip(3,0.1,30,0.409);
[num,den] = iirlp2xn(b,a,[-0.5 0.5],[0.25 0.75]);
hvft = fvtool(b,a,num,den);
legend(hvft,'原型','目标')
```

运行结果如图 7-52 所示。

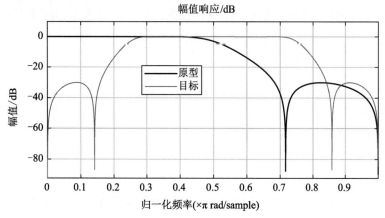

图 7-52 低通到实多点频率移位变换

2. 实低通到复多点

实低通到复多点的频率移位变换使用的是一个高阶变换，它将频率响应的一个指定特征精确地映射到多个新的位置。它最常见的用途就是将一个带有确定带通和带阻纹波的低通滤波器转换为一个具有 N 个带边的多带滤波器，其中 N（必须为偶数）为全通映射滤波器的阶数。变换的公式为

$$H_A(z) = s\frac{\displaystyle\sum_{i=0}^{N}\alpha_i z^{-i}}{\displaystyle\sum_{i=0}^{N}\alpha_i z^{-N+i}}, \quad \alpha_0 = 1$$

此处，系数 α 为

$$
\begin{cases}
\displaystyle\sum_{i=1}^{N} \Re(\alpha_i) \cdot \left[\cos\beta_{1,k} - \cos\beta_{2,k}\right] + \Im(\alpha_i) \cdot \left[\sin\beta_{1,k} + \sin\beta_{2,k}\right] = \cos\beta_{3,k} \\[2mm]
\displaystyle\sum_{i=1}^{N} \Re(\alpha_i) \cdot \left[\sin\beta_{1,k} - \sin\beta_{2,k}\right] + \Im(\alpha_i) \cdot \left[\cos\beta_{1,k} + \cos\beta_{2,k}\right] = \sin\beta_{3,k} \\[2mm]
\beta_{1,k} = -\dfrac{\pi}{2}\left[\omega_{\text{old}} + \omega_{\text{new},k} \cdot (N-k)\right] \\[2mm]
\beta_{2,k} = -\dfrac{\pi}{2}\left[2\Delta C + \omega_{\text{new},k} \cdot k\right] \\[2mm]
\beta_{3,k} = -\dfrac{\pi}{2}\left[\omega_{\text{old}} + \omega_{\text{new},k} \cdot N\right] \\[2mm]
k = 1, 2, \cdots, N
\end{cases}
$$

其中，ω_{old} 为原型滤波器指定特征的频率位置，$\omega_{\text{new},i}$ 为原型滤波器 $\pm\omega_{\text{old}}$ 处的特征在目标滤波器中的位置，参数 s 是指定频率距离 ΔC 的附加旋转因子。s 的定义如下：

$$
s = \mathrm{e}^{-\mathrm{j}\pi\Delta C}
$$

在 MATLAB 中，函数 iirlp2xc 用于实现 IIR 低通到复多点频率变换。其调用格式为

```
[Num,Den] = iirlp2xc(B,A,Wo,Wc)
%用指定的原型低通滤波器进行低通到复多点频率移位变换，返回目标滤波器的分子和分母向量 Num、Den
[Num,Den,AllpassNum,AllpassDen] = iirlp2xc(B,A,Wo,Wc)
%还返回全通映射滤波器的分子、分母系数
```

说明：

（1）输入参数 B、A 分别为原型低通滤波器的分子与分母，Wo 为原型低通滤波器的频率数值，Wt 为目标滤波器指定的频率位置。

（2）输出参数 Num、Den 分别为目标滤波器的分子与分母，AllpassNum、AllpassDen 分别为影射滤波器的分子与分母。

注意：

（1）在滤波器设计中，Wo 频率必须归一化转换为角频率，其范围为(0,1)。如果要将归一化频率转换为 Hz，则须将归一化频率乘以采样频率的一半。

（2）在滤波器设计中，Wc 频率必须归一化转换为角频率，其范围为(-1,1)。如果要将归一化频率转换为 Hz，则须将归一化频率乘以采样频率的一半。

【例 7-50】 将一个数字低通滤波器进行低通到复多点频率移位变换。

解： 在编辑器窗口中编写代码。

```
clear,clc,clf
[b,a] = ellip(3,0.1,30,0.409);
[num,den] = iirlp2xc(b,a,[-0.5 0.5],[-0.25 0.25]);
hvft = fvtool(b,a,num,den);
legend(hvft,'原型','目标')
```

运行结果如图 7-53 所示。

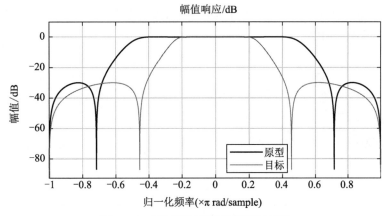

图 7-53 低通到复多点频率移位变换

7.5.8 复带通到复带通

复带通到复带通的频率移位变换使用的是一个一阶变换，它将频率响应的两个指定特征精确地映射到两个新的位置。它一般被常用来调整复带通滤波器的边带。变换的公式为

$$H_A(z) = \frac{\alpha(\gamma - \beta z^{-1})}{z^{-1} - \beta\gamma}$$

此处，α、β、γ 分别为

$$\alpha = \frac{\sin\frac{\pi}{4}\left[(\omega_{old,2} - \omega_{old,1}) - (\omega_{new,2} - \omega_{new,1})\right]}{\sin\frac{\pi}{4}\left[(\omega_{old,2} - \omega_{old,1}) + (\omega_{new,2} - \omega_{new,1})\right]}$$

$$\beta = e^{-j\pi(\omega_{old,2} - \omega_{old,1})}$$

$$\gamma = e^{-j\pi(\omega_{new,2} - \omega_{new,1})}$$

其中，$\omega_{old,1}$、$\omega_{old,2}$ 分别为原型滤波器第 1、2 个指定特征的频率位置；$\omega_{new,1}$、$\omega_{new,2}$ 分别为原型滤波器 $\omega_{old,1}$、$\omega_{old,2}$ 处的特征在目标滤波器中的位置。

在 MATLAB 中，函数 iirbpc2bpc 用于实现 IIR 复带通到复带通频率变换。其调用格式为

```
[Num,Den] = iirbpc2bpc (B,A,Wo,Wc)
%用指定的原型低通滤波器进行复带通到复带通频率移位变换，返回目标滤波器的分子和分母向量 Num、Den
[Num,Den,AllpassNum,AllpassDen] = iirbpc2bpc (B,A,Wo,Wc)
%还返回全通映射滤波器的分子、分母系数
```

说明：

（1）输入参数 B、A 分别为原型低通滤波器的分子与分母，Wo 为原型低通滤波器的频率数值，Wt 为目标滤波器指定的频率位置。

（2）输出参数 Num、Den 分别为目标滤波器的分子与分母，AllpassNum、AllpassDen 分别为影射滤波器的分子与分母。

注意：在滤波器设计中，频率必须归一化转换为角频率，其范围为(-1,1)。如果要将归一化频率转换为 Hz，则须将归一化频率乘以采样频率的一半。

【例 7-51】将一个数字低通滤波器进行复带通到复带通频率移位变换。

解：在编辑器窗口中编写代码。

```
clear,clc,clf
[b,a] = ellip(3,0.1,30,0.409);
[bc,ac] = iirlp2bpc(b,a,0.5,[0.25 0.75]);
[num,den] = iirbpc2bpc(bc,ac,[0.25 0.75],[-0.3 0.1]);
hvft = fvtool(b,a,bc,ac,num,den);
legend(hvft,'原型','复带通','目标')
```

运行结果如图 7-54 所示。

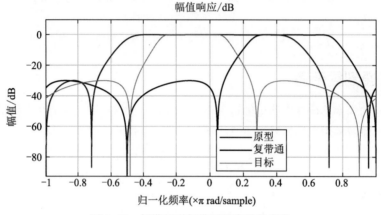

图 7-54　复带通到复带通频率移位变换

7.6　模拟滤波器的离散化

根据模拟滤波器设计 IIR 滤波器就是由系统函数 $H_a(s)$ 得到 $H(z)$，是一个由 s 平面到 z 平面的变换过程，即模拟滤波器的离散化。这个变换要遵循两个基本目标：

（1）$H(z)$ 的频率响应要模仿 $H_a(s)$ 的频率响应，也就是 s 平面的虚轴须映射到 z 平面的单位圆上；

（2）$H(z)$ 中仍保持 $H_a(s)$ 的因果稳定性。

从模拟滤波器变换为 IIR 滤波器通常有微分—差分变换法、匹配 Z 变换法、冲激响应不变法、双线性变换法 4 种。由于前两种方法都有一定的局限性，工程上常用的只有冲激响应不变法和双线性变换法两种。

7.6.1　冲激响应不变法

冲激响应不变法主要用于设计某些要求在时域上能模仿模拟滤波器功能的数字滤波器。其主要特点如下：

（1）频率坐标的变换是线性的，即 $\omega = \Omega T$；

（2）具有频谱的周期延拓效应，只能用于限带的频响特性。

冲激响应不变法是使数字滤波器的单位冲激响应序列 $h(n)$ 模仿模拟滤波器的单位冲激响应 $h_a(t)$，将模拟滤波器的单位冲激响应等间隔采样，使 $h(n)$ 正好等于 $h_a(t)$ 的采样值，即

$$h(n) = h_a(nT)$$

$h_a(t)$ 的拉氏变换为

$$L\left[h_a(t)\right]=H_a(s)$$

$h(nT)$ 的 Z 变换即为数字滤波器的系统函数 $H(z)$，即

$$Z\left[h(nT)\right]=H(z)$$

$h(n)$ 的 Z 变换和 $h_a(t)$ 的拉氏变换之间的关系为

$$H(z)\big|_{z=e^{sT}}=\frac{1}{T}\sum_{m=-\infty}^{\infty}H_a\left(s+\mathrm{j}\frac{2\pi}{T}m\right)=\hat{H}(s)$$

上式即时域的采样：使连续信号的拉氏变换 $H_a(s)$ 在 s 平面上沿虚轴周期延拓，再经过 $z=e^{sT}$ 的映射关系，将 $H_a(s)$ 映射到 z 平面上，即得 $H(z)$。以此实现从 s 平面到 z 平面的变换，即模拟滤波器实现离散化。

将模拟滤波器的系统函数 $H_a(s)$ 表达为部分分式形式，即

$$H_a(s)=\sum_{i=1}^{N}\frac{A_i}{s+s_i}$$

则相应的单位冲激响应为

$$h_a(t)=L^{-1}\left[H_a(s)\right]=\sum_{i=1}^{N}A_i e^{-s_i t}u(t)$$

式中，$u(t)$ 为单位阶跃响应。根据冲激响应不变法，数字滤波器的单位冲激响应为

$$h(n)=h_a(hT)=\sum_{i=1}^{N}A_i e^{-s_i nT}u(n)=\sum_{i=1}^{N}A_i\left(e^{-s_i T}\right)^{n}u(n)$$

由此可得数字滤波器的系统函数为

$$H(z)=\sum_{n=-\infty}^{\infty}h(n)z^{-n}=\sum_{n=0}^{\infty}\sum_{i=1}^{N}A_i e^{-s_i nT}z^{-n}=\sum_{i=1}^{N}A_i\sum_{n=0}^{\infty}\left(e^{-s_i T}z^{-1}\right)^{n}=\sum_{i=1}^{N}\frac{A_i}{1-e^{-s_i T}z^{-1}}$$

由此可知，从 $H_a(s)$ 到 $H(z)$ 间的变换关系为

$$\frac{1}{s+s_i}\Leftrightarrow\frac{1}{1-e^{-s_i T}z^{-1}}=\frac{z}{z-e^{-s_i T}}$$

MATLAB 提供了函数 impinvar 用于实现冲激响应不变法设计数字滤波器，其调用格式为

```
[bz,az] = impinvar(b,a,fs)
%基于模拟滤波器(b,a)创建数字滤波器(bz,az)，其冲激响应等于模拟滤波器的冲激响应
```

说明：b、a 分别为模拟滤波器系统函数的分子、分母向量；bz、az 分别为数字滤波器系统函数的分子、分母向量；fs 为采样频率，默认为 1，单位为 Hz。

```
[bz,az] = impinvar(b,a,fs,tol)
%使用 tol 指定的公差确定极点是否重复，tol 表征区分多重极点的程度，默认为 0.1%
```

【例 7-52】利用巴特沃斯模拟滤波器，通过冲激响应不变法设计巴特沃斯数字滤波器，数字滤波器的采样周期 $T=2$，同时满足下列条件。

$$\begin{cases}0.80\leqslant\left|H(e^{\mathrm{j}\omega})\right|\leqslant1.0,&0\leqslant|\omega|\leqslant0.30\pi\\ \left|H(e^{\mathrm{j}\omega})\right|\leqslant0.18,&0.35\pi\leqslant|\omega|\leqslant\pi\end{cases}$$

解： 在编辑器窗口中编写代码。

```
clear,clc,clf
T=2;                                           %设置采样周期为2
```

```
fs=1/T;                                  %采样频率为周期倒数
Wp=0.30*pi/T;
Ws=0.35*pi/T;                            %设置归一化通带和阻带截止频率
Ap=20*log10(1/0.8);
As=20*log10(1/0.18);                     %设置通带最大和最小衰减
[N,Wc]=buttord(Wp,Ws,Ap,As,'s');        %调用 buttord 函数确定巴特沃斯滤波器阶数
[B,A]=butter(N,Wc,'s');                  %调用 butter 函数设计巴特沃斯滤波器
W=linspace(0,pi,400*pi);                 %指定一段频率值
hf=freqs(B,A,W);                         %计算模拟滤波器的幅频响应
subplot(121);
plot(W/pi,abs(hf)/abs(hf(1)));grid on    %绘出巴特沃斯模拟滤波器的幅频特性曲线
title('巴特沃斯模拟滤波器')
xlabel('频率/Hz');ylabel('幅值')
[D,C]=impinvar(B,A,fs);                  %调用冲激响应不变法
Hz=freqz(D,C,W);                         %返回频率响应
subplot(122);
plot(W/pi,abs(Hz)/abs(Hz(1)));grid on    %绘出巴特沃斯数字低通滤波器的幅频特性曲线
title('巴特沃斯数字滤波器')
xlabel('频率/Hz');ylabel('幅值')
```

运行结果如图 7-55 所示，同时输出如下警告信息：

警告：The output is not correct/robust. Coeffs of B(s)/A(s) are real, but B(z)/A(z) has complex coeffs. Probable cause is rooting of high-order repeated poles in A(s).

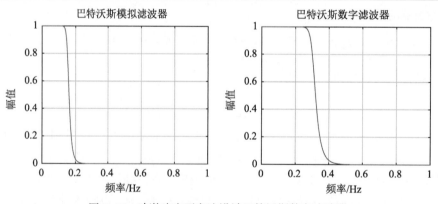

图 7-55　冲激响应不变法设计巴特沃斯数字滤波器

由图 7-55 可知，滤波比较成功，但 MATLAB 显示警告信息，说明输出并不那么稳定。

【例 7-53】用冲激响应不变法设计椭圆数字滤波器示例。

解： 在编辑器窗口中编写代码。

```
clear,clc,clf
wp=400*2*pi;
ws=420*2*pi;
rs=90;;rp=0.25;fs=1450;
[n,wn]=ellipord(wp,ws,rp,rs,'s');
[z,p,k]=ellipap(n,rp,rs);
[a,b,c,d]=zp2ss(z,p,k);
```

```
[at,bt,ct,dt]=lp2lp(a,b,c,d,wn);
[num1,den1]=ss2tf(at,bt,ct,dt);
[num2,den2]=impinvar(num1,den1,fs);
[h,w]=freqz(num2,den2);
figure; winrect=[150,150,450,350];
set(gcf,'position',winrect);
set(gco,'linewidth',1);
freqz(num2,den2);
xlabel('归一化角频率');ylabel('相角')
figure; winrect=[150,150,450,350];
set(gcf,'position',winrect);
plot(w*fs/(2*pi),abs(h));grid on
xlabel('频率/Hz');ylabel('幅值')
```

运行结果如图 7-56 所示。

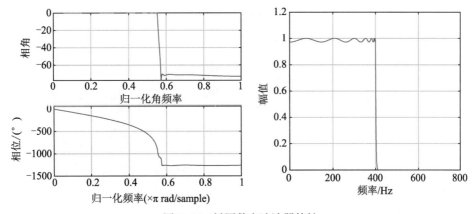

图 7-56　椭圆数字滤波器特性

【例 7-54】用冲激响应不变法设计一个巴特沃斯低通滤波器，使其特征逼近一个低通巴特沃斯模拟滤波器的性能指标。

解：在编辑器窗口中编写代码。

```
clear,clc,clf
wp=2000*2*pi;
ws=3000*2*pi;                        %滤波器截止频率
Rp=3;
Rs=15;                               %通带纹波和阻带衰减
Fs=9000;                             %采样频率
Nn=256;                              %调用 freqz 所用的频率点数
[N,wn]=buttord(wp,ws,Rp,Rs,'s');     %模拟滤波器的最小阶数
[z,p,k]=buttap(N);                   %设计模拟低通原型 Butterworth 滤波器
[Bap,Aap]=zp2tf(z,p,k);              %将零点极点增益形式转换为传递函数形式
[b,a]=lp2lp(Bap,Aap,wn);             %进行频率转换
[bz,az]=impinvar(b,a,Fs);            %运用冲激响应不变法得到数字滤波器的传递函数

[h,f]=freqz(bz,az,Nn,Fs);            %绘制数字滤波器的幅频特性和相频特性
subplot(221);plot(f,20*log10(abs(h)));grid on
```

```
xlabel('频率/Hz');ylabel('振幅/dB')
subplot(222);plot(f,180/pi*unwrap(angle(h)));grid on
xlabel('频率/Hz');ylabel('相位/^o')
f1=1000;  f2=2000;                          %输入信号的频率
N=100;                                      %数据长度
dt=1/Fs;  n=0:N-1;                          %采样时间间隔
t=n*dt;                                     %时间序列
x=tan(2*pi*f1*t)+0.5*sin(2*pi*f2*t);        %滤波器输入信号
subplot(223);plot(t,x);title('输入信号');    %绘制输入信号
y=filtfilt(bz,az,x);                        %用 filtfilt 函数对输入信号进行滤波
y1=filter(bz,az,x);                         %用 filter 函数对输入信号进行滤波
subplot(224);plot(t,y,t,y1,' --'); legend('filtfilt 函数','filter 函数')
title('输出信号'); xlabel('时间/s');
```

运行结果如图 7-57 所示。

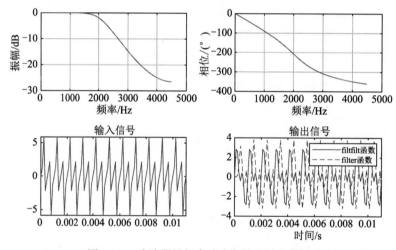

图 7-57 滤波器的频率响应与输入输出信号

7.6.2 双线性变换法

冲激响应不变法使数字滤波器在时域上能够较好地模仿模拟滤波器。由于从 s 平面到 z 平面的映射 $z = e^{sT}$ 具有多值性，设计的数字滤波器不可避免地出现频谱混叠现象，而双线性变换法可以克服该频谱混叠现象。

所谓的"双线性"变换，是指变换公式中 s 与 z 的分子和分母部分都是"线性"的。其主要特点是：

（1）消除了冲激响应不变法所固有的频谱混叠现象；

（2）模拟频率 Ω 和数字频率 ω 之间是非线性关系。

模拟滤波器的传递函数 $H(s)$ 为

$$H(s) = \frac{\sum_{k=0}^{M} c_k s^k}{\sum_{k=1}^{N} d_k s^k}, \ M \leqslant N$$

假设无重复极点，展开为部分分式的形式，则

$$H(s) = \sum_{k=1}^{N} \frac{A_k}{s - s_{pk}}$$

那么，对于上述该函数所表达的数字信号处理系统来讲，其模拟输入和模拟输出有如下关系：

$$y'(t) - s_p y(t) = A x(t)$$

利用差分方程来代替导数，即

$$y'(t) = \frac{y(n) - y(n-1)}{T}$$

同时，令

$$y(t) = \frac{1}{2}\left[y(n) + y(n-1)\right]$$

$$x(t) = \frac{1}{2}\left[x(n) + x(n-1)\right]$$

这样，便可将上面的微分方程写为对应的差分方程形式：

$$\frac{1}{T}\left[y(n) - y(n-1)\right] - \frac{s_p}{2}\left[y(n) + y(n-1)\right] = \frac{A}{2}\left[x(n) + x(n-1)\right]$$

两边分别取变换 Z，可得

$$H(z) = \frac{Y(z)}{X(z)} = \frac{A}{\dfrac{2}{T} \times \dfrac{1 - z^{-1}}{1 + z^{-1}} - s_p}$$

通过上述过程，得到双线性变换中的基本关系如下

$$s = \frac{2}{T} \times \frac{1 - z^{-1}}{1 + z^{-1}}, \quad z = \frac{\dfrac{2}{T} + s}{\dfrac{2}{T} - s}$$

MATLAB 提供了 bilinear 函数用于实现用双线性变换法设计数字滤波器（模拟滤波器转换为数字滤波器），调用格式为

```
[zd,pd,kd] = bilinear(z,p,k,fs)
%将由 z、p、k 和采样率 fs 指定的零极点形式的 s 域传递函数转换为离散等效函数，即将模拟滤波器转换为数
%字滤波器
```

说明：z、p 分别为零点、极点，均为列向量；k 为系统增益；fs 为指定的采样频率，单位为 Hz。

```
[numd,dend] = bilinear(num,den,fs)
%将分子 num、分母 den 指定的 s 域传递函数转换为离散等效函数
[Ad,Bd,Cd,Dd] = bilinear(A,B,C,D,fs)
%将矩阵 A、B、C 和 D 表征的连续时间状态空间系统转换为离散时间系统
[___] = bilinear(___,fp)
%使用参数 fp 指定"预扭曲"系数，配合频率指定预扭曲
```

说明：

（1）零极点模型中所采用的双线性变换为

$$s = 2 f_s \frac{z-1}{z+1}$$

（2）"预扭曲"系数 f_p 所采用的双线性变换为

$$s = \frac{2\pi f_p (z-1)}{\tan\left(\pi \dfrac{f_p}{f_s}\right)(z+1)}$$

【例 7-55】设采样周期 $T = 250\mu s\,(f_s = 4\text{kHz})$，设计一个三阶巴特沃斯 LP 滤波器，其 3dB 截止频率 $f_c = 1\text{kHz}$。分别用冲激响应不变法和双线性变换法求解。

解： 在编辑器窗口中编写代码。

```
clear,clc,clf
[B,A]=butter(3,2*pi*1000,'s');
[num1,den1]=impinvar(B,A,4000);
[h1,w]=freqz(num1,den1);
[B,A]=butter(3,2/0.00025,'s');
[num2,den2]=bilinear(B,A,4000);
[h2,w]=freqz(num2,den2);
f=w/pi*2000;
plot(f,abs(h1),'-.',f,abs(h2),'-');grid
xlabel('频率/Hz ');ylabel('幅值')
```

运行结果如图 7-58 所示。

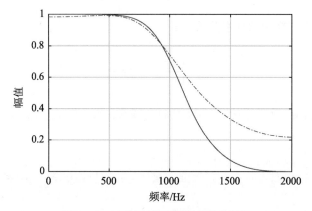

图 7-58　三阶巴特沃斯滤波器的频响

【例 7-56】采样频率 $f_s = 400\text{kHz}$，设计一个巴特沃斯带通滤波器，其 3dB 边界频率分别为 $f_2 = 90\text{kHz}$，$f_1 = 110\text{kHz}$，并且在阻带 $f_3 = 120\text{kHz}$ 处的最小衰减大于 10dB。

解： 在编辑器窗口中编写代码。

```
clear,clc,clf
w1=2*500*tan(2*pi*90/(2*400));
w2=2*500*tan(2*pi*110/(2*400));
wr=2*500*tan(2*pi*120/(2*400));
[N,wn]=buttord([w1 w2],[1 wr],3,10,'s');
[B,A]=butter(N,wn,'s');
[num,den]=bilinear(B,A,400);
[h,w]=freqz(num,den);
```

```
f=w/pi*200;
plot(f,20*log10(abs(h))); grid
axis([40,160,-30,10]);
xlabel('频率/kHz');ylabel('幅度/dB')
```

运行结果如图 7-59 所示。

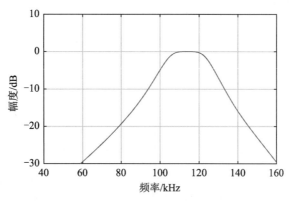

图 7-59　巴特沃斯带通滤波器

【例 7-57】利用巴特沃斯模拟滤波器，通过双线性变换法设计数字带阻滤波器，数字滤波器的采样周期 $T=1$，同时满足下列条件。

$$\begin{cases} 0.80 \leqslant |H(\mathrm{e}^{\mathrm{j}\omega})| \leqslant 1.0, 0 \leqslant |\omega| \leqslant 0.30\pi \\ |H(\mathrm{e}^{\mathrm{j}\omega})| \leqslant 0.18, 0.35\pi \leqslant |\omega| \leqslant 0.75\pi \\ 0.90 \leqslant |H(\mathrm{e}^{\mathrm{j}\omega})| \leqslant 1.0, 0.75 \leqslant |\omega| \leqslant \pi \end{cases}$$

解： 在编辑器窗口中编写代码。

```
clear,clc,clf
T=1;                                %设置采样周期为1
fs=1/T;                             %采样频率为周期倒数
wp=[0.30*pi,0.75*pi];
ws=[0.35*pi,0.65*pi];
Wp=(2/T)*tan(wp/2);
Ws=(2/T)*tan(ws/2);                 %设置归一化通带和阻带截止频率
Ap=20*log10(1/0.8);                 %设置通带最大和最小衰减
As=20*log10(1/0.18);
[N,Wc]=buttord(Wp,Ws,Ap,As,'s');    %调用butter函数确定巴特沃斯滤波器阶数
[B,A]=butter(N,Wc,'stop','s');      %调用butter函数设计巴特沃斯滤波器
W=linspace(0,2*pi,400*pi);          %指定一段频率值
hf=freqs(B,A,W);                    %计算模拟滤波器的幅频响应
subplot(121);
plot(W/pi,abs(hf));grid on          %绘出巴特沃斯模拟滤波器的幅频特性曲线
title('巴特沃斯模拟滤波器')
xlabel('频率/Hz');ylabel('幅值')
[D,C]=bilinear(B,A,fs);             %调用双线性变换法
Hz=freqz(D,C,W);                    %返回频率响应
subplot(122);
```

```
plot(W/pi,abs(Hz));grid on          %绘出巴特沃斯数字带阻滤波器的幅频特性曲线
title('巴特沃斯数字滤波器')
xlabel('频率/Hz');ylabel('幅值')
```

运行结果如图 7-60 所示。

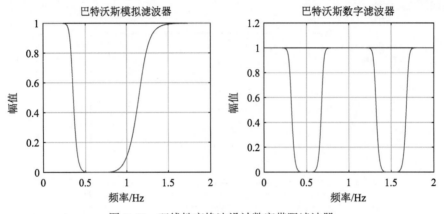

图 7-60 双线性变换法设计数字带阻滤波器

【**例 7-58**】用双线性变换法设计一个椭圆低通滤波器，并满足相应的性能指标。

解： 在编辑器窗口中编写代码。

```
clear,clc,clf
wp=0.3*pi;
ws=0.4*pi;                         %数字滤波器截止频率通带纹波
Rp=2;
Rs=30;                             %阻带衰减
Fs=100;
Ts=1/Fs;                           %采样频率
Nn=256;                            %调用 freqz 所用的频率点数
wp=2/Ts*cos(wp/2);
ws=2/Ts*cos(ws/2);                 %按频率公式进行转换
[n,wn]=ellipord(wp,ws,Rp,Rs,'s');  %计算模拟滤波器的最小阶数
[z,p,k]=ellipap(n,Rp,Rs);          %设计模拟原型滤波器
[Bap,Aap]=zp2tf(z,p,k);            %零点极点增益形式转换为传递函数形式
[b,a]=lp2lp(Bap,Aap,wn);           %低通转换为低通滤波器的频率转换
[bz,az]=bilinear(b,a,Fs);          %运用双线性变换法得到数字滤波器传递函数
[h,f]=freqz(bz,az,Nn,Fs);          %绘出频率特性
subplot(121);plot(f,20*log10(abs(h)));grid on
xlabel('频率/Hz');ylabel('振幅/dB')
subplot(122);plot(f,180/pi*unwrap(angle(h)));grid on
xlabel('频率/Hz');ylabel('相位/^o')
```

运行结果如图 7-61 所示。

【**例 7-59**】用双线性变换法设计椭圆数字滤波器示例。

解： 在编辑器窗口中编写代码。

```
clear,clc,clf
wp=400*2*pi;
ws=420*2*pi;
```

```
rs=90;;rp=0.25;fs=1450;
[n,wn]=ellipord(wp,ws,rp,rs,'s');
[z,p,k]=ellipap(n,rp,rs);
[a,b,c,d]=zp2ss(z,p,k);
[at,bt,ct,dt]=lp2lp(a,b,c,d,wn);
[num1,den1]=ss2tf(at,bt,ct,dt);
[num2,den2]=bilinear(num1,den1,fs);
[h,w]=freqz(num2,den2);
figure;winrect=[100,100,400,300];
set(gcf,'position',winrect);
set(gco,'linewidth',1);
freqz(num2,den2);
xlabel('归一化角频率');ylabel('相角')
figure;winrect=[100,100,400,300];
set(gcf,'position',winrect);
plot(w*fs/(2*pi),abs(h));grid on
xlabel('频率/Hz');ylabel('幅值')
```

运行结果如图 7-62 所示。

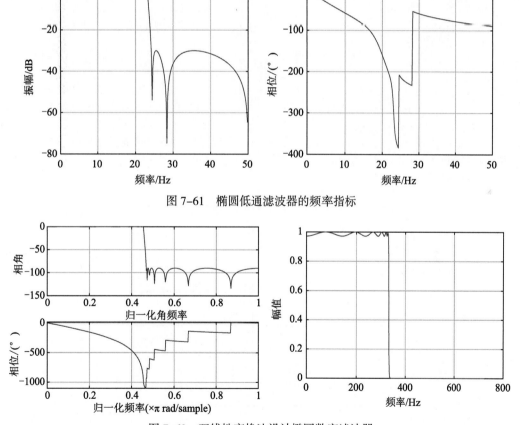

图 7-61   椭圆低通滤波器的频率指标

图 7-62   双线性变换法设计椭圆数字滤波器

7.7 频率响应函数

通常在设计好滤波器之后，需要查验滤波器的频率响应，确定设计的滤波器是否符合要求。前文涉及的 freqs 函数就是用于获取模拟滤波器的频率响应。其调用格式为

```
h = freqs(b, a, w)   %根据系数向量b、a计算返回模拟滤波器的复频域响应，并在角频率w下进行评估
```

说明：该函数计算在复平面虚轴上的频率响应 h，由于 w 确定了输入的实向量，因此必须包含至少一个频率点。

```
[h,wout] = freqs(b, a)      %自动挑选 200 个频率点来计算频率响应 h
[h,wout] = freqs(b,a,n)     %使用 n 个频率点计算 h，并返回相应的角频率 wout
freqs(___)                  %无输出参数时，在当前图形窗口中将幅值和相位响应绘制为角频率的函数
```

【例 7-60】找到并绘制模拟滤波器传递函数 $H(s)$ 的频率响应图。

$$H(s) = \frac{0.4s^2 + 0.5s + 1}{s^2 + 0.5s + 2}$$

解： 在编辑器窗口中编写代码。

```
clear,clc,clf
a = [1 0.5 2];                              %滤波器传递函数分母多项式系数
b = [0.4 0.5 2];                            %滤波器传递函数分子多项式系数
w = logspace(-1,1);
h = freqs(b,a,w);
mag = abs(h);
phase = angle(h);
subplot(2,1,1), loglog(w,mag);grid on       %运用双对数坐标绘制幅频响应
xlabel('角频率');ylabel('振幅')
subplot(2,1,2), semilogx(w,phase);grid on   %运用半对数坐标绘制相频响应
xlabel('角频率');ylabel('相位')
```

运行结果如图 7-63 所示。

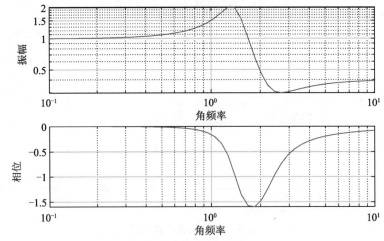

图 7-63　滤波器的幅相频响应

【例 7-61】设计一个 5 阶的切比雪夫 I 型带通滤波器，通带波纹为 3dB，下边界频率为 100Hz，上边界频率为 500Hz，绘制幅频响应图。给出该滤波器的冲激响应、阶跃响应。设输入信号为

$$\tan(2\pi \times 30t) + 0.5\sin(2\pi \times 300t) + 2\cos(2\pi \times 800t)$$

求滤波器的输出与其输入、输出信号的傅里叶振幅谱。

解： 在编辑器窗口中编写代码。

```
clear,clc,clf
N=5;Rp=3;                                    %滤波器阶数
f1=100;f2=500;                               %滤波器边界频率（Hz）
w1=2*pi*f1;w2=2*pi*f2;                        %边界频率（rad/s）
[z,p,k]=cheb1ap(N,Rp);                       %设计 Chebyshev I 型原型低通滤波器
[b,a]=zp2tf(z,p,k);                          %转换为传递函数形式
Wo=sqrt(w1*w2);                              %中心频率
Bw=w2-w1;                                    %频带宽度
[bt,at]=lp2bp(b,a,Wo,Bw);                    %频率转换
[h,w]=freqs(bt,at);                          %计算复数频率响应
figure(1)
subplot(2,2,1),semilogy(w/2/pi,abs(h));grid on    %绘制幅频响应
xlabel('频率/Hz');title('幅频图')
subplot(2,2,2),plot(w/2/pi,angle(h)*180/pi);grid on    %绘制相频响应
xlabel('频率/Hz');ylabel('相位/^o');title('相频图')
H=[tf(bt,at)];                               %在 MATLAB 中表示此滤波器
[h1,t1]=impulse(H);                          %绘出系统的冲激响应图
subplot(2,2,3),plot(t1,h1);
xlabel('时间/s');title('冲激响应')
[h2,t2]=step(H);                             %绘出系统的阶跃响应图
subplot(2,2,4),plot(t2,h2);
xlabel('时间/s');title('阶跃响应')
figure(2)
dt=1/2000;
t=0:dt:0.1;                                  %给出模拟滤波器输出的时间范围
u=tan(2*pi*30*t)+0.5*sin(2*pi*300*t)+2*cos(2*pi*800*t);   %模拟输入信号
subplot(2,2,1);plot(t,u)      %绘制模拟输入信号
xlabel('时间/s');title('输入信号')
[ys,ts]=lsim(H,u,t);                         %模拟系统的输入 u 时的输出
subplot(2,2,2);plot(ts,ys);                  %绘制模拟输入信号
xlabel('时间/s');title('输出信号')
subplot(2,2,3);                              %绘制输入信号振幅谱
plot((0:length(u)-1)/(length(u)*dt),abs(fft(u))*2/length(u));
xlabel('频率/Hz');title('输入信号振幅谱')
subplot(2,2,4);                              %绘制输出信号振幅谱
Y=fft(ys);
plot((0:length(Y)-1)/(length(Y)*dt),abs(Y)*2/length(Y));
xlabel('频率/Hz');title('输出信号振幅谱')
```

运行结果如图 7-64 所示。

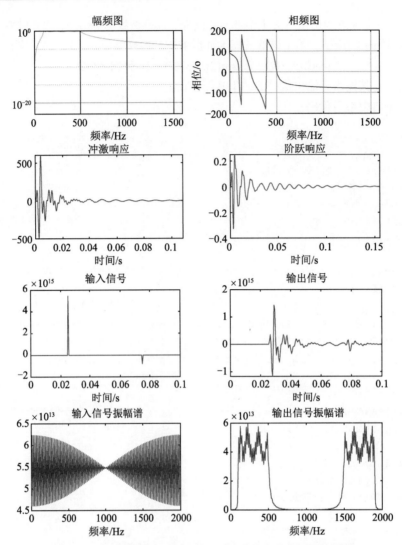

图 7-64　滤波器的输出及其输入、输出信号的傅里叶振幅谱

【例 7-62】 设计一个 6 阶的切比雪夫 Ⅱ 型带通滤波器，绘制幅频响应图并给出其冲激响应、阶跃响应。

解： 在编辑器窗口中编写代码。

```
clear,clc,clf
N=6;
Rp=3;                                      %滤波器阶数
f1=150;
f2=600;                                    %滤波器的边界界限(Hz)
w1=2*pi*f1;
w2=2*pi*f2;                                %边界频率(rad/s)
[z,p,k]=cheb2ap(N,Rp)                      %设计 Chebyshev Ⅱ型原型低通滤波器
[b,a]=zp2tf(z,p,k);                        %转换为传递函数形式
Wo=sqrt(w1*w2);                            %中心频率
Bw=w2-w1;                                  %频带宽度
[bt,at]=lp2bp(b,a,Wo,Bw);                  %频率转换
```

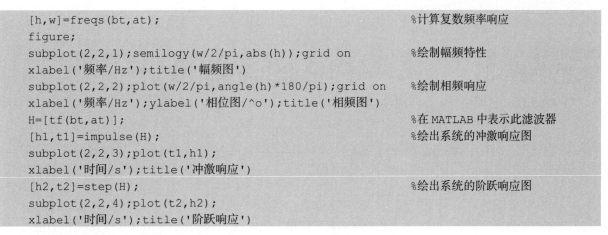

```
[h,w]=freqs(bt,at);                                    %计算复数频率响应
figure;
subplot(2,2,1);semilogy(w/2/pi,abs(h));grid on         %绘制幅频特性
xlabel('频率/Hz');title('幅频图')
subplot(2,2,2);plot(w/2/pi,angle(h)*180/pi);grid on    %绘制相频响应
xlabel('频率/Hz');ylabel('相位图/^o');title('相频图')
H=[tf(bt,at)];                                         %在 MATLAB 中表示此滤波器
[h1,t1]=impulse(H);                                    %绘出系统的冲激响应图
subplot(2,2,3);plot(t1,h1);
xlabel('时间/s');title('冲激响应')
[h2,t2]=step(H);                                        %绘出系统的阶跃响应图
subplot(2,2,4);plot(t2,h2);
xlabel('时间/s');title('阶跃响应')
```

运行结果如图 7-65 所示。

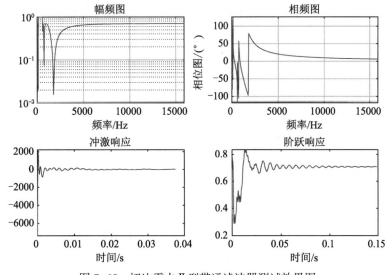

图 7-65　切比雪夫 II 型带通滤波器测试效果图

7.8　本章小结

数字滤波技术是数字信号处理的一个重要环节，滤波器的设计则是信号处理的核心问题之一。数字滤波器通过数字运算实现滤波，具有处理精度高、稳定、灵活等特点，并且不存在阻抗匹配问题，可以实现模拟滤波器无法实现的特殊滤波功能。IIR 滤波器具有良好的幅频响应特性，被广泛应用于通信、控制、生物医学、振动分析、雷达和声呐等领域。通过本章的学习能使读者掌握 IIR 滤波器的基础知识、掌握使用 MATLAB 工具箱进行滤波器设计，为后面的学习打下基础。

第 8 章

FIR 滤波器设计

有限长单位冲激响应（Finite Impulse Response，FIR）滤波器是一种在数字信号处理领域中应用广泛的基础性滤波器。由于 FIR 滤波器具有有限长的脉冲采样响应特性（比较稳定），因此 FIR 滤波器的应用要远远广于 IIR 滤波器，在信息传输、模式识别以及数字图像处理等领域具有举足轻重的作用。

学习目标：

（1）了解、熟悉 FIR 滤波器的结构；

（2）理解线性相位 FIR 滤波器的特性；

（3）掌握窗函数法设计 FIR 滤波器的常用方法；

（4）实践频率采样 FIR 滤波器的设计；

（5）理解实践 FIR 滤波器的最优设计。

8.1 FIR 滤波器的结构

FIR 滤波器能够保留一些模拟滤波器的优良特性，如具有良好的幅频特性，但其相位是非线性的。FIR 滤波器可以设计成严格线性相位的，避免信号产生相位失真。FIR 滤波器具有以下特点：

（1）系统的单位冲激响应 $h(n)$ 在有限个 n 值处不为 0；

（2）系统函数 $H(z)$ 在 $|z|>0$ 处收敛，且只有零点，即有限 z 平面只有零点，而全部极点都在 $z=0$ 处（因果系统）；

（3）结构上主要采用非递归结构，没有输出到输入的反馈。

假设 FIR 滤波器的单位冲激响应 $h(n)$ 为一个长度为 N 的序列，那么有限冲激响应数字滤波器的系统函数为

$$H(z) = \sum_{n=0}^{N-1} h(n)z^{-n}$$

其中，$H(z)$ 在 $z=0$ 处有 $N-1$ 阶零点，而没有除 z 平面原点外的极点。

FIR 滤波器的基本结构主要有直接型、级联型、频率采样型及快速卷积型 4 种，下面将分别进行介绍。

8.1.1 直接型结构

FIR 滤波器系统的系统函数只有多个零点，而除 z 平面原点外没有极点，相当于 IIR 滤波器系统的系统函数，可表示为

$$H(z) = \frac{\sum\limits_{r=0}^{M} b_r z^{-r}}{1 + \sum\limits_{k=1}^{N} a_k z^{-k}}$$

其中，所有的系数 a_k 都为 0，因此 FIR 滤波器系统的差分方程为

$$y(n) = \sum_{m=0}^{N-1} h(m)x(n-m)$$

由于直接型结构利用输入信号 $x(n)$ 和滤波器单位冲激响应 $h(n)$ 的线性卷积来描述输出信号 $y(n)$，所以 FIR 滤波器的直接型结构又称为卷积型结构，有时也称为横截型结构。

　　FIR 滤波器直接型结构的信号流图如图 8-1 所示。从信号流图上看，FIR 滤波器的直接型结构与 IIR 滤波器所有的系数 a_k 都为 0 时的结构完全一致，因此，直接型 FIR 滤波器是直接型 IIR 滤波器的一种特殊情况。

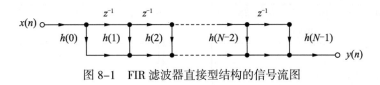

图 8-1　FIR 滤波器直接型结构的信号流图

8.1.2　级联型结构

　　当需要控制系统传输零点时，可以将传递函数 $H(z)$ 分解成二阶实系数因子的形式，表示为

$$H(z) = \sum_{n=0}^{N-1} h(n)z^{-n} = \prod_{i=1}^{M} (b_{0i} + b_{1i}z^{-1} + b_{2i}z^{-2})$$

其中，M 为 $N/2$ 的最大整数。因为 $H(z)$ 有奇数 $N-1$ 个零点，其中复数共轭零点成对出现且为偶数个，所以奇数零点必为奇数个。

　　FIR 滤波器级联型结构的信号流图如图 8-2 所示。由于该结构的每一节控制一对零点，可以在需要控制传输零点时采用该结构。所需的系数 $b_{ik}(i = 0,1,2;\ k = 1,2,\cdots,[N/2])$，比直接型的 $h(n)$ 多，运算时所需的乘法运算也比直接型多。

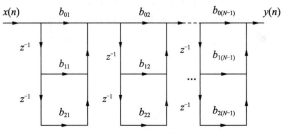

图 8-2　FIR 滤波器级联型结构的信号流图

　　【例 8-1】分别用直接型和级联型实现给定 FIR 滤波器的系统函数。

　　解：在编辑器窗口中编写代码。

```
clear,clc,clf
n=0:10;
N=30;
b=0.9.^n;
delta=impseq(0,0,N);                          %产生单位冲激信号
h=filter(b,1,delta);
subplot(2,2,1);stem(h);title('直接型 h(n)');grid
x=[ones(1,5),zeros(1,N-5)];
y=filter(b,1,x);
```

```
subplot(2,2,2);stem(y);title('直接型 y(n)');grid
[b0,B,A]=dir2cas(b,1);
h=casfilter(b0,B,A,delta);                        %级联型实现
y=casfilter(b0,B,A,x);
subplot(2,2,3);stem(h);title('级联型 h(n)');grid
subplot(2,2,4);stem(y);title('级联型 y(n)');grid
```

运行结果如图 8-3 所示。

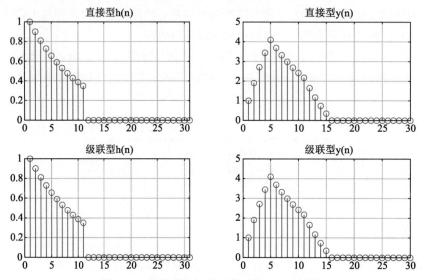

图 8-3　直接型和级联型实现的 FIR 滤波器

8.1.3　频率采样型结构

有限长序列 $h(n)$ 的 Z 变换 $H(z)$ 是在单位圆上做 N 点的等间隔采样，N 个频率采样值的离散傅里叶逆变换所对应的时域信号是原序列 $h_N(n)$ 以采样点数 N 为周期进行周期延拓的结果。当 $N \geq M$（原序列 $h(n)$ 的长度）时，$h_N(n) = h(n)$，不会发生信号失真，此时 $H(z)$ 可以用频域采样序列 $H(k)$ 内插得到，内插公式为

$$H(z) = (1 - z^{-N}) \frac{1}{N} \sum_{k=0}^{N-1} \frac{H(k)}{1 - W_N^{-k} z^{-1}}$$

其中

$$H(k) = H(z)\big|_{z = e^{j\frac{2\pi}{N}k}}, \quad k = 0, 1, \cdots, N-1$$

由此可见，FIR 系统可以由一个子 FIR 系统 $(1 - z^{-N})$ 和一个子 IIR 系统 $\sum_{k=0}^{N-1} \frac{H(k)}{1 - W_N^{-k} z^{-1}}$ 级联实现。

FIR 滤波器频率采样型结构的信号流图如图 8-4 所示。

$H(z)$ 也可以重写为

$$H(z) = \frac{1}{N} H_c(z) \sum_{k=0}^{N-1} H_k'(z)$$

其中，$H_c(z)$ 和 $H_k'(z)$ 分别为

$$H_c(z) = 1 - z^{-N}$$

$$H'_k(z) = \frac{H(k)}{1 - W_N^{-k} z^{-1}}$$

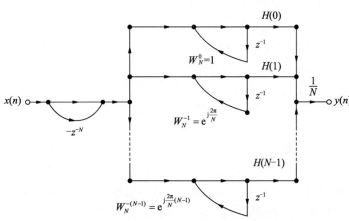

图 8-4　FIR 滤波器频率采样型结构的信号流图

　　显然，$H(z)$ 的第一部分 $H_c(z)$ 是一个由 N 阶延时单元组成的梳状滤波器，它在单位圆上有 N 个等间隔的零点，即

$$z_i = e^{j\frac{2\pi}{N}i} = W_N^{-i}$$

频率响应为

$$H_c(e^{j\omega}) = 1 - e^{-j\omega N} = 2e^{-j\frac{\omega N}{2}} \sin\left(\frac{\omega N}{2}\right)$$

幅度响应为

$$\left| H_c(e^{j\omega}) \right| = 2\left| \sin\left(\frac{\omega N}{2}\right) \right|$$

相角为

$$\arg\left[H_c\left(e^{j\omega}\right) \right] = \frac{\pi}{2} - \frac{\omega N}{2} + m\pi$$

显然它具有梳状特性，所以称其为梳状滤波器。

　　频率采样结构级联的第二部分由 N 个一阶网络并联而成，其中每个一阶网络可表示为

$$H'_k(z) = \frac{H(k)}{1 - W_N^{-k} z^{-1}}$$

令其分母为 0，即

$$1 - W_N^{-k} z^{-1} = 0$$

可求得极点为

$$z_k = W_N^{-k} = e^{j\frac{2\pi}{N}k}$$

因此，$H'_k(z)$ 是谐振频率 $\omega = \frac{2\pi}{N}k$ 的无损耗谐振器。一个谐振器的极点正好与梳状滤波器的一个零点相抵消，从而使频率 $\frac{2\pi}{N}k$ 上的频率响应等于 $H(k)$。

这样，N 个谐振器的 N 个极点就和梳状滤波器的 N 个零点相互抵消，从而在 N 个频率采样点 $\left(\omega=\dfrac{2\pi}{N}k,\ k=0,1,\cdots,N-1\right)$ 的频率响应分别等于 N 个 $H(k)$ 值，把这两部分级联即可构成 FIR 滤波器的频率采样型结构。其主要优点如下：

（1）系数 $H(k)$ 直接就是滤波器在 $\omega=2\pi k/N$ 处的响应值，因此可以直接控制滤波器的响应。

（2）只要滤波器的阶数 N 相同，对于任何频响形状，其梳状滤波器部分的结构完全相同，N 个一阶网络部分的结构也完全相同，只是各支路 $H(k)$ 的增益不同，因此频率采样型结构便于标准化、模块化。

一般来说，当采样点数较大时，频率采样结构比较复杂，所需的乘法器和延时器比较多。但在以下两种情况下，使用频率采样型结构比较经济。

（1）对于窄带滤波器，其多数采样值为零，谐振器柜中只剩下几个所需要的谐振器。这时采用频率采样型结构比直接型结构所用的乘法器少，当然存储器还是要比直接型用得多一些。

（2）在需要同时使用很多并列的滤波器的情况下，这些滤波器可以采用频率采样型结构，并且可以共用梳状滤波器和谐振柜，只要将各谐振器的输出适当加权组合就能组成各个并列的滤波器。

利用 MATLAB 实现 FIR 系统直接型结构转换为频率采样型结构的代码如下。

```matlab
function [C,B,A] = dir2fs(h)
% 直接型转换为频率采样型
% C=包含各并行部分增益的行向量
% B、A-包含按行排列的分子、分母系数矩阵
% h=FIR 滤波器的冲激响应向量
M = length(h);
H = fft(h,M);
magH = abs(H); phaH = angle(H)';
if (M == 2*floor(M/2))
    L = M/2-1;                          %M 为偶数
    A1 = [1,-1,0;1,1,0];
    C1 = [real(H(1)),real(H(L+2))];
else
    L = (M-1)/2;                        %M 为奇数
    A1 = [1,-1,0];
    C1 = [real(H(1))];
end
k = [1:L]';
%初始化 B 和 A 数组
B = zeros(L,2); A = ones(L,3);
%计算分母系数
A(1:L,2) = -2*cos(2*pi*k/M); A = [A;A1];
%计算分子系数
B(1:L,1) = cos(phaH(2:L+1));
B(1:L,2) = -cos(phaH(2:L+1)-(2*pi*k/M));
%计算增益系数
C = [2*magH(2:L+1),C1]';
end
```

【例 8-2】利用频率采样法设计一个 FIR 低通滤波器，其理想频率特性是矩形的，给定采样频率 $\Omega_s=2\pi\times1.5\times10^4\,\text{rad/s}$，通带截止频率 $\Omega_p=2\pi\times1.6\times10^3\,\text{rad/s}$ 阻带起始频率 $\Omega_{st}=2\pi\times3.1\times10^3\,\text{rad/s}$，通带波动

$\sigma_1 \leqslant 1 \text{ dB}$，阻带衰减 $\sigma_2 \geqslant 50 \text{ dB}$。

　　解：在编辑器窗口中编写代码。

```
clear,clc,clf
N=30;
H=[ones(1,4),zeros(1,22),ones(1,4)];
H(1,5)=0.5886;H(1,26)=0.5886;H(1,6)=0.1065;H(1,25)=0.1065;
k=0:(N/2-1);k1=(N/2+1):(N-1);k2=0;
A=[exp(-1j*pi*k*(N-1)/N),exp(-1j*pi*k2*(N-1)/N),exp(1j*pi*(N-k1)*(N-1)/N)];
HK=H.*A;
h=ifft(HK);
fs=15000;
[c,f3]=freqz(h,1);
f3=f3/pi*fs/2;
subplot(221);plot(f3,20*log10(abs(c)));title('频谱特性')
xlabel('频率/Hz');ylabel('衰减/dB');grid on
subplot(222);  stem(real(h),'.');title('输入采样波形')
line([0,35],[0,0]);
xlabel('n');ylabel('Real(h(n))');grid on
t=(0:100)/fs;
W=sin(2*pi*t*750)+sin(2*pi*t*3000)+sin(2*pi*t*6500);
q=filter(h,1,W);
[a,f1]=freqz(W);
f1=f1/pi*fs/2;
[b,f2]=freqz(q);
f2=f2/pi*fs/2;
subplot(223);plot(f1,abs(a));title('输入波形频谱图')
xlabel('频率/Hz');ylabel('幅度');grid on
subplot(224);plot(f2,abs(b));title('输出波形频谱图')
xlabel('频率/Hz');ylabel('幅度');grid on
```

运行结果如图 8-5 所示。

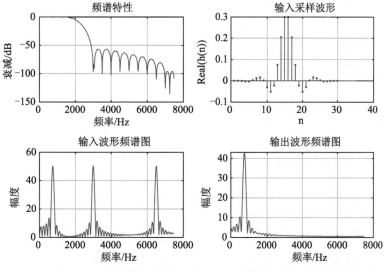

图 8-5　频率采样法设计一个 FIR 低通滤波器的效果图

【例 8-3】求一个 20 点相位 FIR 系统的频率样本的频率采样型结构。

解： 在编辑器窗口中编写代码。

```
clear,clc,clf
M=20;
alpha=(M-1)/2;
magHk=[1 1 1 0.5 zeros(1,13) 0.5 1 1];
k1=0:10;
k2=11:M-1;
angHk=[-alpha*2*pi/M*k1,alpha*2*pi/M*(M-k2)];
H=magHk.*exp(1j*angHk);
h=real(ifft(H,M));
[C,B,A]=dir2fs(h)
```

运行结果如下：

```
C =
    2.0000
    2.0000
    1.0000
    0.0000
    0.0000
    0.0000
         0
    0.0000
    0.0000
    1.0000
         0
B =
   -0.9877    0.9877
    0.9511   -0.9511
   -0.8910    0.8910
   -0.9991    0.2673
    0.0000   -1.0000
   -0.5437   -0.9662
    1.0000    0.5878
   -0.7071   -0.9877
    0.0000   -0.3090
A =
   -1.9021    1.0000    1.0000
   -1.6180    1.0000    1.0000
   -1.1756    1.0000    1.0000
   -0.6180    1.0000    1.0000
   -0.0000    1.0000    1.0000
    0.6180    1.0000    1.0000
    1.1756    1.0000    1.0000
    1.6180    1.0000    1.0000
    1.9021    1.0000    1.0000
    1.0000   -1.0000         0
    1.0000    1.0000         0
```

8.1.4　快速卷积型结构

根据圆周卷积和线性卷积的关系可知，两个长度为 N 的序列的线性卷积，可以用这两个序列的 $2N-1$ 点的圆周卷积实现。

由 FIR 滤波器的直接型结构可知，滤波器的输出信号 $y(n)$ 是输入信号 $x(n)$ 和滤波器单位冲激响应 $h(n)$ 的线性卷积。所以，对有限长序列 $x(n)$，可以通过补零的方法延长 $x(n)$ 和 $h(n)$ 序列，然后计算它们的圆周卷积，从而得到 FIR 系统的输出 $y(n)$。

FIR 滤波器系统的时域差分方程为

$$y(n) = \sum_{m=0}^{N-1} h(m)x(n-m)$$

设 $h(n)$ 的长度为 N_1，$x(n)$ 的长度为 N_2，则卷积结果 $y(n)$ 的长度为 N_1+N_2+1。当进行 DFT 运算时，DFT 的点数满足 $L \geqslant N_1+N_2+1$，则有

$$\begin{cases} X(k) = \mathrm{DFT}\big[x(n)\big], \ L点 \\ H(k) = \mathrm{DFT}\big[h(n)\big], \ L点 \\ Y(k) = H(k)X(k), \ L点 \\ y(n) = \mathrm{IDFT}\big[Y(k)\big], \ L点 \end{cases}$$

其中，$H(k)$ 可预先求出。FIR 滤波器的快速卷积型结构的信号流图如图 8-6 所示。

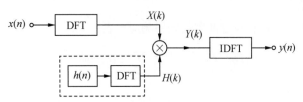

图 8-6　FIR 滤波器快速卷积型结构的信号流图

8.2　线性相位 FIR 滤波器的特性

FIR 滤波器能够在保证幅度特性满足技术要求的同时，具有严格的线性相位特性，且 FIR 滤波器的单位冲激响应是有限长的，因而滤波器一定是稳定的，而且可以用快速傅里叶变换算法实现，大大提高了运算速率。

8.2.1　相位条件

如果一个线性时不变系统的频率响有如下形式：

$$H(\mathrm{e}^{\mathrm{j}\omega}) = H(\omega)\mathrm{e}^{\mathrm{j}\theta(\omega)} = |H(\mathrm{e}^{\mathrm{j}\omega})|\,\mathrm{e}^{-\mathrm{j}\alpha\omega}$$

则其具有线性相位。式中，α 是一个实数。因而，线性相位系统有一个恒定的群延时为

$$\tau = \alpha$$

在实际应用中，有两类准确的线性相位，分别满足

$$\theta(\omega) = -\tau\omega$$

$$\theta(\omega) = \beta - \tau\omega$$

（1）FIR 滤波器具有第一类线性相位的充分必要条件是：单位冲激响应 $h(n)$ 关于群延时 τ 偶对称，即满足

$$h(n) = h(N-1-n), \ 0 \leqslant n \leqslant N-1$$

$$\tau = \frac{N-1}{2}$$

把满足偶对称条件的 FIR 滤波器分别称为 I 型线性相位滤波器和 II 型线性相位滤波器。

（2）FIR 滤波器具有第二类线性相位的充分必要条件是：单位冲激响应 $h(n)$ 关于群延时 τ 奇对称，即满足

$$h(n) = -h(N-1-n), \ \ 0 \leqslant n \leqslant N-1$$

$$\beta = \pm\frac{\pi}{2}$$

$$\tau = \frac{N-1}{2}$$

满足奇对称条件的 FIR 滤波器分别称为 III 型线性相位滤波器和 IV 型线性相位滤波器。

8.2.2　线性相位 FIR 滤波器频率响应的特点

如果滤波器的系数 $h(n)$ 的长度为 N，且这些系数是关于 $\tau=(N-1)/2$ 对称的，根据 $h(n)$ 的奇偶对称性和 N 的奇偶性，线性相位 FIR 滤波器可以分为以下 4 种类型。

1. I 型线性相位滤波器

由于偶对称性，一个 I 型线性相位滤波器的频率响应可表示为

$$H(\mathrm{e}^{\mathrm{j}\omega}) = \mathrm{e}^{-\mathrm{j}(N-1)\omega/2} \sum_{n=0}^{(N-1)/2} a(k)\cos(k\omega)$$

其中

$$\begin{cases} a(k) = 2h\left(\dfrac{N-1}{2}-k\right), & k=1,2,\cdots,\dfrac{N-1}{2} \\ a(0) = h\left(\dfrac{N-1}{2}\right) \end{cases}$$

幅度函数为

$$H(\omega) = \sum_{n=0}^{(N-1)/2} a(k)\cos(k\omega)$$

相位函数为

$$\theta(\omega) = \frac{-(N-1)\omega}{2}$$

I 型线性相位滤波器的幅度函数和相位函数的特点如下：

（1）幅度函数对 $\tau=(N-1)/2$ 偶对称，同时对 $\omega=0,\pi,2\pi$ 也呈偶对称；

（2）相位函数为准确的线性相位。

在 MATLAB 中，编写 I 型线性相位滤波器的幅度响应函数 hr_type1 如下：

```
function [Hr,w,a,L]=hr_type1(h);          %计算所设计的 I 型滤波器的幅度响应
% Hr 为振幅响应、a 为 I 型滤波器的系数、L 为 Hr 的阶次
% h 为 I 型滤波器的单位冲激响应
M=length(h);
```

```
L=(M-1)/2;
a=[h(L+1) 2*h(L:-1:1)];
n=[0:1:L];
w=[0:1:500]'*2*pi/500;
Hr=cos(w*n)*a';
end
```

2. Ⅱ型线性相位滤波器

一个Ⅱ型线性相位滤波器，由于 N 是偶数，所以 $h(n)$ 的对称中心在半整数点 $\tau = (N-1)/2$。其频率响应可以表示为

$$H(\mathrm{e}^{\mathrm{j}\omega}) = \mathrm{e}^{-\mathrm{j}(N-1)\omega/2} \sum_{n=0}^{N/2} b(k)\cos\left[\left(k-\frac{1}{2}\right)\omega\right]$$

其中

$$b(k) = 2h\left(\frac{N}{2}-k\right), \quad k=1,2,\cdots,\frac{N}{2}$$

幅度函数为

$$H(\omega) = \sum_{n=0}^{N/2} b(k)\cos\left[\left(k-\frac{1}{2}\right)\omega\right]$$

相位函数为

$$\theta(\omega) = \frac{-(N-1)\omega}{2}$$

Ⅱ型线性相位滤波器的幅度函数和相位函数的特点如下：

（1）幅度函数的特点：当 $\omega=\pi$ 时，$H(\pi)=0$，也就是说 $H(z)$ 在 $z=-1$ 处必然有一个零点；$H(\omega)$ 对 $\omega=\pi$ 呈奇对称，对 $\omega=0,2\pi$ 呈偶对称。

（2）相位函数的特点：同Ⅰ型线性相位滤波器。

在 MATLAB 中，编写Ⅱ型线性相位滤波器的幅度响应函数 hr_type2 如下：

```
function [Hr,w,b,L]=hr_type2(h);          %计算所设计的 II 型滤波器的幅度响应
%Hr 为振幅响应、b 为 II 型滤波器的系数、L 为 Hr 的阶次
%h 为 II 型滤波器的单位冲激响应
M=length(h);
L=M/2;
b= 2*h(L:-1:1);
n=[1:1:L];
n=n-0.5;
w=[0:1:500]'*2*pi/500;
Hr=cos(w*n)*b';
end
```

3. Ⅲ型线性相位滤波器

由于Ⅲ型线性相位滤波器关于 $\tau = (N-1)/2$ 奇对称，且 τ 为整数，所以其频率响应可以表示为

$$H(\mathrm{e}^{\mathrm{j}\omega}) = \mathrm{e}^{-\mathrm{j}(N-1)\omega/2} \sum_{n=1}^{(N-1)/2} c(k)\sin(k\omega)$$

其中

$$c(k) = 2h\left(\frac{N-1}{2} - k\right), \quad k = 1, 2, \cdots, \frac{N-1}{2}$$

幅度函数为

$$H(\omega) = \sum_{n=1}^{(N-1)/2} c(k)\sin(k\omega)$$

相位函数为

$$\theta(\omega) = \frac{-(N-1)\omega}{2} + \frac{\pi}{2}$$

Ⅲ型线性相位滤波器的幅度函数和相位函数的特点如下：

（1）幅度函数的特点：当 $\omega = 0, \pi, 2\pi$ 时，$H(\pi) = 0$，也就是说 $H(z)$ 在 $z = \pm 1$ 处必然有一个零点；$H(\omega)$ 对 $\omega = 0, \pi, 2\pi$ 均呈奇对称。

（2）相位函数的特点：既是准确的线性相位，又包括 $\pi/2$ 的相移，所以又称为 $90°$ 移相器，或称为正交变换网络。

在 MATLAB 中，编写Ⅲ型线性相位滤波器的幅度响应函数 hr_type3。

```
function [Hr,w,c,L]=hr_type3(h);        %计算所设计的 III 型滤波器的幅度响应
%Hr 为振幅响应、b 为 III 型滤波器的系数、L 为 Hr 的阶次
%h 为 III 型滤波器的单位冲激响应
M=length(h);
L=(M-1)/2;
c= [2*h(L+1:-1:1)];
n=[0:1:L];
w=[0:1:500]'*2*pi/500;
Hr=sin(w*n)*c';
end
```

4. Ⅳ型线性相位滤波器

Ⅳ型线性相位滤波器关于 $\tau = (N-1)/2$ 奇对称，且 N 为偶数，所以为非整数。其频率响应可以表示为

$$H(e^{j\omega}) = e^{-j(N-1)\omega/2} \sum_{n=1}^{N/2} d(k)\sin\left[\left(k - \frac{1}{2}\right)\omega\right]$$

其中

$$d(k) = 2h\left(\frac{N}{2} - k\right), \quad k = 1, 2, \cdots, \frac{N}{2}$$

幅度函数为

$$H(\omega) = \sum_{n=1}^{N/2} d(k)\sin\left[\left(k - \frac{1}{2}\right)\omega\right]$$

相位函数为

$$\theta(\omega) = \frac{-(N-1)\omega}{2} + \frac{\pi}{2}$$

Ⅳ型线性相位滤波器的幅度函数和相位函数的特点如下：

（1）幅度函数的特点：当 $\omega = 0, 2\pi$ 时，$H(\pi) = 0$，也就是说 $H(z)$ 在 $z = +1$ 处必然有一个零点；$H(\omega)$ 对 $\omega = 0, 2\pi$ 均呈奇对称，对 $\omega = \pi$ 呈偶对称。

（2）相位函数的特点：同Ⅲ型线性相位滤波器。

在 MATLAB 中，编写 IV 型线性相位滤波器的幅度响应函数 hr_type4。

```
function [Hr,w,d,L]=hr_type4(h);              %计算所设计的 IV 型滤波器的幅度响应
%Hr 为振幅响应、b 为 IV 型滤波器的系数、L 为 Hr 的阶次
%h 为 IV 型滤波器的单位冲激响应
M=length(h);
L=M/2;
d= 2*[h(L:-1:1)];
n=[1:1:L];
n=n-0.5;
w=[0:1:500]'*2*pi/500;
Hr=sin(w*n)*d';
end
```

设计 4 种线性相位低通滤波器幅度响应的用户自定义函数如下：

```
function [A,w,type,tao]=amplres(h)
%h 为 FIR 滤波器的冲激响应、A 为滤波器的幅度特性
%w 为在[0 2*pi] 区间内计算 Hr 的 512 个频率点
%type 为线性相位滤波器的类型、tao 为幅度特性的群迟延
N=length(h);
tao=(N-1)/2;
L=floor(tao);
n=1:L+1;
w=[0:511]*2*pi/512;
if all(abs(h(n)-h(N-n+1))<1e-8)
    if mod(N,2)~=0
        A=2*h(n)*cos(((N+1)/2-n)'*w)-h(L+1);
        type=1;
    else
        A=2*h(n)*cos(((N+1)/2-n)'*w);
        type =2;
    end
elseif all(abs(h(n)+h(N-n+1))<1e-8)&&(h(L+1)*mod(N,2)==0)
    A=2*h(n)*sin(((N+1)/2-n)'*w);
    if mod(N,2)~=0
        type=3;
    else
        type=4;
    end
else
    error('error: 非线性相位滤波器!')
end
end
```

5. 零极点绘制子程序

在 MATLAB 中，绘制滤波器的零极点，需要调用的用户子程序 pzplotz。

```
function pzplotz(b,a)              %按给定系数向量 b,a 在 z 平面上画出零极点分布图
%b、a 为分子、分母多项式系数向量
%b、a 可从 z 的最高幂降幂排至 z^0,也可由 z^0 开始，按 z^-1 的升幂排至 z 的最负幂
N = length(a);
```

```
M = length(b);
pz = []; zz = [];
if (N > M)
    zz = zeros((N-M),1);
elseif (M > N)
    pz = zeros((M-N),1);
end
pz = [pz;roots(a)];
zz = [zz;roots(b)];
pzr = real(pz)';
pzi = imag(pz)';
zzr = real(zz)';
zzi = imag(zz)';
rzmin = min([pzr,zzr,-1])-0.5;
rzmax = max([pzr,zzr,1])+0.5;
izmin = min([pzi,zzi,-1])-0.5;
izmax = max([pzi,zzi,1])+0.5;
zmin = min([rzmin,izmin]);
zmax = max([rzmax,izmax]);
zmm=max(abs([zmin,zmax]));
uc=exp(j*2*pi*[0:1:500]/500);
plot(real(uc),imag(uc),'b',[-zmm,zmm],[0,0],'b',[0,0],[-zmm,zmm],'b');
axis([-zmm,zmm,-zmm,zmm]);
axis('square');hold on
plot(zzr,zzi,'bo',pzr,pzi,'rx');hold on
text(zmm*1.1,zmm*0.95,'z-平面')
xlabel('实轴');ylabel('虚轴');title('零极点图')
end
```

【例 8-4】设计 I 型线性相位滤波器。

解： 在编辑器窗口中编写代码。

```
clear,clc,clf
h=[-4 3 -5 -2  5 7 5 -2 -1 8 -3];
M=length(h);
n=0:M-1;
[Hr,w,a,L]=hr_type1(h);
subplot(2,2,1);stem(n,h);title('冲激响应')
xlabel('n');ylabel('h(n)');grid on
subplot(2,2,3);stem(0:L,a);title('a(n)系数')
xlabel('n');ylabel('a(n)');grid on
subplot(2,2,2); plot(w/pi,Hr);title('I型幅度响应')
xlabel('频率单位pi');ylabel('Hr'); grid on
subplot(2,2,4);pzplotz(h,1);grid on
```

运行结果如图 8-7 所示。

【例 8-5】设计 II 型线性相位滤波器。

解： 在编辑器窗口中编写代码。

```
clear,clc,clf
h=[-4 3 -5 -2  5 7 5 -2 -1 8 -3];
```

```
M=length(h);
n=0:M-1;
[Hr,w,b,L]=hr_type2(h);
subplot(2,2,1);stem(n,h);title('冲激响应')
xlabel('n');ylabel('h(n)');grid on
subplot(2,2,3);stem(1:L,b);title('b(n)系数')
xlabel('n');ylabel('b(n)');grid on
subplot(2,2,2); plot(w/pi,Hr);title('Ⅱ型幅度响应')
xlabel('频率单位pi');ylabel('Hr');grid on
subplot(2,2,4);pzplotz(h,1);grid on
```

运行结果如图 8-8 所示。

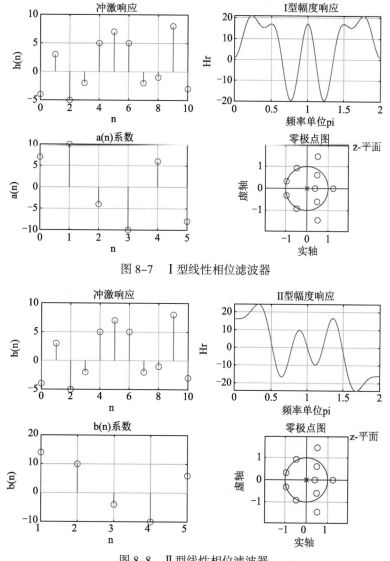

图 8-7 Ⅰ型线性相位滤波器

图 8-8 Ⅱ型线性相位滤波器

【例 8-6】设计Ⅲ型线性相位滤波器。

解： 在编辑器窗口中编写代码。

```
clear,clc,clf
h=[-4 3 -5 -2  5 7 5 -2 -1 8 -3];
M=length(h);
n=0:M-1;
[Hr,w,c,L]=hr_type3(h);
subplot(2,2,1);stem(n,h);title('冲激响应')
xlabel('n');ylabel('h(n)');grid on
subplot(2,2,3);stem(0:L,c);title('c(n)系数')
xlabel('n');ylabel('c(n)');grid on
subplot(2,2,2); plot(w/pi,Hr);title('Ⅲ型幅度响应')
xlabel('频率单位pi');ylabel('Hr');grid on
subplot(2,2,4);pzplotz(h,1);grid on
```

运行结果如图 8-9 所示。

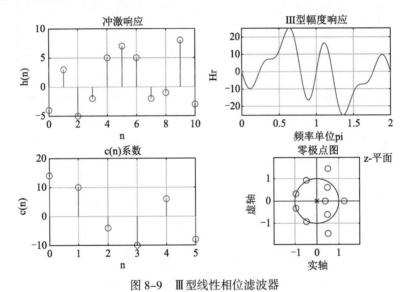

图 8-9　Ⅲ型线性相位滤波器

【**例 8-7**】设计Ⅳ型线性相位滤波器。

解： 在编辑器窗口中编写代码。

```
clear,clc,clf
h=[-4 3 -5 -2 5 7 5 -2 -1 8 -3];
M=length(h);
n=0:M-1;
[Hr,w,d,L]=hr_type4(h);
subplot(2,2,1);stem(n,h);title('冲激响应')
xlabel('n');ylabel('h(n)');grid on
subplot(2,2,3);stem(1:L,d);title('d(n)系数')
xlabel('n');ylabel('d(n)');grid on
subplot(2,2,2); plot(w/pi,Hr);title('Ⅳ型幅度响应')
xlabel('频率单位pi');ylabel('Hr');grid on
subplot(2,2,4);pzplotz(h,1);grid on
```

运行结果如图 8-10 所示。

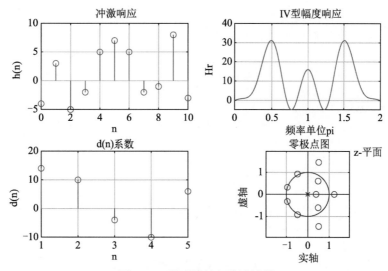

图 8-10　Ⅳ型线性相位滤波器

【例 8-8】设计 4 种线性相位低通滤波器的幅度响应。

解： 在编辑器窗口中编写代码。

```
clear,clc,clf
h1 = [-3,1,-1,-2,5,6,5,-2,-1,1,-3];
h2 = [-3,1,-1,-2,5,6,6,5,-2,-1,1,-3];
h3 = [-3,1,-1,-2,5,0,-5,2,1,-1,3];
h4= [-3,1,-1,-2,5,6,-6,-5,2,1,-1,3];
[A1,w1,a1,L1]=amplres(h1);
[A2,w2,a2,L2]=amplres(h2);
[A3,w3,a3,L3]=amplres(h3);
[A4,w4,a4,L4]=amplres(h4);
figure(1),
n1=0:length(h1)-1;
amax = max(h1)+1; amin = min(h1)-1;

subplot(241); stem(n1,h1,'k');title('冲激响应')
axis([-1 2*L1+1 amin amax])
xlabel('n');ylabel('h(n)');
subplot(242);plot(w1,A1,'k');title('Ⅰ型幅度响应')
xlabel('w');ylabel('A(\omega)'); grid
n2=0:length(h2)-1;
amax = max(h2)+1;
amin = min(h2)-1;
subplot(243); stem(n2,h2,'k');title('冲激响应')
axis([-1 2*L2+1 amin amax]);
xlabel('n');ylabel('h(n)');
subplot(244);plot(w2,A2,'k');title('Ⅱ型幅度响应')
```

```
xlabel('w');ylabel('A(\omega)'); grid

n3=0:length(h3)-1;
amax = max(h3)+1;
amin = min(h3)-1;
subplot(245); stem(n3,h3,'k');title('冲激响应')
axis([-1 2*L3+1 amin amax])
xlabel('n');ylabel('h(n)');
subplot(246);plot(w3,A3,'k');title('Ⅲ型幅度响应')
xlabel('w');ylabel('A(\omega)');grid
n4=0:length(h4)-1;
amax = max(h4)+1;
amin = min(h4)-1;
subplot(247);stem(n4,h4,'k');title('冲激响应')
axis([-1 2*L4+1 amin amax]);
xlabel('n');ylabel('h(n)');
subplot(248);plot(w4,A4,'k');title('Ⅳ型幅度响应')
xlabel('w');ylabel('A(\omega)'); grid
```

运行结果如图 8-11 所示。

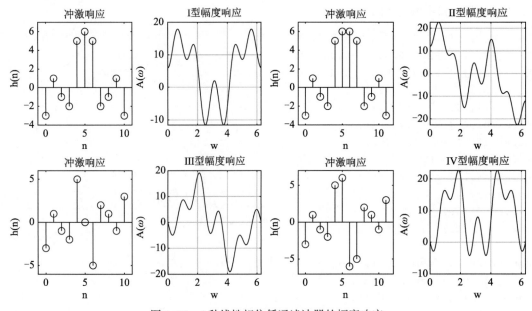

图 8-11　4 种线性相位低通滤波器的幅度响应

8.2.3　线性相位 FIR 滤波器的零点特性

当 $h(n)$ 为偶对称时（Ⅰ型或Ⅱ型线性相位滤波器）， $h(n)=h(N-1-n)$ ，则

$$H(z)=\sum_{n=0}^{N-1}h(n)z^{-n}=\sum_{n=0}^{N-1}h(N-1-n)z^{-n}$$
$$=z^{-(N-1)}H\left(z^{-1}\right)$$

当 $h(n)$ 为奇对称时（Ⅲ型或Ⅳ型线性相位滤波器），$h(n) = -h(N-1-n)$，则

$$H(z) = \sum_{n=0}^{N-1} h(n)z^{-n} = \sum_{n=0}^{N-1} -h(N-1-n)z^{-n}$$
$$= -z^{-(N-1)}H\left(z^{-1}\right)$$

所以，线性相位滤波器的系统函数为

$$H(z) = \pm z^{-(N-1)}H\left(z^{-1}\right)$$

在上述两种情况下，如果 $H(z)$ 在 $z = z_0$ 处等于 0，则在 $z = 1/z_0$ 处也一定等于 0。所以 $H(z)$ 的零点呈倒数对出现。另外，若 $h(n)$ 是实值的，则复零点呈共轭倒数对出现，或者说是共轭镜像的。

一个线性相位滤波器零点的 4 种结构如下：

（1）零点既不在实轴上，也不在单位圆上，即 $z_i = r_i e^{j\theta_i}, r_i \neq 1, \theta_i \neq 0$，有四组零点是两组互为倒数的共轭对，其基本因子为

$$H_i(z) = (1 - z^{-1}r_i e^{j\theta_i})(1 - z^{-1}r_i e^{-j\theta_i})\left(1 - z^{-1}\frac{1}{r_i}e^{j\theta_i}\right)\left(1 - z^{-1}\frac{1}{r_i}e^{-j\theta_i}\right)$$
$$= \frac{1}{r_i^2}[1 - 2r_i(\cos\theta_i)z^{-1} + r_i^2 z^{-2}][1 - 2r_i(\cos\theta_i)z^{-1} + z^{-2}]$$

（2）零点在单位圆上，但不在实轴上，此时 $r_i = 1, \theta_i \neq 0, \theta_i \neq \pi$，零点的共轭值就是它的倒数，其基本因子为

$$H_i(z) = (1 - z^{-1}e^{j\theta_i})(1 - z^{-1}e^{-j\theta_i}) = 1 - 2(\cos\theta_i)z^{-1} + z^{-2}$$

（3）零点在实轴上，但不在单位圆上，即 $r_i \neq 1, \theta_i = 0$ 或 π，此时零点是实数，它没有复共轭部分，只有倒数，且倒数也在实轴上，其基本因子为

$$H_i(z) = \left(1 \pm r_i z^{-1}\right)\left(1 \pm \frac{1}{r_i}z^{-1}\right) = 1 \pm \left(r_i + \frac{1}{r_i}\right)z^{-1} + z^{-2}$$

式中，负号零点在负实轴上，正号相当于零点在正实轴上。

（4）零点既在单位圆上，但在实轴上，即 $r_i = 1$，$\theta_i = 0$ 或 π，此时零点只有 $z = 1$，$z = -1$ 两种情况，即零点既是自己的复共轭，又是倒数，其基本因子为

$$H_i(z) = 1 \pm z^{-1}$$

式中，负号相当于零点在负实轴上，正号相当于零点在正实轴上。

【例 8-9】画出所给出的 4 种滤波器的系数的零极点图。

解： 在编辑器窗口中编写代码。

```
clear,clc,clf
h1 = [-4,2,-2,-2,5,7,5,-2,-2,2,-4];
h2 = [-4,2,-2,-2,5,7,7,5,-2,-2,2,-4];
h3 = [-4,2,-2,-2,5,0,-5,2,2,-2,4];
h4= [-4,2,-2,-2,5,7,-7,-5,2,2,-2,4];
subplot(2,2,1);zplane(h1,1);title('Ⅰ型零极点')
subplot(2,2,2); zplane(h2,1);title('Ⅱ型零极点')
subplot(2,2,3); zplane(h3,1);title('Ⅲ型零极点')
subplot(2,2,4);zplane(h4,1);title('Ⅳ型零极点')
```

运行结果如图 8-12 所示。

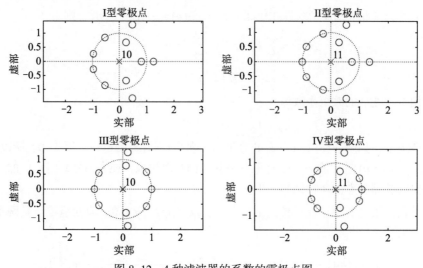

图 8-12　4 种滤波器的系数的零极点图

8.3　窗函数法设计 FIR 滤波器

窗函数法在 FIR 滤波器设计中具有很重要的作用，下面将介绍几种常用的窗函数。

8.3.1　窗函数的基本原理

通常希望所设计的滤波器具有理想的幅频和相频特性，一个理想的低通滤波器的频率特性可表示为

$$H_{\mathrm{d}}(\mathrm{e}^{\mathrm{j}\omega}) = \sum_{n=-\infty}^{+\infty} h_{\mathrm{d}}(n)\mathrm{e}^{-\mathrm{j}\omega n} = \begin{cases} \mathrm{e}^{-\mathrm{j}\alpha\omega} \\ 0 \end{cases}$$

对应的单位冲激响应为

$$h_{\mathrm{d}}(n) = \frac{1}{2\pi}\int_{-\pi}^{\pi} H(\mathrm{e}^{\mathrm{j}\omega})\mathrm{e}^{\mathrm{j}\omega n}\mathrm{d}\omega = \frac{1}{2\pi}\int_{-\omega_{\mathrm{c}}}^{\omega_{\mathrm{c}}} \mathrm{e}^{-\mathrm{j}\alpha\omega}\mathrm{e}^{\mathrm{j}\omega n}\mathrm{d}\omega = \frac{\sin[\omega_{\mathrm{c}}(n-\alpha)]}{\pi(n-\alpha)}$$

式中，$\alpha = (N-1)/2$。

由于理想滤波器在边界频率处不连续，故其时域信号 $h_{\mathrm{d}}(n)$ 一定是无限时宽、非因果的序列，所以理想低通滤波器是无法实现的。如果要实现一个具有理想线性相位特性的滤波器，其幅频特性只能通过逼近理想幅频特性的方法实现。

如果对 $h_{\mathrm{d}}(n)$ 进行截取，并保证截取过程中序列保持对称，而且截取长度为 N，则对称点为 $\alpha = (N-1)/2$。若截取后的序列为 $h(n)$，即

$$h(n) = h_{\mathrm{d}}(n)w(n)$$

式中，$w(n)$ 为截取函数，又称窗函数。

截取原理可得，序列 $h(n)$ 可看作从一个矩形窗口看到 $h_{\mathrm{d}}(n)$ 的一部分。如果窗函数为矩形序列 $R_N(n)$，则称函数为矩形窗函数。窗函数有多种形式，为保证加窗后系统的线性相位特性，必须保证加窗后的序列关于 $\alpha = (N-1)/2$ 点对称。

理想滤波器的单位冲激响应 $h_{\mathrm{d}}(n)$ 经过矩形窗函数截取后变为 $h(n)$，即

$$h(n) = \begin{cases} h_{\mathrm{d}}(n) \\ 0 \end{cases}$$

窗函数设计法的基本思路是用一个长度为 N 的序列 $h(n)$ 替代 $h_{\mathrm{d}}(n)$ 作为实际设计的滤波器的单位冲激响应，其系统函数为

$$H(z) = \sum_{n=0}^{N-1} h(n)z^{-n}$$

8.3.2　矩形窗

矩形窗（Rectangular Window）函数的时域形式可以表示为

$$w(n) = R_N(n) = \begin{cases} 1, & 0 \leq n \leq N-1 \\ 0, & \text{其他} \end{cases}$$

频域特性为

$$W_R\left(\mathrm{e}^{\mathrm{j}\omega}\right) = \frac{\sin\left(\omega N/2\right)}{\sin\left(\omega/2\right)} \mathrm{e}^{-\mathrm{j}\left(\frac{N-1}{2}\right)\omega}$$

幅度函数为

$$R_N(\omega) = \frac{\sin(\omega N / 2)}{\sin(\omega / 2)}$$

其主瓣宽度为 $4\pi / N$，第一旁瓣比主瓣低 $13\mathrm{dB}$。

在 MATLAB 中，实现矩形窗的函数为 rectwin，其调用格式为

```
w=rectwin(n)                    %n 是窗函数的长度，返回值 w 是一个 n 阶向量，它的元素由窗函数的值组成
```

在编辑器窗口中编写代码，运行结果如图 8-13 所示。

```
n = 60;
w = rectwin(n);                 %生成一个长度为 60 的矩形窗
wvtool(w)                       %使用窗口可视化工具可视化窗口向量的时域和频域
```

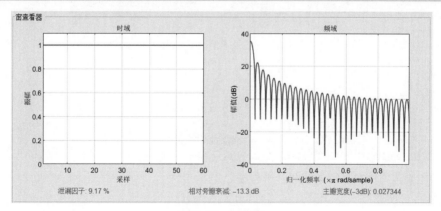

图 8-13　矩形窗

【例 8-10】运用矩形窗设计 FIR 带阻滤波器。

解： 在编辑器窗口中编写代码。

```
clear,clc,clf
Wph=3*pi*6.25/15;
```

```
Wpl=3*pi/15;
Wsl=3*pi*2.5/15;
Wsh=3*pi*4.75/15;
tr_width=min((Wsl-Wpl),(Wph-Wsh));
%过渡带宽度
N=ceil(4*pi/tr_width);                          %滤波器长度
n=0:1:N-1;
Wcl=(Wsl+Wpl)/2;                                %理想滤波器的截止频率
Wch=(Wsh+Wph)/2;
hd=ideal_bs(Wcl,Wch,N);                         %理想滤波器的单位冲激响应
w_ham=(boxcar(N))';
string=['矩形窗','N=',num2str(N)];
h=hd.*w_ham;                                    %截取取得实际的单位冲激响应
[db,mag,pha,w]=freqz_m2(h,[1]);
%计算实际滤波器的幅度响应
delta_w=2*pi/1000;
subplot(241);stem(n,hd);title('理想冲激响应 hd(n)')
axis([-1,N,-0.5,0.8]);xlabel('n');ylabel('hd(n)');grid on
subplot(242);stem(n,w_ham);
axis([-1,N,0,1.1]);xlabel('n');ylabel('w(n)');
text(1.5,1.18,string);grid on
subplot(243);stem(n,h);title('实际冲激响应 h(n)')
axis([0,N,-1.4,1.4]);xlabel('n');ylabel('h(n)');grid on
subplot(244);plot(w,pha);title('相频特性')
axis([0,3.15,-4,4]);xlabel('频率(rad)');ylabel('相位(Φ)');grid on
subplot(245);plot(w/pi,db);title('幅度特性')
axis([0,1,-80,10]);xlabel('频率');ylabel('分贝数');grid on
subplot(246);plot(w,mag);title('频率特性')
axis([0,3,0,2]);xlabel('频率');ylabel('幅值');grid on
fs=15000;
t=(0:100)/fs;
x=cos(2*pi*t*750)+cos(2*pi*t*3000)+cos(2*pi*t*6100);
q=filter(h,1,x);
[a,f1]=freqz(x);
f1=f1/pi*fs/2;
[b,f2]=freqz(q);
f2=f2/pi*fs/2;
subplot(247);plot(f1,abs(a));title('输入波形频谱图')
xlabel('频率');ylabel('幅度');grid on
subplot(248);plot(f2,abs(b));title('输出波形频谱图')
xlabel('频率');ylabel('幅度');grid on
```

运行过程中需要调用用户自定义的两个子程序。

调用子程序 1：

```
function hd=ideal_bs(Wcl,Wch,m);
alpha=(m-1)/2;
n=[0:1:(m-1)];
m=n-alpha+eps;
hd=[sin(m*pi)+sin(Wcl*m)-sin(Wch*m)]./(pi*m);
end
```

调用子程序 2：

```
function[db,mag,pha,w]=freqz_m2(b,a)
[H,w]=freqz(b,a,1000,'whole');
H=(H(1:1:501))'; w=(w(1:1:501))';
mag=abs(H);
db=20*log10((mag+eps)/max(mag));
pha=angle(H);
end
```

运行结果如图 8-14 所示。

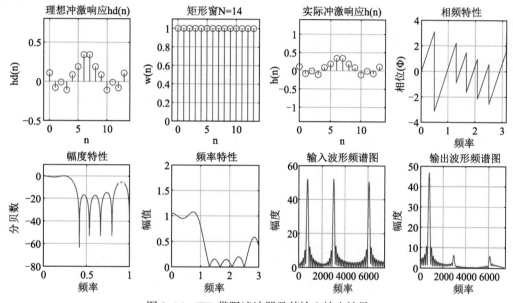

图 8-14　FIR 带阻滤波器及其输入输出结果

8.3.3　三角窗

三角窗（Triangular Window）是最简单的频谱函数 $W(e^{j\omega})$ 为非负的一种窗函数。三角窗函数的时域形式可以表示如下：

（1）当 N 为奇数时

$$w(k) = \begin{cases} \dfrac{2k}{N+1}, & 1 \leqslant k \leqslant \dfrac{N+1}{2} \\ \dfrac{2(N-k+1)}{N+1}, & \dfrac{N+1}{2} \leqslant k \leqslant N \end{cases}$$

（2）当 N 为偶数时

$$w(k) = \begin{cases} \dfrac{2k-1}{N}, & 1 \leqslant k \leqslant \dfrac{N}{2} \\ \dfrac{2(N-k+1)}{N}, & \dfrac{N}{2} \leqslant k \leqslant N \end{cases}$$

三角窗函数的频域特性为

$$W_R\left(e^{j\omega}\right) = \frac{2}{N-1}\left(\frac{\sin\left(\dfrac{\omega(N-1)}{4}\right)}{\sin\left(\dfrac{\omega}{2}\right)}\right)^2 e^{-j\omega\left(\frac{N-1}{2}\right)}$$

三角窗函数的主瓣宽度为 $8\pi/N$，比矩形窗函数的主瓣宽度增加了 1 倍，但是它的旁瓣宽度却小得多。

在 MATLAB 中，实现三角窗的函数为 triang，其调用格式为

```
w= triang(n)          %输入参数 n 是窗函数的长度，输出参数 w 是由窗函数的值组成的 n 阶向量
```

说明：三角窗是两个矩形窗的卷积，三角窗函数的首尾两个数值通常是不为 0 的。当 n 是偶数时，三角窗的傅里叶变换总是非负数。

在编辑器窗口中编写代码，运行结果如图 8-15 所示。

```
n = 60;
w = triang (n);           %生成一个长度为 60 的三角窗
wvtool(w)                 %使用窗口可视化工具可视化窗口向量的时域和频域
```

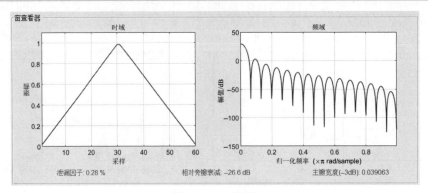

图 8-15　三角窗

8.3.4　汉宁窗

汉宁窗（Hanning Window）函数的时域形式可以表示为

$$w(k) = 0.5 - 0.5\cos\left(2\pi\frac{k}{N-1}\right), \quad k = 1, 2, \cdots, N$$

其频域特性为

$$W(\omega) = \left\{0.5W_R(\omega) + 0.25\left[W_R\left(\omega - \frac{2\pi}{N-1}\right) + W_R\left(\omega + \frac{2\pi}{N-1}\right)\right]\right\}e^{-j\omega\left(\frac{N-1}{2}\right)}$$

其中，$W_R(\omega)$ 为矩形窗函数的幅度频率特性函数。

汉宁窗函数的最大旁瓣值比主瓣值低 31dB，但是主瓣宽度比矩形窗函数的主瓣宽度增加了 1 倍，为 $8\pi/N$。

在 MATLAB 中，实现汉宁窗的函数为 hanning 和 hann，其调用格式为

```
w = hanning(n)           %输入参数 n 是窗函数的长度，输出参数 w 是由窗函数的值组成的 n 阶向量
                         %该函数不返回是零点的窗函数的首尾两个元素
w = hanning(n,'symmetric')        %与 hanning(n) 相同
```

```
w = hanning(n,'periodic')          %返回 n 点周期汉宁窗，并包括第一个零加权窗口样本。该函数返
                                   %回包括为零点的窗函数的首尾两个元素
w = hann(n)                        %返回一个 n 点对称的汉宁窗
w = hann(n,sflag)                  %使用 sflag 指定的窗采样，参数为'symmetric'、'periodic'
```

说明：当使用窗函数进行过滤器设计时，使用'symmetric'选项（默认选项）。'periodic'对频谱分析非常有用，因为它使加窗信号具有离散傅里叶变换中隐含的完美周期扩展的特性。当指定'periodic'时，窗函数计算长度为 n+1 的窗口，并返回第一个 n 点。

在编辑器窗口中编写代码。运行结果如图 8-16 所示。

```
n = 60;
w = hanning (n);                   %生成一个长度为 60 的汉宁窗
wvtool(w)                          %使用窗口可视化工具可视化窗口向量的时域和频域
```

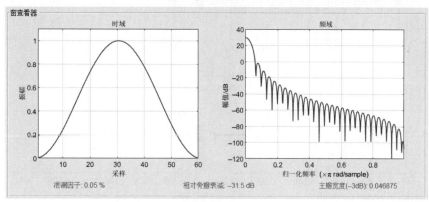

图 8-16　汉宁窗

【例 8-11】已知连续信号为 $x(t) = \cos(2\pi f_1 t) + 0.25\sin(2\pi f_2 t)$，其中 f_1=100Hz，f_2=150Hz，若以采样频率 f_{sam}=600Hz 对该信号进行采样，利用不同宽度 N 的矩形窗截短该序列，N 取 60，观察不同的窗对谱分析结果的影响。

解： 在编辑器窗口中编写代码。

```
clear,clc,clf
N=60;
L=512;
f1=100;f2=150;fs=600;
ws=2*pi*fs;
t=(0:N-1)*(1/fs);
x=cos(2*pi*f1*t)+0.25*sin (2*pi*f2*t);
wh=boxcar(N)';
x=x.*wh;
subplot(221);stem(t,x);title('加矩形窗时域图')
xlabel('n');ylabel('h(n)');grid on
W=fft(x,L);
f=((-L/2:L/2-1)*(2*pi/L)*fs)/(2*pi);
subplot(222);plot(f,abs(fftshift(W)));title('加矩形窗频域图')
xlabel('频率');ylabel('幅度');grid on
x=cos(2*pi*f1*t)+0.15*cos(2*pi*f2*t);
wh=hanning(N)';
```

```
x=x.*wh;
subplot(223);stem(t,x);title('加汉宁窗时域图')
xlabel('n');ylabel('h(n)');grid on
W=fft(x,L);
f=((-L/2:L/2-1)*(2*pi/L)*fs)/(2*pi);
subplot(224);plot(f,abs(fftshift(W)));title('加汉宁窗频域图')
xlabel('频率');ylabel('幅度');grid on
```

运行结果如图 8-17 所示。

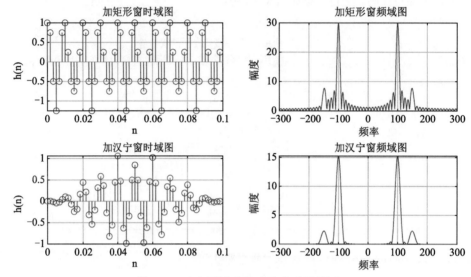

图 8-17　加矩形窗和加宁窗实验效果图

8.3.5　海明窗

海明窗（Hamming Window）函数的时域形式可以表示为

$$w(k) = 0.54 - 0.46\cos\left(2\pi\frac{k}{N-1}\right), \quad k = 1, 2, \cdots, N$$

其频域特性为

$$W(\omega) = \left\{0.54W_R(\omega) + 0.23\left[W_R\left(\omega - \frac{2\pi}{N-1}\right) + W_R\left(\omega + \frac{2\pi}{N-1}\right)\right]\right\}e^{-j\omega\left(\frac{N-1}{2}\right)}$$

其中，$W_R(\omega)$ 为矩形窗函数的幅度频率特性函数。

海明窗函数的最大旁瓣值比主瓣值低 41dB，但它和汉宁窗函数的主瓣宽度是一样大的。

在 MATLAB 中，实现海明窗的函数为 hamming()，其调用格式为

```
w = hamming(n)          %返回一个 n 点对称的海明窗，n 是窗函数的长度，输出参数 w 是由窗函数的值
                        %组成的 n 阶向量
w = hamming(n,sflag)    %使用 sflag 指定的窗采样，参数为'symmetric'、'periodic'，同 hann
```

在编辑器窗口中编写代码，运行结果如图 8-18 所示。

```
n=64;
wvtool(hamming(n))
```

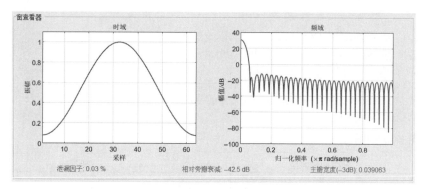

图 8-18　海明窗

【例 8-12】用海明窗设计低通滤波器。

解：在编辑器窗口中编写代码。

```
clear,clc,clf
wd=0.875*pi;N=133;M=(N-1)/2;
nn=-M:M;
n=nn+eps;
hd=sin(wd*n)./(pi*n);                        %理想冲激响应
w=hamming(N)';                               %海明窗
h=hd.*w;                                     %实际冲激响应
H=20*log10(abs(fft(h,1024)));                %实际滤波器的分贝幅度特性
HH=[H(513:1024) H(1:512)];
subplot(221),plot(nn,hd,'k');title('理想冲激响应')
xlabel('n');axis([-70 70 -0.1 0.3]);grid
subplot(222),plot(nn,w,'k');title('海明窗')
axis([-70 70 -0.1 1.2]);xlabel('n');grid
subplot(223),plot(nn,h,'k');title('实际冲激响应')
axis([-70 70 -0.1 0.3]);xlabel('n');grid
w=(-512:511)/511;
subplot(224),plot(w,HH,'k');title('滤波器分贝幅度特性')
axis([-1.2 1.2 -140 20]);xlabel('\omega/\pi');grid
set(gcf,'color','w');
```

运行结果如图 8-19 所示。

【例 8-13】用海明窗设计高通滤波器效果图。

解：在编辑器窗口中编写代码。

```
clear,clc,clf
wd=0.6*pi;N=65;M=(N-1)/2;
nn=-M:M;
n=nn+eps;
hd=3*((-1).^n).*tan(wd*n)./(pi*n);           %理想冲激响应
w=hamming(N)';                               %海明窗
h=hd.*w;                                     %实际冲激响应
H=20*log10(abs(fft(h,1024)));                %实际滤波器的分贝幅度特性
HH=[H(513:1024) H(1:512)];
subplot(221),stem(nn,hd,'k');title('理想冲激响应')
xlabel('n');axis([-18 18 -0.8 1.2]);grid
subplot(222),stem(nn,w,'k');title('海明窗')
```

```
axis([-18 18 -0.1 1.2]);xlabel('n');grid
subplot(223),stem(nn,h,'k');title('实际冲激响应')
axis([-18 18 -0.8 1.2]);xlabel('n');grid
w=(-512:511)/511;
subplot(224),plot(w,HH,'k');title('滤波器分贝幅度特性')
axis([-1.2 1.2 -140 20]);xlabel('\omega/\pi');grid
set(gcf,'color','w');
```

运行结果如图 8-20 所示。

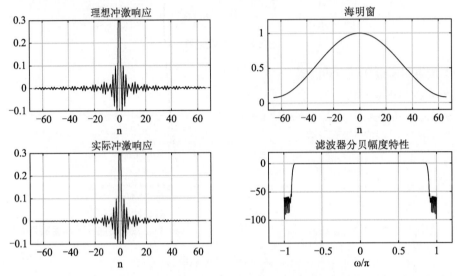

图 8-19 用海明窗设计低通滤波器效果图

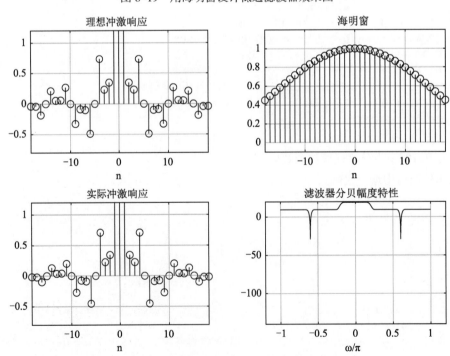

图 8-20 用海明窗设计高通滤波器效果图

8.3.6 布莱克曼窗

布莱克曼窗（Blackman Window）函数的时域形式可以表示为

$$w(k) = 0.42 - 0.5\cos\left(2\pi\frac{k-1}{N-1}\right) + 0.08\cos\left(4\pi\frac{k-1}{N-1}\right), \quad k = 1, 2, \cdots, N$$

其频域特性为

$$W(\omega) = \left\{ 0.42W_R(\omega) + 0.25\left[W_R\left(\omega - \frac{2\pi}{N-1}\right) + W_R\left(\omega + \frac{2\pi}{N-1}\right)\right] + \right.$$

$$\left. 0.04\left[W_R\left(\omega - \frac{4\pi}{N-1}\right) + W_R\left(\omega + \frac{4\pi}{N-1}\right)\right] \right\} e^{-j\omega\left(\frac{N-1}{2}\right)}$$

其中，$W_R(\omega)$ 为矩形窗函数的幅度频率特性函数。

布莱克曼窗函数的最大旁瓣值比主瓣值低 57dB，旁瓣得到进一步抵消，阻带衰减加大，但主瓣宽度是矩形窗函数主瓣宽度的 3 倍，为 $12\pi/N$，过渡带加大。

在 MATLAB 中，实现布莱克曼窗的函数为 blackman()，其调用格式为

```
w = blackman(n)              %n 是窗函数的长度，返回值 w 是一个长度为 n 的布莱克曼窗序列
w = blackman (n,sflag)       %使用 sflag 指定的窗采样，参数为'symmetric'、'periodic'，同 hann
```

在编辑器窗口中编写代码，运行结果如图 8–21 所示。

```
n=64;
wvtool(blackman (n))
```

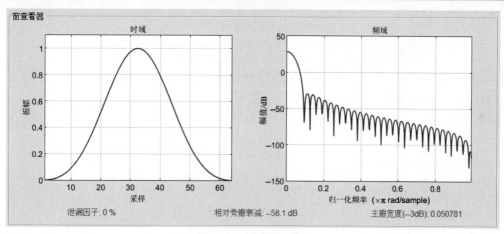

图 8–21　布莱克曼窗

【例 8-14】用窗函数法设计数字带通滤波器：

下阻带边缘：Ws1=0.3pi，As=65dB；下通带边缘：Wp1=0.4pi，Rp=1dB；

上通带边缘：Wp2=0.6pi，Rp=1dB；上阻带边缘：Ws2=0.7pi，As=65dB。

根据窗函数最小阻带衰减的特性以及参照窗函数的基本参数表，选择布莱克曼窗可达到的最小阻带衰减为 75dB，其过渡带为 11pi/N。

解：在编辑器窗口中编写代码。

```
clear,clc,clf
wp1=0.4*pi;
wp2=0.6*pi;
ws1=0.3*pi;
ws2=0.7*pi;
As=150;
tr_width=min((wp1-ws1),(ws2-wp2));          %过渡带宽度
M=ceil(11*pi/tr_width)+1;                    %滤波器长度
n=[0:1:M-1];
wc1=(ws1+wp1)/2;                             %理想带通滤波器的下截止频率
wc2=(ws2+wp2)/2;                             %理想带通滤波器的上截止频率
hd=ideal_lp(wc2,M)-ideal_lp(wc1,M);
w_bla=(blackman(M))';                        %布莱克曼窗
h=hd.*w_bla;                                 %截取得到实际的单位冲激响应
[db,mag,pha,grd,w]=freqz_m(h,[1]);           %计算实际滤波器的幅度响应
delta_w=2*pi/1000;
Rp=-min(db(wp1/delta_w+1:1:wp2/delta_w))
%实际通带纹波
As=-round(max(db(ws2/delta_w+1:1:501)))
As=150;
subplot(2,2,1);stem(n,hd);title('理想单位冲激响应 hd(n)')
axis([0 M-1 -0.4 0.5]);xlabel('n');ylabel('hd(n)');grid on
subplot(2,2,2);stem(n,w_bla);title('布莱克曼窗 w(n)')
axis([0 M-1 0 1.1]);xlabel('n');ylabel('w(n)');grid on
subplot(2,2,3);stem(n,h);title('实际单位冲激响应 hd(n)')
axis([0 M-1 -0.4 0.5]);xlabel('n');ylabel('h(n)');grid on
subplot(2,2,4);plot(w/pi,db);title('幅度响应(dB)');
axis([0 1 -150 10]); xlabel('频率(pi)');ylabel('分贝数');grid on
```

运行过程中需要调用两个子程序。

调用子程序 1：

```
function hd=ideal_lp(wc,M);
%计算理想低通滤波器的冲激响应
%hd 为理想冲激响应 0 到 M-1
%wc 为截止频率
%M 为理想滤波器的长度
alpha=(M-1)/2;
n=[0:1:(M-1)];
m=n-alpha+eps;                  %加一个很小的值 eps，避免除以 0 的错误情况出现
hd=sin(wc*m)./(pi*m);
end
```

调用子程序 2：

```
function [db,mag,pha,grd,w] = freqz_m(b,a)
%求系统的相对幅度响应、绝对幅度响应、相位响应和群延时响应
%db 为相对振幅(dB)
```

```
%mag 为绝对振幅
%pha 为相位响应
%grd 为群延时
%w 为频率样本点向量
%b 为 Ha(z)分子多项式系数(对 FIR 而言, b=h)
%a 为 Hz(z)分母多项式系数(对 FIR 而言, a=1)
[H,w]=freqz(b,a,1000,'whole');          %显示数字滤波器频域中的图形
H=(H(1:501))';
w=(w(1:501))';
mag=abs(H);
db=20*log10((mag+eps)/max(mag));
%dB=-20log10|H(ejw)|/|H(ejw)|max>=0
pha=angle(H);
grd=grpdelay(b,a,w);
end
```

运行结果如图 8–22 所示。

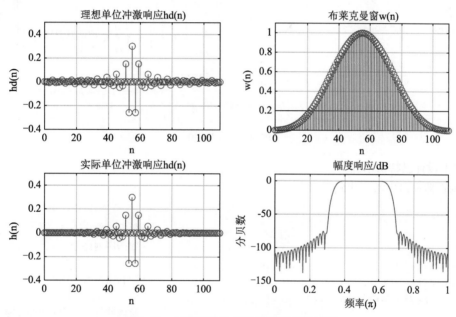

图 8–22　用窗函数法设计数字带通滤波器

8.3.7　巴特窗

巴特窗（Bartlett Window）函数的时域形式可以表示如下：

（1）当 n 为奇数时

$$w(k) = \begin{cases} \dfrac{2(k-1)}{N-1}, & 1 \leqslant k \leqslant \dfrac{N+1}{2} \\[3mm] 2 - \dfrac{2(k-1)}{N-1}, & \dfrac{N+1}{2} \leqslant k \leqslant N \end{cases}$$

（2）当n为偶数时

$$w(k) = \begin{cases} \dfrac{2(k-1)}{N-1}, & 1 \leqslant k \leqslant \dfrac{N}{2} \\ \dfrac{2(N-k)}{N-1}, & \dfrac{N}{2} \leqslant k \leqslant N \end{cases}$$

在 MATLAB 中，巴特窗函数为 bartlett()，调用格式为

```
w=bartlett(n)                          %返回一个 n 点对称的巴特窗
```

在编辑器窗口中编写代码，运行结果如图 8-23 所示。

```
n=64;
wvtool(bartlett (n))
```

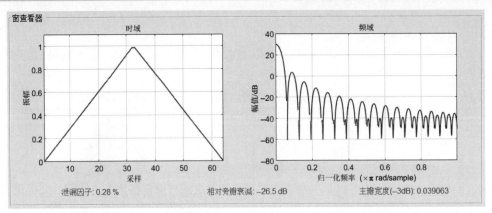

图 8-23　巴特窗

【例 8-15】设计巴特窗示例。

解： 在编辑器窗口中编写代码。

```
clear,clc,clf
Nwin=20;                                        %数据总数
n=0:Nwin-1;                                      %数据序列序号
w=bartlett(Nwin);
subplot(131);stem(n,w);                         %绘制窗函数
xlabel('n');ylabel('w(n)');grid on
Nf=512;                                          %窗函数复数频率特性的数据点数
Nwin=20;                                         %窗函数数据长度
[y,f]=freqz(w,1,Nf);
mag=abs(y);                                      %求得窗函数幅频特性
w=bartlett(Nwin);
subplot(132);plot(f/pi,20*log10(mag/max(mag)));  %绘制窗函数的幅频特性
xlabel('归一化频率');ylabel('振幅/dB');grid on
w=blackman(Nwin);
[y,f]=freqz(w,1,Nf);
mag=abs(y);   %求得窗函数幅频特性
subplot(133);plot(f/pi,20*log10(mag/max(mag)));  %绘制窗函数的幅频特性
xlabel('归一化频率');ylabel('振幅/dB');grid on
```

运行结果如图 8-24 所示。

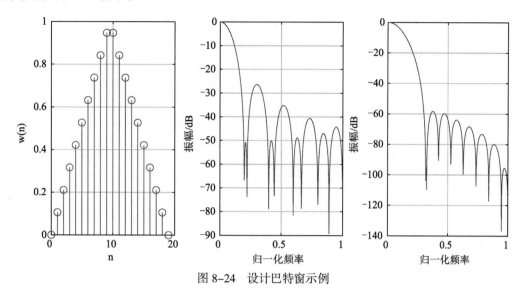

图 8-24　设计巴特窗示例

8.3.8　凯塞窗

凯塞窗（Kaiser Window）定义了一组可调的窗函数，它由零阶贝塞尔函数构成的，其主瓣能量和旁瓣能量的比例近乎最大。该窗函数可以在主瓣宽度和旁瓣高度之间自由选择比重，使设计变得更灵活。

凯塞窗函数的时域形式可表示为

$$w(k) = \frac{I_0\left[\beta\sqrt{1-\left(\dfrac{2k-N}{N}\right)^2}\right]}{I_0(\beta)}, \quad 0 \leqslant k \leqslant N$$

其中，$I_0(\beta)$ 是第 1 类变形零阶贝塞尔函数；β 是窗函数的形状参数，公式为

$$\beta = \begin{cases} 0.1102(\alpha - 8.7), & \alpha > 50 \\ 0.5482(\alpha-21)^{0.4} + 0.07886(\alpha-21), & 21 \leqslant \alpha \leqslant 50 \\ 0, & \alpha < 21 \end{cases}$$

其中，α 为凯塞窗函数的主瓣值和旁瓣值之间的差值(dB)。

通过改变 β 的取值，可以对主瓣宽度和旁瓣衰减进行自由选择。β 的值越大，窗函数频谱的旁瓣值就越小，而其主瓣宽度就越宽。

在 MATLAB 中，实现凯塞窗的函数为 kaiser()，其调用格式为

```
w=kaiser(n,beta)                    %返回具有形状因子 β 的 n 点凯塞窗
```

在编辑器窗口中编写代码，运行结果如图 8-25 所示。

```
w = kaiser(100,2.5);
wvtool(w)
```

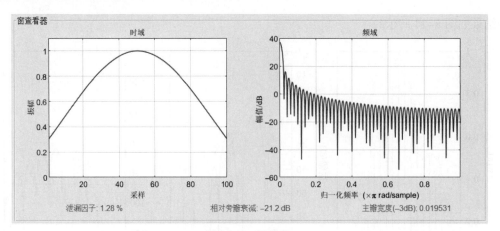

图 8-25　凯塞窗

【例 8-16】 利用凯塞窗函数设计一个带通滤波器示例。

解： 在编辑器窗口中编写代码。

```
clear,clc,clf
Fs=8000;N=216;
fcuts=[1000 1200 2300 2500];
mags=[0 1 0];
devs=[0.02 0.1 0.02];
[n,Wn,beta,ftype]=kaiserord(fcuts,mags,devs,Fs);
n=n+rem(n,2);
hh=fir1(n,Wn,ftype,kaiser(n+1,beta),'noscale');    %后面介绍
[H,f]=freqz(hh,1,N,Fs);
plot(f,abs(H));
xlabel('频率/Hz');ylabel('幅值|H(f)|');grid
```

运行结果如图 8-26 所示。

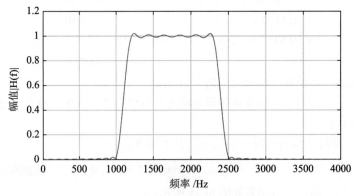

图 8-26　用凯塞窗函数设计带通滤波器

8.3.9　窗函数设计法

MATLAB 中还提供了其他一些窗函数，例如 barthannwin()（修正的巴特利特汉宁窗函数）、taylorwin()

（泰勒窗函数）及 chebwin()（切比雪夫窗函数）等，读者可以根据需要选用。

利用窗函数设计一个 FIR 滤波器通常按下面的步骤进行：

（1）根据滤波器设计要求指标，确定滤波器的过渡带宽和阻带衰减要求，选择窗函数的类型并估计窗的宽度 N，可通过多次尝试后进行最优确定。

（2）根据所要求的理想滤波器求出单位冲激响应 $h_d(n)$。

（3）根据求得的 $h(n)$ 求出其频率响应：$H_d(\mathrm{e}^{\mathrm{j}\omega}) = \sum_{n=0}^{N-1} h(n)\mathrm{e}^{-\mathrm{j}\omega n}$。

（4）根据频率响应验证是否满足技术指标。

（5）若不满足指标要求，则应调整窗函数类型或长度，然后重复以上步，直到满足要求为止。

由于 N 的选择对阻带最小衰减 α_s 的影响不大，所以可以直接根据 α_s 确定窗函数 $w(n)$ 的类型。然后可根据过渡带宽度小于给定指标的原则确定窗函数的长度 N。指标给定的过渡带宽度由下式给出：

$$\Delta\omega = \omega_s - \omega_p$$

不同的窗函数，过渡带计算公式不同，但过渡带与窗函数的长度 N 成反比，由此可确定长度 N。N 选择的原则是在保证阻带衰减要求的情况下，尽量选择较小的 N。当 N 和窗函数类型确定后，可根据 MATLAB 提供的函数求出相应的窗函数。

一般情况下，$h_d(n)$ 不易求得，可采用数值方法求得，过程为

$$H_d(\mathrm{e}^{\mathrm{j}\omega}) \xrightarrow{0\sim2\pi M\text{点采样}} H_d(k) \xrightarrow{\mathrm{IDET}} h_M(n) - \sum_{r=-\infty}^{+\infty} h_d(n+rM)$$

采样间隔 M 应足够大并满足采样定理，以保证窗口内 $h_M(n)$ 与 $h_d(n)$ 足够逼近。

根据窗函数设计理论 $h(n) = h_d(n)w(n)$，计算滤波器的单位冲激响应 $h(n)$。在 MATLAB 中，采用语句 hn=hd*wd 实现 $h(n)$。需要说明的是，MATLAB 中的数据通常是以列向量的形式存在，所以两个向量相乘 hd 必须进行转置。

编写 MATLAB 子程序 usefir1 如下：

```
function [h]=usefir1(mode,n,fp,fs,window,r,sample)
%mode 为模式(1——高通；2——低通；3——带通；4——带阻)
%n 为阶数,加窗的点数为阶数加 1
%fp 为高通和低通时指示截止频率, 带通和带阻时指示下限频率
%fs 为带通和带阻时指示上限频率
%window 为加窗(1——矩形窗；2——三角窗；3——巴特窗；4——汉明窗；5——汉宁窗；6——布莱克曼
%窗；7——凯泽窗；8——切比雪夫窗)
%r 代表加 chebyshev 窗时的 r 值和加 kaiser 窗时的 beta 值
%sample 为采样率
%h 为返回设计好的 FIR 滤波器系数
if window==1 w=boxcar(n+1);
end
if window==2 w=triang(n+1);end
if window==3 w=bartlett(n+1);end
if window==4 w=hamming(n+1);end
if window==5 w=hanning(n+1);end
if window==6 w=blackman(n+1);end
if window==7 w=kaiser(n+1,r);end
if window==8 w=chebwin(n+1,r);end
```

```
wp=2*fp/sample;
ws=2*fs/sample;
if mode==1 h=fir1(n,wp,'high',w);end
if mode==2 h=fir1(n,wp,'low',w);end
if mode==3 h=fir1(n,[wp,ws],w);end
if mode==4 h=fir1(n,[wp,ws],'stop',w);end
m=0:n;
subplot(131);plot(m,h);title('冲激响应');
axis([0 n 1.1*min(h) 1.1*max(h)]);
ylabel('h(n)');xlabel('n'); grid
freq_response=freqz(h,1);
magnitude=20*log10(abs(freq_response));
m=0:511; f=m*sample/(2*511);
subplot(132);plot(f,magnitude);title('幅频特性');
axis([0 sample/2 1.1*min(magnitude) 1.1*max(magnitude)]);
ylabel('f幅值');xlabel('频率'); grid
phase=angle(freq_response);
subplot(133);plot(f,phase);title('相频特性');
axis([0 sample/2 1.1*min(phase) 1.1*max(phase)]);
ylabel('相位');xlabel('频率'); grid
```

【例 8-17】 假设需设计一个 40 阶的带通 FIR 滤波器，采用巴特窗，采样频率为 10kHz，两个截止频率分别为 2kHz 和 3kHz。

　　解： 在命令窗口下输入如下代码。

```
h=usefir1(3,60,2000,3000,3,2,10000);
```

运行结果如图 8-27 所示。

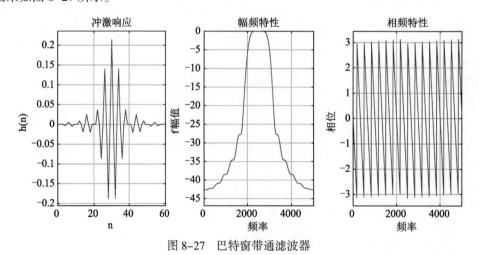

图 8-27　巴特窗带通滤波器

8.3.10　滤波器设计函数

　　MATLAB 提供了两个用窗函数法设计 FIR 滤波器的函数，分别用于设计具有标准频率响应和具有任意频率响应的 FIR 滤波器。

1. 标准频率响应的FIR滤波器设计

在 MATLAB 中，标准频率响应的 FIR 滤波器设计函数为 fir1，其调用方式为

```
b = fir1(n,Wn)           %使用海明窗设计具有线性相位的 n 阶 FIR 滤波器，滤波器类型取决于 Wn 的元
                         %素数，返回的向量 b 为滤波器的系数(单位冲激响应序列)，它的阶数为 n+1
b = fir1(n,Wn,ftype)     %根据 ftype 值和 Wn 的元素数，设计低通、高通、带通、带阻或多带滤波器
b = fir1(___,window)     %使用 window 中指定的向量及上面语法中的任何参数设计滤波器
b = fir1(___,scaleopt)   % scaleopt 用于指定是否归一化滤波器的幅值响应
```

说明：

（1）截止频率 Wn 的取值范围为(0,1)，其中 1 对应 0.5fs，fs 为采样频率。

（2）如果 Wn 是一个二元向量，即 Wn=[w1 w2]，则返回的是一个 2n 阶的带通椭圆滤波器，其通带为 w1≤ω≤w2。滤波器类型 ftype 可取'low'、'bandpass'、'high'、'stop'，参数含义如下：

① 'low'：设计一个 n 阶低通 FIR 滤波器，为默认值；

② 'high'：设计一个 n 阶高通 FIR 滤波器；

③ 'bandpass'：设计一个 n 阶带通 FIR 滤波器；

④ 'stop'：设计一个 n 阶带阻 FIR 滤波器。

（3）如果 Wn 是一个多元向量，即 Wn=[w1 w2 w3 w4 … wn]，则返回一个多通带滤波器。滤波器类型 ftype 可取'DC-0'、'DC-1'，参数含义如下：

① 'DC-0'：设计一个 n 阶多通带滤波器，第 1 个频带为通带；

② 'DC-1'：设计一个 n 阶多通带滤波器，第 1 个频带为阻带。

（4）输入参数 window 用来指定所使用的窗函数的类型，其长度为 n+1，默认为海明窗(Hamming Window)。

（5）归一化参数 scaleopt 包括'scale'（默认）及'noscale'两个选项。默认情况下，滤波器被归一化来保证加窗后首个通带的中心幅度值为 1；而使用'noscale'可以阻止函数默认的这种功能。

注意：为了保证滤波器在 f=1 处的增益不为 0，高通和带阻滤波器的 n 必须是偶数；其余情况下 n 应当加 1 变为偶数，此时窗函数的长度应取 n+2。

【例 8-18】 加载包含信号 y 的文件 chirp.mat，其大部分功率高于 Fs/4，或者是奈奎斯特频率的一半，采样率为 8192Hz，试设计一个 34 阶高通 FIR 滤波器衰减低于 Fs/4 的信号分量。使用 0.48 的截止频率和具有 30dB 纹波的切比雪夫窗。

解： 在编辑器窗口中编写代码。

```
clear,clc,clf
load chirp
t = (0:length(y)-1)/Fs;
bhi = fir1(34,0.48,'high',chebwin(35,30));
freqz(bhi,1)
%过滤信号，显示原始和高通滤波信号
outhi = filter(bhi,1,y);
subplot(2,2,1);plot(t,y);title('原始信号');ys = ylim;grid
subplot(2,2,3);plot(t,outhi);title('高通滤波信号')
xlabel('时间/s');ylim(ys) ;grid
%设计具有相同规格的低通滤波器，过滤信号并将结果与原始结果进行比较
```

```
blo = fir1(34,0.48,chebwin(35,30));
outlo = filter(blo,1,y);
subplot(2,2,2);plot(t,y);title('原始信号') ;grid
ys = ylim;
subplot(2,2,4);plot(t,outlo);title('低通滤波信号')
xlabel('时间/s');ylim(ys) ;grid
```

运行结果如图 8-28 所示。

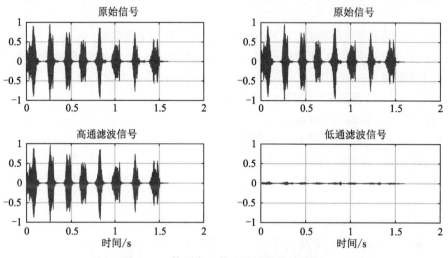

图 8-28　使用窗函数法设计数字滤波器

【**例 8-19**】设计一个 46 阶 FIR 滤波器，将归一化频率 bM 衰减到低 $0.6\pi \sim 0.9\pi$ 。

解： 在编辑器窗口中编写代码。

```
clear,clc,clf
ord = 46;
low = 0.4;
bnd = [0.6 0.9];
bM = fir1(ord,[low bnd]);
bW = fir1(ord,[low bnd],'DC-1');              %重新设计 bM，使其通过其衰减的频带，并停止其他频率
hfvt = fvtool(bM,1,bW,1);                      %使用 fvtool 函数显示滤波器的频率响应
legend(hfvt,'bM','bW')
hM = fir1(ord,[low bnd],'DC-0',hann(ord+1));   %使用汉宁窗重新设计 bM
hfvt = fvtool(bM,1,hM,1);
legend(hfvt,'Hamming','Hann')
tW = fir1(ord,[low bnd],'DC-1',tukeywin(ord+1));  %使用 Tukey 窗重新设计 bW
hfvt = fvtool(bW,1,tW,1);
legend(hfvt,'Hamming','Tukey')
```

滤波器的幅值响应如图 8-29 所示，汉宁窗与海明窗滤波对比如图 8-30 所示，海明窗与 Tukey 窗滤波对比如图 8-31 所示。

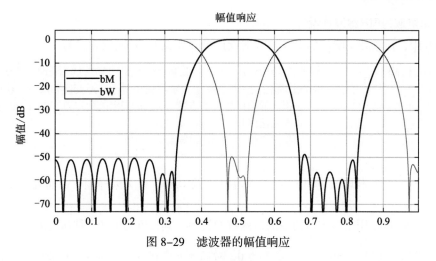

图 8-29　滤波器的幅值响应

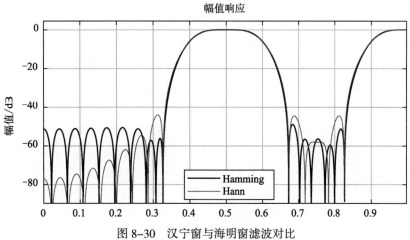

图 8-30　汉宁窗与海明窗滤波对比

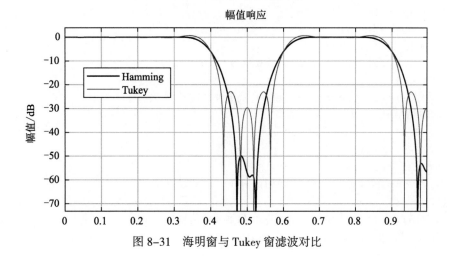

图 8-31　海明窗与 Tukey 窗滤波对比

2. 任意频率响应的FIR滤波器设计

在 MATLAB 中，任意频率响应的 FIR 滤波器设计函数为 fir2，其调用方式为

b = fir2(n,f,m)	%返回一个由向量 f 和 m 指定幅频响应的 n 阶 FIR 滤波器,该函数将所需频率响
	%应线性插值到密集网格上，然后使用傅里叶逆变换和汉明窗获得滤波器系数
b = fir2(n,f,m,npt,lap)	%指定插值网格中的点数 npt 和在指定频率响应步长的重复频率点周围插
	%入的区间长度 lap
b = fir2(___,window)	%指定设计中使用的窗函数

说明：

（1）f 为频率点向量，其取值范围为(0,1)，其中 1 对应 0.5fs，fs 为采样频率，而且 f 的元素必须以升序来排列。

（2）输入参数 window 用来指定所使用的窗函数的类型，其长度为 n+1，默认为海明窗。

注意： 为了保证滤波器在 f=1 处的增益不为 0，对高通和带阻滤波器来讲，n 必须是偶数；相反，别的情况下 n 应当自动加 1 变为偶数，此时窗函数的长度应取为 n+2。

【例 8-20】 加载包含信号 y 的文件 chirp.mat，其大部分功率高于 Fs/4，或者是奈奎斯特频率的一半，采样率为 8192Hz，并向信号中添加随机噪声。试设计一个 34 阶高通 FIR 滤波器衰减低于 Fs/4 的信号分量。指定标准化截止频率为 0.48，对应于大约 1966 Hz。

解： 在编辑器窗口中编写代码。

```
clear,clc,clf
load chirp
y = y + randn(size(y))/25;
t = (0:length(y)-1)/Fs;
f = [0 0.48 0.48 1];
mhi = [0 0 1 1];
bhi = fir2(34,f,mhi);                          %设计 34 阶 FIR 高通滤波器
freqz(bhi,1,[],Fs);
outhi = filter(bhi,1,y);
figure
subplot(4,2,1);plot(t,y);title('原始信号');grid
ylim([-1.2 1.2])
subplot(4,2,3);plot(t,outhi);title('高通滤波信号');grid
xlabel('时间/s');ylim([-1.2 1.2])
mlo = [1 1 0 0];
blo = fir2(34,f,mlo);
outlo = filter(blo,1,y);
subplot(4,2,2);plot(t,y);title('原始信号');grid
ylim([-1.2 1.2])
subplot(4,2,4);plot(t,outlo);title('低通滤波信号');grid
xlabel('时间/s');ylim([-1.2 1.2])
```

运行结果如图 8-32 和图 8-33 所示。

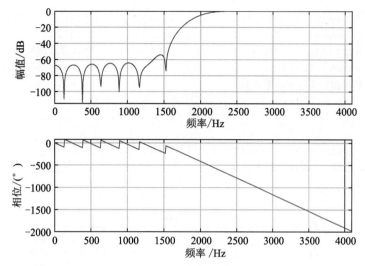

图 8-32　滤波器的频率响应

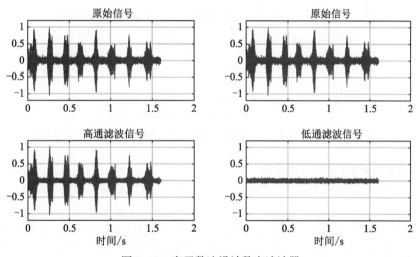

图 8-33　窗函数法设计数字滤波器

【例 8-21】依据给定的频率响应设计 FIR 滤波器。

解：在编辑器窗口中编写代码。

```
clear,clc,clf
F1 = 0:0.01:0.18;
A1 = 0.5+sin(2*pi*7.5*F1)/4;
F2 = [0.2 0.38 0.4 0.55 0.562 0.585 0.6 0.78];
A2 = [0.5 2.3 1 1 -0.2 -0.2 1 1];
F3 = 0.79:0.01:1;
A3 = 0.2+18*(1-F3).^2;
N = 50;
FreqVect = [F1 F2 F3];
AmplVect = [A1 A2 A3];
ham = fir2(N,FreqVect,AmplVect);                    %使用汉明窗设计滤波器
```

```
kai = fir2(N,FreqVect,AmplVect,kaiser(N+1,3));          %使用凯塞窗函数计算
d = designfilt('arbmagfir','FilterOrder',N,'Frequencies',...
    FreqVect,'Amplitudes',AmplVect);                     %重新设计滤波器,默认采用矩形窗
[zd,wd] = zerophase(d,1024);                             %计算滤波器在 1024 个点上的零相位响应
%显示 3 个滤波器的零相位响应及理想响应
zerophase(ham,1);hold on
zerophase(kai,1)
plot(wd/pi,zd)
plot(FreqVect,AmplVect,'k--');title('零极点响应')
legend('海明','凯赛','设计','期望')
```

运行结果如图 8-34 所示。

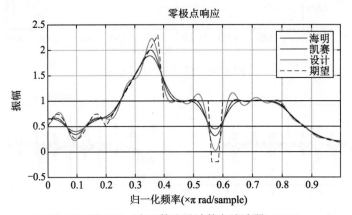

图 8-34 窗函数法设计数字滤波器

3. 估计由凯塞窗设计的 FIR 滤波器参数

在 MATLAB 中，估计由凯塞窗设计的 FIR 滤波器参数的函数为 kaiserord()，其调用方式为

```
[n,Wn,beta,ftype] = kaiserord(f,a,dev)           %获得凯塞窗设计 FIR 滤波器所需的参数
[n,Wn,beta,ftype] = kaiserord(f,a,dev,fs)        %使用采样频率 fs（单位：Hz）
c = kaiserord(f,a,dev,fs,'cell')    %返回一个单元矩阵,它由使用函数 fir1 时所需的参数组成
```

说明：

（1）输入参数 f 是频带边缘频率向量（单位：Hz），取值范围为(0,1)，其中 1 对应 0.5fs，fs 为采样频率，默认值为 2。f 的元素必须是按照升序来排列的。

（2）输入参数 a 是由 f 指定的各个频带上的幅值向量，它们的长度关系满足 length(f) = 2*length(a)−2，且第 1 个频带必须从 f=0 处开始，最后一个频带在 f=fs/2 处结束。

（3）输入参数 dev 指定各个通带或阻带上的最大输出误差。

（4）输出参数包括阶数 n、归一化截止频率 Wn，旁瓣控制参数 beta，滤波器类型 type。

注意：该函数所得到的阶数 n 是估计值，当所设计的滤波器的响应达不到或超出期望值时，需要尝试 n+1、n+2 等情况。当返回结果的截止频率 Wn 趋近于零或 dev 比较大（如 10%）时，估计值是不准确的。

【例 8-22】设计一个低通滤波器，通带范围为 0 ~ 1kHz，阻带截止频率范围为 1.5 ~ 4kHz，通带波动为 5%，阻带波动为 1%，采样频率为 8000Hz。

解：在编辑器窗口中编写代码。

```
clear,clc,clf
fsamp = 8000;
fcuts = [1000 1500];
mags = [1 0];
devs = [0.05 0.01];
[n,Wn,beta,ftype] = kaiserord(fcuts,mags,devs,fsamp);
hh = fir1(n,Wn,ftype,kaiser(n+1,beta),'noscale');
freqz(hh,1,1024,fsamp);
```

运行结果如图 8-35 所示。

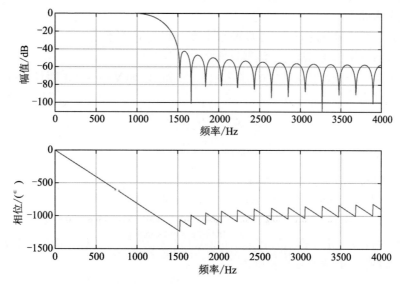

图 8-35　窗函数法设计数字滤波器

8.4　频率采样的 FIR 滤波器设计

利用窗函数法设计数字滤波器具有设计简单、方便实用的特点。但是由于窗函数法是从时域出发的一种设计方法，其设计思想是用理想滤波器的单位冲激响应作为滤波器系数。而理想单位冲激响应又不可实现，所以通过加窗截断而改善特性，故实际滤波器产生了与理想滤波器特性的偏差。

通过在时域改变截断方式和增加长度可使实际滤波器特性逼近理想滤波器，尤其在 $H_d(e^{j\omega})$ 比较复杂时，其单位冲激响应需要通过采样求 IDFT 得到。而频率采样设计法能直接给出将要设计的滤波器特性的采样点，并由此求得滤波器系数。

8.4.1　设计方法

（1）在 $\omega = 0 \sim 2\pi$ 区间等间隔采样 N 点得 $H_d(k)$ 为

$$H_d(k) = H(e^{j\omega})\Big|_{\omega=\frac{2\pi}{N}k}$$

（2）对 N 点 $H_d(k)$ 进行 IDFT，得到 $h(n)$ 为

$$h(n) = \frac{1}{N}\sum_{k=0}^{N-1} H_d(k)e^{j\frac{2\pi}{N}kn}$$

（3）对 $h(n)$ 求 Z 变换的系统函数(直接型)为

$$H(z) = \sum_{n=0}^{N-1} h(n)z^{-n}$$

或用内插公式（频率采样型）得

$$H(z) = \frac{1-z^{-N}}{N} \sum_{k=0}^{N-1} \frac{H_d(k)}{1-e^{j\frac{2\pi}{N}k}z^{-1}}$$

根据频率采样定理，用有限点频率样点替代理想滤波器频率特性，在时域上由于时域响应会发生混叠，所以所求实际滤波器频率特性 $H(e^{j\omega})$ 与理想特性 $H_d(e^{j\omega})$ 之间存在误差。

频率采样法的要求如下：

（1）在频域上进行采样得到的 $H_d(k)$ 能保证滤波器的线性相位特性；

（2）使实际滤波器频率特性与理想滤波器特性之间的误差更小。

通常滤波器具有第一类线性相位特性的时域条件是：$h(n) = h(N-n-1)$，而且 $h(n)$ 为实数。与此相对应，滤波器频域表达式为

$$H(e^{j\omega}) = H_g(\omega)e^{j\theta(\omega)}$$

$$\theta(\omega) = -\frac{N-1}{2}\omega$$

其幅度特性也具有对称特性且满足如下条件：

（1）当 N 为奇数时，$H_g(\omega) = H_g(2\pi-\omega)$，关于 $\omega = \pi$ 偶对称；

（2）当 N 为偶数时，$H_g(\omega) = -H_g(2\pi-\omega)$，关于 $\omega = \pi$ 奇对称，且 $H_g(\pi) = 0$。

所以对 $H_d(e^{j\omega})$ 进行 N 点采样得到的 $H_d(k)$ 也必须具有对称特性，这样才能保证对 $H_d(k)$ 进行 IDFT 得到的 $h(n)$ 具有偶对称特性，即满足线性相位条件。

8.4.2 误差设计

从频域上看，由采样定理可知频域等间隔采样得 $H(k)$，经过 IDFT 得到 $h(n)$，其 Z 变换 $H(z)$ 和 $H(k)$ 之间的关系为

$$H(z) = \frac{1-z^{-N}}{N} \sum_{k=0}^{N-1} \frac{H(k)}{1-e^{j\frac{2\pi}{N}k}z^{-1}}$$

代入 $z = e^{j\omega}$，可得

$$H(e^{j\omega}) = \sum_{k=0}^{N-1} H(k)\varPhi\left(\omega-\frac{2\pi}{N}k\right)$$

式中

$$\varPhi(\omega) = \frac{1}{N} \frac{\sin(\omega N/2)}{\sin(\omega/2)} e^{-j\omega\frac{N-1}{2}}$$

在采样点 $\omega = 2\pi k/N$，$k = 0,1,\cdots,N-1$ 上，$\varPhi(\omega-2\pi k/N) = 1$，所以，在采样点 $\omega_k = 2\pi/N$ 上 $H(e^{j\omega_k})$ 与 $H(k)$ 相等，误差为 0。而在采样点之间，$H(e^{j\omega})$ 由有限项的 $H(k)\varPhi(\omega-2\pi k/N)$ 之和形成，存在误差。误差大小和 $H(e^{j\omega}) = e^{-j\frac{N-1}{2}}H_g(\omega)$ 特性的平滑程度有关，特性越平滑的区域，误差越小。特性间断处，误差最大。最终间断点处以斜线取代，形成过渡带 $\Delta\omega = \frac{2\pi}{N}$，在间断点附近也将形成振荡特性，使阻带衰减

减小。

【例 8-23】用频率采样法设计低通滤波器示例。

解： 在编辑器窗口中编写代码。

```
clear,clc,clf
N=33;
wc=pi/3;
N1=fix(wc/(2*pi/N));
A=[zeros(1,N1),0.5304,ones(1,N1),0.5304,zeros(1,N1*2-1),0.5304,...
    ones(1,N1),0.5304,zeros(1,N1)];
theta=-pi*[0:N-1]*(N-1)/N;
H=A.*exp(j*theta);
h=real(ifft(H));v=1:N;
subplot(2,2,1),plot (v ,A,'k*');title('频率样本')
ylabel('H(k)');axis([0,fix(N*1.1),-0.1,1.1]);grid
subplot(2,2,2),stem (v ,h,'k');title('冲激响应')
ylabel('h(n)');axis([0,fix(N*1.1),-0.3,0.4]);grid
M=500;nx=[1:N];
w=linspace(0,pi,M); X=h*exp(-j*nx'*w);
subplot(2,2,3),plot(w./pi,abs(X),'k');title('幅度响应')
xlabel('\omega/\pi');ylabel('Hd(\omeqa)');qrid
axis([0,1,-0.1,1.3]);
subplot(2,2,4),plot(w./pi,20*log10(abs(X)),'k');title('幅度响应')
xlabel('\omega/\pi');ylabel('dB');grid
axis([0,1,-80,10]);
```

运行结果如图 8-36 所示。

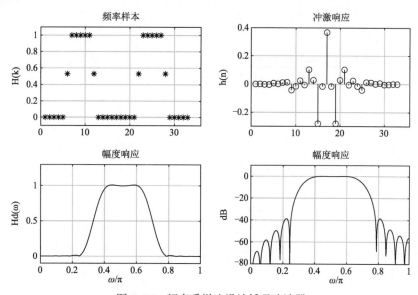

图 8-36　频率采样法设计低通滤波器

【例 8-24】用频率采样法设计高通滤波器示例。

解： 在编辑器窗口中编写代码。

```
clear,clc,clf
wp=0.8*pi; ws=0.6*pi;
Rp=1; As=60;
M=33; alpha=(M-1)/2; l=0:M-1; w1=(2*pi/M)*l;
Hrs=[zeros(1,11), 0.1187, 0.473,ones(1,8), 0.473, 0.1187,zeros(1,10)];
Hdr=[0 0 1 1];wdl=[0 0.6 0.8 1];
k1=0:floor((M-1)/2);k2=floor((M-1)/2)+1:M-1;
angH=[-alpha*(2*pi)/M*k1,alpha*(2*pi)/M*(M-k2)];
H=Hrs.*exp(j*angH);
h=real(ifft(H,M));
[db,mag,pha,grd,w]=freqz_m(h,1);
[Hr,ww,a,L]=hr_type1(h);
subplot(2,2,1);plot(w1(1:17)/pi,Hrs(1:17),'o',wdl,Hdr);
title('高通:M=33, T1=0.1187, T2=0.473')
axis([0,1,-0.1,1.1]);xlabel('');ylabel('Hr(k)'); grid
set(gca,'XTickMode','manual','XTick',[0;.6;.8;1]);
set(gca,'XTickLabelMode','manual','XTickLabels',[' 0';'.6';'.8';' 1']);
subplot(2,2,2);stem(l,h);title('冲激响应')
axis([-1,M,-0.4,0.4]);ylabel('h(n)');text(M+1,-0.4,'n');grid
subplot(2,2,3);plot(ww/pi,Hr,w1(1:17)/pi,Hrs(1:17),'o');title('振幅响应')
axis([0,1,-0.1,1.1]);xlabel('频率/π');ylabel('Hr(w)'); grid
set(gca,'XTickMode','manual','XTick',[0,.6,.8,1]);
set(gca,'XTickLabelMode','manual','XTickLabels',[' 0';'.6';'.8';' 1']);
subplot(2,2,4);plot(w/pi,db);title('幅度响应')
axis([0 1 -100 10]); xlabel('频率/π');ylabel('分贝数'); grid
set(gca,'XTickMode','manual','XTick',[0;.6;.8;1]);
set(gca,'XTickLabelMode','manual','XTickLabels',[' 0';'.6';'.8';' 1']);
set(gca,'YTickMode','manual','YTick',[-50;0]);
set(gca,'YTickLabelMode','manual','YTickLabels',['50';' 0']);
```

运行结果如图 8-37 所示。

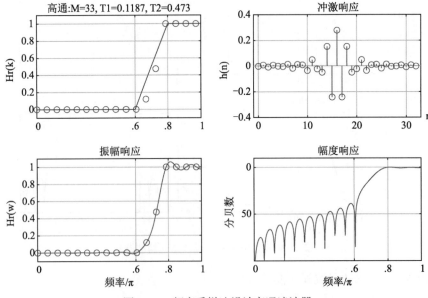

图 8-37　频率采样法设计高通滤波器

8.5　FIR 滤波器的最优设计

最优设计的前提是最优准则的确定，在 FIR 滤波器最优设计中，常用的准则有均方误差最小化准则和最大误差最小化准则。

8.5.1　均方误差最小化准则

矩形窗窗口设计法是一个最小均方误差 FIR 设计，其优点是过渡带较窄，缺点是局部点误差大,或者说误差分布不均匀，若以 $E(\mathrm{e}^{\mathrm{j}\omega})$ 表示逼近误差，则

$$E(\mathrm{e}^{\mathrm{j}\omega}) = H_{\mathrm{d}}(\mathrm{e}^{\mathrm{j}\omega}) - H(\mathrm{e}^{\mathrm{j}\omega})$$

那么均方误差为

$$\varepsilon^2 = \frac{1}{2\pi}\int_{-\pi}^{\pi}\left|H_{\mathrm{d}}\left(\mathrm{e}^{\mathrm{j}\omega}\right) - H\left(\mathrm{e}^{\mathrm{j}\omega}\right)\right|^2 \mathrm{d}\omega = \frac{1}{2\pi}\int_{-\pi}^{\pi}\left|E\left(\mathrm{e}^{\mathrm{j}\omega}\right)\right|^2 \mathrm{d}\omega$$

对于窗口法 FIR 滤波器设计，因采用有限项的 $h(n)$ 逼近理想的 $h_{\mathrm{d}}(n)$ ，所以其逼近误差为

$$\varepsilon^2 = \sum_{n=-\infty}^{\infty}\left|h_{\mathrm{d}}(n) - h(n)\right|^2$$

如果采用矩形窗

$$h(n) = \begin{cases} h_{\mathrm{d}}(n), & 0 \leqslant n \leqslant N-1 \\ 0, & \text{其他} \end{cases}$$

则最小均方误差为

$$\varepsilon^2 = \sum_{n=-\infty}^{-1}\left|h_{\mathrm{d}}(n) - h(n)\right|^2 + \sum_{n=N}^{\infty}\left|h_{\mathrm{d}}(n) - h(n)\right|^2$$

8.5.2　最大误差最小化准则

最大误差最小化准则（也叫最佳一致逼近准则）可表示为

$$\max|E(\mathrm{e}^{\mathrm{j}\omega})| = \min, \quad \omega \in F$$

其中，F 是根据要求预先给定的一个频率取值范围，可以是通带，也可以是阻带。最佳一致逼近也叫等波纹逼近，即选择 N 个频率采样值，在给定频带范围内使频响的最大逼近误差达到最小。

8.5.3　切比雪夫最佳一致逼近

设 $H_{\mathrm{d}}(\omega)$ 表示理想滤波器幅度特性，$H_{\mathrm{g}}(\omega)$ 表示实际滤波器幅度特性，$E(\omega)$ 表示加权误差函数，则有

$$E(\omega) = W(\omega)[H_{\mathrm{d}}(\omega) - H_{\mathrm{g}}(\omega)]$$

式中，$W(\omega)$ 称为误差加权函数，它的取值根据通带或阻带的逼近精度要求不同而不同。通常，在要求逼近精度高的频带，$W(\omega)$ 取值大；在要求逼近精度低的频带，$W(\omega)$ 取值小。在设计过程中，$W(\omega)$ 由设计者取定，例如对低通滤波器可取为

$$W(\omega) = \begin{cases} \delta_2/\delta_1, & 0 \leqslant \omega \leqslant \omega_{\mathrm{p}} \\ 1, & \omega_{\mathrm{p}} < \omega \leqslant \pi \end{cases}$$

其中，δ_1 和 δ_2 分别为滤波器指标中的通带和阻带容许波动。如果 $\delta_2/\delta_1 < 1$ ，则说明对通带的加权较小。如果用 $\delta_2/\delta_1 = 0.1$ 去设计滤波器，则通带最大波动 δ_1 将比阻带最大波动 δ_2 大 10 倍。

假设滤波器为

$$H(\omega) = \sum_{n=0}^{M} a(n)\cos(\omega n), \quad M = \frac{N-1}{2}$$

其中，$a(n)$取值为

$$a(n) = \begin{cases} h\left(\dfrac{N-1}{2}\right), & n = 0 \\ 2h\left(\dfrac{N-1}{2} - n\right), & n = 1, 2, \cdots, \dfrac{N-1}{2} \end{cases}$$

于是有

$$E(\omega) = W(\omega)\left[H_d(\omega) - \sum_{n=0}^{M} a(n)\cos(\omega n)\right]$$

式中，$M = (N-1)/2$。最佳一致问题是指确定 $M+1$ 个系数 $a(n)$ 以使 $E(\omega)$ 的最大值为最小，即

$$\min[\max_{\omega \in A} |E(\omega)|]$$

式中，A 表示所研究的频带，即通带或阻带。上述问题也称为切比雪夫逼近问题，其解可以用切比雪夫交替定理描述。

满足 $E(\omega)$ 最大值最小化的多项式存在且唯一。换句话说，可以唯一确定一组 $a(n)$ 使 $H_g(\omega)$ 与 $H_d(\omega)$ 实现最佳一致逼近；最佳一致逼近时，$E(\omega)$ 在频带 A 上呈现等波动特性，而且至少存在 $M+2$ 个"交错点"，即波动次数至少为 $M+2$ 次，并满足

$$E(\omega_i) = -E(\omega_{i-1}) = \max |E(\omega)|$$

式中，$\omega_0 \leqslant \omega_1 \leqslant \omega_2 \leqslant \cdots \leqslant \omega_{M+1}$，其中 ω_i 属于 F。

设 ρ 为等波动误差 $E(\omega)$ 的极值，所以有

$$E(\omega_i) = (-1)^i \rho, \quad i = 1, 2, \cdots, M+2$$

运用切比雪夫交替定理，幅度特性 $H_g(\omega)$ 在通带和阻带内应满足

$$\left|H_g(\omega) - 1\right| \leqslant \left|\frac{\delta_1}{\delta_2}\rho\right| = \delta_1, \quad 0 \leqslant \omega_1 \leqslant \omega_p$$

$$\left|H_g(\omega) \leqslant \rho = \delta_2\right|, \quad \omega_s \leqslant \omega \leqslant \pi$$

其中，ω_p 为通带截止频率，ω_s 为阻带截止频率，δ_1 为通带波动峰值，δ_2 为阻带波动峰值。设单位冲激响应的长度为 N，如果 F 上的 $M+2$ 个极值点频率为 $\{\omega_i\}, (i = 0, 1, \cdots, M+1)$，根据交替定理可得

$$\begin{cases} W(\omega_k)\left(H_d(\omega_k) - \sum_{n=0}^{M} a(n)\cos n\omega_k\right) = (-1)^k \rho \\ \rho = \max_{\omega \in A} |E(\omega)|, \quad k = 1, 2, \cdots, M+2 \end{cases}$$

上述提供的方法是在给定交错点频率的情况下得到的。实际上 $\omega_1, \omega_2, \cdots, \omega_{M+2}$ 是未知的，所以直接求解问题比较困难，只能用逐次迭代的方法求解。迭代求解的数学依据是雷米兹交换算法。

在 MATLAB 中，实现雷米兹交换算法的函数为 remez，它的常用函数为

```
b=remez(N, F, A)
b=remez(N, F, A, W)
```

其中，N 是给定的滤波器的阶次，b 是设计的滤波器的系数（长度为 N+1）；F 是频率向量，A 是对应 F 的各频段上的理想幅频响应，W 是各频段上的加权向量。

【例 8-25】 利用 remez 函数设计低通等波纹滤波器。

解： 在编辑器窗口中编写代码。

```
clear,clc,clf
n=40;                                          %滤波器的阶数
f=[0 0.5 0.6 1];                               %频率向量
a=[1 2 0 0];                                    %振幅向量
w=[1 20];
b=firls(n,f,a,w);
[h,w1]=freqz(b);                               %计算滤波器的频率响应
bb=remez(n,f,a,w);                             %采用 remez 函数设计滤波器
[hh,w2]=freqz(bb);                             %计算滤波器的频率响应
plot(w1/pi,abs(h),'r.',w2/pi,abs(hh),'b-.',f,a,'ms');   %绘制滤波器幅频响应
xlabel('归一化频率');ylabel('振幅');grid
```

运行结果如图 8-38 所示。

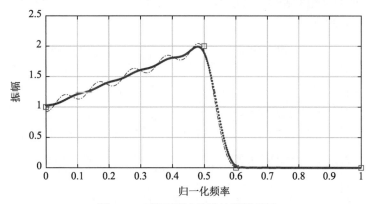

图 8-38　低通等波纹滤波器效果图

【例 8-26】 利用切比雪夫逼近法设计低通滤波器。

解： 在编辑器窗口中编写代码。

```
clear,clc,clf
wp = 0.4*pi;
ws = 0.6*pi;
Rp = 0.45;
As = 80;
%给定指标
delta1 = (10^(Rp/20)-1)/(10^(Rp/20)+1);
delta2 = (1+delta1)*(10^(-As/20));
%求波动指标
weights = [delta2/delta1 1];
deltaf = (ws-wp)/(2*pi);                        %给定权函数和△f=wp-ws
N= ceil((-20*log10(sqrt(delta1*delta2))-13)/(14.6*deltaf)+1);
N=N+mod (N-1,2);                                %估算阶数 N
f =[0 wp/pi ws/pi 1]; A = [1 1 0 0];            %给定频率点和希望幅度值
h = remez(N-1,f,A,weights);                     %求冲激响应
[db,mag,pha,grd,W] = freqz_m(h,[1]);            %验证求取频率特性
```

```
delta_w = 2*pi/1000; wsi = ws/delta_w+1;
wpi=wp/delta_w+1;
Asd = -max(db(wsi:1:500));                                      %求阻带衰减
subplot(2,2,1);
n=0:1:N-1;
stem(n,h);axis([0,52,-0.1,0.3]);title('冲激响应')
xlabel('n');ylabel('hd(n)');grid
subplot(2,2,2); plot(W,db);title('对数幅频特性')
ylabel('分贝数');xlabel('频率');grid
subplot(2,2,3);plot(W,mag);title('绝对幅频特性')
axis([0,4,-0.5,1.5]);xlabel('Hr(w)');ylabel('频率');grid
n=1:(N-1)/2+1;
H0=2*h(n)*cos(((N+1)/2-n)'*W)-mod(N,2)*h((N-1)/2+1);            %求 Hg(w)
subplot(2,2,4);plot(W(1:wpi),H0(1:wpi)-1,W(wsi+5:501),H0(wsi+5:501));
title('误差特性')
ylabel('Hr(w)');xlabel('频率');grid
```

运行程序结果如图 8-39 所示。

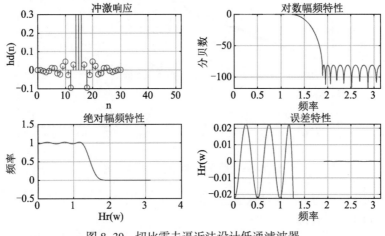

图 8-39　切比雪夫逼近法设计低通滤波器

8.5.4　约束最小二乘法

通过约束最小二乘法(Constrained Least Square, CLS)设计 FIR 滤波器可以不用明确定义过渡带的幅值响应，而仅需要指定截止频率、通带的边缘频率或组带的边缘频率。

简单地说，CLS 的原理就是在给定所期望的滤波器幅频响应 $H_d\left(e^{j\omega}\right)$ 情况下，寻求一个期望幅频响应的近似响应函数 $H_d\left(e^{j\omega}\right)$，使方差 $\int\left[\hat{H}_d\left(e^{j\omega}\right)-H_d\left(e^{j\omega}\right)\right]^2 d\omega$ 在整个频域上达到最小。该方法着重于总误差最小，并不保证在每个局部频段上误差最小。CLS 方法的关键特征就是能使定义的幅值响应包含最大允许波纹的上下限值。

在某些无法确切确定过渡带的位置时，CLS 可以间接定义过渡带，这种无须指定过渡带的功能是极其有效的。

8.6　FIR 滤波器设计函数

MATLA 中提供了 FIR 滤波器的相关设计函数,这些函数可以实现切比雪夫最佳一致逼近算法和约束最小二乘算法。

8.6.1　firpm 函数

在 MATLAB 中,函数 firpm 通过最佳一致逼近法设计 FIR 滤波器。其调用格式为

```
b = firpm(n,f,a)                  %通过最大误差最小化原则设计一个由 f 和 a 指定幅频响应和实线性相位对
                                  %称的 n 阶的 FIR 滤波器。
b = firpm(n,f,a,w)                %利用权值向量 w 对各频段的误差做加权拟合。w 的长度为 f 或 a 的一半
b = firpm(n,f,a,ftype)            %设计由 ftype 指定的奇对称线性相位(Ⅲ型和Ⅳ型)滤波器
b = firpm(n,f,a,lgrid)            %使用整数 lgrid 控制频率栅格的密度
[b,err] = firpm(___)              %同时返回最大纹波波峰 err
[b,err,res] = firpm(___)          %同时以结构体 res 的形式返回频率响应特性
b = firpm(n,f,fresp,w)            %回一个 FIR 滤波器,其频幅特性最接近函数 fresp 返回的响应
b = firpm(n,f,fresp,w,ftype)                  %设计反对称(奇数)滤波器,如果未指定 ftype,将调用 fresp
                                              %以确定默认的对称特性
```

说明.

(1)函数的返回值是一个长度为 $n+1$ 的滤波器系数所组成的向量。设计的滤波器的系统函数可以表示为

$$B(z) = b(1) + b(2)z^{-1} + \cdots + b(n+1)z^{-n}$$

(2)输入参数 f 是频带边缘频率向量(单位:Hz),取值范围为(0,1),其中 1 对应于 0.5fs,这里的 fs 为采样频率(默认为 2),f 的元素必须按照升序来排列。

(3)输入参数 a 必须和 f 具有相同大小,且由 f 指定的各个频带上的幅值向量所组成。

(4)为了保证滤波器在 $f=1$ 处的增益不为零,对高通滤波器和带阻滤波器来讲,n 必须是偶数;而在其他情况下,n 为了成为偶数应自动加 1,此时窗函数的长度应取为 $n+2$。

(5)ftype 可指定为'hilbert'、'differentiator'。

当 ftype 设置为'hilbert'时,表示设计奇对称的线性相位 Hilbert 滤波器,其在整个频带上的期望振幅为 1,输出系数 b 满足关系式

$$b(k) = -b(n+2-k), \quad k = 1, 2, \cdots, N+1$$

当 ftype 设置为'differentiator'时,表示设计奇对称的线性相位微分滤波器。对于非零振幅频带,滤波器将误差加权 $1/f$,因此低频时的误差比高频时小得多,对于 FIR 微分器,其振幅特性与频率成正比,这些滤波器使最大相对误差(误差与期望幅值之比的最大值)最小化。该函数设计的滤波器低频段性能要远好于高频段性能。

(6)结构体 res 包含以下域:res.fgrid(用到的频率采样点)、res.des(各频率采样点上对应的期望响应值)、res.wt(各频率采样点上的加权值)、res.H(各频率采样点上对应的实际响应值)、res.error(各频率采样点上对应的误差)、res.iextr(极值频率的下标所组成的向量)、res.fextr(极值频率向量)。

【例 8-27】 设计一个 17 阶的 FIR 滤波器，并验证加权系数向量的作用。

解： 在编辑器窗口中编写代码。

```
clear,clc,clf
f = [0 0.3 0.4 0.6 0.7 1];
a = [0 0 1 1 0 0];
w = [0.9 0.85 0.4];
b1 = firpm(17,f,a);
b2 = firpm(17,f,a,w);
[h1,w1] = freqz(b1,1,512);
[h2,w2] = freqz(b2,1,512);
plot(f,a, '-',w1/pi,abs(h1), '--',w2/pi,abs(h2), '-.'),grid
legend('期望','结果(无加权)','结果(有加权)')
xlabel( '频率(\omega/\pi)'), ylabel( '响应')
```

运行结果如图 8-40 所示，由图可知，利用加权函数可以根据实际需要改变不同频段上的逼近程度。

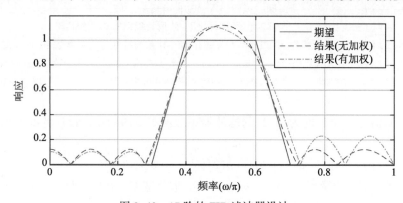

图 8-40 17 阶的 FIR 滤波器设计

8.6.2 firpmord 函数

在 MATLAB 中，函数 firpmord 通过估计最佳一致逼近法设计 FIR 滤波器的阶次。其调用格式为

```
[n,fo,ao,w] = firpmord(f,a,dev)      %返回给定频域设计性能指标 f、a 和 dev 情况下的近似阶数 n、
                                     %归一化截止频率 fo、幅频向量 ao 和权重 w
[n,fo,ao,w] = firpmord(f,a,dev,fs)   %指定采样频率 fs
c = firpmord( ___ ,'cell')           %返回一个元胞数组 c，其元素是 firpm 所需的参数
```

说明：

（1）输入参数 f 是频带边缘频率向量（单位：Hz），输入参数 f 的取值范围为(0,1)，其中 1 对应于 0.5fs，fs 为采样频率（默认为 2），f 的元素必须按照升序排列。

（2）输入参数 a 是由 f 指定的各个频带上的幅值向量，长度关系满足 length(f)=2*length(a)-2，且第 1 个频带必须从 f=0 处开始，最后一个频带在 f=fs/2 处结束。

（3）输入参数 dev 指定的各个通带或阻带上的最大波动误差，它的长度必须和 a 的长度相等。

（4）函数所得到的阶数 n 常常要小于实际的数值。因此，当所设计的滤波器的响应达不到期望值时，要去尝试 n+1，n+2 等情况。当返回结果的截止频率 fo 趋于 0 或 dev 比较大（如 10%）时，估计值都是不准确的。

【例 8-28】设计一个最低阶次的低通 FIR 滤波器，通带截止频率 500Hz，阻带截止频率 600Hz，采样频率 2000Hz。要求阻带中的衰减至少为 40dB，通带中的纹波小于 3dB。

解：在编辑器窗口中编写代码。

```
clear,clc,clf
rp = 3;
rs = 40;
fs = 2000;
f = [500 600];
a = [1 0];
dev = [(10^(rp/20)-1)/(10^(rp/20)+1) 10^(-rs/20)];
[n,fo,ao,w] = firpmord(f,a,dev,fs);
b = firpm(n,fo,ao,w);
freqz(b,1,1024,fs);title('低通滤波器设计')
```

运行结果如图 8-41 所示。

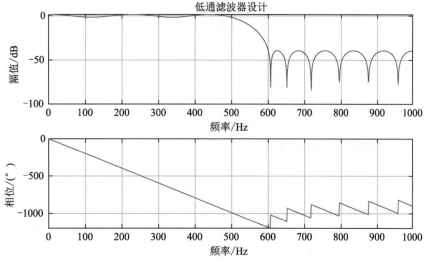

图 8-41　低通 FIR 滤波器设计

8.6.3　cfirpm 函数

函数 cfirpm 采用扩展的 firpm 交换算法使切比雪夫误差最优化，它可以用来设计非线性相位的复数滤波器。在指定滤波器频率响应的方式上，cfirpm 函数和其他滤波器设计函数不同,它可以接受滤波器响应的函数名，因而使用该函数设计滤波器具有通用性。

在 MATLAB 中，函数 cfirpm 通过任意响应法设计 FIR 滤波器。其调用格式为

b = cfirpm(n,f,@fresp)	%返回一个长度为 n+1 的 FIR 滤波器的最佳逼近，滤波器的期望频率 %响应由函数 fresp 给出
b = cfirpm(n,f,@fresp,w)	%使用向量 w 中的非负权重对每个频带中的拟合进行加权，w 的长度是 %f 长度的一半，因此每个频带正好有一个权重
b = cfirpm(n,f,a)	%等同于 b = cfirpm(n,f,{@multiband,a})，a 为 f 中的每个 %频带边缘点处的响应幅值所组成的向量

```
b = cfirpm(n,f,a,w)                %使用 w 对每个频带中的拟合进行加权
b = cfirpm(___,'sym')              %对设计的单位冲激响应施加对称约束 sym
b = cfirpm(___,'skip_stage2')      %第 2 阶段不再使用优化算法，会导致精度的降低，但可以提高运算速
                                   %度，第 2 阶段默认是使用优化算法的
b = cfirpm(___,'debug')            %显示设计滤波器过程中的中间结果；debug 的取值为 trace、
                                   %plots、both 或者 off（默认值）
b = cfirpm(___,{lgrid})            %{lgrid} 是一个 1×1 的单元矩阵，用来控制频率点的密度，频率点
                                   %的个数大致为 2^nextpow2(lgrid*n)，{lgrid} 的默认值为 25
[b,delta] = cfirpm(___)            %同时返回最大波纹波峰
[b,delta,opt] = cfirpm(___)        %同时返回一个结构体 res，含义同 firpm 函数
```

说明：

（1）在 cfirpm 函数中，fresp 函数的调用方式为

```
[dh,dw]=fresp(n,f,gf,w)
%输入参数
%n=滤波器的阶数
%f=频带边缘频率向量（单位:Hz），
%gf=频率采样点
%w=正实数权系数向量，其元素对应各个频带（默认为 1）
%输出参数
%dh=gf 给出的频率采样点处的期望频率响应
%dw=gf 给出的频率采样点处的优化权系数
```

fresp 函数有 lowpass、bandpass、multiband、hilbfilt、highpass、bandstop、differentiator 和 invsinc 等预定义频率响应函数，限于篇幅这里不再介绍。

（2）sym 的取值说明如下。

① none：如果 f 中有负值或 fresp 函数没有提供默认值时 sym 的默认值。

② even：单位冲激响应为实的偶对称序列，设计低通、高通、带通、带阻和多通带滤波器时的默认值。

③ odd：单位冲激响应为实的奇对称序列，设计 hilbert 和微分滤波器时的默认值。

④ real：使频率响应为共轭对称。

【例 8-29】设计一个 22 阶非线性相位全通 FIR 滤波器，其频率响应近似为

$$e^{-j\frac{\pi f N}{2}+j4\pi f|f|},\ f\in[-1,1]$$

解： 在编辑器窗口中编写代码。

```
clear,clc,clf
n = 22;
f = [-1 1];
w = [1 1];
gf = linspace(-1,1,256);
d = exp(-1i*pi*gf*n/2 + 1i*pi*pi*sign(gf).*gf.*gf*(4/pi));
b = cfirpm(n,f,'allpass',w,'real');
freqz(b,1,256,'whole')
subplot(2,1,1); hold on
plot(pi*(gf+1),20*log10(abs(fftshift(d))),'r--')
subplot(2,1,2); hold on
```

```
plot(pi*(gf+1),unwrap(angle(fftshift(d)))*180/pi,'r--')
legend('近似值','期望值','Location','SouthWest')
```

运行结果如图 8-42 所示。

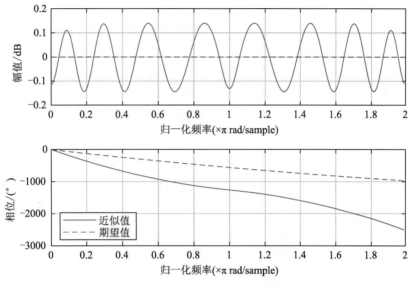

图 8-42　非线性相位全通 FIR 滤波器设计

8.6.4　firls 函数

在 MATLAB 中，函数 firls 通过最小二乘法设计线性相位 FIR 滤波器。其调用格式为

```
b = firls(n,f,a)       %通过最小二乘法设计一个由 f、a 指定幅频响应的实线性相位对称的 n 阶 FIR 滤波器
b = firls(n,f,a,w)     %利用权值向量 w 对各频段的误差做加权拟合，w 长度为 f 或 a 的一半
b = firls(___,ftype)   %设计由 ftype 指定的奇对称线性相位（Ⅲ型和Ⅳ型）滤波器
```

说明：函数的返回值 b、输入参数 f、a、ftype 的含义同 firpm，这里不再赘述。

【例 8-30】设计一个幅频响应具有分段线性通带的 24 阶 FIR 滤波器。

解： 在编辑器窗口中编写代码。

```
clear,clc,clf
F = [0 0.3 0.4 0.6 0.7 0.9];
A = [0 1.0 0.0 0.0 0.5 0.5];
b = firls(24,F,A,'hilbert');
[H,f] = freqz(b,1,512,2);
plot(f,abs(H));hold on
for i = 1:2:6,
  plot([F(i) F(i+1)],[A(i) A(i+1)],'r--')
end
legend('设计','期望');grid on
xlabel('归一化频率(\times\pi rad/sample)');ylabel('响应')
```

运行结果如图 8-43 所示。

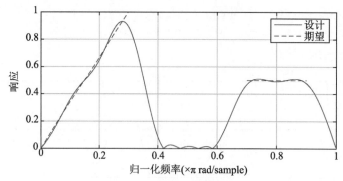

图 8-43　24 阶 FIR 称滤波器设计

8.6.5　fircls 函数

在 MATLAB 中，函数 fircls 通过最小二乘法设计多带线性相位 FIR 滤波器。其调用格式为

```
b = fircls(n,f,a,up,lo)              %通过最小二乘法设计一个由 f、a 指定幅频响应的实线性相位对
                                     %称的 n 阶 FIR 滤波器
fircls(n,f,a,up,lo,'design_flag')    %监视设计过程
```

说明：

（1）输入参数 f、a 含义同 firpmord 函数，这里不再赘述。输入参数 up 和 lo 用来指定各频段幅度波动的上限和下限，长度必须与 a 相同。

（2）'design_flag'参数可以为'trace'（得到迭代进程的文字说明）、'plots'（得到迭代进程的图形说明）或'both'（同时得到两种说明）。

（3）设置阻带 lo 为 0 可以获得幅值非负的频率响应，确保得到一个最小相位的滤波器。

【例 8-31】设计一个 150 阶低通滤波器，并监视设计过程。

解：在编辑器窗口中编写代码。

```
clear,clc,clf
n = 150;
f = [0 0.4 1];
a = [1 0];
up = [1.02 0.01];
lo = [0.98 -0.01];
b = fircls(n,f,a,up,lo,'both');
```

运行结果如图 8-44 所示，同时在命令行窗口显示如下信息：

```
Bound Violation = 0.0788344298966
Bound Violation = 0.0096137744998
Bound Violation = 0.0005681345753
Bound Violation = 0.0000051519942
Bound Violation = 0.0000000348656
Bound Violation = 0.0000000006231
```

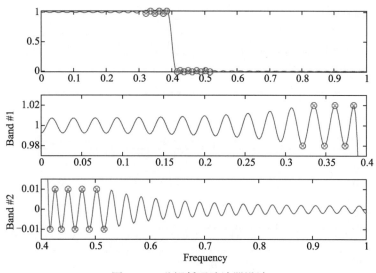

图 8-44　监视低通滤波器设计

8.6.6　fircls1 函数

在 MATLAB 中, 函数 fircls1 通过最小二乘法设计低通或高通线性相位 FIR 滤波器。其调用格式为

```
b = fircls1(n,wo,dp,ds)              %通过最小二乘法设计一个 n 阶的线性相位低通 FIR 滤波器
b = fircls1(n,wo,dp,ds,'high')       %设计高通滤波器, 为了保证滤波器在 f=1 处的增益不为零, n 必须
                                     %为偶数, 否则, n 应自动加 1, 此时窗函数的长度应取为 n+2
b = fircls1(n,wo,dp,ds,wt)           %参数 wt 保证满足通带或阻带的边缘条件
b = fircls1(n,wo,dp,ds,wt,'high')
b = fircls1(n,wo,dp,ds,wp,ws,k)          %对平方误差进行加权处理, 通带权值要比阻带的大 k 倍
b = fircls1(n,wo,dp,ds,wp,ws,k,'high')
b = fircls1(n,wo,dp,ds,...,'design_flag')    %监视设计过程, 同 fircls 函数
```

说明:

(1) 输入参数 wo 是频带边缘频率向量, 即截止频率 (单位: Hz), 取值范围为(0,1), 其中 1 对应于 0.5fs, fs 为采样频率。

(2) 输入参数 dp、ds 用于指定通带和阻带的最大波动。

(3) 如果 wt 位于通带内, 使用该参数将保证|E(wt)|≤dp, E(w)是误差函数; 如果 wt 位于阻带内, 使用此参数将保证|E(wt)|≤ds。

(4) 当用很小的 dp、ds 设计窄带滤波器时, 满足给定长度的滤波器可能不存在。

(5) wp 是最小二乘函数的通带边缘频率, ws 是阻带边缘频率 (wp<wo<ws)。当用来设计满足一定条件的加权滤波器或者高通滤波器时, 须保证 ws<wo<wp。

【例 8-32】 设计一个归一化截止频率为 0.3 的 55 阶低通滤波器。指定通带纹波为 0.02, 阻带纹波为 0.008, 利用图形方式监视设计过程。

解: 在编辑器窗口中编写代码。

```
clear,clc,clf
n = 55;
wo = 0.3;
```

```
dp = 0.02;
ds = 0.008;
b = fircls1(n,wo,dp,ds,'plots');
```

运行结果如图 8-45 所示。

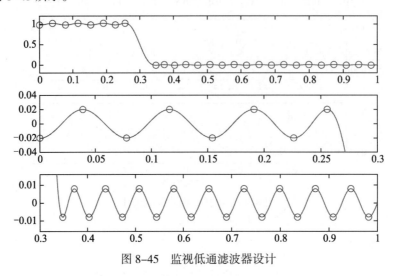

图 8-45　监视低通滤波器设计

8.6.7　sgolay 函数

在 MATLAB 中，利用函数 sgolay 设计 Savitzky–Golay 滤波器。其调用格式为

```
b = sgolay(k,f)        %设计一个 Savitzky-Golay 滤波器，输入参数 k 是多项式的阶数，输入参数 f 是窗
                       %函数的长度，且 k<f；输出参数 b 是所设计滤波器的系数（f×f 的矩阵）
b = sgolay(k,f,w)      %增加一个长度为 length(f)、分量为正实数的加权系数向量 w
[b,g] = sgolay(___)    %额外返回所设计的滤波器系数矩阵 g
```

【例 8-33】使用 sgolay 函数平滑一个正弦波噪声，并将结果与使用 conv 函数进行平滑所得到的结果进行对比。

解： 在编辑器窗口中编写代码。

```
clear,clc,clf
dt = 0.25;
t = (0:dt:20-1)';
x = 5*sin(2*pi*0.2*t)+0.5*randn(size(t));
[b,g] = sgolay(5,25);
dx = zeros(length(x),4);
for p = 0:3
  dx(:,p+1) = conv(x, factorial(p)/(-dt)^p * g(:,p+1), 'same');
end
plot(x,'.-');hold on
plot(dx);hold off
legend('x','x (平滑)','x''','x''''', 'x''''''')
title('Savitzky-Golay 导数估计')
```

运行结果如图 8-46 所示。

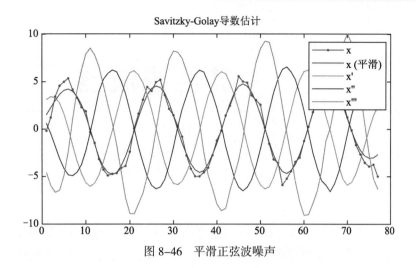

图 8-46　平滑正弦波噪声

8.7　本章小结

FIR 滤波器相对 IIR 滤波器有很多独特的优越性，在保证满足滤波器幅频响应的同时，还可以获得严格的线性相位特性。非线性 FIR 滤波器一般可以用 IIR 滤波器来替代。由于在数据通信、语音信号处理、图像信号处理以及自适应等领域往往要求信号在传输过程中不出现明显的相位失真，而 IIR 滤波器存在明显的频率色散问题，所以 FIR 滤波器得到了更广泛的应用。

第 9 章

其他滤波器

在信号处理中，经常需要用特殊滤波器解决实际问题。这些滤波器包括维纳滤波器、卡尔曼滤波器、自适应滤波器、格型滤波器和线性预测滤波器等。其中，维纳滤波器用于处理平稳随机信号；卡尔曼滤波器用于处理非平稳随机信号；自适应滤波器利用前一时刻已获得的滤波器系数，自动地调节现时刻的滤波器系数，以适应所处理随机信号的时变统计特性，实现最优滤波；格型滤波器广泛应用于数字语音处理；线性预测滤波器用于预测。本章将逐一介绍这些滤波器。

学习目标：

（1）了解维纳滤波器；

（2）了解卡尔曼滤波器；

（3）掌握自适应滤波器；

（4）掌握格型滤波器；

（5）了解线性预测滤波器。

9.1　维纳滤波器

信号处理常常需要解决在噪声中提取信号的问题，因此，需要寻找一种具有最佳线性过滤特性的滤波器，这种滤波器当信号与噪声同时输入时，在输出端能将信号尽可能精确地重现出来，而噪声却受到最大抑制。维纳滤波器（Wiener Filter）就是用来解决这类从噪声中提取信号问题的一种滤波器。

9.1.1　理论基础

如果一个线性系统的单位样本响应为 $h(n)$，当输入一个随机信号 $x(n)$，且

$$x(n) = s(n) + v(n)$$

其中，$x(n)$ 表示信号，$v(n)$ 表示噪声，则输出 $y(n)$ 为

$$y(n) = \sum_m h(m)x(n-m)$$

上式 $y(n)$ 的卷积形式可以理解为从当前和过去的观察值 $x(n)$，$x(n-1)$，$x(n-2)$，$\cdots$，$x(n-m)$ 估计信号的当前值 $\hat{s}(n)$，因此 $h(n)$ 的滤波问题实际上就是一种统计估计问题。

一般地，从当前和过去的观察值估计当前的信号值 $y(n) = \hat{s}(n)$ 称为过滤（或滤波）；从过去的观察值估计当前或者将来的信号值 $y(n) = \hat{s}(n+N)(N \geqslant 0)$ 称为外推（或预测）；从过去的观察值估计过去的信号值 $y(n) = \hat{s}(n-N)(N > 1)$ 称为平滑（或内插）。

维纳滤波器又称为最佳线性过滤或线性最优估计，这里的最佳与最优均是以最小均方误差为准则的。

现希望 $x(n)$ 通过线性系统 $h(n)$ 后得到的 $y(n)$ 尽量接近于真实值 $s(n)$，此时称 $y(n)$ 为 $s(n)$ 的估计值，即

$$y(n) = \hat{s}(n)$$

由上可知，维纳滤波器的输入和输出关系如图 9-1 所示。

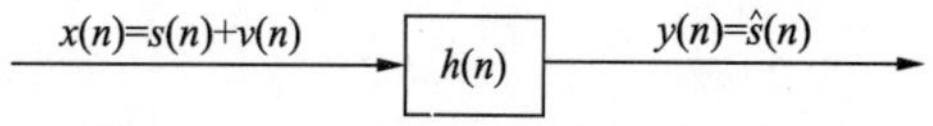

真实值 $s(n)$ 与估计值 $\hat{s}(n)$ 之间的误差为

$$e(n) = s(n) - \hat{s}(n)$$

误差值 $e(n)$ 是一个随机变量，可能为正，也可能为负。此时用均方误差表达误差是合理的，均方误差最小即它的平方的统计期望最小：

图 9-1　维纳滤波器的输入和输出关系

$$\xi(n) = E\left[e^2(n)\right] = \min$$

利用最小均方误差准则确定维纳滤波器的冲激响应 $h(n)$，令 $\xi(n)$ 对 $h(j)$ 的导数为 0，可得

$$R_{XS}(m) = \sum_i h(i) R_{XX}(m-i), \forall m$$

上式称为维纳滤波器的标准方程或维纳-霍夫（Wiener-Hopf）方程。式中，$R_{XS}(m)$ 是 $s(n)$ 与 $x(n)$ 的互相关函数，$R_{XX}(m)$ 是 $x(n)$ 的自相关函数，分别定义为

$$R_{XS}(m) = E\left[x(n)s(n+m)\right]$$

$$R_{XX}(m) = E\left[x(n)x(n+m)\right]$$

若已知 $R_{XS}(m)$、$R_{XX}(m)$，即可求得维纳滤波器的冲激响应。根据 i 的取值不同，有以下三种情况：

（1）若 i 取有限个整数值，即 $i \in (0, N-1)$，则为有限冲激响应（FIR）维纳滤波器；

（2）若 i 取所有整数值，即 $i \in (-\infty, +\infty)$，则为非因果无限冲激响应（非因果 IIR）维纳滤波器；

（3）若 i 取正整数值，即 $i \in (0, +\infty)$，则为因果无限冲激响应（因果 IIR）维纳滤波器。

下面只讨论 FIR 维纳滤波器的求解。设滤波器冲激响应滤波器的长度为 N，冲激响应为

$$\boldsymbol{h} = \begin{bmatrix} h(0) & h(1) & \cdots & h(N-1) \end{bmatrix}^{\mathrm{T}}$$

滤波器的输入为

$$\boldsymbol{x}(n) = \begin{bmatrix} x(n) & x(n-1) & \cdots & x(n-N+1) \end{bmatrix}^{\mathrm{T}}$$

则滤波器的输出为

$$y(n) = \hat{s}(n) = \boldsymbol{x}^{\mathrm{T}}(n)\boldsymbol{h} = \boldsymbol{h}^{\mathrm{T}}\boldsymbol{x}(n)$$

此时维纳-霍夫方程可表示为

$$\boldsymbol{P}^{\mathrm{T}} = \boldsymbol{h}^{\mathrm{T}}\boldsymbol{R} \text{ 或 } \boldsymbol{P} = \boldsymbol{R}\boldsymbol{h}$$

其中

$$\boldsymbol{P} = E\left[\boldsymbol{x}(n)\boldsymbol{s}(n)\right]$$

$$\boldsymbol{R} = E\left[\boldsymbol{x}(n)\boldsymbol{x}^{\mathrm{T}}(n)\right]$$

$\boldsymbol{P}$ 是一个 N 维列向量，是 $s(n)$ 与 $x(n)$ 的互相关函数；$\boldsymbol{R}$ 是 $x(n)$ 的自相关函数，是 N 阶方阵。

利用逆矩阵求解方法可得 FIR 维纳滤波器的冲激响应为

$$\boldsymbol{h}_{\mathrm{opt}} = \boldsymbol{R}^{-1}\boldsymbol{P}$$

其中，opt 表示"最优"。

9.1.2　MATLAB 实现

【例 9-1】维纳滤波器示例。

解： 在编辑器窗口中编写代码。

```
clear,clc,clf
L=500;                                          %信号长度
N=100;                                          %滤波器阶数
a=0.95;
b1=sqrt(12*(1-a^2))/2;
b2=sqrt(3);
%产生w(n),v(n),u(n),s(n)和x(n)
w=random('uniform',-b1,b1,1,L);                 %利用random函数产生均匀白噪声
v=random('uniform',-b2,b2,1,L);
u=zeros(1,L);
for i=1:L
    u(i)=1;
end
s=zeros(1,L);
s(1)=w(1);
for i=2:L
    s(i)=a*s(i-1)+w(i);
end
x=zeros(1,L);
x=s+v;
%绘出s(n)和x(n)的曲线图
set(gcf,'Color',[1,1,1]);
i=L-100:L;
subplot(2,2,1);plot(i,s(i),i,x(i),'r--');title('s(n) & x(n)');
legend('s(n)', 'x(n)');
%计算理想滤波器的h(n)
h1=zeros(N:1);
for i=1:N
    h1(i)=0.238*0.724^(i-1)*u(i);
end
Rxx=zeros(N,N);                                 %利用公式，计算Rxx
rxs=zeros(N,1);                                 %利用公式，计算rxs
for i=1:N
    for j=1:N
        m=abs(i-j);
        tmp=0;
        for k=1:(L-m)
            tmp=tmp+x(k)*x(k+m);
        end
        Rxx(i,j)=tmp/(L-m);
    end
end
for m=0:N-1
    tmp=0;
    for i=1: L-m
        tmp=tmp+x(i)*s(m+i);
```

```
      end
      rxs(m+1)=tmp/(L-m);
end
%产生 FIR 维纳滤波器的 h(n)
h2=zeros(N,1);
h2=Rxx^(-1)*rxs;
%绘制理想滤波器和维纳滤波器 h(n) 的曲线图
i=1:N;
subplot(2,2,2);plot(i,h1(i),i,h2(i),'r--');title('h(n) & h~(n)');
legend('h(n) ','h~(n)');
%计算 Si
Si=zeros(1,L);
Si(1)=x(1);
for i=2:L
    Si(i)=0.724*Si(i-1)+0.238*x(i);
end
%绘制 Si(n) 和 s(n) 曲线图
i=L-100:L;
subplot(2,2,3); plot(i,s(i),i,Si(i),'r--');title('Si(n) & s(n)');
legend('Si(n) ','s(n)');
%计算 Sr
Sr=zeros(1,L);
for i=1:L
    tmp=0;
    for j=1:N-1
        if(i-j<=0)
            tmp=tmp;
        else
            tmp=tmp+h2(j)*x(i-j);
        end
    end
    Sr(i)=tmp;
end
%绘制 Si(n) 和 s(n) 曲线图
i=L-100:L;
subplot(2,2,4);plot(i,s(i),i,Sr(i),'r--');title('s(n) & Sr(n)');
legend('s(n) ','Sr(n)');
%计算均方误差 Ex,Ei 和 Er
tmp1=0;tmp2=0;tmp3=0;
for i=1:L
    tmp1=tmp1+(x(i)-s(i))^2;
    tmp2=tmp2+(Si(i)-s(i))^2;
    tmp3=tmp3+(Sr(i)-s(i))^2;
end
Ex=tmp1/L                              %输出 Ex
Ei=tmp2/L
Er=tmp3/L
```

运行程序输出结果如下，输出滤波效果如图 9-2 所示。

```
Ex =
    1.0273
Ei =
    0.2179
Er =
    0.2536
```

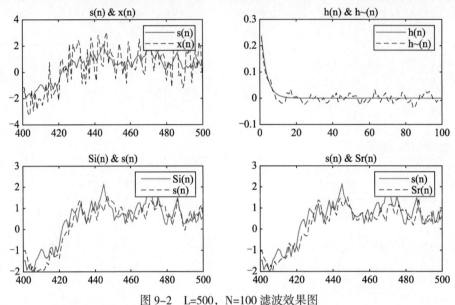

图 9-2　L=500，N=100 滤波效果图

9.2　卡尔曼滤波器

卡尔曼滤波器（Kalman Filter）是在线性最小均方误差估计的基础上提出的数学结构比较简单的一种最优线性递推滤波器。卡尔曼滤波器具有计算量小、存储量低、实时性高的优点，尤其对经历初始滤波后的过渡状态的滤波效果非常好。

9.2.1　理论基础

卡尔曼滤波是以最小均方误差为最佳估计准则以寻求一套递推估计的算法。其基本思想是：采用信号与噪声的状态空间模型，利用前一时刻的估计值和现时刻的观测值更新对状态变量的估计，求出现在时刻的估计值。它适合于实时处理和计算机运算。

由于系统的状态 x 是不确定的，卡尔曼滤波器的任务就是在有随机干扰 w 和噪声 v 的情况下给出系统状态 x 的最优估计值 $\hat{x}$，它在统计意义下最接近状态的真值 x，从而实现最优控制 $u(\hat{x})$ 的目的。

卡尔曼滤波的实质是由测量值重构系统的状态向量。它以"预测—实测—修正"的顺序递推，根据系统的量测值消除随机干扰，再现系统的状态，或根据系统的量测值从被污染的系统中恢复系统的本来面目。

设系统的状态方程和测量方程为

$$x_k = A_k x_{k-1} + B_k u_{k-1} + W_k w_{k-1}$$

$$y_k = C_k x_k + V_k v_k$$

其中，A_k、B_k、W_k、C_k、V_k 为已知的系统参数，u_{k-1} 为动态系统的确定性激励，w_{k-1}、v_k 为高斯白噪声（均值都为 0，方差分别为 R_w、R_v），w_{k-1}、v_k 与 x_0 是相互独立的。

利用最小均方误差可以得到一组卡尔曼滤波的递推公式如下：

$$\hat{x}_k = A_k \hat{x}_{k-1} + H_k \left(y_k - C_k A_k \hat{x}_{k-1} \right) + B_k u_{k-1}$$

$$H_k = P'_k C_k^{\mathrm{T}} \left(C_k P'_k C_k^{\mathrm{T}} + R_k \right)^{-1}$$

$$P'_k = A_k P_k A_k^{\mathrm{T}} + Q_{k-1}$$

$$P_k = \left(I - H_k C_k \right) P'_k$$

$$R_k = V_k P_k^{\mathrm{T}} R_v$$

$$Q_{k-1} = W_{k-1} W_{k-1}^{\mathrm{T}} R_w$$

其中，T 表示转置运算，I 为单位矩阵，在已知初始状态 x_0 的统计特性时，可给出递推公式的初始值 $\hat{x}_0 = E(x_0)$、$\hat{P}_0 = \mathrm{Var}(x_0)$。

由此，在已知 H_k 的情况下，利用前一个 x_k 的估计值 $\hat{x}_{k-1}$ 与当前值 y_k，可以求得在最小均方误差准则下的最佳估计值 $\hat{x}_k$。

9.2.2　MATLAB 实现

【例 9-2】卡尔曼滤波的通用子程序如下。

解： 在命令行窗口中输入如下代码调用卡尔曼滤波的通用子程序 kalman1。

```
>> clear,clc,clf
>> kalman1(100,0.85,1,0,1,1,0.0875,0.1)
```

运行结果如图 9-3 所示。

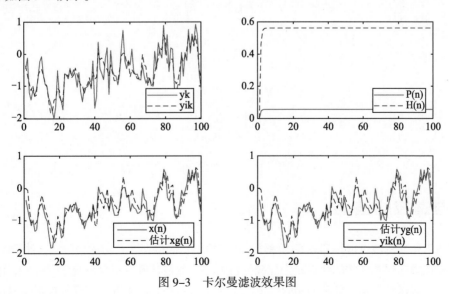

图 9-3　卡尔曼滤波效果图

卡尔曼滤波的通用子程序如下。

```
function kalman1(L,Ak,Ck,Bk,Wk,Vk,Rw,Rv)
w=sqrt(Rw)*randn(1,L);                          %w 是均值为 0 方差为 Rw 的高斯白噪声
v=sqrt(Rv)*randn(1,L);                          %v 是均值为 0 方差为 Rv 的高斯白噪声
x0=sqrt(10^(-12))*randn(1,L);
for i=1:L
    u(i)=1;
end
x(1)=w(1);                                      %给 x(1) 赋初值.
for i=2:L                                       %递推求出 x(k).
    x(i)=Ak*x(i-1)+Bk*u(i-1)+Wk*w(i-1);
end
yk=Ck*x+Vk*v;
yik=Ck*x;
n=1:L;
subplot(2,2,1);plot(n,yk,n,yik,'r--');
legend('yk','yik','Location','southeast')
Qk=Wk*Wk'*Rw;
Rk=Vk*Vk'*Rv;
P(1)=var(x0);
%P(1)=10;
%P(1)=10^(-12);
P1(1)=Ak*P(1)*Ak'+Qk;
xg(1)=0;
for k=2:L
    P1(k)=Ak*P(k-1)*Ak'+Qk;
    H(k)=P1(k)*Ck'*inv(Ck*P1(k)*Ck'+Rk);
    I=eye(size(H(k)));
    P(k)=(I-H(k)*Ck)*P1(k);
    xg(k)=Ak*xg(k-1)+H(k)*(yk(k)-Ck*Ak*xg(k-1))+Bk*u(k-1);
    yg(k)=Ck*xg(k);
end
subplot(2,2,2);plot(n,P(n),n,H(n),'r--')
legend('P(n)','H(n)','Location','southeast')
subplot(2,2,3);plot(n,x(n),n,xg(n),'r--')
legend('x(n)','估计 xg(n)','Location','southeast')
subplot(2,2,4);plot(n,yik(n),n,yg(n),'r--')
legend('估计 yg(n)','yik(n)','Location','southeast')
set(gcf,'Color',[1,1,1]);
end
```

9.3　自适应滤波器

维纳滤波与卡尔曼滤波可以得到较好的滤波效果，但是它们也存在一定的局限性。对于维纳滤波来说，需要得到足够多的数据样本，才能获得较为准确的自相关函数估计值，一旦系统设计完毕，滤波器的长度就不能再改变，这难以满足信号处理的实时性要求。对于卡尔曼滤波来说，需要提前对信号的噪声功率进行估计，参数估计的准确性直接影响到滤波的效果。

　　在实际的信号处理中，如果系统参数能够随着输入信号的变化进行自动调整，不需要提前估计信号与噪声的参数，实现对信号的自适应滤波，这样的系统就是自适应滤波系统。

　　自适应滤波器（Adaptive Filter）根据当前自身的状态和环境调整自身的参数以达到预先设定的目标。自适应滤波器的系数是根据输入信号通过自适应算法自动调整的。

9.3.1　理论基础

　　自适应滤波器可以根据环境的改变，使用自适应算法改变滤波器的参数和结构。自适应滤波器的系数是由自适应算法更新的时变系数，即其系数自动连续地适应给定信号，以获得期望响应。

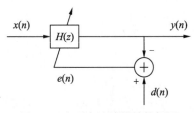

　　自适应滤波器最重要的特点是它能在未知环境中有效工作，并能跟踪输入信号的时变特征。自适应滤波器的结构框图如图 9-4 所示。

图 9-4　自适应滤波器结构框图

　　若自适应滤波器的阶数为 N，滤波器的系数为 w，输入信号序列为 $x(n)$，则输出为

$$y(n) = \sum_{m=0}^{N-1} w(m)x(n-m)$$
$$e(n) = d(n) - y(n)$$

其中，$d(n)$ 为期望信号，$e(n)$ 为误差信号。由

$$y(n) = \sum_{m=0}^{N-1} w(m)x(n-m) \Rightarrow y_j = \sum_{i=1}^{N-1} w_j x_{ij}$$

令

$$\boldsymbol{w} = \left[w_0, w_1, \cdots, w_{N-1} \right]^{\mathrm{T}}, \quad \boldsymbol{x}_j = \left[x_{1j}, x_{2j}, \cdots, x_{Nj} \right]^{\mathrm{T}}$$

则滤波器的输出可以表示为矩阵形式：

$$y_j = \boldsymbol{x}_j^{\mathrm{T}} \boldsymbol{w} = \boldsymbol{w}^{\mathrm{T}} \boldsymbol{x}_j$$
$$e_j = d_j - y_j = d_j - \boldsymbol{x}_j^{\mathrm{T}} \boldsymbol{w} = d_j - \boldsymbol{w}^{\mathrm{T}} \boldsymbol{x}_j$$

定义代价函数为

$$J(j) = E\left[e_j^2 \right] = E\left[(d_j - y_j)^2 \right] = E\left[(d_j - \boldsymbol{w}^{\mathrm{T}} \boldsymbol{x}_j)^2 \right]$$

当代价函数取得最小时，认为实现了最优滤波，这就是经典的最小均方（Least Mean Square，LMS）误差。使用梯度下降法可以求解满足最小均方误差的自适应滤波器的系数，系数向量的迭代公式为

$$\boldsymbol{w}_{j+1} = \boldsymbol{w}_j + \frac{1}{2}\mu(-\nabla J_j)$$

式中，μ 为迭代步长因子，∇J_j 为代价函数的梯度。

　　因为瞬时梯度为真实梯度的无偏估计，在实际应用中可以使用瞬时梯度代替真实梯度，即

$$\nabla J_j = -2\boldsymbol{x}_j(d_j - \boldsymbol{w}^{\mathrm{T}} \boldsymbol{x}_j) = -2\boldsymbol{x}_j e_j$$
$$\boldsymbol{w}_{j+1} = \boldsymbol{w}_j + \mu \boldsymbol{x}_j e_j$$

通过逐次迭代，可得到最优滤波器系数，实现对输入信号的自适应滤波。

9.3.2　MATLAB 实现

　　自适应算法在工程应用中有着广泛的应用，下面通过示例说明自适应滤波器的设计与实现。

【例 9-3】设计一个 2 阶加权自适应滤波器，对输入信号进行滤波。

解： 在编辑器窗口中编写代码。

```
clear,clc,clf
t=0:1/10000:1-0.0001;
s=cos(2*pi*t)+ sin(2*pi*t);                      %输入信号
n=randn(size(t));                                %产生随机噪声
x=s+n;
w=[0 0.5];
u=0.00026;
for i=1:9999
    y(i+1)=n(i:i+1)*w';
    e(i+1)=x(i+1)-y(i+1);
    w=w+2*u*e(i+1)*n(i:i+1);
end
subplot(3,1,1); plot(t,x);title('输入信号(含噪声)');
subplot(3,1,2);plot(t,s);title('输入信号');
subplot(3,1,3);plot(t,e);title('滤波结果');
```

运行结果如图 9-5 所示。

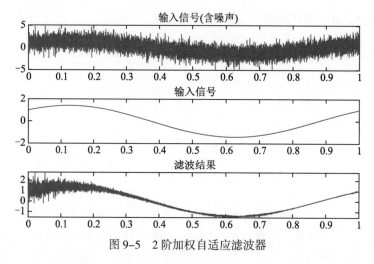

图 9-5　2 阶加权自适应滤波器

【例 9-4】通过 FIR 滤波器的自适应调整，识别某系统。

解： 在编辑器窗口中编写代码。

```
clear,clc,clf
ee=0;
fs=800;                                          %采样频率为 800Hz
det=1/fs;
f1=100;  f2=200;
t=0:det:2-det;
x=sin(2*pi*f1*t)+cos(2*pi*f2*t)+ randn(size(t));;
% 未知系统
[b,a]=butter(5,150*2/fs);                        %截止频率取 150Hz
d=filter(b,a,x);                                 %自适应 FIR 滤波器
```

```
N=5;
delta=0.06;
M=length(x);
y=zeros(1,M);
h=zeros(1,N);
for n=N:M
    x1=x(n:-1:n-N+1);
    y(n)=h*x1';
    e(n)=d(n)-y(n);
    h=h+delta.*e(n).*x1;
end
x=abs(fft(x,2048));
Nx=length(x);
kx=0:800/Nx:(Nx/2-1)*(800/Nx);
D=abs(fft(d,2048));
Nd=length(D);
kd=0:800/Nd:(Nd/2-1)*(800/Nd);
y=abs(fft(y,2048));
Ny=length(y);
ky=0:800/Ny:(Ny/2-1)*(800/Ny);
subplot(131);plot(kx,x(1:Nx/2));title('原始信号频谱')
xlabel('Hz');
subplot(132);plot(kd,D(1:Nd/2));title('经未知系统后')
xlabel('Hz');
subplot(133);plot(ky,y(1:Ny/2));title('经自适应 FIR 滤波后')
xlabel('Hz');
```

运行结果如图 9-6 所示。

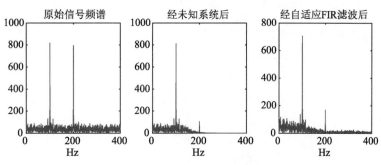

图 9-6 系统信号处理频谱

9.4 格型滤波器

格型滤波器（Lattice Filter）是 Gay 和 Markel 提出的一种系统结构形式，在语音分析和合成等实时性要求较高的应用中，格型滤波器比其他结构更具有优越性，因此被广泛应用于数字语音处理和自适应滤波器实现中。

9.4.1 全零点格型滤波器

全零点格型结构描述的是 FIR 滤波器，N 阶滤波器的 N 级格型结构如图 9-7 所示，滤波器每一级的输入和输出之间的关系如下：

$$f_m(n) = f_{m-1}(n) + K_m g_{m-1}(n-1), \quad m = 1, 2, \cdots, N$$

$$g_m(n) = K_m f_{m-1}(n) + g_{m-1}(n-1), \quad m = 1, 2, \cdots, N$$

其中，$K_m (m = 1, 2, \cdots, N)$ 为全零点格型滤波器的系数（反射系数）。该结构的初值 $f_0(n)$、$g_0(n)$ 由滤波器的输入 $x(n)$ 乘以系数 K_0 决定，输出 $y(n)$ 为第 N 级的输出。即

$$f_0(n) = g_0(n) + K_0 x(n), \quad y(n) = f_N(n)$$

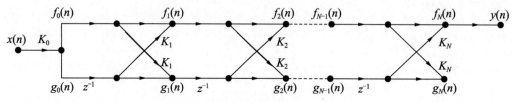

图 9-7 全零点格型滤波器的信号流图

若 FIR 滤波器以直接形式给出，即

$$H(z) = \sum_{m=0}^{N} b_m z^{-m} = b_0 \left(1 + \sum_{m=1}^{N} \frac{b_m}{b_0} z^{-m} \right)$$

式中的多项式可记为

$$A_N(z) = 1 + \sum_{m=1}^{N} \frac{b_m}{b_0} z^{-m} = 1 + \sum_{m=1}^{N} \alpha_N(m) z^{-m}$$

$$\alpha_N(m) = \frac{b_m}{b_0}, \quad m = 1, 2, \cdots, N$$

全零点格型滤波器的系数 K_m 可用如下的递归算法求得。

$$K_0 = b_0$$

$$K_N = \alpha_N(N)$$

$$J_m(z) = z^{-m} A_m(z^{-1}), \quad m = N, \cdots, 2, 1$$

$$A_{m-1}(z) = \frac{A_m(z) - K_m J_m(z)}{1 - K_m^2}$$

$$K_m = \alpha_m(m)$$

上述算法中要求

$$| K_m | \neq 1$$

而线性相位滤波器满足

$$b_0 = | b_N |$$

因此

$$| K_N | = \alpha_N(N) = \left| \frac{b_N}{b_0} \right| = 1$$

即线性相位滤波器不能用格型结构实现。

在 MATLAB 中，函数 tf2latc 用于将 FIR 滤波器的直接型结构转换为全零点格型结构，调用格式为

```
K = tf2latc(b)          %参数 b 为 FIR 滤波器的直接形式系数向量，在调用时须将其以第一个元素作归一化
```

MATLAB 还提供了函数 latc2tf 用于将 FIR 滤波器的格型结构转换为直接型结构，调用格式为

```
b = latc2tf(K)          %将格型滤波器参数转换为传递函数形式，由函数 latcfilt 实现格型滤波器
```

函数 latcfilt 调用格式为

```
[f,g] = latcfilt(k,x)   %在滤波器 x 中通过反射系数 k 创建格型滤波器，f 为前向格型滤波器，g 为后
                        %向格型滤波器，若|k|≤1，f 对应于最小相位输出，g 对应于最大相位输出
[f,g] = latcfilt(k,v,x) %创建具有反射系数 k 和阶梯系数 v 的格型滤波器，k 和 v 都必须是向量，
                        %而 x 可以是信号矩阵
[f,g] = latcfilt(k,1,x) %k 和 x 可以是向量或矩阵
```

【例 9-5】数字滤波器的差分方程如下，调用函数 tf2latc 求出它的格型结构，并分别求出直接型结构和格型结构的单位冲激响应。

$$y(n) = 3x(n) + \frac{12}{11}x(n-1) + \frac{6}{5}x(n-2) + \frac{3}{4}x(n-3)$$

解：在编辑器窗口中编写代码。

```
clear,clc,clf
b=[3 12/11 6/5 3/4];
K=tf2latc(b/b(1))
x=[1 ones(1,31)];
h1=filter(b/b(1),1,x);
[h2,g]=latcfilt(K,x);
subplot(121),stem(0:31,h1);title('直接型结构的冲激响应');
xlabel('n');ylabel('h1(n)');axis([-1 33 -0.2 3]);
subplot(122),stem(0:31,h2);title('格型结构的冲激响应');
xlabel('n');ylabel('h2(n)');axis([-1 33 -0.2 3]);set(gcf,'color','w');
```

如图 9-8 所示，运行结果如下：

```
K =
    0.2115
    0.3297
    0.2500
```

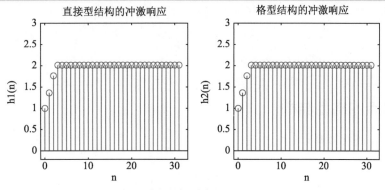

图 9-8　直接型结构和格型结构的单位冲激响应

9.4.2 全极点格型滤波器

全极点格型结构描述的是 IIR 滤波器，全极点滤波器的系统函数为

$$H(z) = \frac{1}{\sum_{m=1}^{N} a_N z^{-m}}$$

它表示的 IIR 滤波器可看作是 FIR 格型结构的逆系统。全极点格型滤波器的信号流图如图 9-9 所示，每一级输入和输出之间的关系如下：

$$f_{m-1}(n) = f_m(n) - K_m g_{m-1}(n)$$
$$g_m(n) = K_m f_{m-1}(n) + g_{m-1}(n-1)$$
$$y(n) = f_0(n) = g_0(n)$$

其中，$K_m(m = 1, 2, \cdots, N-1)$ 为全极点格型滤波器的系数。

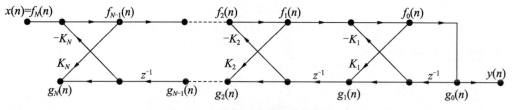

图 9-9 全极点格型滤波器信号流图

已知 IIR 滤波器的直接型结构，其全极点格型结构的系数同样可由函数 tf2latc 求出；而已知全极点格型结构的系数，也可用函数 latc2tf 求出直接型结构。

【例 9-6】IIR 滤波器的系数函数如下，调用函数 tf2latc 求出它的全极点格型结构。

$$H(z) = \frac{1}{1 + \frac{14}{25}z^{-1} + \frac{6}{11}z^{-2} + \frac{1}{3}z^{-3}}$$

解： 在编辑器窗口中编写代码。

```
clear,clc,clf
a=[1 14/26 6/11 1/3];
K=tf2latc(a/a(1))
```

运行结果如下：

```
K =
    0.2842
    0.4117
    0.3333
```

9.4.3 零极点的格型结构

一般的 IIR 滤波器既有零点又有极点，即

$$H(z) = \frac{\sum_{k=0}^{M} b_k z^{-k}}{1 + \sum_{k=1}^{N} a_k z^{-k}} = \frac{B_M(z)}{A_N(z)}$$

它可用全极点格型结构作为基本框架实现。

如果 IIR 滤波器直接型结构对应的系统函数的分子多项式系数向量和分母多项式系数向量分别为 b 和 a, 则零极点系统的格型结构仍然可由函数 tf2latc 实现, 调用格式为

```
[K,C] = tf2latc(b,a/a(1))
```

【例 9-7】IIR 滤波器的系数函数如下:

调用函数 tf2latc 求出它的零极点系统的格型结构。

$$H(z) = \frac{0.0202 - 0.0403z^{-1} + 0.0205z^{-4}}{1 - 1.647z^{-1} + 2.247z^{-2} - 1.407z^{-3} + 0.64z^{-4}}$$

给该系统输入信号

$$x(n) = \cos(0.1\pi n) + \cos(0.35\pi n)$$

分别求该信号通过直接型结构和零极点格型结构的输出。

解: 在编辑器窗口中编写代码。

```
clear,clc,clf
b=[0.0202 0 -0.0403 0 0.0205];
a=[1 -1.647 2.247 -1.407 0.64];
[K,C]=tf2latc(b,a)
x=sin(0.1*pi*(0:79))+sin(0.35*pi*(0:79));
y1=filter(b,a,x);
y2=latcfilt(K,C,x);
subplot(311),plot(0:79,x);title('输入信号');grid
xlabel('n');ylabel('x(n)');axis([-1 81 -2.2 2.2]);
subplot(312),
plot(0:79,y1);title('直接型结构的输出');grid
xlabel('n');ylabel('y1(n)');axis([-1 81 -1.2 1.2]);
subplot(313),plot(0:79,y2);title('零极点格型结构的输出');grid
xlabel('n');ylabel('y2(n)');axis([-1 81 -1.2 1.2]);
set(gcf,'color','w');
```

如图 9-10 所示, 运行结果如下:

```
K =
   -0.3544
    0.9558
   -0.5978
    0.6400
C =
    0.0521
   -0.0477
   -0.0437
    0.0338
    0.0205
```

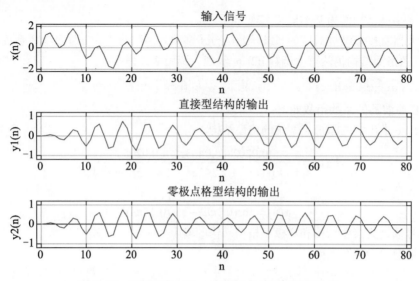

图 9-10　调用函数 tf2latc 求零极点格型结构的输出

9.5　线性预测滤波器

预测是指在掌握现有信息的基础上，依照一定的方法和规律对未来的事情进行测算，以预先了解事情发展的过程与结果。总的来说，随机信号处理的目的是找出这些随机信号的统计规律，解决它们给工作带来的负面影响。而为随机信号建立参数模型是研究随机信号的一种基本方法，其含义是认为随机信号 $x(n)$ 是由白噪声 $w(n)$ 激励某一确定系统的响应。

信号的现代建模方法是建立在具有最大不确定性基础上的预测。只要白噪声的参数确定了，研究随机信号就可以转为研究产生随机信号的系统。针对随机信号，常用的线性模型有 AR（自回归）模型、MA（滑动平均）模型、ARMA（自回归滑移平均）模型。其中，AR 模型是一种线性的全极模型，性能好，应用较多；MA 模型是一种非线性的全零模型，结构简单；ARMA 模型是一种极—零模型，具有前两者的特点。

9.5.1　AR 模型

如果 $\{x(n)\}$ 是一个 p 阶的自回归过程，用 $AR(p)$ 表示，那么它满足如下差分方程：

$$x(n) + \sum_{k=1}^{p} a_k x(n-k) = w(n)$$

其中，$a_1, a_2, \cdots, a_p$ 为模型参数，$\{w(n)\}$ 是均值为 0、方差为 σ_w^2 的平稳白噪声序列。

1．AR(1)模型

一阶 AR 系统的差分方程为

$$x(n) = ax(n-1) + w(n), a \neq 0$$

$$E[x(n)] = \mu_w(1 + a + a^2 + \cdots + a^n) = \begin{cases} \mu_w \dfrac{1 + a^{n+1}}{1 - a} \\ \mu_w(n+1) \end{cases}$$

当 $|a| \geq 1$ 时，$\{x(n)\}$ 不是一阶平稳的；当 $|a| < 1$，且 n 很大时，$\{x(n)\}$ 是一阶渐进平稳的，此时有

$$E[x(n)] = \frac{\mu_w}{1-a}$$

若 $\mu_w = 0$，则

$$\text{Var}[w(n)] = E[w^2(n)] = \sigma_w^2$$

$$\text{Cov}[w(n), w(m)] = E[w(n)w(m)] = 0, \quad n \neq m$$

因此

$$\sigma_x^2(n) = \text{Var}[x(n)] = \begin{cases} \sigma_w^2 \dfrac{1-a^{2(n+1)}}{1-a^2}, & |a| \neq 1 \\ \sigma_w^2(n+1), & |a| = 1 \end{cases}$$

$$r_x(n, n+l) = E[x(n)x(n+l)] = \begin{cases} \sigma_w^2 a^l \dfrac{1-a^{2(n+1)}}{1-a^2}, & |a| \neq 1 \\ \sigma_w^2(n+1), & |a| = 1 \end{cases}$$

由此可知，$\sigma_x^2(n)$ 和 $r_x(n, n+l)$ 均是 n 的函数，因此随机过程 $\{x(n)\}$ 不是二阶平稳的。但如果 $|a| < 1$，且 n 足够大，则

$$\sigma_x^2 = \frac{\sigma_w^2}{1-a^2}, \quad r_x(n, n+l) = \sigma_w^2 \frac{a^l}{1-a^2}$$

自相关系数可以改写为

$$r_x(l) = \sigma_w^2 \frac{a^{|l|}}{1-a^2}, \quad \rho_x(l) = \frac{r_x(l)}{r_x(0)} = a^{|l|}, \quad l = 0, \pm 1, \pm 2, \cdots$$

该系统的传递函数为

$$H(z) = \frac{1}{1-az^{-1}}$$

$\{x(n)\}$ 的功率谱密度为

$$S_x(\omega) = \sigma_w^2 |H(e^{j\omega})|^2 = \frac{\sigma_w^2}{1 - 2a\cos\omega + a^2}$$

2. AR(2)模型

二阶 AR 系统的传递函数为

$$H(z) = \frac{1}{1 + a_1 z^{-1} + a_2 z^{-2}} = \frac{1}{(1 - p_1 z^{-1})(1 - p_2 z^{-1})}$$

如果两个极点都在单位圆内，则 $H(z)$ 为稳定系统。

当系数 $a_1^2/4 < a_2 \leqslant 1$ 时，有

$$p_{1,2} = r e^{\pm j\theta}, \ 0 \leqslant r \leqslant 1$$

$$H(z) = \frac{1}{1 - (2r\cos\theta)z^{-1} + r^2 z^{-2}}$$

冲激响应为

$$h(n) = \frac{1}{p_1 - p_2}(p_1^{n+1} - p_2^{n+1})u(n)$$

系统的自相关系数为

$$r_x(l) = \begin{cases} \dfrac{1}{(p_1-p_2)(1-p_1p_2)}\left(\dfrac{p_1^{l+1}}{1-p_1^2} - \dfrac{p_2^{l+1}}{1-p_2^2}\right), & l \geqslant 0 \\ r_x^*(-l), & l < 0 \end{cases}$$

系统的功率谱密度为

$$S_x(\omega) = \sigma_w^2 \frac{1}{(1-2r\cos(\omega-\theta)+r^2)(1-2r\cos(\omega+\theta)+r^2)}$$

3. AR(p)模型

p 阶 AR 系统的差分方程为

$$x(n) + a_1 x(n-1) + \cdots + a_p x(n-p) = w(n)$$

Yule–Walker 方程为

$$r_x(l) = \begin{cases} -\displaystyle\sum_{k=1}^{p} a_k r_x(l-k) + \sigma_w^2, & l = 0 \\ -\displaystyle\sum_{k=1}^{p} a_k r_x(l-k), & l > 0 \end{cases}$$

那么有

$$\begin{bmatrix} r_x(0) & r_x(1) & \cdots & r_x(p) \\ r_x(1) & r_x(0) & & r_x(p-1) \\ \vdots & \vdots & & \vdots \\ r_x(p) & r_x(p-1) & \cdots & r_x(0) \end{bmatrix} \begin{bmatrix} 1 \\ a_1 \\ \vdots \\ a_p \end{bmatrix} = \begin{bmatrix} \sigma_w^2 \\ 0 \\ \vdots \\ 0 \end{bmatrix}$$

系统的传递函数为

$$H(z) = \frac{1}{1 + a_1 z^{-1} + \cdots + a_p z^{-p}}$$

系统的功率谱密度为

$$S_x(\omega) = \sigma_w^2 \left| \frac{1}{1+a_1 z^{-1}+\cdots+a_p z^{-p}} \right|_{z=e^{j\omega}}^2 = \sigma_w^2 \left| \frac{1}{(1-p_1 e^{-j\omega})(1-p_2 e^{-j\omega})\cdots(1-p_p e^{-j\omega})} \right|^2$$

式中，p 是系统阶数。系统函数中只有极点，无零点，也称为全极点模型。由于极点的原因，需要考虑系统的稳定性，因此需要注意极点的分布位置，可用 AP(p) 表示。

【例 9-8】自相关法求 AR 模型谱估计。

解：在编辑器窗口中编写代码。

```
clear,clc,clf
N=256;                          %信号长度
f1=0.025;f2=0.2;f3=0.21;
A1=-0.750737;
p=15;                           %AR 模型阶次
V1=randn(1,N);
V2=randn(1,N);
U=0;                            %噪声均值初值
Q=0.101043;                     %噪声方差
b=sqrt(Q/2);
```

```
V1=U+b*V1;  V2=U+b*V2;              %生成均值为 U,方差为 Q/2 的 1×N 阶高斯白噪声序列 V1、V2
V=V1+j*V2;                          %生成均值为 U,方差为 Q 的 1×N 阶复高斯白噪声序列
z(1)=V(1,1);
for n=2:1:N
    z(n)=-A1*z(n-1)+V(1,n);
end
x(1)=6;
for n=2:1:N
    x(n)=2*cos(2*pi*f1*(n-1))+2*cos(2*pi*f2*(n-1))+2*cos(2*pi*f3*(n-1))+z(n-1);
end
for k=0:1:p
    t5=0;
    for n=0:1:N-k-1
        t5=t5+conj(x(n+1))*x(n+1+k);
    end
    Rxx(k+1)=t5/N;
end
a(1,1)=-Rxx(2)/Rxx(1);
p1(1)=(1-abs(a(1,1))^2)*Rxx(1);
for k=2:1:p
    t=0;
    for l=1:1:k-1
        t=a(k-1,l).*Rxx(k-l+1)+t;
    end
    a(k,k)=-(Rxx(k+1)+t)./p1(k-1);
    for i=1:1:k-1
        a(k,i)=a(k-1,i)+a(k,k)*conj(a(k-1,k-i));
    end
    p1(k)=(1-(abs(a(k,k)))^2).*p1(k-1);
end
for k=1:1:p
    a(k)=a(p,k);
end
f=-0.5:0.0001:0.5;
f0=length(f);
for t=1:f0
    s=0;
    for k=1:p
        s=s+a(k)*exp(-j*2*pi*f(t)*k);
    end
    X(t)=Q/(abs(1+s))^2;
end
plot(f,10*log10(X));title('自相关法求 AR 模型谱估计') ;grid
xlabel('频率');ylabel('PSD(dB)')
```

运行结果如图 9-11 所示。

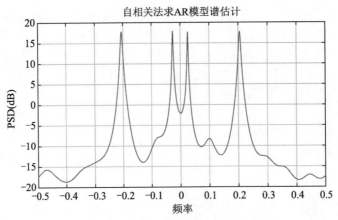

图 9-11　自相关法求 AR 模型谱估计

【例 9-9】利用预测器来估计模型系数，并与最初的信号相比较。

解： 在编辑器窗口中编写代码。

```
clear,clc,clf
randn('state',0);
noise=randn(40000,1);                        %正态高斯白噪声
x=filter(1,[1 1/2 1/3 1/4],noise);
x=x(35904:40000);
a=lpc(x,3);              %调用线性预测函数lpc，计算预测系数，并估算预测误差以及预测误差的自相关
est_x=filter([0 -a(2:end)],1,x);             %信号估算
e=x-est_x;                                   %预测误差
[acs,lags]=xcorr(e,'coeff');                 %预测误差的自相关
%比较预测信号和原始信号
subplot (211);plot(1:97,x(3001:3097),1:97,est_x(3001:3097),'--');
title('比较预测信号和原始信号'); grid
xlabel('样本');ylabel('幅度')
%分析预测误差的自相关
subplot (212);plot(lags,acs);title('分析预测误差的自相关');grid
xlabel('滞后');ylabel('归一化值')
```

运行结果如图 9-12 所示。

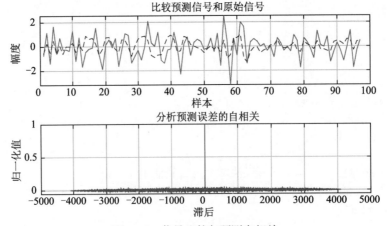

图 9-12　信号比较与预测自相关

【例 9-10】利用 MATLAB 对一个线性时不变系统建立 AR 模型，利用相应的仿真算法进行时域模型的参数估计以及仿真随机信号的频域分析。

解： 在编辑器窗口中编写代码。

```
clear,clc,clf
%仿真信号功率谱估计和自相关函数
a=[2 0.3 0.2 0.5 0.2 0.4 0.6 0.2 0.2 0.5 0.3 0.2 0.6];    %仿真信号
t=0:0.001:0.4;
y=sin(2*pi*t*30)+cos(0.35*pi*t*30)+randn(size(t));       %加入白噪声正弦信号
x=filter(1,a,y);
%周期图估计，512 点 FFT
subplot(221);periodogram(x,[],512,1000);grid on          %周期图功率谱密度估计
axis([0 500 -50 0]);title('周期图功率谱估计')
xlabel('频率/Hz');ylabel('功率谱/dB')
%welch 功率谱估计
subplot(222);pwelch(x,128,64,[],1000);grid on
axis([0 500 -50 0]);title('welch 功率谱估计');
xlabel('频率/Hz');ylabel('功率谱/dB')
subplot(212);R=xcorr(x);
plot(R);title('x 的自相关函数');grid on
axis([0 600 -500 500]);
xlabel('时间/s');ylabel('R(t)/dB')
```

运行结果如图 9–13 所示。

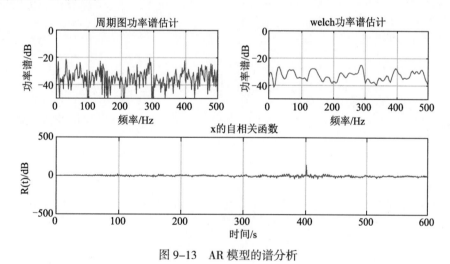

图 9–13 AR 模型的谱分析

9.5.2 MA 模型

随机信号 $x(n)$ 由当前的激励值 $w(n)$ 和若干次过去的激励 $w(n-k)$ 线性组合产生，该过程的差分方程为

$$x(n) = b_0 w(n) + b_1 w(n-1) + \cdots + b_q w(n-q) = \sum_{k=0}^{q} b_k w(n-k)$$

该系统的传递函数为

$$H(z) = 1 + b_1 z^{-1} + \cdots + b_q z^{-q} = (1 - z_1 z^{-1})(1 - z_2 z^{-1}) \cdots (1 - z_q z^{-1})$$

其中，q 表示系统阶数。由于系统函数只有零点，没有极点，所以该系统一定是稳定的系统，也称为全零点模型，可用 MA(q) 表示。

系统的自相关系数为

$$r_x(l) = \begin{cases} \sigma_w^2 \sum\limits_{k=l}^{q} b_k b_{k-l}, & 0 \leqslant l \leqslant q \\ 0, & |l| > q \end{cases}$$

$$r_x(l) = r_x(-l), \quad -q \leqslant l \leqslant -1$$

系统的功率谱密度为

$$S_x(\omega) = \sigma_w^2 \left| \prod_{k=1}^{q} (z - q_k) \right|^2_{z = e^{j\omega}}$$

【例 9-11】 MA 模型功率谱估计 MATLAB 实现。

解： 在编辑器窗口中编写代码。

```
clear,clc,clf
N=456;
B1=[1 0.2544 0.2509 0.1826 0.2401];
A1=[4];
w=linspace(0,pi,512);
H1=freqz(B1,A1,w);                                    %产生信号的频域响应
Ps1=abs(H1).^2;
SPy11=0; SPy14=0;
VSPy11=0; VSPy14=0;
for k=1:20
    %采用自协方差法对 AR 模型参数进行估计
    y1=filter(B1,A1,randn(1,N)).*[zeros(1,200),ones(1,256)];
    [Py11,F]=pcov(y1,4,512,1);                        %AR(4)的估计
    [Py13,F]=periodogram(y1,[],512,1);               %周期图功率谱密度估计
    SPy11=SPy11+Py11;
    VSPy11=VSPy11+abs(Py11).^2;
    y=zeros(1,256);
    for i=1:256
        y(i)=y1(200+i);
    end
    ny=[0:255];
    z=fliplr(y);nz=-fliplr(ny);
    nb=ny(1)+nz(1);ne=ny(length(y))+nz(length(z));
    n=[nb:ne];
    Ry=conv(y,z);
    R4=zeros(8,4);
    r4=zeros(8,1);
    for i=1:8
        r4(i,1)=-Ry(260+i);
        for j=1:4
            R4(i,j)=Ry(260+i-j);
```

```
        end
    end
    a4=inv(R4'*R4)*R4'*r4;
    %利用最小二乘法得到的估计参数
    A14=[1,a4'];                                    %AR 的参数 a(1)-a(4)的估计值
    B14=fliplr(conv(fliplr(B1),fliplr(A14)));       %MA 模型的分子
    y24=filter(B14,A1,randn(1,N));
    %由估计出的 MA 模型产生数据
    [Ama4,Ema4]=arburg(y24,32);
    b4=arburg(Ama4,4);
    %求出 MA 模型的参数
    w=linspace(0,pi,512);
    %H1=freqz(B1,A1,w)
    H14=freqz(b4,A14,w);
    %产生信号的频域响应
    %Ps1=abs(H1).^2;                                %真实谱
    Py14=abs(H14).^2;                               %估计谱
    SPy14=SPy14+Py14;
    VSPy14=VSPy14+abs(Py14).^2;
end
figure(1);plot(w./(2*pi),Ps1,w./(2*pi),SPy14/20);qrid on
legend('真实功率谱','20 次 MA(4)估计的平均值')
xlabel('频率');ylabel('功率')
```

运行结果如图 9-14 所示。

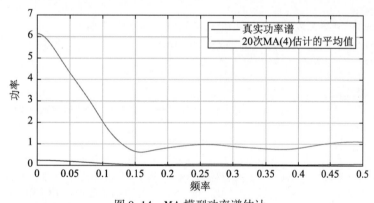

图 9-14　MA 模型功率谱估计

9.5.3　ARMA 模型

ARMA 模型是 AR 模型和 MA 模型的结合，ARMA（p，q）过程的差分方程为

$$\sum_{k=0}^{p} a_k x(n-k) = \sum_{k=0}^{q} b_k w(n-k)$$

系统的传递函数为

$$H(z) = \frac{1+b_1 z^{-1}+b_2 z^{-2}+\cdots+b_q z^{-q}}{1+a_1 z^{-1}+a_2 z^{-2}+\cdots+a_p z^{-p}} = \frac{(1-z_1 z^{-1})(1-z_2 z^{-1})\cdots(1-z_q z^{-1})}{(1-p_1 z^{-1})(1-p_2 z^{-1})\cdots(1-p_p z^{-1})}$$

由于系统既有零点又有极点，所以也称为极点–零点模型，可用 ARMA(p,q)表示。系统需要考虑极点和零点的分布位置，保证系统的稳定。

自相关系数与模型的关系为

$$r_x(l) = \begin{cases} -\sum_{k=1}^{p} a_k r_x(l-k) + \sum_{k=l}^{q} b_k r_{wx}(l-k), & 0 \leqslant l \leqslant q \\ -\sum_{k=1}^{p} a_k r_x(l-k), & l > q \end{cases}$$

对上述系数进行修正，则有

$$r_x(l) = \begin{cases} -\sum_{k=1}^{p} a_k r_x(l-k) + \sigma_w^2 \sum_{k=l}^{q} b_k h(k-l), & 0 \leqslant l \leqslant q \\ -\sum_{k=1}^{p} a_k r_x(l-k), & l > q \end{cases}$$

系统的功率谱密度为

$$S_x(\omega) = \sigma_w^2 \left| \frac{1 + \sum_{k=1}^{q} b_k z^{-k}}{1 + \sum_{k=1}^{p} a_k z^{-k}} \right|^2_{z=e^{j\omega}} = \sigma_w^2 \left| \frac{\prod_{k=1}^{q} (1 - z_k z^{-1})}{\prod_{k=1}^{p} (1 - p_k z^{-1})} \right|^2_{z=e^{j\omega}}$$

【例 9-12】模拟一个 ARMA 模型，然后进行时频归并，考查归并前后模型的变化。

解： 在编辑器窗口中编写代码。

```
clear,clc,clf
tic
%s 设定 ARMA 模型的多项式系数。ARMA 模型中只有多项式 A(q)和 C(q)
a1 = -(0.6)^(1/3);a2 = (0.6)^(2/3);a3 = 0;a4 = 0;
c1 = 0;c2 = 0;c3 = 0;c4 = 0;
obv = 3000;                    %obv 是模拟的观测数目
A = [1 a1 a2 a3 a4];
B = [];                        %因为 ARMA 模型没有输入，因此多项式 B 是空的
C = [1 c1 c2 c3 c4];
D = [];                        %把 D 也设为空
F = [];                        %ARMA 模型里的 F 多项式也是空的
m = idpoly(A,B,C,D,F,1,1);     %这样就生成了 ARMA 模型，把它存储在 m 中。采样间隔 Ts 设为 1
error = randn(obv,1);          %生成一个 obv*1 的正态随机序列，用作模型的误差项
e = iddata([],error,1);        %用 randn 函数生成一个噪声序列，存储在 e 中，采样间隔为 1 秒
%u = [];                       %因为是 ARMA 模型，没有输出，所以将 u 设为空
y = sim(m,e);
% get(y)                       %使用 get() 函数来查看动态系统的所有性质
r=y.OutputData;                %把 y.OutputData 的全部值赋给变量 r，r 是一个 obv*1 的向量
subplot(3,2,[1,2])
plot(r);title('模拟信号')
ylabel('幅值');xlabel('时间')
%绘出 y 随时间变化的曲线
subplot(3,2,3)
n=100;
```

```
[ACF,Lags,Bounds]=autocorr(r,n,2);
x=Lags(2:n);
y=ACF(2:n);                                       %这里的 y 和前面的 y 完全不同
h=stem(x,y,'fill','-');set(h(1),'Marker','.')
hold on
ylim([-1 1]);
a=Bounds(1,1)*ones(1,n-1);
line('XData',x,'YData',a,'Color','red','linestyle','--')
line('XData',x,'YData',-a,'Color','red','linestyle','--')
ylabel('自相关系数');title('模拟信号系数')
subplot(3,2,5)
[PACF,Lags,Bounds]=parcorr(r,n,2);
x=Lags(2:n);
y=PACF(2:n);
h=stem(x,y,'fill','-');set(h(1),'Marker','.');
hold on
ylim([-1 1]);
b=Bounds(1,1)*ones(1,n-1);
line('XData',x,'YData',b,'Color','red','linestyle','--')
line('XData',x,'YData',-b,'Color','red','linestyle','--')
ylabel('偏自相关系数')
m = 3;
R = reshape(r,m,obv/m);                    %将向量 r 转换成 m*(obv/m)的矩阵 R
aggregatedr = sum(R);                      %sum(R)计算矩阵 R 每一列的和
%得到的 1*(obv/m)行向量 aggregatedr 就是时频归并后的序列
dlmwrite('output.txt',aggregatedr,'delimiter','\t','precision',6,'newline','pc');
%至此完成了对 r 的时频归并
subplot(3,2,4)
n=100;
bound = 1;
[ACF,Lags,Bounds]=autocorr(aggregatedr,n,2);
x=Lags(2:n);
y=ACF(2:n);
h=stem(x,y,'fill','-');set(h(1),'Marker','.')
hold on
ylim([-bound bound]);
a=Bounds(1,1)*ones(1,n-1);
line('XData',x,'YData',a,'Color','red','linestyle','--')
line('XData',x,'YData',-a,'Color','red','linestyle','--')
ylabel('自相关系数');title('归并模拟信号系数')
subplot(3,2,6)
[PACF,Lags,Bounds]=parcorr(aggregatedr,n,2);
x=Lags(2:n);
y=PACF(2:n);
h=stem(x,y,'fill','-');set(h(1),'Marker','.')
hold on
ylim([-bound bound]);
b=Bounds(1,1)*ones(1,n-1);
```

```
line('XData',x,'YData',b,'Color','red','linestyle','--')
line('XData',x,'YData',-b,'Color','red','linestyle','--')
ylabel('偏自相关系数')
t=toc;
```

运行结果如图 9-15 所示。

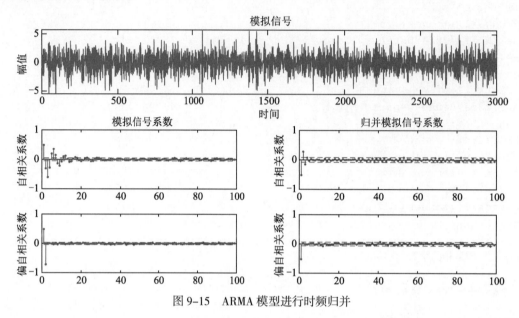

图 9-15　ARMA 模型进行时频归并

9.6　本章小结

　　维纳滤波器与卡尔曼滤波器在设计时，必须拥有信号和噪声的统计特性（数学期望、相关函数等）。而在实际应用中，信号的统计特性常常无法预先得到，或信号的统计特性是随时间变化的。自适应滤波可使滤波器参数自动调整达到最优状况，而在设计时，只需要很少或不需要关于信号和噪声的先验知识。限于篇幅本章仅讲述了这几种滤波器的经典应用部分的 MATLAB 实现，读者如感兴趣可以参考相关文献进行学习。

第 10 章

随机信号处理

随机信号处理包括对随机信号的预处理技术、平稳随机过程的时域及频域分析、随机过程的系统研究方法（系统描述及数学建模方法）等。随机信号是无始无终且具有无限能量，不满足绝对可积的条件，所以不存在傅里叶变换。

频谱分析和数字滤波是数字信号处理的两个主要分支，它们之间又存在着密切的联系。功率谱估计就是基于有限的数据寻找信号、随机过程或系统的频率成分，它表示随机信号频域的统计特性，是信号处理的重要研究内容之一。本章主要介绍数字信号处理中有关功率谱估计的知识，包括随机信号基础知识、参数及非参数估计法等内容。

学习目标：

（1）了解随机信号的基础知识；

（2）掌握随机信号的频谱分析方法；

（3）掌握常用的功率谱估计方法；

（4）掌握功率谱估计在 MATLAB 中的实现方法。

10.1 随机信号处理基础

随机信号是不能用确定的数学关系式来描述的，不能预测其未来任何瞬时值，任何一次观测只代表其在变动范围内可能产生的结果之一，其值的变动服从统计规律。随机信号不是时间的确定函数，在定义域内的任意时刻没有确定的函数值。

10.1.1 时域统计描述

随机信号中的"随机"含有不可预测的意思，它不能用单一时间函数表达，是不可预测的信号。常见的噪声和干扰都属于随机信号范畴。确定信号是理论上的抽象，与随机信号的特性之间有一定联系，用确定性分析系统使问题简化，在工程上有实际应用意义。

随机信号或称随机过程，采用统计数学方法，用随机过程理论分析研究。随机信号的一般特性有均值、最值、均方值、平均功率值及平均频谱等。

随机信号 $x(t)$ 的均值表达式为

$$E[x(t)] = \mu_x = \lim_{T \to \infty} \int_0^T x(t) \mathrm{d}t$$

均值描述了随机信号的静态直流分量，它不随时间变化而变化。

均方值表达式为

$$\phi_x^2 = \lim_{T \to \infty} \int_0^T x(t)^2 \, dt$$

均方值描述了信号的强度或功率。

均方根值表达式为

$$\phi_x = \sqrt{\lim_{T \to \infty} \int_0^T x(t)^2 \, dt}$$

均方根值也是信号能量或强度的一种描述方法。

方差表达式为

$$E[(x - \mu_x)^2] = \sigma_x^2 = \lim_{T \to \infty} \int_0^T [x(t) - \mu_x]^2 \, dt$$

方差是信号幅值相对于均值分散程度的一种表示，也是信号纯波动（交流）分量大小的反映。

均方差可表示为

$$\sigma_x = \sqrt{\lim_{T \to \infty} \int_0^T [x(t) - \mu_x]^2 \, dt}$$

其含义与方差一致。

离散随机信号序列类似连续随机信号，其均值为

$$E[(x(n)] = \mu_x = \lim_{N \to \infty} \frac{1}{N} \sum_{N=0}^{N} x(n)$$

均方值为

$$E[(x^2(n)] = \phi_x^2 = \lim_{N \to \infty} \frac{1}{N} \sum_{N=0}^{N} x^2(n)$$

方差为

$$E[(x(n) - \mu_x)^2] = \sigma_x^2 = \lim_{N \to \infty} \frac{1}{N} \sum_{N=0}^{N} [x(n) - \mu_x]^2$$

以上计算都是针对无限长信号而言，而工程上所取得的信号是有限长的，计算中时间参量和取样个数不可能趋向于无穷大。

对于有限长模拟随机信号，计算均值式改写为

$$E[(x(t)] = \hat{\mu} = \frac{1}{N} \sum_{N=0}^{N} x(n)$$

其中，$\hat{\mu}$ 是对均值的估计。当时间参数足够长时，均值估计能精确地逼近真实值。对于周期信号，时间参数常取信号的周期，这样均值估计就能很好地反映真实的均值。

对于有限长随机信号序列，计算均值估计改写为

$$E[(x(n)] = \hat{\mu}_x = \frac{1}{N} \sum_{N=0}^{N} x(n)$$

当序列长度足够长时，均值估计也能精确逼近真实均值。

在 MATLAB 工具箱中，没有专门的函数计算随机信号的均值、均方值和方差，但其统计数字特征都可以通过编程实现。在数值计算中，通常将连续信号离散化后当作随机序列处理。

数学期望和方差是描述随机过程在各个孤立时刻的重要数字特征，它们反映不出整个随机过程不同时间的内在联系。引入自相关函数描述随机过程任意两个不同时刻状态之间的联系。设 $x(t_1)$ 和 $x(t_2)$ 是随机过程 $x(t)$ 在 t_1 和 t_2 两个任意时刻的状态，$p_X(x_1, x_2; t_1, t_2)$ 是相应的二维概率密度，称它们的二阶联合原点矩为

$x(t)$ 的自相关函数，简称相关函数，即

$$R_X(t_1, t_2) = E[x(t_1)x(t_2)] = \int_{-\infty}^{+\infty} \int_{-\infty}^{+\infty} x_1 x_2 p_X(x_1, x_2; t_1, t_2) \mathrm{d}x_1 \mathrm{d}x_2$$

令 $t_1 = t_2 = t$，有

$$R_X(t_1, t_2) = R_X(t, t) = E[x(t)x(t)] = E[x^2(t)]$$

此时自相关函数退化为均方值。

在任意两个不同时刻，两个随机变量的中心矩定义为自协方差函数或中心化自相关函数，即

$$C_X(t_1, t_2) = E[(x(t_1) - \mu_1)(x(t_2) - \mu_2)]$$
$$= \int_{-\infty}^{\infty} \int_{-\infty}^{\infty} [x_1 - \mu_1][x_2 - \mu_2] p_X(x_1, x_2; t_1, t_2) \mathrm{d}x_1 \mathrm{d}x_2$$

数学期望和方差描述了随机过程在各个孤立时刻的特征，但没有反映随机过程不同时刻之间的内在联系。自相关函数和自协方差函数用来衡量同一随机过程在任意两个时刻上的随机变量的相关程度。

设有两个随机过程 $x(t)$ 和 $y(t)$，它们在任意两个时刻 t_1 和 t_2 的状态分别为 $x(t_1)$ 和 $y(t_2)$，则随机过程 $x(t)$ 和 $y(t)$ 的互相关函数定义为

$$R_{XY}(t_1, t_2) = E[x(t_1)y(t_2)] = \int_{-\infty}^{\infty} \int_{-\infty}^{\infty} xy p_{X,Y}(x, y; t_1, t_2) \mathrm{d}x \mathrm{d}y$$

类似地，定义两个随机过程的互协方差函数为

$$C_{XY}(t_1, t_2) = E[(x(t_1) - \mu_x)(y(t_2) - \mu_y)]$$

如果对任意的 $t_1, t_2, \cdots, t_n$ 和 $t_1', t_2', \cdots, t_m'$ 都有

$$p_{XY}(x_1, x_2, \cdots, x_n, y_1, y_2, \cdots, y_m; t_1, t_2, \cdots, t_n, t_1', t_2', \cdots, t_m')$$
$$= p_X(x_1, x_2, \cdots, x_n; t_1, t_2, \cdots, t_n) p_Y(y_1, y_2, \cdots, y_m; t_1', t_2', \cdots, t_m')$$

则称 $x(t)$ 和 $y(t)$ 之间是互相统计独立的。

10.1.2　平稳随机序列及其数字特征

在信息处理与传输中，经常遇到一类称为平稳随机序列的重要信号。所谓平稳随机序列，是指它的 N 维概率分布函数或 N 维概率密度函数与时间 n 的起始位置无关。换句话说，平稳随机序列的统计特性不随时间的变化而变化。

许多随机序列不是平稳随机序列，但它们的均值和方差却不随时间改变，其相关函数仅是时间差的函数。一般将该类随机序列称为广义（宽）平稳随机序列。

平稳随机序列的一维概率密度函数与时间无关，因此均值、方差和均方值均是与时间无关的常数，即

$$m_x = E[x(n)] = E[x(n+m)]$$
$$\sigma_x^2 = E[|x_n - m_x|^2] = E[|x_{n+m} - m_x|^2]$$
$$E[|X_n|^2] = E[|X_{n+m}|^2]$$

二维概率密度函数仅决定于时间差，与起始时间无关；自相关函数与自协方差函数是时间差的函数，即

$$r_{xx}(m) = E[X_n^* X_{n+m}]$$
$$\mathrm{cov}_{xx}(m) = E[(X_n - m_x)^* (X_{n+m} - m_x)]$$

两个各自平稳且联合平稳的随机序列，其互相关函数为

$$r_{xy}(m) = r_{xy}(n, n+m) = E[X_n^* Y_{n+m}]$$

显然，对于自相关函数和互相关函数，有

$$r_{xx}^*(m) = r_{xx}(-m)$$

$$r_{xy}^*(m) = r_{yx}(-m)$$

若 $r_{xy}(m) = 0$，则称两个序列正交；若 $r_{xy}(m) = m_x^* m_y$，则称两个随机序列互不相关。

实平稳随机序列的相关函数、协方差函数有如下性质。

（1）自相关函数和自协方差函数是 m 的偶函数，即

$$r_{xx}(m) = r_{xx}(-m), \quad \mathrm{cov}_{xx}(m) = \mathrm{cov}_{xx}(-m)$$

$$r_{xy}(m) = r_{yx}(-m), \quad \mathrm{cov}_{xy}(m) = \mathrm{cov}_{yx}(-m)$$

（2）$r_{xx}(0)$ 数值上等于随机序列的平均功率，即

$$r_{xx}(0) = E[X_n^2]$$

（3）$r_{xx}(0) \geqslant |r_{xx}(m)|$

（4）$\lim\limits_{m \to \infty} r_{xx}(m) = m_x^2$，$\lim\limits_{m \to \infty} r_{xy}(m) = m_x m_y$

（5）$\mathrm{cov}_{xx}(m) = r_{xx}(m) - m_x^2$，$\mathrm{cov}_{xx}(0) = \sigma_x^2$

10.1.3　平稳随机序列的功率谱

平稳随机序列是非周期函数，且是能量无限信号，无法直接利用傅里叶变换进行分析。随机序列的自相关函数是非周期序列，但随着时间差 m 的增大，趋近于随机序列的均值。

如果随机序列的均值为 0，$r_{xy}(m)$ 是收敛序列，则随机序列自相关函数的 Z 变换为

$$P_{xx}(z) = \sum_{m=-\infty}^{\infty} r_{xx}(m) z^{-m}$$

将 $z = \mathrm{e}^{\mathrm{j}\omega}$ 代入，得

$$P_{xx}(\mathrm{e}^{\mathrm{j}\omega}) = \sum_{m=-\infty}^{\infty} r_{xx}(m) \mathrm{e}^{-\mathrm{j}\omega m}$$

$$r_{xx}(m) = \frac{1}{2\pi} \int_{-\pi}^{\pi} P_{xx}(\mathrm{e}^{\mathrm{j}\omega}) \mathrm{e}^{\mathrm{j}\omega m} \mathrm{d}\omega$$

将 $m = 0$ 代入逆变换公式，得

$$r_{xx}(0) = \frac{1}{2\pi} \int_{-\pi}^{\pi} P_{xx}(\mathrm{e}^{\mathrm{j}\omega}) \mathrm{d}\omega$$

其中，$P_{xx}(\mathrm{e}^{\mathrm{j}\omega})$ 称为功率谱密度，简称功率谱。

实平稳随机序列的功率谱的性质如下。

（1）功率谱是 ω 的偶函数，即

$$P_{xx}(\omega) = P_{xx}(-\omega)$$

$$P_{xx}(\mathrm{e}^{\mathrm{j}\omega}) = \sum_{m=-\infty}^{\infty} r_{xx}(m) \mathrm{e}^{-\mathrm{j}\omega m} = r_{xx}(0) + 2\sum_{m=1}^{\infty} r_{xx}(m) \cos(\omega m)$$

$$r_{xx}(m) = \frac{1}{2\pi} \int_{-\pi}^{\pi} P_{xx}(\mathrm{e}^{\mathrm{j}\omega}) \mathrm{e}^{\mathrm{j}\omega m} \mathrm{d}\omega = \frac{1}{\pi} \int_{0}^{\pi} P_{xx}(\mathrm{e}^{\mathrm{j}\omega}) \cos(\omega m) \mathrm{d}\omega$$

（2）功率谱是实的非负函数。

利用 $r_{xx}^*(m) = r_{xx}(-m)$ 进行 Z 变换得

$$P_{xx}(z) = P_{xx}^* \left(\frac{1}{z^*} \right)$$

类似地，互相关函数的 Z 变换表示为

$$P_{xy}(z) = \sum_{-\infty}^{\infty} r_{xy}(m)z^{-m}$$

利用 $r_{xy}^*(m) = r_{yx}(-m)$ 进行 Z 变换得

$$P_{xy}(z) = P_{yx}^*\left(\frac{1}{z^*}\right)$$

10.1.4　随机信号处理函数

1. 均匀分布白噪声序列

在 MATLAB 中，利用 rand 函数可以产生均匀分布白噪声序列，其调用格式为

```
x=rand(m,n)            %产生 m*n 的均匀分布随机数矩阵
```

例如：

```
x=rand(100,1)          %产生一个 100 个样本的均匀分布白噪声列矢量
```

2. 正态分布白噪声序列

在 MATLAB 中，利用 randn 函数可以产生正态分布白噪声序列，其调用格式为

```
x=randn(m,n)           %产生 m*n 的标准正态分布随机数矩阵
```

例如：

```
x=randn(100,1)         %产生一个 100 个样本的正态分布白噪声列矢量
```

3. 韦伯分布白噪声序列

在 MATLAB 中，利用 weibrnd 函数可以产生韦伯分布白噪声序列，其调用格式为

```
x=weibrnd(A,B,m,n)     %产生 m*n 的韦伯分布随机数矩阵，A、B 是韦伯分布的两个参数
```

例如：

```
x=weibrnd(1,1.5,100,1) %产生一个具有 100 个样本的韦伯分白噪声列矢量，参数 A=1，B=1.5
```

4. 均值函数

在 MATLAB 中，利用 mean 函数可以获得样本序列的均值，其调用格式为

```
m= mean(x)             %返回样本序列 x(n)(n=1,2,…,N-1)的均值，x 为样本序列构成的数据矢量
```

其中，返回的均值按 $\frac{1}{N}\sum_{n=1}^{N}x(n)$ 估计。

5. 方差函数

在 MATLAB 中，利用 var 函数可以获得样本序列的方差，其调用格式为

```
sigma2=var(x)          %返回样本序列 x(n)(n=1,2,…,N-1)的方差，x 为样本序列构成的数据矢量
```

其中，返回的方差按 $\frac{1}{N-1}\sum_{n=0}^{N-1}[x(n)-\hat{m}_x]^2$ 估计（无偏估计），实际中也可采用 $\frac{1}{N}\sum_{n=0}^{N-1}[x(n)-\hat{m}_x]^2$ 估计方差。

6. 标准差函数

在 MATLAB 中，利用 std 函数可以获得样本序列的标准差，函数调用格式为

```
s = std(x)             %返回样本序列 x(n)(n=1,2,…,N-1)的标准差，x 为样本序列构成的数据矢量
s=std(x,flag)          % flag 为控制权重，用来控制标准算法
```

说明：flag 为控制符，用来控制标准算法。

（1）当 flag=1 时，按 N 实现归一化，其中 N 是观测值的数量，计算无偏标准差：

$$s = \sqrt{\frac{1}{N}\sum_{i=1}^{N}(x_i - \mu_x)^2}$$

（2）当 flag=0 时，按 $N-1$ 实现归一化，只有一个观测值时权重为 1，计算有偏标准差：

$$s = \sqrt{\frac{1}{N-1}\sum_{i=1}^{N}(x_i - \mu_x)^2}$$

7. 互相关函数估计

在 MATLAB 中，利用 xcorr 函数可以获得样本序列的互相关函数，其调用格式为

```
c = xcorr(x,y)              %返回两个离散时间序列的互相关系数
```

说明：互相关测量向量 x 和移位（滞后）向量 y 之间具有相似性，为滞后的函数。若 x、y 的长度不同，函数会在较短向量的末尾添 0，使其长度与另一个向量相同。

```
c = xcorr(x)               %返回 x 的自相关序列。如果 x 是矩阵，则 r 也是矩阵，包含 x 的所有列组
                           %合的自相关和互相关序列
r = xcorr(___,scaleopt)    %为互相关或自相关指定归一化选项。除'none'（默认值）外要求 x、y 具
                           %有相同的长度
```

说明：归一化选项 scaleopt 的参数含义为

（1）'none'：原始、未缩放的互相关。当 x 和 y 长度不同时，默认使用'none'选项。

（2）'biased'：互相关的有偏估计，即

$$\hat{R}_{xy,\text{biased}}(m) = \frac{1}{N}\hat{R}_{xy}(m)$$

（3）'unbiased'：互相关的无偏估计，即

$$\hat{R}_{xy,\text{unbiased}}(m) = \frac{1}{N-|m|}\hat{R}_{xy}(m)$$

（4）'normalized'或'coeff'：对序列进行归一化，使零滞后时的自相关等于 1，即

$$\hat{R}_{xy,\text{coeff}}(m) = \frac{1}{\sqrt{\hat{R}_{xx}(0)}\sqrt{\hat{R}_{yy}(0)}}\hat{R}_{xy}(m)$$

8. 概率密度的估计

在 MATLAB 中，概率密度的估计包括 ksdensity，hist 两个函数。

函数 ksdensity 直接估计随机序列概率密度，其调用格式为

```
[f,xi] = ksdensity(x)      %估计用矢量 x 表示的随机序列在 xi 处的概率密度 f
f = ksdensity(x,xi)        %根据指定的 xi 估计对应点的概率密度值
```

函数 hist 用于绘制随机序列直方图，其调用格式为

```
hist(y,x)                  %绘制用矢量 y 表示的随机序列的直方图，矢量 x 表示计算直方图划分的单元
```

【例 10-1】计算长度 N=50000 的正态高斯随机信号的平均值、平方值、平方根、标准差和方差。

解： 在编辑器窗口中编写代码。

```
clear,clc,clf
N=60000;
```

```
randn('state',0);
y=randn(1,N);
disp('平均值 ym:'); yM=mean(y)
disp('平方值 yp:'); yp=y*y'/N
disp('平方根 ys:'); ys=sqrt(yp)
disp('标准差 yst:'); yst=std(y,1)
disp('方差 yd:'); yd=yst.*yst
```

程序的运行结果如下：

```
平均值 ym:
yM =
    0.0100
平方值 yp:
yp =
    1.0053
平方根 ys:
ys =
    1.0026
标准差 yst:
yst =
    1.0026
方差 yd:
yd =
    1.0052
```

【例 10-2】 求白噪声带白噪声干扰的信号的自相关函数并进行比较。

解： 在编辑器窗口中编写代码。

```
clear,clc,clf
N=1200; Fs=600;                            %数据长度和采样频率
n=0:N-1; t=n/Fs;                           %时间序列
Lag=100;                                   %延迟样点数
randn('state',0);                          %设置产生随机数的初始状态
x=cos(2*pi*10*t)+0.7*randn(1,length(t));   %原始信号
[c,lags]=xcorr(x,Lag,'unbiased');          %对原始信号进行无偏自相关估计
subplot(2,2,1); plot(t,x);                 %绘制原始信号 x
xlabel('时间/s');ylabel('x(t)');
title('带噪声周期信号'); grid
subplot(2,2,2); plot(lags/Fs,c);           %绘制 x 信号自相关,lags/Fs 为时间序列
xlabel('时间/s');ylabel('Rx(t)');
title('带噪声周期信号的自相关'); grid
% 信号 x1
x1=randn(1,length(x));                     %产生与 x 长度一致的随机信号
[c,lags]=xcorr(x1,Lag,'unbiased');         %求随机信号 x1 的无偏自相关
subplot(2,2,3); plot(t,x1);                %绘制随机信号 x1
xlabel('时间/s');ylabel('x1(t)');
title('噪声信号'); grid
subplot(2,2,4); plot(lags/Fs,c);           %绘制随机信号 x1 的无偏自相关
xlabel('时间/s');ylabel('Rx1(t)')
title('噪声信号的自相关'); grid on
```

运行结果如图 10-1 所示。

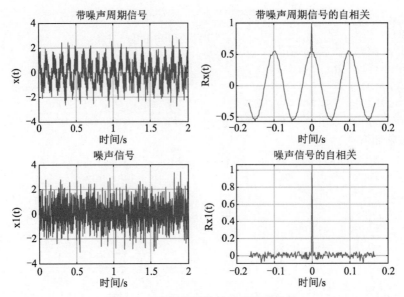

图 10-1   自相关函数并进行比较效果

【例 10-3】产生一个正态随机序列。

解： 在编辑器窗口中编写代码。

```
clear,clc,clf
a=0.78;
sigma=3;
N=500;
u=randn(N,1);
x(1)=sigma*u(1)/sqrt(1-a^2);
for i=2:N
    x(i)=a*x(i-1)+sigma*u(i);
end
plot(x);xlabel('n');ylabel('x(n)');grid
```

运行结果如图 10-2 所示。

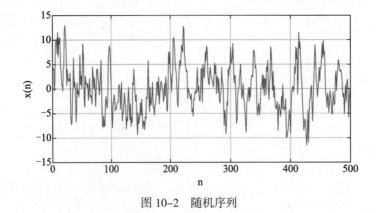

图 10-2   随机序列

【例 10-4】对随机信号进行概率密度分析。

解： 在编辑器窗口中编写代码。

```
clear,clc,clf
a=0.78;
sigma=3;
N=200;
u=randn(N,1);
x(1)=sigma*u(1)/sqrt(1-a^2);
for i=2:N
    x(i)=a*x(i-1)+sigma*u(i);
end
[f,xi] = ksdensity(x);
plot(xi,f);grid
xlabel('x');ylabel('f(x)')
axis([-20 20 0 0.10]);
```

运行结果如图 10-3 所示。

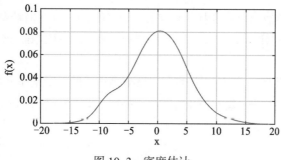

图 10-3　密度估计

【例 10-5】对输入信号的互相关函数和互协方函数进行比较。

解: 在编辑器窗口中编写代码。

```
clear,clc,clf
t=1:20;x=t.^2;
y=(t+3).^2;
R=xcorr(x,y);
c=xcov(x,y);
n=1:length(c);
subplot(121);stem(n,c);title('互协方差');grid
subplot(122);stem(n,R);title('互相关');grid
```

运行结果如图 10-4 所示。

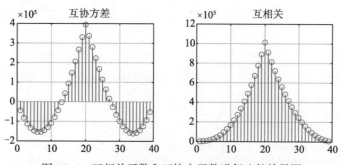

图 10-4　互相关函数和互协方函数进行比较效果图

10.2 非参数估计法

在非参数估计法中，功率谱密度（Power Spectral Density，PSD，简称功率谱）是直接从信号本身估计出来的。非参数估计法包括周期图（Periodogram）法，修正周期图法、Welch 法、多窗法（Multitaper Method，MTM）等。

10.2.1 周期图法

周期图法又称直接法，它是从随机信号 $x(n)$ 中截取长为 N 的一段，把它视为能量有限 $x(n)$ 真实功率谱 $S_x(e^{j\omega})$ 的估计 $S_x(e^{j\omega})$ 的采样。周期图法包含以下两条假设：

（1）认为随机序列是广义平稳且各态遍历的，可以用一个样本 $x(n)$ 中的一段 $x_N(n)$ 估计该随机序列的功率谱，但这必然会带来误差。

（2）由于对 $x_N(n)$ 采用离散傅里叶变换（DFT），因此默认 $x_N(n)$ 在时域是周期性的，$x_N(k)$ 在频域是周期的。这种方法把随机序列样本 $x(n)$ 看成是截得一段 $x_N(n)$ 的周期延拓，这也就是周期图法这个名字的由来。

周期图法是在快速傅里叶变换（FFT）出现后才变成谱估计的一个常用方法。将随机信号 $x(n)$ 的 N 点样本值以 $x_N(n)$ 作为能量有限信号，取其傅里叶变换，得到 $x_N(e^{j\omega})$；然后再取其幅值的平方，并除以 N 作为 $x(n)$ 的真实功率谱 $P(e^{j\omega})$ 的估计，即

$$\hat{P}(e^{j\omega}) = \frac{1}{N}\left|\sum_{l=1}^{N} x_l e^{-j\omega l}\right|^2$$

如果对信号 $x(n)$ 通过窗 $[w_1, w_2, \cdots, w_N]$ 进行加权，那么加权后的 $x(n)$ 的真实功率谱 $P(e^{j\omega})$ 的估计为

$$\hat{P}(e^{j\omega}) = \frac{\dfrac{1}{N}\left|\sum_{l=1}^{N} w_l x_l e^{-j\omega l}\right|^2}{\dfrac{1}{N}\sum_{l=1}^{N}|w_l|^2}$$

周期图功率谱密度估计的函数为 periodogram，其调用格式为

```
pxx = periodogram(x)
%返回使用矩形窗找到的输入信号 x 的周期图 PSD 估计值 pxx
pxx = periodogram(x,window)
%返回使用窗函数修改后的周期图 PSD 估计值，窗函数是一个与 x 长度相同的向量
pxx = periodogram(x,window,nfft)          %在离散傅里叶变换（DFT）中使用 nfft
[pxx,w] = periodogram(___)               %返回标准化频率向量 w
[pxx,f] = periodogram(___,fs)            %基于采样率 fs 返回频率向量 f
[pxx,w] = periodogram(x,window,w)
%返回向量 w 中指定的归一化频率下的双边周期图估计值 w 至少包含两个元素，否则视为 nfft
[pxx,f] = periodogram(x,window,f,fs)
%返回向量中指定频率下的双边周期图估计值
%向量 f 至少包含两个元素，否则视为 nfft
[___] = periodogram(x,window,___,freqrange)
%返回 freqrange 指定的频率范围内的周期图，包括'onesided'、'twosided'及'centered'三个选项
[___,pxxc] = periodogram(___,'ConfidenceLevel',probability)
```

```
%返回 pxxc, 置信区间为 probability×100%的 PSD 估计值
[rpxx,f] = periodogram(___,'reassigned')
%将每个 PSD 估计值重新指定为最接近其能量中心的频率
%rpxx 包含重新分配给 f 的每个元素的估计值之和
[rpxx,f,pxx,fc] = periodogram(___,'reassigned')
%还返回未分配的 PSD 估计值 pxx 和能量频率中心 fc
[___] = periodogram(___,spectrumtype)
%如果 spectrumtype 为'psd', 返回 PSD 估计值; 如果 spectrumtype 为'power', 返回功率谱
periodogram(___)
%当无输出参数时, 在当前窗口中绘制周期图 PSD 估计值
```

【例 10-6】用 periodogram 函数估计功率谱。

解: 在编辑器窗口中编写代码。

```
clear,clc,clf
randn('state',0);
Fs = 2000;
t = 0:1/Fs:.3;
x = sin(2*pi*t*200)+0.1*randn(size(t));
periodogram(x,[],'twosided',512,Fs);                %周期图功率谱密度估计
xlabel('频率/kHz');ylabel('相对功率谱密度(dB/Hz)');
title('周期图法');
```

运行结果如图 10-5 所示。

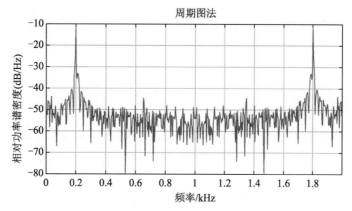

图 10-5　用 periodogram 函数估计功率谱

【例 10-7】用傅里叶变换求信号的功率谱, 使用周期图法。

解: 在编辑器窗口中编写代码。

```
clear,clc,clf
Fs=2000;
N=512;Nfft=512;                                     %数据的长度和 FFT 所用的数据长度
n=0:N-1;t=n/Fs;                                      %采用的时间序列
xn=sin(2*pi*50*t)+2*sin(2*pi*120*t)+randn(1,N);
Pxx=10*log10(abs(fft(xn,Nfft).^2)/N);               %傅里叶振幅谱平方的平均值, 并转换为 dB
f=(0:length(Pxx)-1)*Fs/length(Pxx);                 %给出频率序列
subplot(2,1,1),plot(f,Pxx);title('周期图 N=512');grid  %绘制功率谱曲线
```

```
xlabel('频率/Hz');ylabel('功率谱/dB');
Fs=1000;
N=1024;Nfft=1024;                          %数据的长度和FFT所用的数据长度
n=0:N-1;t=n/Fs;                            %采用的时间序列
xn=sin(2*pi*50*t)+2*sin(2*pi*120*t)+randn(1,N);
Pxx=10*log10(abs(fft(xn,Nfft).^2)/N);      %傅里叶振幅谱平方的平均值，并转换为dB
f=(0:length(Pxx)-1)*Fs/length(Pxx);        %给出频率序列
subplot(2,1,2),plot(f,Pxx);title('周期图 N=1024');grid      %绘制功率谱曲线
xlabel('频率/Hz');ylabel('功率谱/dB')
```

运行结果如图 10-6 所示。

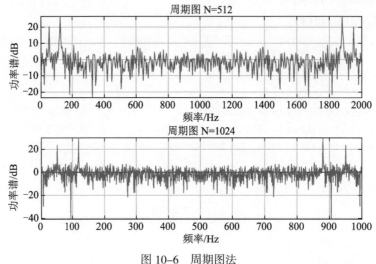

图 10-6 周期图法

10.2.2 修正周期图法

修正周期图法是在 FFT 前先加窗，平滑数据的边缘，降低旁瓣的高度。旁瓣是使用矩形窗产生陡峭的剪切而引入的寄生频率，对于非矩形窗，结束点衰减得平滑，所以引入较小的寄生频率。由于非矩形窗增宽了主瓣，因此降低了频谱分辨率。

函数 periodogram() 允许对数据加窗，加海明窗后信号的主瓣大约是矩形窗主瓣的 2 倍。对固定长度信号，海明窗能达到的谱估计分辨率大约是矩形窗分辨率的一半。这些冲突在某种程度上可以由变化窗（如凯塞窗）解决。非矩形窗会影响信号的功率（因为一些采样被削弱），为了解决该问题，函数 periodogram() 将窗归一化，使窗不影响信号的平均功率。

修正周期图法估计的功率谱为

$$\hat{P}_{xx}(f) = \frac{\left|X_L(f)\right|^2}{f_s L U}$$

其中，U 是窗归一化常数，即

$$U = \frac{1}{L}\sum_{n=0}^{L-1}\left|w(n)\right|^2$$

【例 10-8】在 0.98 的置信区间，估计有色噪声的功率谱。

解： 在编辑器窗口中编写代码。

```
clear,clc,clf
Fs=1000;
NFFT=256;
p=0.98;                                    %置信区间
[b,a]=ellip(5,2,50,0.2);                   %设计 5 阶椭圆形滤波器
r=randn(4096,1);
x=filter(b,a,r);                           %对白噪声滤波得到信号 x
% psd(x,NFFT,Fs,[],0,p);                   %PSD 估计，已淘汰的旧语法
[Pxx1,f1]=pwelch(x,[],0,NFFT,Fs);
Pxx1=Pxx1*Fs/2.0;
Pxx1(1)=Pxx1(1)*2;
Pxx1(length(Pxx1))=Pxx1(length(Pxx1))*2;
plot(f1,10*log10(Pxx1),'r'); grid
xlabel('频率/Hz');ylabel('相对功率谱密度(dB/Hz)')
```

运行结果如图 10-7 所示。

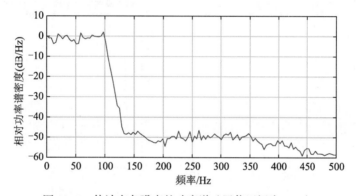

图 10-7　估计有色噪声的功率谱（置信区间为 0.98）

【例 10-9】采用分段周期图法，利用傅里叶变换求信号的功率谱。

解： 在编辑器窗口中编写代码。

```
clear,clc,clf
Fs=1000;
N=1024;Nsec=256;                           %数据的长度和 FFT 所用的数据长度
n=0:N-1;t=n/Fs;                            %采用的时间序列
randn('state',0);
xn=sin(2*pi*50*t)+2*sin(2*pi*120*t)+randn(1,N);
Pxx1=abs(fft(xn(1:256),Nsec).^2)/Nsec;     %第一段功率谱
Pxx2=abs(fft(xn(257:512),Nsec).^2)/Nsec;   %第二段功率谱
Pxx3=abs(fft(xn(513:768),Nsec).^2)/Nsec;   %第三段功率谱
Pxx4=abs(fft(xn(769:1024),Nsec).^2)/Nsec;  %第四段功率谱
%Fourier 振幅谱平方的平均值，并转换为 dB
Pxx=10*log10(Pxx1+Pxx2+Pxx3+Pxx4/4);
f=(0:length(Pxx)-1)*Fs/length(Pxx);        %给出频率序列
subplot(1,2,1),plot(f(1:Nsec/2),Pxx(1:Nsec/2));  %绘制功率谱曲线
xlabel('频率/Hz');ylabel('功率谱/dB');
```

```
title('平均周期图（无重叠）N=4*256');grid
%运用信号重叠分段估计功率谱
Pxx1=abs(fft(xn(1:256),Nsec).^2)/Nsec;           %第一段功率谱
Pxx2=abs(fft(xn(129:384),Nsec).^2)/Nsec;          %第二段功率谱
Pxx3=abs(fft(xn(257:512),Nsec).^2)/Nsec;          %第三段功率谱
Pxx4=abs(fft(xn(385:640),Nsec).^2)/Nsec;          %第四段功率谱
Pxx5=abs(fft(xn(513:768),Nsec).^2)/Nsec;          %第五段功率谱
Pxx6=abs(fft(xn(641:896),Nsec).^2)/Nsec;          %第六段功率谱
Pxx7=abs(fft(xn(769:1024),Nsec).^2)/Nsec;         %第七段功率谱
%Fourier 振幅谱平方的平均值，并转换为 dB
Pxx=10*log10(Pxx1+Pxx2+Pxx3+Pxx4+Pxx5+Pxx6+Pxx7/7);
f=(0:length(Pxx)-1)*Fs/length(Pxx);               %给出频率序列
subplot(1,2,2),plot(f(1:Nsec/2),Pxx(1:Nsec/2));   %绘制功率谱曲线
xlabel('频率/Hz');ylabel('功率谱/dB')
title('平均周期图（重叠1/2）N=1024');grid
```

运行结果如图 10-8 所示。

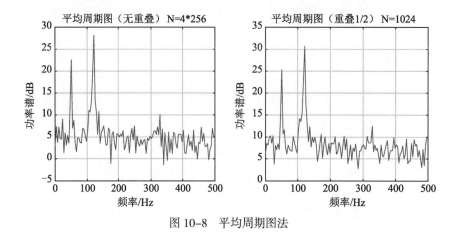

图 10-8　平均周期图法

10.2.3　Welch 法

　　Welch 法是将数据序列划分为不同的段（可以有重叠），并对每段进行改进周期图法估计，然后再平均。在 MATLAB 中，对象 spectrum.welch 和函数 pwelch 用于实现 Welch 法。默认情况下，数据划分为 4 段，重叠率为 50%，应用窗为海明（Hamming）窗。

　　Welch 法取平均的目的是减小方差，重叠会引入冗余，但是加海明窗可以部分消除这些冗余，因为窗给边缘数据的权重比较小。数据段的缩短和非矩形窗的使用使频谱的分辨率下降。

　　Welch 法的偏差为

$$E\left\{\hat{P}_{\text{welch}}\right\}=\frac{1}{f_s L_s U}\int_{-f_s/2}^{f_s/2}P_{xx}(\rho)\left|W_R(f-\rho)\right|^2\,\mathrm{d}\rho$$

其中，L_s 是分段数据的长度，$U=\dfrac{1}{L}\displaystyle\sum_{n=0}^{L-1}\left|w(n)\right|^2$ 是窗归一化常数。对一定长度的数据，Welch 法估计的偏差会大于周期图法，因为 $L>L_s$。方差比较难量化，因为它和分段的长度以及使用的窗都有关系，但总体来说，方差反比于使用的段数。

Welch 法实现功率谱密度估计的函数为 pwelch，其调用格式为

```
pxx = pwelch(x)
%用改进的周期图方法对离散时间信号 x 进行功率谱估计
%默认 x 被以 50%的重叠率分为 8 部分，每部分都用海明窗进行加窗处理
```

说明：返回向量 pxx 为与单位频率对应的功率谱估计值。如果 x 是实信号，函数为单边估计（只在正频率上估计谱值）；如果 x 是复信号，函数为双边估计（在正负频率上都有谱估计值）。

```
pxx = pwelch(x,window)
%指定 window 参数将信号分割为若干段
```

说明：

（1）当 window 为一个向量时，x 被分为有重叠的、window 维数大小的几部分，每部分所采用的窗函数由 window 指定。

（2）当 window 为一个整数时，x 被分为有重叠的、window 所指定整数值大小的几部分，此时使用海明窗（窗的大小也为 window 所指定的整数值）。如果 x 不能被恰好分段，就需要根据实际情况对其进行补零或截断。

（3）当 window 为空矩阵[]时，x 就被默认分为 8 个部分，并且采用海明窗。

```
pxx = pwelch(x,window,noverlap)
%参数 noverlap 用来指定段与段之间重叠的样本数
```

说明：当 window 为一整数时，noverlap 必须是一个小于 window 的整数值；当 window 为一个向量时，noverlap 必须是一个小于 window 向量维数的整数值；当参数 noverlap 为空矩阵[]时，采用 50%的重叠率。

```
pxx = pwelch(x,window,noverlap,nfft)          %参数 nfft 用来指定 FFT 运算所采用的点数
```

说明：如果 x 为实信号、nfft 为偶数，则 pxx 的长度为 nfft /2+1；如果 x 为实信号、nfft 为奇数，则 pxx 的长度为(nfft +1)/2；如果 x 为复信号，则 pxx 的长度为 nfft。

```
[pxx,w] = pwelch(___)
%输出参数 w 为和估计 PSD 的位置——一对应的归一化角频率，单位为 rad/sample
```

说明：如果 x 为实信号，w 的范围为[0,Pi]；如果 x 为复信号，则 w 的范围为[0,2*Pi]。

```
[pxx,f] = pwelch(___,fs)
%返回和估计 PSD 的位置——对应的线性频率 f（单位：Hz）
```

说明：如果 x 为实信号，则 f 的范围为[0,fs/2]；如果 x 为复信号，则 f 的范围为[0,fs]。参数 fs 为采样频率（单位：Hz），当 fs 为空矩阵[]时，使用默认值 1Hz。

```
[pxx,w] = pwelch(x,window,noverlap,w)
%返回向量 w 中指定的归一化频率下的双边 Welch 法的 PSD 估计值，w 至少包含两个元素，否则视为 nfft
[pxx,f] = pwelch(x,window,noverlap,f,fs)          %返回向量 f 中指定频率下的双边 Welch 法的
                                                  %PSD 估计值
```

说明：向量 f 至少包含两个元素，否则视为 nfft。f 中的频率以单位时间的周期为单位，采样率 fs 是单位时间内的采样数。

```
[___] = pwelch(x,window,___,freqrange)
%返回 freqrange 指定的频率范围内的周期图，包括'onesided'、'twosided'及'centered'三个选项
[___] = pwelch(x,window,___,trace)
%当 trace 指定为'maxhold'，返回最大保持谱估计值；指定为'minhold'，返回最小保持谱估计值
[___,pxxc] = pwelch(___,'ConfidenceLevel',probability)
%返回 pxxc 中 PSD 估计值的概率*100%置信区间
```

```
[___] = pwelch(___,spectrumtype)
%如果 spectrumtype 为'psd'，返回 PSD 估计值；如果 spectrumtype 为'power'，返回功率谱
pwelch(___)
%当无输出参数时，表示在当前窗口中绘制周期图 PSD 估计值，坐标分别为 dB 和归一化频率
```

【例 10-10】利用 pwelch 函数实现 Welch 法的功率谱估计。

解： 在编辑器窗口中编写代码。

```
clear,clc,clf
randn('state',0 );                              %设置噪声的初始状态
Fs = 2000;                                      %采样频率
t = 0:1/Fs:.3;                                  %时间序列
x = sin(2*pi*t*200) + randn(size(t));           %输入信号
pwelch(x,33,32,[],Fs,'twosided');
xlabel('频率/Hz');title('利用pwelch函数实现功率谱估计')
```

运行结果如图 10-9 所示。

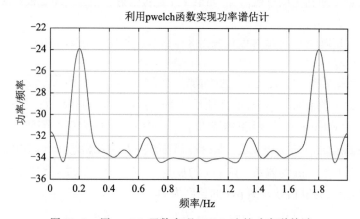

图 10-9　用 pwelch 函数实现 Welch 法的功率谱估计

【例 10-11】用傅里叶变换求信号的功率谱（Welch 法）。

解： 在编辑器窗口中编写代码。

```
clear,clc,clf
Fs=2000;
N=1024;Nfft=256;
n=0:N-1;t=n/Fs;
window=hanning(256);
noverlap=128;
dflag='none';
randn('state',0);
xn=cos(2*pi*50*t)+2*sin(2*pi*120*t)+randn(1,N);
% Pxx=psd(xn,Nfft,Fs,window,noverlap,dflag);    %已淘汰的旧语法
Pxx=pwelch(xn,window,noverlap,Nfft,Fs);
Pxx=Pxx*Fs/2.0;
Pxx(1)=Pxx(1)*2;
Pxx(length(Pxx))=Pxx(length(Pxx))*2;
f=(0:Nfft/2)*Fs/Nfft;
plot(f,10*log10(Pxx));title('PSD-Welch方法');grid
xlabel('频率/Hz');ylabel('功率谱/dB')
```

运行结果如图 10-10 所示。

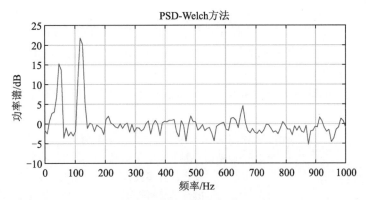

图 10-10 用傅里叶变换求信号的功率谱（Welch 方法）

【例 10-12】采用不同的窗函数进行功率谱估计（Welch 法）。

解： 在编辑器窗口中编写代码。

```
clear,clc,clf
Fs=1000;                                          %采样频率
NFFT=1024;
t=0:1/Fs:1;                                        %时间序列
x=sin(2*pi*100*t)+sin(2*pi*200*t)+sin(2*pi*400*t)+randn(size(t)); %信号
window1=boxcar(100);
window2=hamming(100);
noverlap=20;                                       %指定段与段之间的重叠的样本数
[pxx1,f1]=pwelch(x,window1,noverlap,NFFT,Fs);
[pxx2,f2]=pwelch(x,window2,noverlap,NFFT,Fs);
pxx1=10*log10(pxx1);
pxx2=10*log10(pxx2);
subplot(211);plot(f1,pxx1);title('矩形窗');grid
subplot(212);plot(f2,pxx2);title('海明窗');grid
```

运行结果如图 10-11 所示。

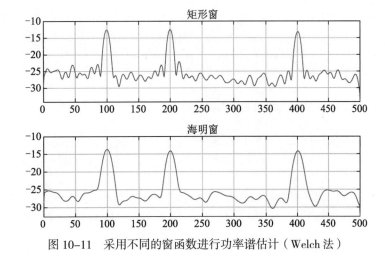

图 10-11 采用不同的窗函数进行功率谱估计（Welch 法）

10.2.4　多窗法

多窗法（Multitaper Method，MTM）不使用带通滤波器（本质上是矩形窗，如同周期图法），而是使用一组最优滤波器计算估计值。这些最优滤波器是由一组离散扁平类球体序列（Discrete Prolate Spheroidal Sequences，DPSS，也称为 Slepian 序列）得到的。

在 MATLAB 中，实现 MTM 的对象是 spectrum.mtm。MTM 实现功率谱密度估计的函数为 pmtm，其调用格式为

```
pxx = pmtm(x)                        %用多窗法对离散时间信号 x 进行功率谱估计。如果 x 为实信号，则返回结果为
                                     %"单边"功率谱；如果 x 为复信号，则返回结果为"双边"功率谱
pxx = pmtm(x,'Tapers',tapertype)     %指定计算多线程 PSD 估计值时要使用的锥度类型。可以在 x 后
                                     %的任意位置指定'Tapers'和 tapertype（名称−值对）
pxx = pmtm(x,nw)                     %参数 nw 为时间−带宽的乘积，用来指定进行谱估计使用的窗的个数 2×nw−1，
                                     %nw 的取值范围为{2,5/2,3,7/2,4}，其默认值为 4
pxx = pmtm(x,m,'Tapers','sine')      %指定使用正弦锥度计算 PSD 估计值时要应用的锥度数或平均权重
pxx = pmtm(___,nfft)                 %参数 nfft 用来指定 FFT 运算所采用的点数
```

说明：如果 x 为实信号、nfft 为偶数，则 pxx 的长度为 nfft/2+1；如果 x 为实信号、nfft 为奇数，则 pxx 的长度为(nfft +1)/2；如果 x 为复信号，则 pxx 的长度为 nfft；nfft 的默认值为 256。

```
[pxx,w] = pmtm(___)     %输出参数 w 为和估计 PSD 的位置对应的归一化角频率，单位为 rad/sample
```

说明：如果 x 为实信号，则 w 的范围为[0,Pi]；如果 x 为复信号，则 w 的范围为[0,2*Pi]。

```
[pxx,f] = pmtm(___,fs)  %同时返回和估计 PSD 的位置一一对应的线性频率 f，单位为 Hz
```

说明：参数 fs 为采样频率，单位也是 Hz。当 fs 为空矩阵"[]"时，则使用默认值 1Hz。如果 x 为实信号，则 f 的范围为[0，Fs/2]；如果 x 为复信号，则 f 的范围为[0，Fs]。

```
[pxx,w] = pmtm(x,nw,w)
%返回在 w 中指定的标准化频率下使用 Slepian 序列计算的多线程 PSD 估计值，w 必须包含两个以上元素
[pxx,w] = pmtm(x,m,'Tapers','sine',w)
%返回在 w 中指定的标准化频率下使用正弦锥度计算的多线程 PSD 估计值，w 必须包含两个以上元素
[pxx,f] = pmtm(___,f,fs)
%在 f 中规定的频率下计算多线程 PSD 估计值，f 必须至少包含两个与采样频率 fs 单位相同的元素
[___] = pmtm(___,freqrange)                      %返回 freqrange 指定频率范围内的多线程 PSD 估计值
[___,pxxc] = pmtm(___,'ConfidenceLevel',probability)
%返回 pxxc 中 PSD 估计值的概率×100%置信区间
[___] = pmtm(___,'DropLastTaper',dropflag)
%指定在计算多线程 PSD 估计值时，pmtm 是否删除最后一个 Slepian 锥度
[___] = pmtm(___,method)
%使用 method 中指定的方法组合单个锥形 PSD 估计值，仅适用于 Slepian 锥度
[___] = pmtm(x,e,v,___)          %使用 e 中的 Slepian 锥和 v 中的特征值计算 PSD，e 和 v 由 dpss 获得
[___] = pmtm(x,dpss_params,___)
%用单元格数组 dpss_ params 将输入参数传递给 dpss，仅适用于 Slepian 锥度
pmtm(___)               %无输出参数，表示在当前图形窗口中绘制 PSD 估计结果，坐标分别为 dB 和归一化频率
```

【例 10-13】置信区间为 0.98，利用多窗法（MTM）估计有色噪声。

解： 在编辑器窗口中编写代码。

```
clear,clc,clf
randn('state',0);
fs = 2000;
t = 0:1/fs:0.4;
x = sin(2*pi*t*200)+0.1*randn(size(t));
[Pxx,Pxxc,f] = pmtm(x,3.5,512,fs,0.99);
hpsd = dspdata.psd([Pxx Pxxc],'Fs',fs);
plot(hpsd)
xlabel('频率/Hz');ylabel('相对功率谱密度(dB/Hz)');
title('多窗法（MTM）估计');grid
```

运行结果如图 10-12 所示。

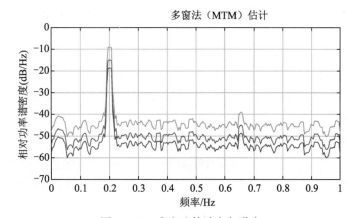

图 10-12　多窗法估计有色噪声

【例 10-14】功率谱估计——多窗法（MTM）的实现。

解： 在编辑器窗口中编写代码。

```
clear,clc,clf
Fs=2000;
N=1024;Nfft=256;n=0:N-1;t=n/Fs;
randn('state',0);
xn=cos(2*pi*50*t)+2*sin(2*pi*120*t)+randn(1,N);
[Pxx1,f]=pmtm(xn,4,Nfft,Fs);
subplot(121),plot(f,10*log10(Pxx1));
xlabel('频率/Hz');ylabel('功率谱/dB');
title('多窗法(MTM)NW=4');grid
[Pxx,f]=pmtm(xn,2,Nfft,Fs);
subplot(122),plot(f,10*log10(Pxx));
xlabel('频率/Hz');ylabel('功率谱/dB');
title('多窗法(MTM)NW=2');grid
```

运行结果如图 10-13 所示。

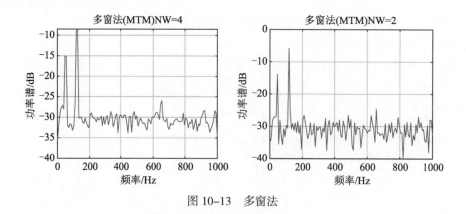

图 10-13　多窗法

10.2.5　基于经典谱估计的系统辨识

功率谱密度（PSD）是互功率谱密度（CPSD，简称互谱密度）的一个特例，CPSD 定义为

$$P_{xy}(\omega) = \frac{1}{2\pi} \sum_{m=-\infty}^{\infty} R_{xy}(\omega) e^{-j\omega m}$$

与互相关与协方差的示例一样，估计 PSD 和 CPSD 是因为信号长度有限。

为了使用 Welch 法估计相隔等长信号 x 和 y 的互功率谱密度，cpsd 函数通过将 x 的 FFT 和 y 的 FFT 再共轭之后相乘的方式得到周期图。cpsd 函数和 pwelch 函数一样可以处理信号的分段和加窗问题，它们的调用方法基本类似。cpsd 函数是一个复数函数，其调用方法如下。限于篇幅，这里不再展开讲解。

```
pxy = cpsd(x,y)                          %根据输入信号 x 和输出信号 y 来估计系统的传递函数
pxy = cpsd(x,y,window)
pxy = cpsd(x,y,window,noverlap)
pxy = cpsd(x,y,window,noverlap,nfft)
pxy = cpsd(___,'mimo')
[pxy,w] = cpsd(___)
[pxy,f] = cpsd(___,fs)
[pxy,w] = cpsd(x,y,window,noverlap,w)
[pxy,f] = cpsd(x,y,window,noverlap,f,fs)
[___] = cpsd(x,y,___,freqrange)
cpsd(___)
```

Welch 法的一个应用是非参数系统的识别。假设 H 是一个线性时不变系统，$x(n)$ 和 $y(n)$ 是 H 的输入和输出，则 $x(n)$ 的功率谱与 $x(n)$ 和 $y(n)$ 的 CPSD 通过下式相关联。

$$P_{yx}(\omega) = H(\omega) P_{xx}(\omega)$$

$x(n)$ 和 $y(n)$ 的一个传递函数为

$$\hat{H}(\omega) = \frac{P_{yx}(\omega)}{P_{xx}(\omega)}$$

传递函数能同时估计出幅度和相位信息。tfestimate() 函数使用 Welch 法计算 CPSD 和功率谱，然后得到它们的商作为传输函数的估计值。tfestimate() 函数使用方法和 cpsd() 函数相同，其调用格式为

```
txy = tfestimate(x,y)              %根据输入信号 x 和输出信号 y 来返回系统传递函数的估计值 txy
txy = tfestimate(x,y,window)
txy = tfestimate(x,y,window,noverlap)
txy = tfestimate(x,y,window,noverlap,nfft)
txy = tfestimate(___,'mimo')
[txy,w] = tfestimate(___)
[txy,f] = tfestimate(___,fs)
[txy,w] = tfestimate(x,y,window,noverlap,w)
[txy,f] = tfestimate(x,y,window,noverlap,f,fs)
[___] = tfestimate(x,y,___,freqrange)
[___] = tfestimate(___,'Estimator',est)
tfestimate(___)
```

两个信号的幅度平方相干性如下：

$$C_{xy}(\omega) = \frac{\left|P_{xy}(\omega)\right|^2}{P_{xx}(\omega)P_{yy}(\omega)}$$

该商是一个 0 ~ 1 范围的实数，表征了 $x(n)$ 和 $y(n)$ 之间的相干性。可用 mscohere() 函数获得该商，即输入两个序列 x 和 y，计算其功率谱和 CPSD，返回 CPSD 幅度平方与两个功率谱乘积的商。

mscohere() 函数的参数和操作与 cpsd() 函数和 tfestimate() 函数类似，这里不再赘述。

```
cxy = mscohere(x,y)                %返回输入信号 x 和 y 的幅度平方相干估计 cxy
cxy = mscohere(x,y,window)
cxy = mscohere(x,y,window,noverlap)
cxy = mscohere(x,y,window,noverlap,nfft)
cxy = mscohere(___,'mimo')
[cxy,w] = mscohere(___)
[cxy,f] = mscohere(___,fs)
[cxy,w] = mscohere(x,y,window,noverlap,w)
[cxy,f] = mscohere(x,y,window,noverlap,f,fs)
[___] = mscohere(x,y,___,freqrange)
mscohere(___)
```

【例 10-15】计算两个信号的互功率谱密度估计（Welch 法）。

解：在编辑器窗口中编写代码。

```
clear,clc,clf
fs = 1e3;
t = (0:1/fs:1-1/fs)';
q = 2*sin(2*pi*[200 300].*t);
q = q+randn(size(q));
r = 2*sin(2*pi*[300 400].*t);
r = r+randn(size(r));
cpsd(q,r,bartlett(256),128,2048,fs)
```

运行结果如图 10-14 所示。

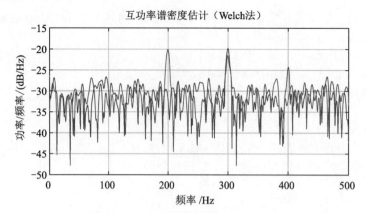

图 10-14　互功率谱密度估计（Welch 法）

【例 10-16】计算并绘制两个序列 x 和 y 之间的传递函数估计（Welch 法）。

解： 在编辑器窗口中编写代码。

```
clear,clc,clf
h = fir1(30,0.2,rectwin(31));
x = randn(16384,1);
y = filter(h,1,x);
fs = 500;
tfestimate(x,y,1024,[],[],fs);
```

运行结果如图 10-15 所示。

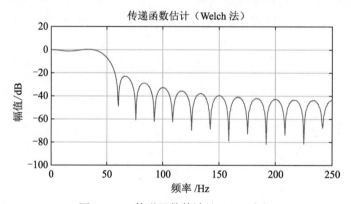

图 10-15　传递函数估计（Welch 法）

【例 10-17】计算两个序列的相干性估计。

解： 在编辑器窗口中编写代码。

```
clear,clc,clf
r = randn(16384,1);
dx = designfilt('bandpassiir','FilterOrder',16, 'StopbandFrequency1',0.2, ...
    'StopbandFrequency2',0.4, 'StopbandAttenuation',60);
x = filter(dx,r);
dy = designfilt('bandstopiir','FilterOrder',16, 'PassbandFrequency1',0.6,...
    'PassbandFrequency2',0.8,'PassbandRipple',0.1);
```

```
y = filter(dy,r);
[cxy,fc] = mscohere(x,y,hamming(512),500,2048);
[qx,f] = freqz(dx);
qy = freqz(dy);
plot(fc/pi,cxy);hold on
plot(f/pi,abs(qx),f/pi,abs(qy)); grid
```

运行结果如图 10-16 所示。

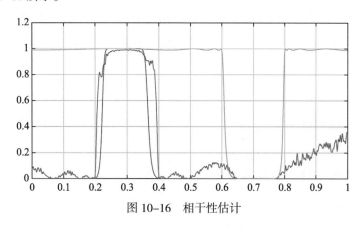

图 10-16　相干性估计

10.3　参数估计法

参数估计法假设信号是一个由白噪声驱动的线性系统的输出，它在信号长度较短时能获得比非参数估计法更高的分辨率。这类方法不是试图直接从数据中估计 PSD，而是将数据建模成一个由白噪声驱动的线性系统的输出，并估计出该系统的参数。

最常用的线性系统模型是全极点模型，也就是一个滤波器，它的所有零点都在 z 平面的原点。这样一个滤波器输入白噪声后的输出是一个自回归（AR）过程。正是由于这个原因，这一类方法也被称作 AR 方法。

AR 方法便于描述谱呈现尖峰的数据，即 PSD 在某些频点特别大。在很多实际应用中（如语音信号）数据都是有带尖峰的谱，所以 AR 模型通常会很有用。此外，AR 模型还具有相对易于求解的系统线性方程。

在 MATLAB 中，参数估计法包括 Yule-Walker 法、Burg 法及协方差法，下面分别进行介绍。

10.3.1　Yule-Walker 法

Yule-Walker 法通过计算信号自相关函数的有偏估计，求解前向预测误差的最小二乘最小化来获得 AR 参数。Yule-Walker 方程如下：

$$\begin{bmatrix} r(1) & r^*(2) & \cdots & r^*(p) \\ r(2) & r^*(1) & \cdots & r^*(p-1) \\ \vdots & \vdots & & \vdots \\ r(p) & \cdots & r(2) & r(1) \end{bmatrix} \begin{bmatrix} a(2) \\ a(3) \\ \vdots \\ a(p+1) \end{bmatrix} = \begin{bmatrix} -r(2) \\ -r(3) \\ \vdots \\ -r(p+1) \end{bmatrix}$$

式中，$a(2), a(3), \cdots, a(p+1)$ 是自回归系数，$r(1), r(2), \cdots, r(p+1)$ 为相关系数。

Yule-Walker 法 PSD 估计的公式为

$$\hat{P}_{\text{Yule-Walker}} = \frac{1}{\left| a^H e(f) \right|^2}$$

式中，$e(f)$ 为复数正弦曲线。

Yule-Walker 法得到的结果与最大熵估计器结果一致。由于使用了自相关函数的有偏估计，上述自相关矩阵正定。因此，矩阵可逆且方程一定有解。另外，通过该方法获得的 AR 参数总会产生一个稳定的全极点模型。

通过莱文逊（Levinson）算法可以高效地求解 Yule-Walker 方程。MATLAB 工具箱中的对象 spectrum.yulear 和函数 pyulear 实现了 Yule-Walker 法。Yule-Walker 法的功率谱比周期图法的更平滑，因为其内部采用了简单的全极点模型。

函数 pyulear 采用 Yule-Walker 法实现自回归功率谱密度估计，其调用格式为

```
pxx = pyulear(x,order)
%用 Yule-Walker 法对离散时间信号 x 进行功率谱估计
%order=AR 模型的阶数
%如果 x 为实信号，则返回结果为"单边"功率谱
%如果 x 为复信号，则返回结果为"双边"功率谱


pxx = pyulear(x,order,nfft)
%nfft=指定 FFT 运算所采用的点数，默认值为 256
%如果 x 为实信号、nfft 为偶数，则 pxx 的长度为 nfft/2+1
%如果 x 为实信号、nfft 为奇数，则 pxx 的长度为 (nfft+1)/2
%如果 x 为复信号，则 pxx 的长度为 nfft


[pxx,w] = pyulear(___)
%w=与估计 PSD 位置一一对应的归一化角频率，单位为 rad/sample
%如果 x 为实信号，则 w 的范围为[0,Pi]
%如果 x 为复信号，则 w 的范围为[0,2*Pi]


[pxx,f] = pyulear(___,fs)
%f=与估计 PSD 的位置一一对应的线性频率，单位为 Hz
%fs=采样频率,单位为 Hz.当 fs 为空矩阵"[]"时，则使用默认值 1Hz
%如果 x 为实信号，则 f 的范围为[0,fs/2]
%如果 x 为复信号，则 f 的范围为[0,fs]


[pxx,w] = pyulear(x,order,w)
%返回向量 w 中指定归一化频率下的双边 AR PSD 估计值


[pxx,f] = pyulear(x,order,f,fs)
%返回向量 f 中指定频率下的双边 AR PSD 估计值
%f 中的频率以单位时间的周期为单位，采样频率 fs 为单位时间内的采样数


[___] = pyulear(x,order,___,freqrange)
%在 freqrange 指定的频率范围内返回 AR PSD 估计值
%freqrange 选项有'onesided'、'twosided'及'centered'


[___,pxxc] = pyulear(___,'ConfidenceLevel',probability)
```

```
%返回 pxxc 中包含 PSD 估计值的概率×100%置信区间

pyulear(___)
%当无输出参数时，表示在当前图形窗口中绘制 PSD 估计图，坐标分别为 dB 和归一化频率
```

【例 10-18】用 Yule-Walker 法估计 PSD 示例。

解：在编辑器窗口中编写代码。

```
clear,clc,clf
a = [1 -1.2357 2.9504 -3.1607 0.9106];          % AR 模型
% AR 模型频率响应
randn('state',1);
x = filter(1,a,randn(256,1));                    % 输出 AR 模型
pyulear(x,4) ;
xlabel('频率/Hz');ylabel('相对功率谱密度(dB/Hz)')
title('Yule-Walker 法谱估计');grid on
```

运行结果如图 10-17 所示。

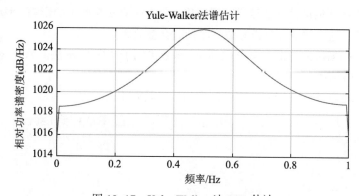

图 10-17   Yule-Walker 法 PSD 估计

10.3.2　Burg 法

Burg 法谱估计是基于最小化前向和后向预测误差的同时满足 Levinson-Durbin 递归。对比其他的 AR 估计方法，Burg 法避免了对自相关函数的计算，而直接估计反射系数。

Burg 法最大的优势在于能解决含有低噪声且间隔紧密的正弦信号，并且针对短数据的估计非常有效，在这种情况下，AR 功率谱密度的估计值非常逼近真值。另外，Burg 法能确保产生一个稳定 AR 模型，并且能高效计算。

假定线性预测 AR 模型的前向预测误差和后向预测误差分别为 $f_p(n)$ 和 $b_p(n)$，即

$$f_p(n) = x(n) + a_{p1}x(n-1) + \cdots + a_{pp}(n-p)$$
$$b_p(n) = x(n-p) + a_{p1}x(n-p+1) + \cdots + a_{pp}x(n)$$

前后预测误差的功率之和为

$$P_{fb} = \frac{1}{2}\left[P_f + P_b\right] = \frac{1}{N-p}\sum_{n=p}^{N-1}\left|f_p(n)\right|^2 + \frac{1}{N-p}\sum_{n=p}^{N-1}\left|b_p(n)\right|^2$$

$f_p(n)$ 和 $b_p(n)$ 存在如下递推关系：

$$f_s(n) = f_{s-1}(n) + h_s b_{s-1}(n-1)$$
$$b_s(n) = b_{s-1}(n) + h_s f_{s-1}(n-1)$$

式中，s 为阶次，$s = 1, 2, \cdots, p$；h_s 为反射系数，且有 $h_s a_{ss}$。且

$$f_0(n) = b_0(n) = x(n)$$

根据 Burg 法使得前向和后向预测误差能量之和相对于反射系数为最小，可求得 h_s 的估计公式为

$$\hat{h}_s = \frac{-2\sum_{n=s}^{N-1} f_{s-1}(n) b_{s-1}(n-1)}{\sum_{n=s}^{N-1} |f_{s-1}(n)|^2 + \sum_{n=s}^{N-1} |b_{s-1}(n-1)|^2}$$

然后，由 Levinson–Durbin 递推算法求出 s 阶次的 AR 模型的参数为

$$a_{s,i} = a_{s-1,i} + \hat{h}_s a_{s-1,s-i}, \quad a_{ss} = \hat{h}_s$$
$$\sigma_s^2 = \left(1 - |h_s|^2\right) \sigma_{s-1}^2, \quad \sigma_0^2 = \hat{R}_x(0) = \frac{1}{N} \sum_{n=0}^{N-1} |x(n)|^2$$

Burg 法的精度在阶数高、数据记录长、信噪比高（这会导致线分裂或者在谱估计中产生无关峰）的情况下较低。Burg 法计算的谱密度估计也易受频率偏移（相对于真实频率）的影响，该频率偏移是由噪声正弦信号初始相位导致的。这一效应在分析短数据序列时会被放大。

MATLAB 工具箱中的 spectrum.burg 对象和 pburg 函数可用于实现 Burg 法。另外，arburg 函数可以实现用 Burg 法计算 AR 模型的参数。

函数 pburg 采用 Burg 法实现自回归功率谱密度估计，其调用格式为

```
pxx = pburg(x,order)              %函数应用同pyulear，只是采用的Burg法进行谱估计，下同
pxx = pburg(x,order,nfft)
[pxx,w] = pburg(___)
[pxx,f] = pburg(___,fs)
[pxx,w] = pburg(x,order,w)
[pxx,f] = pburg(x,order,f,fs)
[___] = pburg(x,order,___,freqrange)
[___,pxxc] = pburg(___,'ConfidenceLevel',probability)
pburg(___)
```

函数 arburg 采用 Burg 法计算 AR 模型的参数，其调用格式为

```
a = arburg(x,p)          %返回与输入数组 x 的 p 阶模型对应的规范化自回归（AR）参数
[a,e,rc] = arburg(x,p)   %还返回白噪声输入和反射系数 rc 的估计方差 e
```

【例 10-19】用 Brug 法进行 PSD 估计。

解：在编辑器窗口中编写代码。

```
clear,clc,clf
a = [1 -2.3147 2.9413 -2.1187 0.9105];                  %定义AR模型
[H,w] = freqz(1,a,256);                                 %AR模型的频率响应
Hp = plot(w/pi,20*log10(2*abs(H)/(2*pi)),'r'); hold
randn('state',0);
x = filter(1,a,randn(256,1));                           %AR模型输出
pburg(x,4,511);
xlabel('频率/Hz');ylabel('相对功率谱密度(dB/Hz)')
title('Burg法PSD估计')
legend('PSD模型输出','PSD谱估计');grid
```

运行结果如图 10-18 所示。

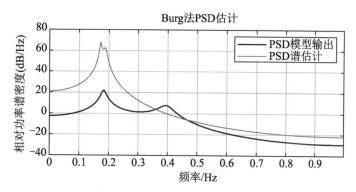

图 10-18　用 Brug 法进行 PSD 估计

【例 10-20】用 Brug 法进行不同阶数和点数的功率谱估计。

解： 在编辑器窗口中编写代码。

```
clear,clc,clf
N=1024;
Nfft=128;
n=[0:N-1];
randn('state',0);
wn=randn(1,N);
xn=sqrt(20)*sin(2*pi*0.6*n)+sqrt(20)*sin(2*pi*0.5*n)+wn;
[Pxx1,f]=pburg(xn,15,Nfft,1);            %使用 Brug 法进行功率谱估计，阶数为 15，点数为 1024
Pxx1=10*log10(Pxx1);
hold
subplot(2,2,1);plot(f,Pxx1);title('阶数=15,N=1024'); grid
xlabel('频率');ylabel('功率谱(dB)');
[Pxx2,f]=pburg(xn,20,Nfft,1);            %使用 Brug 法进行功率谱估计，阶数为 20，点数为 1024
Pxx2=10*log10(Pxx2);
hold on
subplot(2,2,2);plot(f,Pxx2);title('阶数=20,N=1024'); grid
xlabel('频率');ylabel('功率谱(dB)')
N=512;
Nfft=128;
n=[0:N-1];
randn('state',0);
wn=randn(1,N);
xn=sqrt(20)*sin(2*pi*0.2*n)+sqrt(20)*sin(2*pi*0.3*n)+wn;
[Pxx3,f]=pburg(xn,15,Nfft,1);            %使用 Brug 法进行功率谱估计，阶数为 15，点数为 512
Pxx3=10*log10(Pxx3);
hold on
subplot(2,2,3);plot(f,Pxx3);title('阶数=15,N=512'); grid
xlabel('频率');ylabel('功率谱 (dB)');
 [Pxx4,f]=pburg(xn,10,Nfft,1);           %使用 Brug 法进行功率谱估计，阶数为 10，点数为 256
Pxx4=10*log10(Pxx4);
```

```
hold on
subplot(2,2,4);plot(f,Pxx4);title('阶数=10,N=256'); grid
xlabel('频率/Hz');ylabel('功率谱/dB');
```

运行结果如图 10-19 所示。

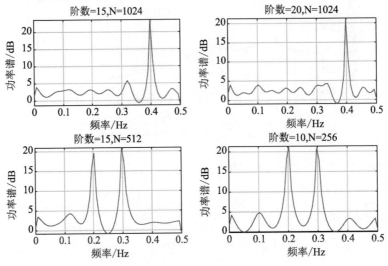

图 10-19　用 Brug 法估计功率谱

10.3.3　协方差和修正协方差法

AR 谱估计的协方差算法基于最小化前向预测误差而产生，而修正协方差算法是基于最小化前向和后向预测误差而产生。MATLAB 工具箱中的 spectrum.cov 对象和 pcov 函数，以及 spectrum.mcov 对象和 pmcov 函数实现了各自算法。其中，函数 pcov 用来实现自回归功率谱估计的协方差方法；函数 pmcov 用来实现自回归功率谱估计的改进的协方差方法。这两个函数的具体使用方法与前面所述的 pyulear 函数和 pburg 函数基本相同，对其调用方法就不再赘述。

【例 10-21】协方差法与修正协方差法在噪声信号功率谱估计中的比较。

解： 在编辑器窗口中编写代码。

```
clear,clc,clf
fs=2000;                                    %采样频率
h=fir1(20,0.3);
r=randn(1024,1);                            %加入的噪声
x=filter(h,1,r);
[pxx1,f]=pcov(x,20,[],fs);
[pxx2,f]=pmcov(x,20,[],fs);
pxx1=10*log10(pxx1);
pxx2=10*log10(pxx2);
plot(f,pxx1,'s',f,pxx2,'g'); legend('协方差法','修正协方差法');grid
ylabel('相对幅度/dB');xlabel('功率谱估计')
```

运行结果如图 10-20 所示。

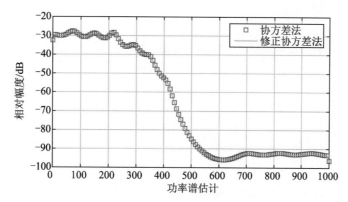

图 10-20　协方差法与修正协方差法在噪声信号功率谱估计中的比较

10.4　子空间法

子空间法即多重信号分类（Multiple Signal Classification, MUSIC）又称为高分辨率法或者超分辨率法，是基于对自相关矩阵的特征分析或者特征值分解产生信号的频率分量。这类方法对线谱（正弦信号的谱）最合适，对检测噪声下的正弦信号很有效，特别是低信噪比的情况。

MATLAB 工具箱中的 spectrum.music 对象和 pmusic 函数提供 MUSIC 法的功率谱估计。MUSIC 估计方程为

$$P_{\text{MUSIC}}(f) = \frac{1}{e^{\text{H}}(f)\left(\sum\limits_{k=p+1}^{N} v_k v_k^{\text{H}}\right)e(f)} = \frac{1}{\sum\limits_{k=p+1}^{N}\left|v_k^{\text{H}} e(f)\right|^2}$$

其中，N 是特征向量的维数，$e(f)$ 是复正弦信号向量，v 表示输入信号则相关矩阵的特征向量，v_k 是第 k 个特征向量；H 代表共轭转置。求和中的特征向量对应了最小的特征值并张成噪声空间（p 是信号子空间维度），表达式 $v_k^{\text{H}} e(f)$ 等价于一个傅里叶变换（向量 $e(f)$ 由复指数组成）。这一形式对于数值计算有用，因为 FFT 能够对每一个 v_k 进行计算，然后幅度平方再被求和。

函数 pmusic 用来实现 MUSIC 法的功率谱估计，其调用格式为

```
[S,wo] = pmusic(x,p)
%用 MUSIC 法对信号 x 进行功率谱估计
%p=指定信号子空间维度
%S=功率谱估计值和
%wo=评估功率谱的归一化频率矢量（单位 rad/sample）

[S,wo] = pmusic(x,p,wi)
%在向量 wi 中指定的标准化频率下计算功率谱估计
%向量 wi 必须有两个或多个元素，否则函数将其解释为 nfft

[S,wo] = pmusic(___,nfft)
%nfft=指定 FFT 运算所采用的点数，默认值为 256
%如果 x 为实信号、nfft 为偶数，则 pxx 的长度为 nfft/2+1
%如果 x 为实信号、nfft 为奇数，则 pxx 的长度为 (nfft+1)/2
%如果 x 为复信号，则 pxx 的长度为 nfft
```

```
[S,wo] = pmusic(___,'corr')
%强制将输入参数 x 解释为相关矩阵，而不是信号数据矩阵
%此时 x 必须是一个方阵，并且其所有特征值必须是非负的


[S,fo] = pmusic(x,p,nfft,fs)
%返回在向量 fo 中指定的频率下计算的功率谱估计
%fs=采样频率


[S,fo] = pmusic(x,p,fi,fs)
%返回以向量 fi 中指定的频率计算的功率谱估计
%向量 fi 必须有两个或多个元素，否则函数将其解释为 nfft


[S,fo] = pmusic(x,p,nfft,fs,nwin,noverlap)
%通过使用窗口 nwin 和重叠长度 noverlap 分割输入数据 x，返回功率谱估计 S


[___] = pmusic(___,freqrange)
%指定要包含在 fo 或 wo 中的频率值的范围


[___,v,e] = pmusic(___)
%v=矩阵，其列是与噪声子空间一一对应的特征值所组成的向量
%e=相关矩阵的特征值向量


pmusic(___)
%当无输出参数时，表示在当前图形窗口绘制 PSD 估计结果，坐标分别为 dB 和归一化频率
```

【**例 10-22**】功率谱估计 MUSIC 法的实现。

解：在编辑器窗口中编写代码。

```
clear,clc,clf
Fs=2000;                                        %频率
t=0:1/Fs:1-1/Fs;                                %时间序列
x=5*sin(2*pi*200*t)+5*cos(2*pi*202*t)+randn(1,length(t));
NFFT=1024;
p=40;
pxx=pmusic(x,p,NFFT,Fs);                        %MUSIC 估计
k=0:floor(NFFT/2-1);
subplot(211);plot(k*Fs/NFFT,10*log10(pxx(k+1)));
xlabel('频率/Hz');ylabel('相对功率谱密度(dB/Hz)')
title('MUSIC 法谱估计');grid
pxx1=peig(x,p,NFFT,Fs);                         %特征向量估计
k=0:floor(NFFT/2-1);
subplot(212);plot(k*Fs/NFFT,10*log10(pxx1(k+1)));
xlabel('频率/Hz');ylabel('相对功率谱密度(dB/Hz)')
title('特征向量法谱估计');grid
```

运行结果如图 **10-21** 所示。

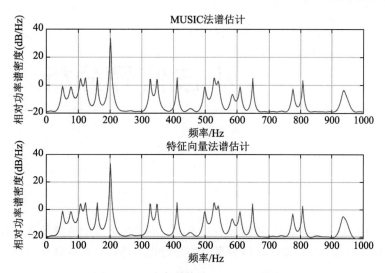

图 10–21 功率谱估计 MUSIC 法的实现

10.5 本章小结

为了适应高速发展的信息时代，随机信号处理也不断地提出了 些新方法。本章基丁随机信号处理方法，重点介绍了在数字信号处理应用中占有极其重要地位的常见功率谱估计的内容；基于 MATLAB 工具箱中的相关功率谱估计函数，详细介绍了信号功率谱估计的常用方法和技巧。通过本章学习能帮助科研和工程技术人员尽快掌握使用 MATLAB 进行功率谱分析的方法。

第 11 章

小波信号分析

小波分析（Wavelet Analysis）是一种时频分析方法，而信号处理中的频域分析着眼于区分突发信号和稳定信号，并定量分析其能量。基于小波分析与信号处理的特点，本章将介绍小波分析在信号处理中的应用。

学习目标：

（1）了解小波分析的基本概念；

（2）理解小波变换的内容、方法；

（3）理解小波包分析的定义、方法；

（4）学会应用、实践小波工具箱；

（5）理解实践小波变换的应用。

11.1 小波分析概述

小波分析是泛函分析、傅里叶分析、样条理论、调和分析以及数值分析等多个学科相互交叉、相互融合的结晶。小波分析是一种多尺度的信号分析方法，是分析非平稳信号的强有力工具。它克服了短时傅里叶变换固定分辨率的缺点，既能分析信号的整个轮廓，又可以分析信号的细节。

11.1.1 小波变换与傅里叶变换的比较

小波分析是傅里叶分析思想方法的发展与延拓。它自产生以来，就一直与傅里叶分析密切相关。它的存在性证明，小波基的构造以及结果分析都依赖于傅里叶分析，二者是相辅相成的。两者相比较主要有以下几点不同：

（1）傅里叶变换的实质是把能量有限信号 $f(t)$ 分解到以 $\{e^{j\omega t}\}$ 为正交基的空间上去；小波变换的实质是把能量有限信号 $f(t)$ 分解到 $W_{-j}, (j=1,2,\cdots,J)$ 和 V_{-j} 所构成的空间上去。

（2）傅里叶变换用到基本函数只有 $\sin(\overline{\omega}t), \cos(\overline{\omega}t), \exp(\mathrm{i}\overline{\omega}t)$，具有唯一性；小波分析用到的函数（即小波函数）则具有不唯一性，同一个工程问题用不同的小波函数进行分析有时结果相差甚远。小波函数的选用是小波分析应用到实际中的一个难点问题（也是小波分析研究的一个热点问题），目前往往是通过经验或不断的试验（对结果进行对照分析）选择小波函数。

（3）在频域中，傅里叶变换具有较好的局部化能力，特别是对于那些频率成分比较简单的确定性信号，傅里叶变换很容易把信号表示成各频率成分的迭加和的形式。例如，$\sin(\overline{\omega}_1 t)+0.345\sin(\overline{\omega}_2 t)+4.23\cos(\overline{\omega}_3 t)$，但在时域中，傅里叶变换没有局部化能力，即无法从信号 $f(t)$ 的傅里叶变换 $\hat{f}(\omega)$ 中看出 $f(t)$ 在任一时间点附近的形态。事实上，$\hat{f}(\bar{\omega})\mathrm{d}\bar{\omega}$ 是关于频率为 $\bar{\omega}$ 的谐波分量的振幅，在傅里叶展开式中，它是由 $f(t)$ 的整体形态所决定的。

（4）在小波分析中，尺度 a 的值越大相当于傅里叶变换中 $\bar{\omega}$ 的值越小。

（5）在短时傅里叶变换中，变换系数 $S(\bar{\omega},\tau)$ 主要依赖于信号在 $[\tau-\delta,\tau+\delta]$ 片段中的情况，时间宽度为 2δ（因为 δ 是由窗函数 $g(t)$ 唯一确定，所以 2δ 是一个定值）。在小波变换中，变换系数 $W_f(a,b)$ 主要依赖于信号在 $[b-a\Delta\psi,b+a\Delta\psi]$ 片段中的情况，时间宽度为 $2a\Delta\psi$，该时间宽度随尺度 a 的变化而变化，所以小波变换具有时间局部分析能力。

（6）若用信号通过滤波器来解释，小波变换与短时傅里叶变换不同之处在于：对短时傅里叶变换来说，带通滤波器的带宽 Δf 与中心频率 f 无关；相反，小波变换带通滤波器的带宽 Δf 则正比于中心频率 f，即

$$Q=\frac{\Delta f}{f}=C,\quad C\text{为常数}$$

亦即滤波器有一个恒定的相对带宽，称之为等 Q 结构。Q 为滤波器的品质因数，且有

$$Q=\frac{\text{中心频率}}{\text{带宽}}$$

【例 11-1】 比较小波分析和傅里叶变换分析的信号去噪能力。

解： 在编辑器窗口中编写代码。

```
clear,clc,clf
snr=4;                                              %设置信噪比
init=2055615866;                                    %设置随机数初值
[si,xi]=wnoise(1,11,snr,init);                      %产生矩形波信号和白噪声信号
lev=5;
xd=wden(xi,'heursure','s','one',lev,'sym8');
subplot(231);plot(si);title('原始信号')
axis([1 2048 -15 15]);
subplot(232);plot(xi);title('含噪声信号')
axis([1 2048 -15 15]);
ssi=fft(si);
ssi=abs(ssi);
xxi=fft(xi);
absx=abs(xxi);
subplot(233);plot(ssi);title('原始信号频谱')
subplot(234);plot(absx);title('含噪声信号频谱')     %低通滤波
indd2=200:1800;
xxi(indd2)=zeros(size(indd2));
xden=ifft(xxi);                                     %傅里叶逆变换
xden=real(xden);
xden=abs(xden);
subplot(235);plot(xd);title('小波去噪后信号')
axis([1 2048 -15 15]);
subplot(236);plot(xden);title('傅里叶分析去噪后信号')
axis([1 2048 -15 15]);
```

运行结果如图 11-1 所示。

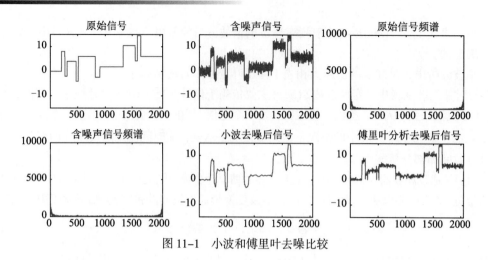

图 11-1　小波和傅里叶去噪比较

11.1.2　多分辨分析

多分辨分析就是要构造一组函数空间，每组空间的构成都有一个统一的形式，而所有空间的闭包则逼近 $L^2(\mathbf{R})$。在每个空间中，所有的函数都构成该空间的标准化正交基，而所有函数空间的闭包中的函数则构成 $L^2(\mathbf{R})$ 的标准化正交基。如果对信号在这类空间上进行分解，就可以得到相互正交的时频特性。而且由于空间数目是无限可数的，可以很方便地分析所关心信号的某些特性。

下面简要介绍一下多分辨分析的数学理论。

空间 $L^2(\mathbf{R})$ 中的多分辨分析是指 $L^2(\mathbf{R})$ 满足如下性质的一个空间序列 $\{V_j\}_{j \in Z}$。

（1）单调一致性：对任意 $j \in \mathbf{Z}$，有 $V_j \subset V_{j+1}$。

（2）渐进完全性：$\underset{j \in \mathbf{Z}}{I} V_j = \Phi$，$\text{close}\left\{\underset{j \in \mathbf{Z}}{U} V_j\right\} = L^2(\mathbf{R})$。

（3）伸缩完全性：$f(t) \in V_j \Leftrightarrow f(2t) \in V_{j+1}$。

（4）平移不变性：$\forall k \in \mathbf{Z}, \varphi(2^{-j/2}t) \in V_j \Rightarrow \varphi_j(2^{-j/2}t-k) \in V_j$。

（5）Riesz 基存在性：存在 $\varphi(t) \in V_0$，使得 $\left\{\varphi_j(2^{-j/2}t-k) \mid k \in \mathbf{Z}\right\}$ 构成 V_j 的 Risez 基。

关于 Riesz 的具体说明如下：

若 $\varphi(t)$ 是 V_0 的 Risez 基，则存在常数 A，B 使得

$$A\left\|\{c_k\}\right\|_2^2 \leqslant \left\|\sum c_k \varphi(t-k)\right\|_2^2 \leqslant B\left\|\{c_k\}\right\|_2^2$$

对所有双无限可平方和序列 $\{c_k\}$，有

$$\left\|\{c_k\}\right\|_2^2 = \sum_{k \in \mathbf{Z}} |c_k|^2 < \infty$$

满足上述条件的函数空间集合称为一个多分辨分析，如果 $\varphi(t)$ 生成一个多分辨分析，那么称 $\varphi(t)$ 为一个尺度函数。

采用数学方法证明，若 $\varphi(t)$ 是 V_0 的 Riesz 基，则存在一种方法可以把 $\varphi(t)$ 转换为 V_0 的标准化正交基。这样，只要能找到构成多分辨分析的尺度函数，就可以构造一组正交小波。

多分辨分析构造了一组函数空间，这组空间是相互嵌套的，即

$$L \subset V_{-2} \subset V_{-1} \subset V_0 \subset V_1 \subset V_2 L$$

那么相邻的两个函数空间的差就定义了一个由小波函数构成的空间，即

$$V_j \oplus W_j = V_{j+1}$$

并且在数学上可以证明 $V_j \oplus W_j$ 且 $V_i \oplus W_j$，$i \neq j$。为了说明这些性质，首先介绍双尺度差分方程，由于对 $\forall j, V_j \subset V_{j+1}$，所以对 $\forall g(x) \in V_j$，都有 $g(x) \in V_{j+1}$，也就是说可以展开成 V_{j+1} 上的标准化正交基，由于 $\varphi(t) \in V_0$，那么 $\varphi(t)$ 就可以展开成

$$\varphi(t) = \sum_{n \in \mathbf{Z}} h_n \varphi_{1,n}(t)$$

这就是著名的双尺度差分方程，它奠定了正交小波变换的理论基础，从数学上可证明，对于任何尺度的 $\varphi_{j,0}(t)$，它在 $j+1$ 尺度正交基 $\varphi_{j+1,n}(t)$ 上的展开系数 h_n 是一定的，这就提供了一个很好的构造多分辨分析的方法。

在频域中，双尺度差分方程的表现形式为

$$\hat{\varphi}(2\omega) = H(\omega)\hat{\varphi}(\omega)$$

如果 $\hat{\varphi}(\omega)$ 在 $\omega = 0$ 连续的话，则有

$$\hat{\varphi}(\omega) = \sum_{j=1}^{\infty} H\left(\frac{\omega}{2^j}\right)\hat{\varphi}(0)$$

这说明 $\hat{\varphi}(\omega)$ 的性质完全由 $\hat{\varphi}(0)$ 决定。

11.1.3 小波变换

小波变换提出了变化的时间窗：当需要精确的低频信息时，采用长的时间窗；当需要精确的高频信息时，采用短的时间窗。小波变换用的不是时间–频率域，而是时间–尺度域。尺度与频率成反比，尺度越大，采用越大的时间窗；尺度越小，采用越短的时间窗。

1. 一维连续小波变换

设 $\psi(t) \in L^2(\mathbf{R})$，其傅里叶变换为 $\hat{\psi}(\overline{\omega})$，当 $\hat{\psi}(\omega)$ 满足允许条件（完全重构条件或恒等分辨条件）

$$C_\psi = \int_{\mathbf{R}} \frac{|\hat{\psi}(\omega)|^2}{|\omega|} \mathrm{d}\omega < \infty$$

称 $\psi(t)$ 为一个基本小波或母小波。将母函数 $\psi(t)$ 伸缩和平移后得

$$\psi_{a,b}(t) = \frac{1}{\sqrt{|a|}} \psi\left(\frac{t-b}{a}\right)$$

称其为一个小波序列。其中，a 为伸缩因子，b 为平移因子，$a, b \in \mathbf{R}$ 且 $a \neq 0$。任意函数 $f(t) \in L^2(\mathbf{R})$ 的连续小波变换为

$$W_f(a,b) = <f, \psi_{a,b}> = |a|^{-1/2} \int_{\mathbf{R}} f(t) \overline{\psi\left(\frac{t-b}{a}\right)} \mathrm{d}t$$

其重构公式（逆变换）为

$$f(t) = \frac{1}{C_\psi} \int_{-\infty}^{\infty} \int_{-\infty}^{\infty} \frac{1}{a^2} W_f(a,b) \psi\left(\frac{t-b}{a}\right) \mathrm{d}a \mathrm{d}b$$

由于基小波 $\psi(t)$ 生成的小波 $\psi_{a,b}(t)$ 在小波变换中对被分析的信号起着观测窗的作用，所以 $\psi(t)$ 还应该满足一般函数的约束条件

$$\int_{-\infty}^{\infty} |\psi(t)| \mathrm{d}t < \infty$$

故 $\hat{\psi}(\omega)$ 是一个连续函数。这意味着，为了满足完全重构条件式，$\hat{\psi}(\omega)$ 在原点必须等于 0，即

$$\hat{\psi}(0) = \int_{-\infty}^{\infty} \psi(t)\mathrm{d}t = 0$$

为了使信号重构的实现在数值上是稳定的，除了满足完全重构条件外，还要求小波 $\psi(t)$ 的傅里叶变化满足下面的稳定性条件：

$$A \leqslant \sum_{-\infty}^{\infty} \left| \hat{\psi}(2^{-j}\omega) \right|^2 \leqslant B$$

式中，$0 < A \leqslant B < \infty$。

从稳定性条件可以引出对偶小波的概念。若小波 $\psi(t)$ 满足稳定性条件，则定义一个对偶小波 $\tilde{\psi}(t)$，其傅里叶变换 $\hat{\tilde{\psi}}(\omega)$ 为

$$\hat{\tilde{\psi}}(\omega) = \frac{\hat{\psi}^*(\omega)}{\sum_{j=-\infty}^{\infty} \left| \hat{\psi}(2^{-j}\omega) \right|^2}$$

连续小波变换具有以下性质。

（1）线性性：一个多分量信号的小波变换等于各个分量的小波变换之和。

（2）平移不变性：若 $f(t)$ 的小波变换为 $W_f(a,b)$，则 $f(t-\tau)$ 的小波变换为 $W_f(a,b-\tau)$。

（3）伸缩共变性：若 $f(t)$ 的小波变换为 $W_f(a,b)$，则 $f(ct)$ 的小波变换为 $\dfrac{1}{\sqrt{c}}W_f(ca,cb)$，其中 $c > 0$。

（4）自相似性：对应不同尺度参数 a 和不同平移参数 b 的连续小波变换之间是自相似的。

（5）冗余性：连续小波变换中存在信息表述的冗余度。

小波变换的冗余性事实上也是自相似性的直接反映，它主要表现在以下两方面。

（1）由连续小波变换恢复原信号的重构分式不是唯一的。也就是说，信号 $f(t)$ 的小波变换与小波重构不存在一一对应关系，而傅里叶变换与傅里叶逆变换是一一对应的。

（2）小波变换的核函数即小波函数 $\psi_{a,b}(t)$ 存在许多可能的选择。例如，它们可以是非正交小波、正交小波、双正交小波，甚至允许是彼此线性相关的。

小波变换在不同的 (a,b) 之间的相关性增加了分析和解释小波变换结果的困难，因此，小波变换的冗余度应尽可能减小，它是小波分析中的主要问题之一。

2. 高维连续小波变换

对 $f(t) \in L^2(\mathbf{R}^n)(n > 1)$，公式

$$f(t) = \frac{1}{C_{\psi}} \int_{-\infty}^{\infty} \int_{-\infty}^{\infty} \frac{1}{a^2} W_f(a,b)\psi\left(\frac{t-b}{a}\right)\mathrm{d}a\mathrm{d}b$$

存在几种扩展的可能性，一种可能性是选择小波 $f(t) \in L^2(\mathbf{R}^n)$ 使其为球对称，其傅里叶变换也同样球对称，即

$$\hat{\psi}(\overline{\omega}) = \eta(|\overline{\omega}|)$$

并且其相容性条件变为

$$C_{\psi} = (2\pi)^2 \int_0^{\infty} \left| \eta(t) \right|^2 \frac{\mathrm{d}t}{t} < \infty$$

对所有的 $f,g \in L^2(g^n)$，有

$$\int_0^\infty \frac{\mathrm{d}a}{a^{n+1}} \int_{-\infty}^\infty W_f(a,b)\overline{W}_g(a,b)\mathrm{d}b = C_\psi < f$$

这里，$W_f(a,b) = <\psi^{a,b}>$，$\psi^{a,b}(t) = a^{-n/2}\psi\left(\dfrac{t-b}{a}\right)$，其中 $a \in \mathbf{R}^+, a \neq 0$ 且 $b \in \mathbf{R}^n$。

如果选择的小波 ψ 不是球对称的，但可以用旋转进行同样地扩展与平移。例如，在二维时，可定义

$$\psi^{a,b,\theta}(t) = a^{-1}\psi\left(\mathbf{R}_\theta^{-1}\left(\frac{t-b}{a}\right)\right)$$

这里，$a > 0, b \in \mathbf{R}^2$，$\mathbf{R}_\theta = \begin{bmatrix} \cos\theta & -\sin\theta \\ \sin\theta & \cos\theta \end{bmatrix}$，相容条件变为

$$C_\psi = (2\pi)^2 \int_0^\infty \frac{\mathrm{d}r}{r} \int_0^{2\pi} \left|\hat{\psi}(r\cos\theta, r\sin\theta)\right|^2 \mathrm{d}\theta < \infty$$

该等式对应的重构公式为

$$f = C_\psi^{-1} \int_0^\infty \frac{\mathrm{d}a}{a^3} \int_{R^2} \mathrm{d}b \int_0^{2\pi} W_f(a,b,\theta)\psi^{a,b,\theta}\mathrm{d}\theta$$

对于高于二维的情况，可以给出类似的结论。

3. 离散小波变换

在实际运用中，尤其是在计算机上实现时，连续小波必须加以离散化。因此，有必要讨论连续小波 $\psi_{a,b}(t)$ 和连续小波变换 $W_f(u,b)$ 的离散化。需要强调指出的是，这一离散化都是针对连续的尺度参数 a 和连续平移参数 b 的，而不是针对时间变量 t 的，这一点与时间离散化不同。在连续小波中，考虑函数

$$\psi_{a,b}(t) = |a|^{-1/2}\psi\left(\frac{t-b}{a}\right)$$

式中，$b \in \mathbf{R}$，$a \in \mathbf{R}^+$，且 $a \neq 0$，ψ 是容许的。为方便起见，在离散化中，总限制 a 只取正值，这样相容性条件就变为

$$C_\psi = \int_0^\infty \frac{|\hat{\psi}(\bar\omega)|}{|\bar\omega|}\mathrm{d}\bar\omega < \infty$$

通常，把连续小波变换中尺度参数 a 和平移参数 b 的离散公式分别取作 $a = a_0^j, b = ka_0^j b_0$，其中 $j \in \mathbf{Z}$，扩展步长 $a_0 \neq 1$ 是固定值。为方便起见，总是假定 $a_0 > 1$（由于 m 可取正也可取负，所以这个假定无关紧要），所以对应的离散小波函数 $\psi_{j,k}(t)$ 可写作

$$\psi_{j,k}(t) = a_0^{-j/2}\psi\left(\frac{t-ka_0^j b_0}{a_0^j}\right) = a_0^{-j/2}\psi(a_0^{-j}t - kb_0)$$

而离散化小波变换系数则可表示为

$$C_{j,k} = \int_{-\infty}^\infty f(t)\psi_{j,k}^*(t)\mathrm{d}t = <f, \psi_{j,k}>$$

其重构公式为

$$f(t) = C\sum_{-\infty}^\infty \sum_{-\infty}^\infty C_{j,k}\psi_{j,k}(t)$$

其中，C 为一个与信号无关的常数。为保证重构信号的精度，网格点应尽可能密（即 a_0 和 b_0 尽可能小）。因为如果网格点越稀疏，使用的小波函数 $\psi_{j,k}(t)$ 和离散小波系数 $C_{j,k}$ 就越少，信号重构的精确度也就会越低。

实际计算中不可能对全部尺度因子值和位移参数值计算连续小波变换（Continuous Wavelet Transform，CWT）值，加之实际的观测信号都是离散的，所以信号处理中都是采用离散小波变换（Discrete Wavelet

Transform，DWT）。

11.1.4 小波包分析

关于小波包分析，下面以一个 3 层的分解进行说明，小波包分解树如图 11–2 所示。其中，A 表示低频，D 表示高频，末尾的序号数表示小波分解的层数（也即尺度数）。分解具有如下关系：

$$S=AAA3+DAA3+ADA3+DDA3+AAD3+DAD3+ADD3+DDD3$$

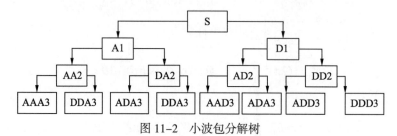

图 11–2　小波包分解树

1. 小波包的定义

在多分辨分析中，$L^2(R) = \underset{j \in \mathbf{Z}}{\oplus} W_j$，表明多分辨分析是按照不同的尺度因子 j 把 Hilbert 空间 $L^2(R)$ 分解为所有子空间 $W_j (j \in \mathbf{Z})$ 的正交和。其中，W_j 为小波函数 $\Psi(t)$ 的闭包（小波子空间）。

对小波子空间 W_j 按照二进制分式进行频率的细分，能达到提高频率分辨率的目的。一种自然的做法是将尺度空间 V_j 和小波子空间 W_j 用一个新的子空间 U_j^n 统一起来表征，若令

$$\begin{cases} U_j^0 = V_j \\ U_j^1 = W_j \end{cases}, \quad j \in \mathbf{Z}$$

则 Hilbert 空间的正交分解 $V_{j+1} = V_j \oplus W_j$ 即可用 U_j^n 的分解统一为

$$U_{j+1}^0 = U_j^0 \oplus U_j^1, \quad j \in \mathbf{Z} \tag{11-1}$$

其中，$U_j^0 \perp U_j^1$。

将尺度函数 $\varphi(t)$ 推广为 $U_{2n}(t)$，小波函数 $\psi(t)$ 推广为 $U_{2n+1}(t)$，定义子空间 U_j^n 是函数 $U_n(t)$ 的闭包空间，而 U_j^{2n} 是函数 $U_{2n}(t)$ 的闭包空间，并令 $U_n(t)$ 满足下面的双尺度方程：

$$\begin{cases} u_{2n}(t) = \sqrt{2} \sum_{k \in \mathbf{Z}} h(k) u_n(2t-k) \\ u_{2n+1}(t) = \sqrt{2} \sum_{k \in \mathbf{Z}} g(k) u_n(2t-k) \end{cases} \tag{11-2}$$

式中，$g(k) = (-1)^k h(1-k)$，即两系数也具有正交关系。当 $n = 0$ 时，上式变为

$$\begin{cases} u_0(t) = \sum_{k \in \mathbf{Z}} h_k u_0(2t-k) \\ u_1(t) = \sum_{k \in \mathbf{Z}} g_k u_0(2t-k) \end{cases} \tag{11-3}$$

与在多分辨分析中，$\varphi(t)$ 和 $\psi(t)$ 满足的双尺度方程

$$\begin{cases} \varphi(t) = \sum_{k \in \mathbf{Z}} h_k \varphi(2t-k), & \{h_k\}_{k \in \mathbf{Z}} \in L^2(\mathbf{R}) \\ \psi(t) = \sum_{k \in \mathbf{Z}} g_k \varphi(2t-k), & \{g_k\}_{k \in \mathbf{Z}} \in L^2(\mathbf{R}) \end{cases}$$

相比较，$u_0(t)$ 和 $u_1(t)$ 分别退化为尺度函数 $\varphi(t)$ 和小波基函数 $\psi(t)$。式（11-3）是式（11-1）的等价表示。把这种等价表示推广到 $n \in \mathbf{Z}_+$（非负整数）的情况，即得到式（11-2）的等价表示为

$$U_{j+1}^n = U_j^n \oplus U_j^{2n+1}, \quad j \in \mathbf{Z}, n \in \mathbf{Z}_+$$

构造的序列 $\{u_n(t)\}$（其中 $n \in \mathbf{Z}_+$）称为由基函数 $u_0(t) = \varphi(t)$ 确定的正交小波包。由于 $\varphi(t)$ 由 h_k 唯一确定，所以又称 $\{u_n(t)\}_{n \in \mathbf{Z}_+}$ 为关于序列 $\{h_k\}$ 的正交小波包。

2. 小波包的性质

定理 1：设非负整数 n 的二进制表示 $n = \sum_{i=1}^{\infty} \varepsilon_i 2^{i-1}$，$\varepsilon_i = 0$ 或 1，则小波包 $\hat{u}_n(w)$ 的傅里叶变换为

$$\hat{u}_n(\overline{w}) = \prod_{i=1}^{\infty} m_{\varepsilon_i}(w/2^j)$$

式中

$$m_0(\overline{w}) = H(w) = \frac{1}{\sqrt{2}} \sum_{k=-\infty}^{+\infty} h(k) \mathrm{e}^{-jkw}$$

$$m_1(\overline{w}) = G(w) = \frac{1}{\sqrt{2}} \sum_{k=-\infty}^{\infty} g(k) \mathrm{e}^{-jkw}$$

定理 2：设 $\{u_n(t)\}_{n \in \mathbf{Z}_+}$ 是正交尺度函数 $\varphi(t)$ 的正交小波包，则 $<u_n(t-k), u_n(t-l)> = \delta_{kl}$，即 $\{u_n(t)\}_{n \in \mathbf{Z}_+}$ 构成 $L^2(R)$ 的规范正交基。

11.1.5　几种常用的小波

1. Haar小波

Haar 小波是 A.Haar 提出的一种正交函数系，定义如下：

$$\psi_H = \begin{cases} 1, & 0 \leqslant x \leqslant 1/2 \\ -1, & 1/2 \leqslant x < 1 \\ 0, & 其他 \end{cases}$$

这是一种最简单的正交小波，即

$$\int_{-\infty}^{\infty} \psi(t)\psi(x-n)\mathrm{d}x = 0, \quad n = \pm 1, \pm 2, \cdots$$

2. Daubechies（dbN）小波系

Daubechies 小波系是 Daubechies 从两尺度方程系数 $\{h_k\}$ 出发设计出来的离散正交小波，一般简写为 db$N$，N 是小波的阶数。

小波 ψ 和尺度函数中的支撑区为 $2N-1$，φ 的消失矩为 N。除 $N=1$ 外(Haar 小波)，db$N$ 不具对称性（即非线性相位），且没有显式表达式，但 $\{h_k\}$ 的传递函数的模的平方有显式表达式。

假设 $P(y) = \sum_{k=0}^{N-1} C_k^{N-1+k} y^k$，其中，$C_k^{N-1+k}$ 为二项式的系数，则有

$$|m_0(\omega)|^2 = \left(\cos^2 \frac{\omega}{2}\right)^N P\left(\sin^2 \frac{\omega}{2}\right)$$

其中，$m_0(\omega)$ 为

$$m_0(\omega) = \frac{1}{\sqrt{2}} \sum_{k=0}^{2N-1} h_k \mathrm{e}^{-ik\omega}$$

3. Biorthogonal（biorNr.Nd）小波系

Biorthogonal 小波系的主要特征体现在具有线性相位性，它主要应用在信号与图像的重构中。通常的用法是采用一个小波函数进行分解，用另外一个小波函数进行重构。Biorthogonal 小波系通常表示为 biorNr.Nd 的形式：

Nr=1　　　Nd=1,3,5

Nr=2　　　Nd=2,4,6,8

Nr=3　　　Nd=1,3,5,7,9

Nr=4　　　Nd=4

Nr=5　　　Nd=5

Nr=6　　　Nd=8

其中，r 表示重构，d 表示分解。

4. Coiflet（coifN）小波系

Coiflet 小波系也是由 Daubechies 构造的，它具有 coif$N$（N=1，2，3，4，5）这一系列，coif$N$ 具有比 db$N$ 更好的对称性。从支撑长度的角度看，coif$N$ 具有和 db3N 及 sym3N 相同的支撑长度；从消失矩的数目来看，coif$N$ 具有和 db2N 及 sym2N 相同的消失矩数目。

5. Symlets（sym$N$）小波系

Symlets 小波系是由 Daubechies 提出的近似对称的小波函数，它是对 db 函数的一种改进。Symlets 小波系通常表示为 sym$N$（N=2,3,…,8）的形式。

6. Morlet（morl）小波

Morlet 小波定义为

$$\psi(x) = Ce^{-x^2/2}\cos 5x$$

由于它的尺度函数不存在，所以不具有正交性。

7. Mexican Hat（mexh）小波

Mexican Hat 小波定义为

$$\psi(x) = \frac{2}{\sqrt{3}}\pi^{-1/4}(1-x^2)e^{-x^2/2}$$

它是 Gauss 函数的二阶导数，因为它像墨西哥帽的截面，所以有时称它为墨西哥帽函数。墨西哥帽函数在时间域与频率域都有很好的局部化，并且满足

$$\int_{-\infty}^{\infty}\psi(x)\mathrm{d}x = 0$$

由于它的尺度函数不存在，所以不具有正交性。

8. Meyer小波

Meyer 小波函数 ψ 和尺度函数 φ 都是在频率域中进行定义的，是具有紧支撑的正交小波。

$$\hat{\psi}(\omega) = \begin{cases} (2\pi)^{-1/2}\mathrm{e}^{\mathrm{j}\omega/2}\sin\left[\dfrac{\pi}{2}\upsilon\left(\dfrac{3}{2\pi}|\bar{\omega}|-1\right)\right], & \dfrac{2\pi}{3}\leqslant|\omega|\leqslant\dfrac{4\pi}{3} \\[2mm] (2\pi)^{-1/2}\mathrm{e}^{\mathrm{j}\omega/2}\cos\left[\dfrac{\pi}{2}\upsilon\left(\dfrac{3}{2\pi}|\bar{\omega}|-1\right)\right], & \dfrac{4\pi}{3}\leqslant|\omega|\leqslant\dfrac{8\pi}{3} \\[2mm] 0, & |\bar{\omega}|\notin\left[\dfrac{2\pi}{3},\dfrac{8\pi}{3}\right] \end{cases}$$

其中，υ 为构造 Meyer 小波的辅助函数，且有

$$\hat{\varphi}(\omega) = \begin{cases} (2\pi)^{-1/2}, & |\omega| \leqslant \dfrac{2\pi}{3} \\[2mm] (2\pi)^{-1/2} \cos\left(\dfrac{\pi}{2} \upsilon \left(\dfrac{3}{2\pi} |\bar{\omega}| - 1 \right) \right), & \dfrac{2\pi}{3} \leqslant \bar{\omega} \leqslant \dfrac{4\pi}{3} \\[2mm] 0, & |\omega| > \dfrac{4\pi}{3} \end{cases}$$

11.2 信号的重构

MATLAB 实现了一维小波分解重构，下面将介绍一维离散小波逆变换、小波变换的多层次重构、小波系数的直接重构、小波变换的单尺度重构、小波系数的重构等。表 11-1 和表 11-2 展示了常用的小波基参数和用于验证算法的数据文件。

表 11-1　常用的小波基参数

参　　数	小波基名称	参　　数	小波基名称	参　　数	小波基名称
haar	Haar小波	meyr	Meyer小波	cgau	Complex Gaussian小波
db	Daubechies小波	dmey	DMeyer小波	shan	Shannon小波
sym	Symlets小波	gaus	Gaussian小波	fbsp	Frequency B–Spline小波
coif	Coiflets小波	mexh	Mexican_hat小波	cmor	Complex Morlet小波
bior	BiorSplines小波	morl	Morlet小波	fk	Fejer–Korovkin小波
rbio	ReverseBior小波				

表 11-2　用于验证算法的数据文件

文 件 名	说　　明	文 件 名	说　　明
sumsin.mat	3个正弦函数的叠加	wstep.mat	阶梯信号
freqbrk.mat	存在频率断点的组合正弦信号	nearbrk.mat	分段线性信号
whitnois.mat	均匀分布的白噪声	scddvbrk.mat	具有二阶可微跳变的信号
warma.mat	有色AR(3)噪声	wnoislop.mat	叠加了白噪声的斜坡信号

11.2.1　idwt 函数

idwt 函数用于一维离散小波逆变换，其调用格式为

```
X=idwt(cA,cD,'wname')
%由近似分量 cA 和细节分量 cD 经小波逆变换重构原始信号 X，'wname' 为所选的小波函数
X=idwt(cA,cD,Lo_R,Hi_R)
%用指定的重构滤波器 Lo_R 和 Hi_R 经小波逆变换重构原始信号 X
X=idwt(cA,cD,'wname',L)
%指定返回信号 X 中心附近的 L 个点
```

【例 11-2】idwt 函数的应用。

解： 在编辑器窗口中编写代码。

```
clear,clc,clf
randn('seed',234343285);                              %定义随机信号的状态
s=4+kron(ones(1,8),[1 -1])+((1:16).^2)/24+0.3*randn(1,16);
% 用小波函数 db2 对信号进行单尺度一维小波分解
[ca1,cd1]=dwt(s,'db2');
subplot(221);plot(ca1);title('重构低通')
subplot(222);plot(cd1);title('重构高通')
ss=idwt(ca1,cd1,'db2');
err=norm(s-ss);
subplot(212);plot([s;ss]');title('原始、重构后的信号的误差')
xlabel(['重构误差',num2str(err)])
[Lo_R,Hi_R]=wfilters('db2','r');
ss=idwt(ca1,cd1,Lo_R,Hi_R);
```

运行结果如图 11-3 所示。

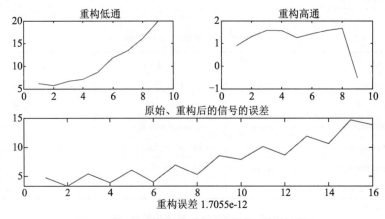

图 11-3　idwt 函数用于小波变换的重构效果图

11.2.2　wavedec 函数

wavedec 函数用于小波变换的多层次重构，其调用格式为

```
[C,L]=wavedec(X,N,'wname')
%C 为各层分量，L 为各层分量长度，N 为分解层数，X 为输入信号，wname 为小波基名称
[C,L]=wavedec(X,N,Lo_R,Hi_R)
%Lo_R 为低通滤波器，Hi_R 为高通滤波器
```

【例 11-3】wavedec 函数用于小波变换的多层次重构。

解： 在编辑器窗口中编写代码。

```
clear,clc,clf
load leleccum;                              %装载原始 leleccum 信号
s=leleccum(1:540);
[C,L]=wavedec(s,3,'db1');                   %用小波函数 db1 对信号进行 3 尺度小波分解
subplot(2,1,1);plot(s);title('原始信号');
a3=wrcoef('a',C,L,'db1');                    %用小波函数 db1 进行信号的低频重构
subplot(2,1,2);plot(a3);title('小波重构信号');
```

运行结果如图 11-4 所示。

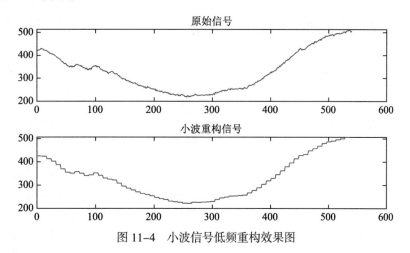

图 11-4 小波信号低频重构效果图

11.2.3 upcoef 函数

upcoef 函数用于对一维小波进行分析，其调用格式为

```
y=upcoef('O',x,'wname',N)
%用于一维小波分析，计算向量 x 向上 N 步的重构小波系数，N 为正整数
```

说明：如果 O=a，则对低频系数进行重构；如果 O=d，则对高频系数进行重构。

【例 11-4】upcoef 函数用于对一维小波进行分析。

解：在编辑器窗口中编写代码。

```
clear,clc,clf
cfs = [0.5];
essup = 10;
figure
for i=1:6
    rec = upcoef('a',cfs,'db6',i);
    ax = subplot(6,1,i),h = plot(rec(1:essup));
    set(ax,'xlim',[1 350]);
    essup = essup*2;
end
subplot(611);title(['单尺度低频系数向上 1-6 重构信号'])
cfs = [0.5];
mi = 12; ma = 30;
rec = upcoef('d',cfs,'db6',1);
figure
subplot(611), plot(rec(3:12))
for i=2:6
    rec = upcoef('d',cfs,'db6',i);
    subplot(6,1,i), plot(rec(mi*2^(i-2):ma*2^(i-2)))
end
subplot(611);title(['单尺度高频系数向上 1-6 重构信号'])
```

运行结果如图 11-5 和图 11-6 所示。

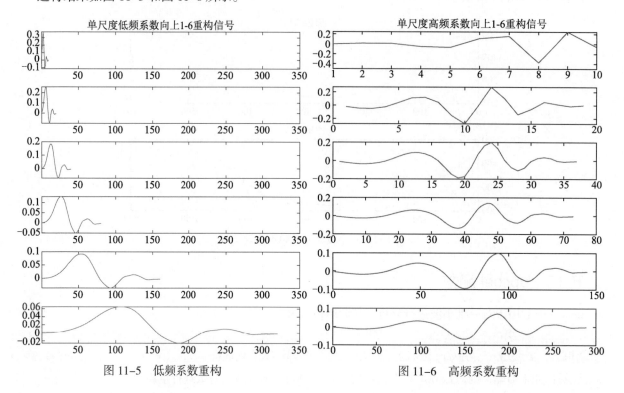

图 11-5　低频系数重构　　　　　　　　图 11-6　高频系数重构

11.2.4　upwlev 函数

upwlev 函数用于小波变换的单尺度重构，其调用格式为

```
[NC,NK]=upwlev(C,L, 'wname')
%用 wname 小波对分解系数[C,L]进行单尺度重构，返回上一尺度的分解结构[NC,NL]并提取最后一尺度的分解
%结构
```

【例 11-5】upwlev 函数用于小波变换的单尺度重构。

解： 在编辑器窗口中编写代码。

```
clear,clc,clf
load sumsin;                          %装载原始 sumsin 信号
s=sumsin(1:500);                      %取信号的前 500 个采样点
[c,l]=wavedec(s,3,'db1');
subplot(311); plot(s);title('原始 sumsin 信号')
subplot(312); plot(c);title('小波 3 层重构')
xlabel(['尺度 3 的低频系数和尺度 3,2,1 的高频系数'])
[nc,nl]=upwlev(c,l,'db1');            %获得尺度 2 的小波分解
subplot(313); plot(nc);title('小波 2 层重构')
xlabel(['尺度 2 的低频系数和尺度 2,1 的高频系数'])
```

运行结果如图 11-7 所示。

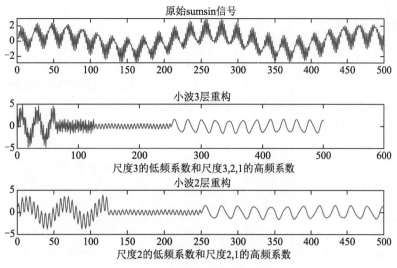

图 11-7　小波变换的单尺度重构效果图

11.2.5　wrcoef 函数

wrcoef 函数用于对小波系数进行重构，其调用格式为

```
x=wrcoef('type',C,L, 'wname',N )          %用 wname 小波对分解系数[C,L]进行重构
```

说明：当 type=a 时，指对信号的低频部分进行重构，这时 N 可以为零；当 type=d 时，指对信号的高频部分进行重构，这时 N 为正整数。

【例 11-6】wrcoef 函数用于对小波系数进行重构。

解： 在编辑器窗口中编写代码。

```
clear,clc,clf
load sumsin                              %读入信号
s=sumsin(1:500);                         %取信号的前 500 个采样点
[c,l]=wavedec(s,3, 'db3');               %对信号做层数为 3 的多尺度分解
a3= wrcoef('a',c,l, 'db3',3);            %对尺度 3 上的低频信号进行重构
subplot(211);plot(s);title('原始信号')
subplot(212);plot(a3);title ('重构信号')
```

运行结果如图 11-8 所示。

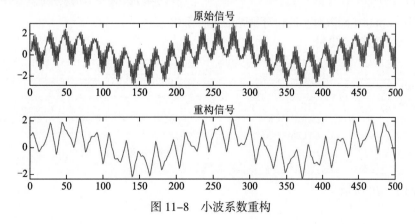

图 11-8　小波系数重构

11.2.6 wprec 函数

wprec 函数用于对一维小波包分解进行重构，其调用格式为

```
X= wprec(T)                              %对一维小波包分解的进行重构
```

【例 11-7】wprec 函数用于对一维小波包分解进行重构。

解： 在编辑器窗口中编写代码。

```
clear,clc,clf
load sumsin;                             %装载原始 sumsin 信号
s=sumsin(1:500);                         %取信号的前 500 个采样点
wpt=wpdec(s,3,'db2','shannon');          %使用 Shannon 熵
rex=wprec(wpt);                          %对信号进行重构
subplot(211); plot(s);title('原始 sumsin 信号')
subplot(212); plot(rex);title('重构后的信号')
```

运行结果如图 11-9 所示。

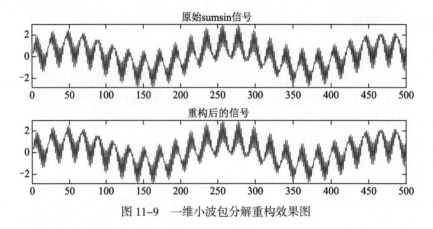

图 11-9　一维小波包分解重构效果图

11.2.7 wprcoef 函数

wprcoef 函数用于小波包分解系数的重构，其调用格式为

```
X= wprcoef(T,N)                          %对小波包分解系数的进行重构
```

【例 11-8】利用 wprcoef 函数对小波包分解系数进行重构。

解： 在编辑器窗口中编写代码。

```
clear,clc,clf
load whitnois;                           %装载原始 whitnois 信号
x = whitnois;
t = wpdec(x,3,'db1','shannon');          %使用 db1 小波包对信号 x 进行 3 层分解
subplot(2,1,1);plot(x);title('原始 whitnois 信号')
rcfs = wprcoef(t,[2 1]);                 %重构小波包结点(2,1)
subplot(212); plot(rcfs);title('重构小波包结点(2,1)')
```

运行结果如图 11-10 所示。

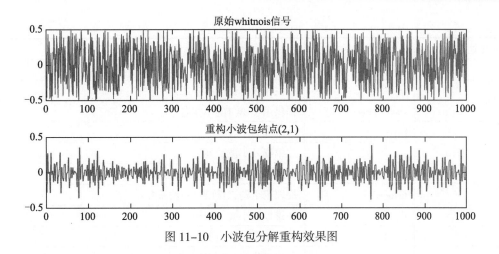

图 11–10　小波包分解重构效果图

11.3　提升小波变换用于信号处理

　　传统小波变换依赖于傅里叶变换，并从频域分析问题，而提升小波变换直接在时(空)域分析问题。提升小波变换不仅保留了小波特性，同时又克服了原有的局限性，为小波变换提供一个完全的时域解释。提升小波变换的另外一个特点在于它能够包容传统小波，也就是说，所有的传统小波都可以通过提升的方法构造出来。提升小波变换方法不但改善了传统的离散小波变换，同时引入了一些新特性，如可以用提升方法构造具有较高阶次消失矩的小波。

　　通过提升框架技术还可以仅用一系列简单的提升来有效地完成小波分解与重建。此外，通过提升技术不仅可以构造出第一代的所有小波，而且可以方便地设计出新的第二代小波，而这些小波的构成不再通过傅里叶变换，不再通过母小波的变换和平移，而是直接在时域空间得到。提升框架具有的算法优越性可以概括如下：

　　（1）多分辨率特性。提升框架提供了一种信号的多分辨率分析方法。

　　（2）在位计算。提升框架采用完全置位的计算方法，无须辅助内存，原始信号可以由小波变换系数替代。

　　（3）逆变换容易实现。

　　（4）原理简单。提升框架不依赖傅里叶变换构造小波，原理简单，思路清晰，便于应用，并且使得小波基变为可能，为小波的实际应用奠定了基础。表 11–3 给出了 MATLAB 提升小波函数。

表 11-3　MATLAB提升小波函数

函数类型	函数名称	函数意义
提升方案函数	addlift	向提升方案中添加原始或双重提升步骤
	displs	显示提升方案
	lsinfo	提升方案信息
双正交四联滤波器	bswfun	计算并画出双正交"尺度和小波"函数
	filt2ls	将四联滤波器变换为提升方案
	liftfilt	在四联滤波器上应用基本提升方案
	ls2filt	将提升方案变换为四联滤波器

续表

函数类型	函数名称	函数意义
正交或双正交小波及lazy小波	liftwave	提升小波的提升方案
	wave2lp	提供小波的劳伦多项式
	wavenames	提供用于LWT的小波名
提升小波变换和逆变换	lwt	一维提升小波变换
	lwt2	二维提升小波变换
	lwtcoef	提取或重构一维LWT小波系数
	lwtcoef2	提取或重构二维LWT小波系数
	ilwt	一维提升小波逆变换
	ilwt2	二维提升小波逆变换
劳伦多项式和矩阵	laurmat	劳伦矩阵类LM的构造器
	laurpoly	劳伦多项式类LM的构造器

【例 11-9】lwt 函数的用法。

解： 在编辑器窗口中编写代码。

```
clear,clc,clf
lshaar=liftwave('haar');
els={'p',[-0.25 0.25],0};
lsnew=addlift(lshaar,els);
x=1:16;
[cA,cD]=lwt(x,lsnew)
lshaarInt=liftwave('haar','int2int');
lsnewInt=addlift(lshaarInt,els);
[cAint,cDint]=lwt(x,lsnewInt)
```

运行结果如下：

```
cA =
    1.7678    4.9497    7.7782   10.6066   13.4350   16.2635   19.0919   21.9203
cD =
    0.7071    0.7071    0.7071    0.7071    0.7071    0.7071    0.7071    0.7071
cAint =
    1    3    5    7    9   11   13   15
cDint =
    1    1    1    1    1    1    1    1
```

【例 11-10】ilwt 函数的用法。

解： 在编辑器窗口中编写代码。

```
clear,clc,clf
lshaar = liftwave('haar');
els = {'p',[-0.25 0125],0};
lsnew = addlift(lshaar,els);
x = 1:16;
[cA,cD] = lwt(x,lsnew);
```

```
lshaarInt = liftwave('haar','int2int');
lsnewInt = addlift(lshaarInt,els);
[cAint,cDint] = lwt(x,lsnewInt);
xRec = ilwt(cA,cD,lsnew);
err = max(max(abs(x-xRec)))
xRecInt = ilwt(cAint,cDint,lsnewInt);
errInt = max(max(abs(x-xRecInt)))
```

运行结果如下：

```
err =
     0
errInt =
     0
```

【例 11-11】lwt2 函数的用法。

解：在编辑器窗口中编写代码。

```
clear,clc,clf
lshaar = liftwave('haar');
els = {'p',[-0.25 0.25],0};
lsnew = addlift(lshaar,els);
x = reshape(1:16,4,4);
[cA,cH,cV,cD] = lwt2(x,lsnew)
lshaarInt = liftwave('haar','int2int');
lsnewInt = addlift(lshaarInt,els);
[cAint,cHint,cVint,cDint] = lwt2(x,lsnewInt)
```

运行结果如下：

```
cA =
    4.5000   22.5000
    9.0000   27.0000
cH =
    1.0000    1.0000
    1.0000    1.0000
cV =
    4.0000    4.0000
    4.0000    4.0000
cD =
     0        0
     0        0
cAint =
     2       11
     4       13
cHint =
     1        1
     1        1
cVint =
     4        4
     4        4
```

```
cDint =
     0      0
     0      0
```

【例 11-12】 ilwt2 函数的用法。

解： 在编辑器窗口中编写代码。

```
clear,clc,clf
lshaar = liftwave('haar');
els = {'p',[-0.25 0.25],0};
lsnew = addlift(lshaar,els);
x = reshape(1:16,4,4);
[cA,cH,cV,cD] = lwt2(x,lsnew);
lshaarInt = liftwave('haar','int2int');
lsnewInt = addlift(lshaarInt,els);
[cAint,cHint,cVint,cDint] = lwt2(x,lsnewInt);
xRec = ilwt2(cA,cH,cV,cD,lsnew);
err = max(max(abs(x-xRec)))
xRecInt = ilwt2(cAint,cHint,cVint,cDint,lsnewInt);
errInt = max(max(abs(x-xRecInt)))
```

运行结果如下：

```
err =
     0
errInt =
     0
```

【例 11-13】 利用 lwtcoef 函数实现提升小波变换系数。

解： 在编辑器窗口中编写代码。

```
clear,clc,clf
lshaar=liftwave('haar');                          %添加到提升方案
els={'p',[-0.25 0.25],0};
lsnew=addlift(lshaar,els);
load noisdopp;
x= noisdopp;
xDec=lwt2(x,lsnew,1);                             %提取第一层的低频系数
ca1=lwtcoef2('ca',xDec,lsnew,2,1);
a1=lwtcoef2('a',xDec,lsnew,2,1);
a2=lwtcoef2('a',xDec,lsnew,2,2);
h1=lwtcoef2('h',xDec,lsnew,2,1);
v1=lwtcoef2('v',xDec,lsnew,2,1);
d1=lwtcoef2('d',xDec,lsnew,2,1);
h2=lwtcoef2('h',xDec,lsnew,2,2);
v2=lwtcoef2('v',xDec,lsnew,2,2);
d2=lwtcoef2('d',xDec,lsnew,2,2);
[cA,cD]=lwt(x,lsnew);
subplot(231);plot(x);title('原始信号')
```

```
subplot(232);plot(cA);title('提升小波分解的低频信号')
subplot(233);plot(cD);title('提升小波分解的高频信号')
[cA,cD]=lwt(x,'haar',2);                          %直接使用 Haar 小波进行 2 层提升小波分解
subplot(234);plot(x);title('原始信号')
subplot(235);plot(cA);title('2 层提升小波分解的低频信号')
subplot(236);plot(cD);title('2 层提升小波分解的高频信号')
```

运行结果如图 11–11 所示。

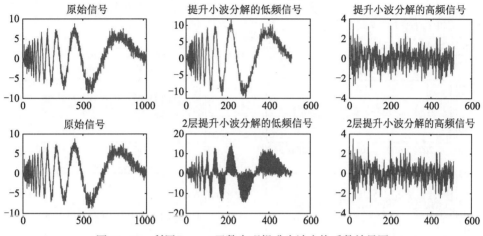

图 11–11　利用 lwtcoef 函数实现提升小波变换系数效果图

【例 11-14】利用 lwtcoef 函数实现小波变换的重构。

解： 在编辑器窗口中编写代码。

```
clear,clc,clf
lshaar=liftwave('haar');
els={'p',[-0. 25 0.25],0};
lsnew=addlift(lshaar,els);
%进行单层提升小波分解
load noisdopp
x=noisdopp;
%实施提升小波变换
[cA,cD]=lwt(x,lsnew);
xRec=ilwt(cA,cD,lsnew);
xDec=lwt(x,lsnew,2);
%重构近似信号和细节信号
a1=lwtcoef('a',xDec,lsnew,2,1);
a2=lwtcoef('a',xDec,lsnew,2,2);
d1=lwtcoef('d',xDec,lsnew,2,1);
d2=lwtcoef('d',xDec,lsnew,2,2);
err=max(abs(x-a2-d2-d1))                          %检查重构误差
subplot(311);plot(x);title('原始信号')
subplot(323);plot(a1);title('重构第一层近似信号')
subplot(324);plot(a2);title('重构第二层近似信号')
```

```
subplot(325);plot(d1);title('重构第一层细节信号')
subplot(326);plot(d2);title('重构第二层细节信号')
```

运行结果如图 11-12 所示。

```
err =
   7.7449e-13
```

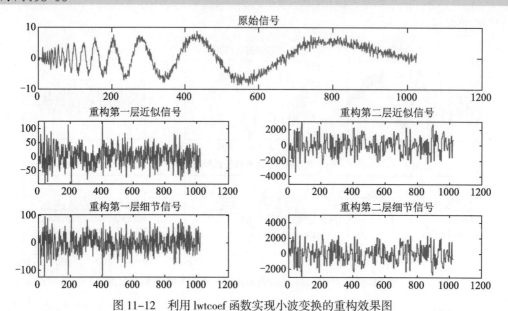

图 11-12　利用 lwtcoef 函数实现小波变换的重构效果图

【例 11-15】提升小波分解和重构的实现。

解： 在编辑器窗口中编写代码。

```
clear,clc,clf
[w1,ns]=wnoise(3,9,7);
subplot(321);plot(ns);title('原始信号');
p=length(ns);
for i=1:3
    N=p/2^(i-1);
    M=N/2;
    for j=1:N
        x(j+2)=ns(j);
    end
    x(1)=ns(3);
    x(2)=ns(2);
    x(N+3)=ns(N-1);                        %扩展为 N+3 值
    Ye=dyaddown(x,0);                      %偶抽取
    Yo=dyaddown(x,1);                      %奇抽取
    for j=1:M+1;
        d(j)=Ye(j)-(Yo(j)+Yo(j+1))/2;     %计算细节系数
    end
    for j=1:M
```

```
            detail(j)=d(j+1);
            dd(i,j)=detail(j);
        end
        for j=1:M
            approximation(j)=Yo(j+1)+(d(j)+d(j+1))/4;
        end
        for j=1:M
            ns(j)=approximation(j);
        end
    end
for j=1:p/2^3
    s3(j)=approximation(j);
end
subplot(323);plot(s3);title('提升小波分解第三层低频系数')
for j=1:p/2
    d1(1,j)=dd(1,j);
end
subplot(322);plot(d1(1,:));title('第一层高频系数')
for j=1:p/2^2
    d2(1,j)=dd(2,j);
end
subplot(324);plot(d2(1,:));title('第二层高频系数')
for j=1:p/2^3
    d3(1,j)=dd(3,j);
end
subplot(326);plot(d3(1,:));title('第三层高频系数')
for j=3:-1:1
    M=p/2^j;
    N=2*M;
    for i=1:M
        s(i)=approximation(i);
    end
    s(M+1)=approximation(M);
    for i=1:M
        du(i+1)=dd(j,i);
    end
    du(1)=dd(j,1);
    du(M+2)=dd(j,M-1);
    for i=1:M+1
        h(2*i-1)=s(i)-(du(i)+du(i+1))/4;
    end
    for i=1:M
        y(2*i-1)=h(2*i-1);
    end
    for i=1:M
        y(2*i)=du(i+1)+(h(2*i-1)+h(2*i+1))/2;
```

```
        end
    for i=1:2*M
        approximation(i)=y(i);
    end
end
subplot(325);plot(approximation);title('重构信号')
```

运行结果如图 11-13 所示。

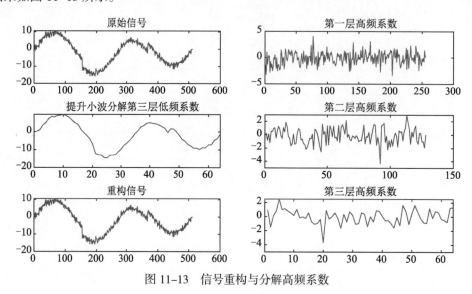

图 11-13　信号重构与分解高频系数

11.4　信号去噪

由于小波具有低熵性、多分辨特性、去相关性和选基灵活性等特点，因此它在处理非平稳信号、去除信号噪声方面表现出了强有力的优越性。

11.4.1　信号阈值去噪

在实际的计算机控制系统中，采样信号不可避免地受到各种噪声和干扰的污染，使得由辨识采样信号得到的系统模型存在偏差而妨碍了系统控制精度的提高。从这些受噪声干扰的信号中估计得到"纯净"的信号是建立系统高精度模型和实现高性能控制的关键。

小波阈值去噪方法认为小波系数包含信号的重要信息，其幅值较大，但数目较少，而噪声对应的小波系数是一致分布的，个数较多，但幅值小。

Donoho 提出一种新的基于阈值处理思想的小波域去噪技术。它也是对信号先求小波分析值。再对小波分析值进行去噪处理，最后反分析得到去噪后的信号。

去噪处理中阈值的选取是基于近似极大极小化思想，以处理后的信号与原信号最大概率逼近为约束条件，然后考虑采用软阈值，并以此对小波分析系数做处理，能获得较好的去噪效果，有效提高信噪比。

11.4.2　常用的去噪函数

在 MATLAB 中，与小波去噪有关的函数如表 11-4 所示。

表 11-4　压缩和消噪函数

分　　类	函数名称	说　　明
阈值获取函数	ddencmp	获取在消噪和压缩中的默认阈值
	thselect	去噪的阈值选择
	wbmpen	获取一维小波去噪阈值
	wdcbm	用Birge-Massart算法获取小波变换阈值
噪声获取函数	wnoise	获得含噪小波的测试数据
去噪函数	wden	用小波变换对一维信号自动消噪
	wdencmp	用小波进行消噪或压缩
阈值处理函数	wthcoef	一维信号小波系数的阈值处理
	wthresh	软阈值或硬阈值处理

限于篇幅，下面简单介绍几个最为常用的与小波去噪有关的函数。

（1）wnoise 函数用于获取含噪小波的测试数据，其调用格式为

```
x = wnoise(fun,n)
%返回 0~1 的 2ⁿ 个线性间隔点处评估的测试信号 fun 的值 x
%x 是 6 种用于测试小波去噪效果的典型测试数据
[x,xn] = wnoise(fun,n, sqrtsnr)
%snr 为信噪比平方根，xn 为噪声测试信号
[x,xn] = wnoise(___,init)
%在生成加性高斯白噪声 N(0,1)前，将随机数发成器设置为 init
```

说明：函数根据输入参数 fun 的值输出名为 blocks、bumps、heavy、doppler、quadchirp、mishmash 的 6 种函数数据。

（2）wden 函数是最主要的一维小波去噪函数，其调用格式为

```
XD = wden(X,TPTR,SORH,SCAL,N,wname)
%返回信号 X 去噪后的信号 XD
%该函数使用指定的正交或双正交小波 wname 对 X 进行 N 级小波分解，以获得小波系数
[XD,CXD,LXD]=wden(X,TPTR,SORH,SCAL,N,wname)
%按级别返回用于 DWT 去噪的系数
%参数[CXD,LXD]是去噪信号 XD 的小波分解结构
[XD,CXD,LXD]=wden(C,L,TPTR,SORH,SCAL,N,wname)
%直接从 X 的小波分解结构[C,L]获得去噪后的信号 XD
%[C,L]是 wavedec 的输出
```

说明：X 为输入的信号，TPTR 为阈值选择规则，SORH 和 SCAL 为定义应用规则。

① SORH 设定为 s 表示用软门限阈值处理，设定为 h 表示用硬门限阈值处理。

② SCAL 设定为 one 表示无需重新缩放，设定为 sln 表示使用基于一级系数的一次电平噪声估计进行重缩放，设定为 mln 表示使用电平噪声的电平相关估计进行重缩放。

（3）ddencmp 函数用于获取信号在消噪或压缩过程中的默认阈值，其调用格式为

```
[THR,SORH,KEEPAPP,CRIT]=ddencmp(IN1,IN2,X)
%返回使用小波或小波包对输入数据 X 进行去噪或压缩获得的阈值
```

说明：X 为输入的一维或二维信号，IN1 取值为 den（去噪）或 cmp（压缩），IN2 取值为 wv（选择小波）或 wp（选择小波包）；THR 是返回的阈值，SORH 是软阈值或硬阈值选择参数，KEEPAPP 表示保存低频信号，CRIT 是熵名（只在选择小波包时使用）。

（4）wdencmp 函数用于一维或二维信号的消噪或压缩，其调用格式为

```
[XC,CXC,LXC]=wdencmp(gbl,X,wname,N,THR,SORH,KEEPAPP)
%返回通过全局正阈值 THR 对小波系数进行阈值化获得的输入信号 X 的去噪或压缩信号 XC
[XC,CXC,LXC]=wdencmp(lvd,X,wname,N,THR,SORH)
%使用不同的阈值 THR
[XC,CXC,LXC]=wdencmp(lvd,C,L,wname,N,THR,SORH)
%使用小波分解结构[C,L]
```

说明：wname 是所用的小波函数，gbl 表示每一层都采用同一个阈值进行处理，lvd 表示每层采用不同的阈值进行处理，N 表示小波分解的层数，THR 为阈值向量。对于后面两种格式，每层都要求有一个阈值，因此阈值向量 THR 的长度为 N。SORH 表示选择软阈值（取值 s）或硬阈值（取值 h），参数 KEEPAPP 取值为 1 时，则低频系数不进行阈值量化，反之，低频系数要进行阈值量化。XC 是要进行消噪或压缩的信号，[CXC,LXC]是 XC 的小波分解结构。

【例 11-16】利用 wden 函数对一维信号进行自动消噪。

解：在编辑器窗口中编写代码。

```
clear,clc,clf
snr = 4;
t=0:1/1000:1-0.001;
y=sin(3*pi*t);
n = randn(size(t));
s=y+n;
xd = wden(s,'heursure','s','one',3,'sym8');
subplot(3,1,1); plot(s);title('含噪信号')
xlabel('n');ylabel('幅值');
subplot(3,1,2); plot(y);title('原始信号')
xlabel('n');ylabel('幅值')
subplot(3,1,3); plot(xd);title('消噪信号')
xlabel('样本信号');ylabel('幅值')
```

运行结果如图 11-14 所示。

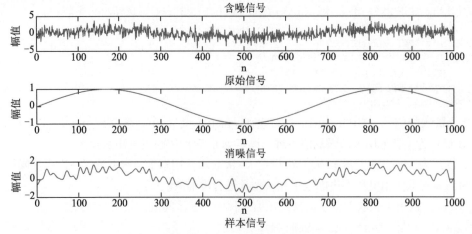

图 11-14　wden 函数自动消噪

【例 11-17】利用小波消噪对非平稳信号进行噪声消除。

解： 在编辑器窗口中编写代码。

```
clear,clc,clf
[l,h]=wfilters('db10','d');
low_construct=l;
L_fre=20;                                    %滤波器长度
low_decompose=low_construct(end:-1:1);       %低通分解滤波器
for i_high=1:L_fre                           %高通重建滤波器
    if(mod(i_high,2)==0)
        coefficient=-1;
    else
        coefficient=1;
    end
    high_construct(1,i_high)=low_decompose(1,i_high)*coefficient;
end
high_decompose=high_construct(end:-1:1);     %高通分解滤波器
L_signal=100;                                %信号长度
n=1:L_signal;                                %原始信号赋值
f=10;
t=0.001;
y=10*cos(2*pi*50*n*t).*exp(-30*n*t)+ randn(size(t));
zero1=zeros(1,60);
%信号加噪声信号产生
zero2=zeros(1,30);
noise=[zero1,3*(randn(1,10)-0.5),zero2];
y_noise=y+noise;
subplot(2,3,1);plot(y);title('原信号');grid
subplot(2,3,4);plot(y_noise);title('受噪声污染的信号');grid
check1=sum(high_decompose);
check2=sum(low_decompose);
check3=norm(high_decompose);
check4=norm(low_decompose);
l_fre=conv(y_noise,low_decompose);
%卷积
l_fre_down=dyaddown(l_fre);
%低频细节
h_fre=conv(y_noise,high_decompose);
h_fre_down=dyaddown(h_fre);
%信号高频细节
subplot(2,3,2);plot(l_fre_down);title('小波分解的低频系数');grid
subplot(2,3,5);plot(h_fre_down);title('小波分解的高频系数');grid
% 消噪处理
for i_decrease=31:44
    if abs(h_fre_down(1,i_decrease))>=0.000001
        h_fre_down(1,i_decrease)=(10^-7);
    end
end
l_fre_pull=dyadup(l_fre_down);
%0 差值
h_fre_pull=dyadup(h_fre_down);
```

```
l_fre_denoise=conv(low_construct,l_fre_pull);
h_fre_denoise=conv(high_construct,h_fre_pull);
l_fre_keep=wkeep(l_fre_denoise,L_signal);
%取结果的中心部分，消除卷积影响
h_fre_keep=wkeep(h_fre_denoise,L_signal);
sig_denoise=l_fre_keep+h_fre_keep;
%消噪后信号重构
%平滑处理
for j=1:2
    for i=60:70
        sig_denoise(i)=sig_denoise(i-2)+sig_denoise(i+2)/2;
    end
end
subplot(2,3,3);plot(y);title ('原信号');grid
subplot(2,3,6);plot(sig_denoise);title ('消噪后信号');grid
```

运行结果如图 11-15 所示。

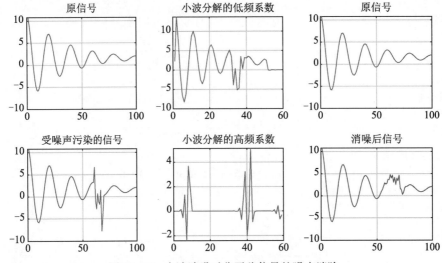

图 11-15 小波消噪对非平稳信号的噪声消除

【例 11-18】小波去噪后的信号与傅里叶变换去噪后的信号比较。

解： 在编辑器窗口中编写代码。

```
clear,clc,clf
snr=4;                                          %设置信噪比
%原始信号为 xref，含高斯白噪声的信号为 x
%信号类型为 blocks（由函数中参数 1 决定）
%长度均为 2^11（由函数中的参数 11 决定）
%信噪比 snr=4（由函数中的参数 snr 决定）
[xref,x]=wnoise(1,11,snr);                       %用 wnoise 函数产生测试信号
xref=xref(1:2000);                              %取信号的前 2000 点
x=x(1:2000);                                    %取信号的前 2000 点
%用全局默认阈值进行去噪处理
[thr,sorh,keepapp]=ddencmp('den','wv',x);        %获取全局默认阈值
xd=wdencmp('gbl',x,'sym8',3,thr,sorh,keepapp);   %利用全局默认阈值对信号去噪
```

```
%下面是作图函数，作出原始信号和含噪声信号的图
figure
subplot(231);plot(xref);title('原始信号')              %画出原始信号的图
subplot(234);plot(x);title('含噪声信号')              %画出含噪声信号的图
%下面用傅里叶变换进行原信号和噪声信号的频谱分析
dt=1/(2^11);                                          %时域分辨率
Fs=1/dt;                                              %计算频域分辨率
df=Fs/2000;
xxref=fft(xref);                                      %对原始信号做快速傅里叶变换
xxref=fftshift(xxref);                                %将频谱图平移
xxref=abs(xxref);                                     %取傅里叶变换的幅值
xx=fft(x);                                            %对含噪声信号做快速傅里叶变换
xx=fftshift(xx);                                      %将频谱搬移
absxx=abs(xx);                                        %取傅里叶变换的幅值
ff=-1000*df:df:1000*df-df;                            %设置频率轴
subplot(232);plot(ff,xxref);title('原始信号的频谱图')   %画出原始信号的频谱图
subplot(235);plot(ff,absxx);title('含信号噪声的频谱图') %画出含噪声信号的频谱图
%进行低通滤波，滤波频率为 0~200 的相对频率
indd2=1:800;                                          %0 频左边高频率系数置零
xx(indd2)=zeros(size(indd2));
indd2=1201:2000;
xx(indd2)=zeros(size(indd2));                         %0 频右边高频系数置零
xden=ifft(xx);                                        %滤波后的信号作傅里叶逆变换
xden=abs(xden);                                       %取幅值
subplot(233);plot(xd);title('小波去除噪后的信号')       %画出小波去除噪后的信号
subplot(236);plot(xden);title('傅里叶分析去噪的信号')   %画出傅里叶分析去噪的信号
```

运行结果如图 11-16 所示。

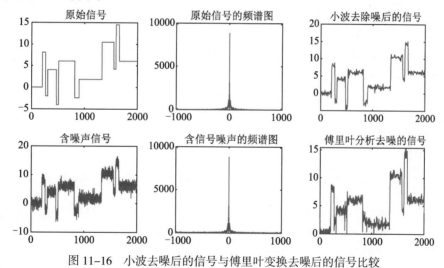

图 11-16　小波去噪后的信号与傅里叶变换去噪后的信号比较

11.5　小波变换在信号处理中的应用

小波变换具有良好的时频局部化特性，能有效地从信号中提取资讯，通过伸缩和平移等运算功能对函数或信号进行多尺度细化分析，解决了傅里叶变换不能解决的许多难题，因而小波变换被誉为“数学显微

镜"，它是调和分析发展史上里程碑式的进展。

11.5.1　分离信号的不同成分

下面通过两个示例说明小波分析在分离信号的不同成分中的应用。

【例 11-19】利用小波分析分解正弦加噪信号。

解： 在编辑器窗口中编写代码。

```matlab
clear,clc,clf
load noissin;                                  %装载原始 noissin 信号
rng('default');
s=noissin;
figure(1);subplot(6,1,1);plot(s);
ylabel('s');
[C,L]=wavedec(s,5,'db5');                       %使用 db5 小波对信号进行 5 层分解
for i=1:5
    A=wrcoef('A',C,L,'db5',6-i);                 %对分解的第 5 层到第 1 层的低频系数进行重构
    subplot(6,1,i+1); plot(A);
    ylabel(['A',num2str(6-i)]);
end
figure(2);subplot(6,1,1);plot(s);
ylabel('s');
for i=1:5
    D=wrcoef('D',C,L,'db5',6-i);                 %对分解的第 5 层到第 1 层的高频系数进行重构
    subplot(6,1,i+1);plot(D);
    ylabel(['D',num2str(6-i)]);
end
```

运行结果如图 11-17 和图 11-18 所示。

【例 11-20】通过小波分析一个叠加了白噪声的斜坡信号，并说明小波分析是如何分解这两种信号的。

解： 在编辑器窗口中编写代码。

```matlab
clear,clc,clf
load wnoislop;                                 %装载原始 wnoislop 信号
s= wnoislop;
figure;subplot(7,1,1);plot(s);
ylabel('s');axis tight;
[C,L]=wavedec(s,6,'db5');                       %使用 db5 小波对信号进行 6 层分解
for i=1:6
    a=wrcoef('a',C,L,'db5',7-i);                 %对分解的第 6 层到第 1 层的低频系数进行重构
    subplot(7,1,i+1); plot(a); axis tight;
    ylabel(['a',num2str(7-i)]);
end
figure;subplot(7,1,1);plot(s);
ylabel('s');axis tight;
for i=1:6
    d=wrcoef('d',C,L,'db5',7-i);                 %对分解的第 6 层到第 1 层的高频系数进行重构
    subplot(7,1,i+1);plot(d);
```

```
    ylabel(['d',num2str(7-i)]);axis tight;
end
```

运行结果如图 11-19 和图 11-20 所示。

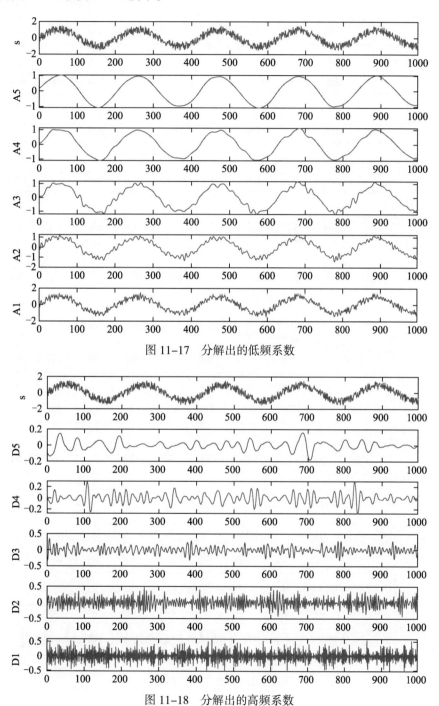

图 11-17　分解出的低频系数

图 11-18　分解出的高频系数

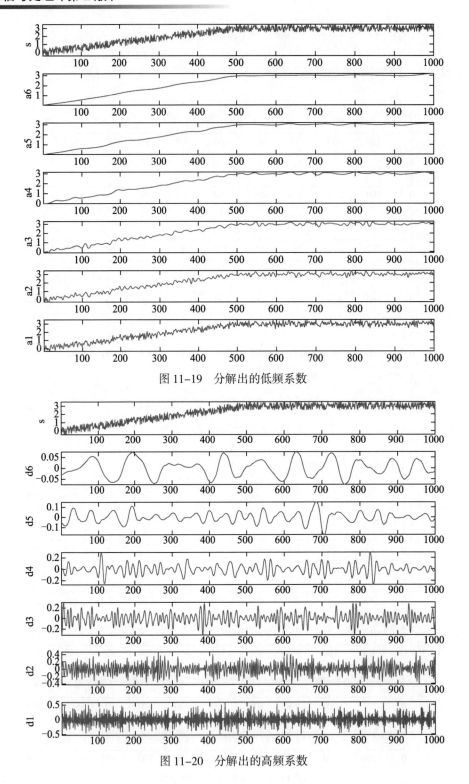

图 11-19　分解出的低频系数

图 11-20　分解出的高频系数

11.5.2 识别信号的频率区间与发展趋势

下面通过两个示例说明小波分析是如何识别信号的频率区间与发展趋势的。

【**例 11-21**】利用小波分析识别信号的频率区间。

解： 在编辑器窗口中编写代码。

```
clear,clc,clf
load sumsin;                          %装载原始 sumsin 信号
s=sumsin(1:500);                      %取信号的前 500 个采样点
figure;subplot(6,1,1);plot(s);
ylabel('s');
%使用 db3 小波对信号进行 5 层分解
[C,L]=wavedec(s,5,'db3');
for i=1:5
    a=wrcoef('a',C,L,'db3',6-i);      %对分解的第 5 层到第 1 层的低频系数进行重构
    subplot(6,1,i+1); plot(a);
    ylabel(['a',num2str(6-i)]);
end
figure;subplot(6,1,1);plot(s);
ylabel('s');
for i=1:5
    d=wrcoef('d',C,L,'db3',6-i);      %对分解的第 6 层到第 1 层的高频系数进行重构
    subplot(6,1,i+1);plot(d);
    ylabel(['d',num2str(6-i)]);
end
```

运行结果如图 11-21 和图 11-22 所示。

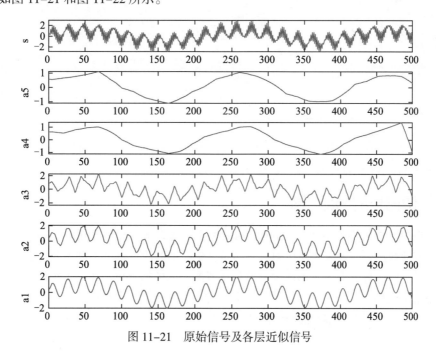

图 11-21 原始信号及各层近似信号

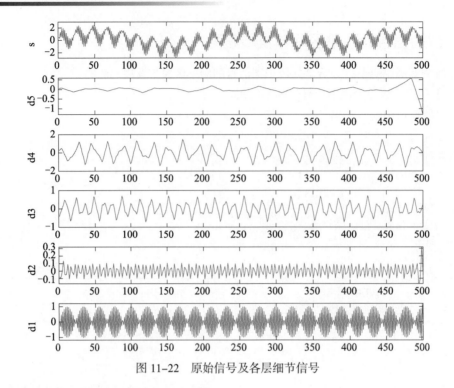

图 11-22　原始信号及各层细节信号

【**例 11-22**】利用小波分析识别信号的发展趋势。

解： 在编辑器窗口中编写代码。

```
clear,clc,clf
load wnoislop;                              %装载原始 wnoislop 信号
x= wnoislop;
subplot(6,1,1);plot(x);
ylabel('x');
[C,L]=wavedec(x,5,'db4');                   %进行一维离散小波变换
for i=1:5
    s=wrcoef('a',C,L,'db4',6-i);            %对分解结构[C,L]中的低频部分进行重构
    subplot(6,1,i+1);plot(s);
    ylabel(['a',num2str(6-i)]);
end
```

运行结果如图 11-23 所示。

11.5.3　图像信号的局部压缩

小波变换的图像压缩技术采用多尺度分析，因此可根据各自的重要程度对不同层次的系数进行不同的处理。图像经小波变换后，并没有实现压缩，只是对整幅图像的能量进行了重新分配。

事实上，变换后的图像具有更宽的范围，但是宽范围的大数据被集中在一个小区域内，而在很大的区域中数据的动态范围很小。小波变换编码就是在小波变换的基础上，利用小波变换的这些特性，采用适当的方法组织变换后的小波系数，实现图像的高效压缩的。

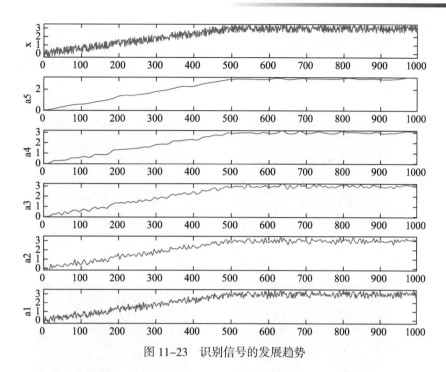

图 11-23　识别信号的发展趋势

【例 11-23】利用小波分析的时频局部化特性对图像进行压缩。

解： 在编辑器窗口中编写代码。

```
clear,clc,clf
load tire;
[ca1,ch1,cv1,cd1]=dwt2(X,'sym4');               %使用 sym4 小波对信号进行一层小波分解
codca1=wcodemat(ca1,192);
codch1=wcodemat(ch1,192);
codcv1=wcodemat(cv1,192);
codcd1=wcodemat(cd1,192);
codx=[codca1,codch1,codcv1,codcd1];             %将 4 个系数图像组合为一个图像
rca1=ca1;                                       %复制原图像的小波系数
rch1=ch1;
rcv1=cv1;
rcd1=cd1;
rch1(33:97,33:97)=zeros(65,65);                 %将 3 个细节系数的中部置零
rcv1(33:97,33:97)=zeros(65,65);
rcd1(33:97,33:97)=zeros(65,65);
codrca1=wcodemat(rca1,192);
codrch1=wcodemat(rch1,192);
codrcv1=wcodemat(rcv1,192);
codrcd1=wcodemat(rcd1,192);
codrx=[codrca1,codrch1,codrcv1,codrcd1];        %将处理后的系数图像组合为一个图像
rx=idwt2(rca1,rch1,rcv1,rcd1,'sym4');           %重建处理后的系数
subplot(221);image(wcodemat(X,192)),colormap(map);title('原始图像')
subplot(222);image(codx),colormap(map);title('一层分解后各层系数图像')
subplot(223);image(wcodemat(rx,192)),colormap(map);title('压缩图像')
subplot(224);image(codrx),colormap(map);title('处理后各层系数图像')
```

```
per=norm(rx)/norm(X);                      %求压缩信号的能量成分
per =1.0000;
err=norm(rx-X);                            %求压缩信号与原信号的标准差
```

运行结果如图 11-24 所示。

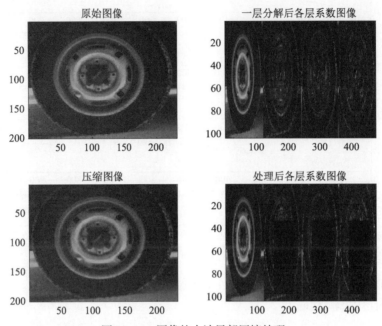

图 11-24　图像的小波局部压缩处理

11.5.4　数字水印应用

数字水印是信息隐藏技术的一个重要研究方向，具有以下几个方面的特点：

（1）安全性：数字水印的信息应是安全的，难以篡改或伪造，当然数字水印同样对重复添加有很强的抵抗性。

（2）隐蔽性：数字水印应是不可知觉的，而且应不影响被保护数据的正常使用，不会降质。

（3）鲁棒性：在经历多种无意或有意的信号处理过程后，数字水印仍能保持部分完整性并能被准确鉴别。

（4）水印容量：指载体在不发生形变的前提下可嵌入的水印信息量。

目前数字水印算法主要是基于空域和变换域的，其中基于变换域的技术可以嵌入大量比特的数据而不会被察觉，成为数字水印技术的主要研究技术，它通过改变频域的一些系数的值，采用类似扩频图像的技术来隐藏数字水印的信息。小波变换因其优良的多分辨率分析特性，使得它广泛应用于图像处理，小波域数字水印的研究非常有意义。

【例 11-24】小波域数字水印示例。

解： 在编辑器窗口中编写代码。

```
clear,clc,clf
load cathe_1;
I=X;
type='db1';                                %小波函数
[CA1,CH1,CV1,CD1]=dwt2(I,type);            %二维离散 Daubechies 小波变换
```

```
C1=[CH1 CV1 CD1];
[length1,width1]=size(CA1);%系数矩阵大小
[M1,N1]=size(C1);
T1=50;%定义阈值 T1
alpha=0.2;
%在图像中加入水印
for counter2=1:1:N1
    for counter1=1:1:M1
        if(C1(counter1,counter2)>T1)
            marked1(counter1,counter2)=randn(1,1);
            NEWC1(counter1,counter2)=double(C1(counter1,counter2))+...
                alpha*abs(double(C1(counter1,counter2)))*marked1(counter1,counter2);
        else
            marked1(counter1,counter2)=0;
            NEWC1(counter1,counter2)=double(C1(counter1,counter2));
        end
    end
end
%重构图像
NEWCH1=NEWC1(1:length1,1:width1);
NEWCV1=NEWC1(1:length1,width1+1:2*width1);
NEWCD1=NEWC1(1:lenqth1,2*width1+1:3*width1);
R1=double(idwt2(CA1,NEWCH1,NEWCV1,NEWCD1,type));
watermark1=double(R1)-double(I);
subplot(2,2,1);image(I);title('原始图像');              %显示原始图像
axis('square');
subplot(2,2,2);imshow(R1/250);title('小波变换后图像');   %显示变换后的图像
axis('square');
subplot(2,2,3);imshow(watermark1*10^16);               %显示水印图像
axis('square');title('水印图像');                       %设置轴属性
%水印检测
newmarked1=reshape(marked1,M1*N1,1);
%检测阈值
T2=60;
for counter2=1:1:N1
    for counter1=1:1:M1
        if(NEWC1(counter1,counter2)>T2)
            NEWC1X(counter1,counter2)=NEWC1(counter1,counter2);
        else
            NEWC1X(counter1,counter2)=0;
        end
    end
end
NEWC1X=reshape(NEWC1X,M1*N1,1);
correlation1 = zeros(1000,1);
for corrcounter=1:1:1000
    if(corrcounter==500)
        correlation1(corrcounter,1)=NEWC1X'*newmarked1/(M1*N1);
    else
        rnmark = randn(M1*N1,1);
```

```
        correlation1(corrcounter,1)=NEWC1X'*rnmark/(M1*N1);
    end
end
%计算阈值
originalthreshold=0;
for counter2=1:1:N1
    for counter1=1:1:M1
        if( NEWC1(counter1, counter2)>T2)
            originalthreshold=originalthreshold+abs(NEWC1(counter1,counter2));
        end
    end
end
originalthreshold=originalthreshold*alpha/(2*M1*N1);
corrcounter=1000;
originalthresholdvector=ones(corrcounter,1)*originalthreshold;
subplot(2,2,4);plot(correlation1,'-');hold on
plot(originalthresholdvector, '--');title('原始加水印图像')
xlabel('水印');ylabel('检测响应')
```

运行结果如图 11-25 所示。

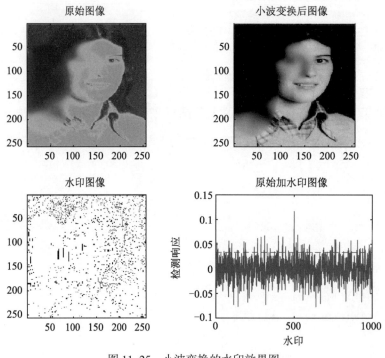

图 11-25　小波变换的水印效果图

11.6　本章小结

　　本章主要结合小波变换的基本概念和基本原理，重点讲述了小波变换和小波分析的理论和方法，并研究了小波分析和小波变换在信号处理中的应用。希望读者在学习时将小波分析的理论与小波分析的应用研究紧密地结合在一起。

第三部分
信号处理实践

本部分包括 4 章内容，主要介绍 MATLAB 在语音信号处理、通信信号处理、雷达信号处理中的应用，以及 MATLAB 的信号处理工具，让读者进一步领略到 MATLAB 的强大功能和广泛应用范围。通过本部分内容的学习，可以提高读者在工作实践中使用 MATLAB 解决实际问题的技能。

❏ 第 12 章　语音信号处理
❏ 第 13 章　通信信号处理
❏ 第 14 章　雷达信号处理
❏ 第 15 章　信号处理工具

第 12 章
CHAPTER 12

语音信号处理

近年来，语音识别已经成为一个非常活跃的研究领域。在不远的将来，语音识别技术有可能作为一种重要的人机交互手段，辅助甚至取代传统的键盘、鼠标等输入设备，在个人计算机上进行文字录入和操作控制。而在智能家电、工业现场控制等其他应用场合，语音识别技术则有更为广阔的发展前景。本章将简单介绍 MATLAB 在语音信号处理中的实现方法及应用。

学习目标：

（1）了解、熟悉语音信号产生的过程；

（2）理解语音信号产生的数学模型；

（3）掌握实际语音信号分析和滤波处理；

（4）实践小波变换在语音信号处理中的应用。

12.1 语音信号产生的过程

语音信号是一种典型的非平稳信号。非平稳信号是一种非周期的、频谱随时间连续变化的信号，因此由傅里叶变换得到的频谱无法获知其在各个时刻的频谱特性。如果利用加窗的方法从语音流中取出其中一个短段，再进行傅里叶变换，就可以得到该语音的短时谱。

语音信号的基本组成单位是音素。音素通常可分为"浊音"和"清音"两大类。如果将不存在语音而只有背景噪声的情况称为"无声"，那么音素又可分为"无声""浊音""清音"三类。

浊音的短时谱有两个特点：第一，有明显的周期性起伏结构，这是因为浊音的激励源为周期脉冲气流；第二有明显的凸出点，即"共振峰"，它们的出现频率与声道的谐振频率相对应。清音的短时谱则没有这两个特点，它与一段随机噪声的频谱十分类似。

语音信号具有时变特性，但在一个短时间范围内(一般认为在 10~30ms 的短时间内)，其特性基本保持不变，即相对稳定，因而可以将其看作一个准稳态过程，即语音信号具有短时平稳性。任何语音信号的分析和处理必须建立在"短时"的基础上，即进行"短时分析"，将语音信号分段来分析其特征参数，其中每一段称为一"帧"，帧长一般取为 10~30ms。这样，对于整体的语音信号来讲，分析的是由每一帧特征参数组成的特征参数时间序列。

短时能量分析的用途：第一，可以区分清音段和浊音段，因为浊音的短时平均能量值比清音大得多；第二，可以区分声母与韵母的分界、无声与有声的分界、连字的分界等。例如，对于高信噪比的语音信号，短时平均能量可用来区分有无语音。无语音信号噪声的短时平均能量很小，而有语音信号的能量则显著增大到某一个数值，由此可以区分语音信号的开始点或者终止点。

12.2　语音信号产生的数学模型

以基音周期重复的脉冲序列激励声道滤波器产生浊音合成语音；以白噪声随机序列激励声道滤波器产生清音合成语音。从频域观点看，相当于激励信号具有白色谱，经声道滤波器加色。从时域观点看，相当于样点之间增加相关性。

图 12-1 给出了语音信号产生的离散时域模型，它包括三个部分：激励模型、声道模型和辐射模型。

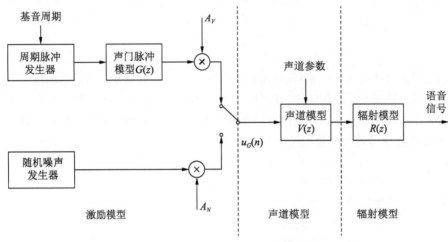

图 12-1　语音信号产生模型

12.2.1　激励模型

激励模型一般分成浊音激励和清音激励两种模型。浊音由准周期脉冲序列激励产生，其周期称为基音周期，而清音由随机噪声激励。

由周期脉冲发生器输出的单位冲激序列，其冲激之间的间隔即为所要求的基音周期。这一冲激序列去激励系统函数 $G(z)$ 的线性系统，经过幅度控制后的输出即为所要求的浊音激励。$G(z)$ 的逆变换 $g(n)$ 可以用 Rosenberg 函数近似表示为

$$g(n) = \begin{cases} \dfrac{1}{2}\left(1 - \cos\dfrac{\pi n}{N_1}\right), & 0 \leqslant n \leqslant N_1 \\[2mm] \cos\dfrac{\pi(n - N_1)}{2N_2}, & N_1 \leqslant n \leqslant N_1 + N_2 \\[2mm] 0, & \text{其他} \end{cases}$$

其中，N_1 为斜三角波上升部分的时间，约占基音周期的 50%；N_2 为其下降部分的时间，约占基音周期的 35%。斜三角波上升和下降部分的时间与基音周期的比例关系是和声带开启的面积与时间的关系相对应的。

单个斜三角是一个低通滤波器，通常将它表示成 Z 变换的全极点模型的形式

$$E(z) = \frac{A_V}{1 - z^{-1}}$$

所以，整个激励模型可表示为

$$U(z) = \frac{A_V}{1 - z^{-1}} \cdot \frac{1}{(1 - e^{-cT}z^{-1})^2}$$

发清音时，无论是发阻塞音还是摩擦音，声道都被阻碍形成湍流，因此可以把清音激励模拟成随机白噪声。实际情况中一般使用均值为 0，方差为 1，并在时间（幅值）上为白色分布的序列作为激励源。

12.2.2 声道模型

声道模型一般分为声管模型和共振峰模型。其中，声管模型是把声道视为由多个等长的不同截面积的管子串联而成的系统；共振峰模型是把声道视为一个谐振腔，共振峰就是这个腔体的谐振频率。

1. 声管模型

在多数情况下，声管模型中的传输函数 $V(z)$ 是一个全极点模型。设声管的个数为 N，$V(z)$ 可表示为

$$V(z) = \frac{1}{1 - \sum_{m=1}^{N} \alpha_m z^{-m}}$$

其中，α_m 为实数。显然，N 取值大，模型的传输函数与声道实际传输函数的吻合程度就越高。在实际应用中，N 一般取值范围为 8 ~ 12。

实际上，声道滤波器可以采用 ARMA 模型近似。由于 ARMA 模型系数求解困难且阶数足够高的 AR 模型可以很好地描述声道滤波器，并且 AR 模型有递归求解算法，故声道滤波器常采用全极点模型。

2. 共振峰模型

基于上述共振峰理论，可以建立起 3 种实用的共振峰模型：级联型、并联型和混合型。

1）级联型

这时认为声道是一组串联的二阶谐振器。从共振峰理论可知，整个声道具有多个谐振频率和多个反谐振频率，所以它可被模拟为一个零极点模型。但对于一般元音，则用全极点模型就可以了，其传输函数为

$$V(z) = \frac{G}{1 - \sum_{k=1}^{N} \alpha_k z^{-k}}$$

式中，N 是极点个数，G 是幅值因子，α_k 是系数，k 是正整数。此时可将此传输函数分解为多个二阶极点的网络的串联。

2）并联型

对于非一般元音以及大部分辅音，必须考虑零极点模型。此时，模型的传输函数为

$$V(z) = \frac{\sum_{r=0}^{R} b_r z^{-r}}{1 - \sum_{k=1}^{N} \alpha_k z^{-k}}$$

3）混合型

上述两种模型中，级联型比较简单，可用于描述一般元音。级联的级数取决于声道的长度。一般成年男子的声道长度约为 17.5cm，取 3 ~ 5 级即可；对于女子或儿童，则可取四级。

当鼻化元音或鼻腔参与共振，以及阻塞音或摩擦音等情况时，级联模型就不能胜任了。这时腔体具有反谐振特性，必须考虑加入零点，使之成为零极点模型。采用并联型的目的就在于此，它比级联型复杂些，每个谐振器的幅度都要独立控制，但对于鼻音、塞音、擦音以及塞擦音都可以适用。

综上所述，混合型也许是比较完备的一种共振峰模型。根据要描述的语音，自动地进行切换。

12.2.3　辐射模型

辐射、声道以及声门激励的组合谱效应可用一个数字滤波器表示，其稳态系统函数的形式为

$$H(z) = \frac{S(z)}{E(z)} = \frac{G}{1 - \sum_{i=1}^{N} a_i z^{-i}}$$

对于浊音语音，该系统受冲激序列激励；对于清音语音，则受随机噪声序列激励。因此，该模型的参数有：U/V（浊音/清音分类），T（基音周期，对于浊音语音），G（增益参数），$\{a_i\}$（数字滤波器的系数）等部分。这些参数都会随时间缓慢变化，在极短的时段内（例如几毫秒至几十毫秒）可以近似为短时不变。

12.2.4　数字化和预处理

为了将原始的模拟语音信号转变为数字信号，必须进行采样和量化，进而得到时间和幅度上均为离散的数字语音信号。

采样之后的语音信号需要进行量化。量化过程是将语音信号的幅度值分割为有限个区间，将落入同一区间的样本都赋予相同的幅度值。量化后的信号值与原始信号之间的差值称为量化误差，也称为量化噪声。信号与量化噪声的功率之比称为量化信噪比。

在对语音信号数字分析处理之前，对其进行抗工频干扰、反混叠滤波、A/D 转换等预处理。这里讲的预处理是指对语音信号的特殊处理，包括预加重（或称高频提升）、分帧处理。

在推导语音信号的数字模型时，声门激励是一个两极点模型，嘴唇辐射是一个零点模型，如果一个零点抵消一个极点，那么还有一个极点的影响。在语音波形中，如果对语音信号的分析是建立在声道模型的基础上，那么就应该人为地设置一个零点将声门激励的另一个极点抵消掉。

语音信号是非平稳过程，是时变的，但是由于人的发音器官的肌肉运动速度较慢，所以语音信号可以认为是短时平稳的，这样将使语音信号的分析大大简化。因此，语音信号分析常分段或分帧处理，一般每帧的时长约为 10～30ms，视实际情况而定，分帧既可用连续的，也可用交叠分段的方法，在语音信号分析中常用"短时分析"表述。

短时分析方法应用于傅里叶分析就是短时傅里叶变换，即有限长度的傅里叶变换，相应的频谱称为"短时谱"。语音信号的短时谱分析是以傅里叶变换为核心的，其特征是频谱包络与频谱微细结构以乘积的方式混合在一起，此外，可用 FFT 进行高速处理。语音信号处理基本分为两种分析方法：数字信号处理和模拟信号处理。而目前对语音信号处理均采用数字处理，这是因为数字处理与模拟处理相比具有许多优点。

【例 12-1】短时过零法处理语音信号。

解：在编辑器窗口中编写代码。

```
clear,clc,clf
[a,fs]=audioread('ringa.wav');                          %读取音频信号
figure(1);
subplot(3,1,1);plot(a);title('原始语音信号')
%定义采样的点数和重复点数
m=length(a);
```

```
chongfudian=160;                                    %选取重复的点数为 64
L=250-chongfudian;                                  %判断总共有多少个这样的段
nn=(m-90)/L;
N=ceil(nn);
count=zeros(1,N);                                   %段内过零点统计
%thesh 为界限，不对（-thresh,thresh）之间的点经行过零点统计
thresh=0.000010;
for n=1:N-2
    for k=L*n : (L*n+250)
        if  a(k)>thresh & a(k+1)<-thresh | a(k)<-thresh & a(k+1)>thresh
            count(n)=count(n)+1;
        end
    end
end
%最后一段零点统计
for j=k:m-1
    if  a(j)>thresh & a(j+1)<-thresh  | a(j)<-thresh & a(j+1)>thresh
        count(N)=count(N)+1;
    end
end
subplot(3,1,2);plot(count);title('过零点个数统计图')     %过零点统计图
%语音信号的分段提取
%选取合适的阈值
j=0;
for n1=1:N
    j=j+1;
    if count(n1)>0.0003
        x(j)=count(n1);
    else
        x(j)=0;
    end
end
subplot(3,1,3);plot(x);title('选取适当阈值后的分割图')
%提取各个语音片段
pianduan=0;                                         %确定第几个片段
qidian=0;                                           %分段时确定每个片段的起点标志
for (n2=1:N
    if x(n2)>0
        for i=1:L
            a2((n2-1-qidian)*L+i)=a((n2-1)*L+i);
        end
        if x(n2)>0 & x(n2+1)==0 & x(n2+2)==0         %每一片段结束的判断
            pianduan=pianduan+1;
            a2=0;
            qidian=n2-1;
        end
        switch pianduan                             %保存每一片段格式并保存
```

```
            case 0
                audiowrite('ODD0.wav',a2,fs)
            case 1
                audiowrite('ODD1.wav',a2,fs)
            case 2
                audiowrite('ODD2.wav',a2,fs)
            case 3
                audiowrite('ODD3.wav',a2,fs)
            case 4
                audiowrite('ODD4.wav',a2,fs)
            case 5
                audiowrite('ODD5.wav',a2,fs)
            otherwise
                disp('示例结束')
        end
    end
end
%处理后每段语音的波形输出
figure(2);
[a0,fs]=audioread('ODD0.wav');
subplot(2,2,1);plot(a0);
[a1,fs]=audioread('ODD1.wav');
subplot(2,2,2);plot(a1);
[a2,fs]=audioread('ODD2.wav');
subplot(2,2,3);plot(a2);
[a3,fs]=audioread('ODD3.wav');
subplot(2,2,4);plot(a3);
```

运行程序如图 12-2 和图 12-3 所示。

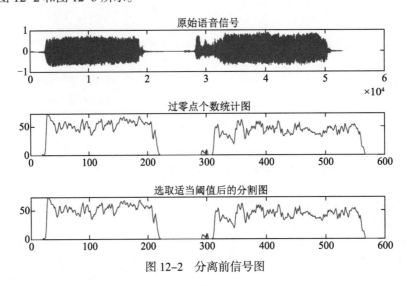

图 12-2　分离前信号图

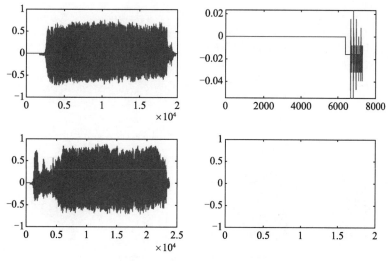

图 12-3 分离后各片段信号图

12.3 语音信号分析和滤波处理

12.3.1 语音信号的采集

把语音信号保存为.wav 文件，长度小于 30s，并对语言信号进行采样。录制的软件可以是 Windows 自带的录音机，或者也可以是其他专业的录音软件，录制时需要配备录音硬件（如麦克风），为了方便比较，需要在安静、无噪音、干扰小的环境下录制。

12.3.2 语音信号的读入与打开

在 MATLAB 中，函数 wavread 用于读取语音，其调用格式为

```
[y,fs,bits] = wavread('Blip',[N1 N2])
%y=采样值向量
%fs=采样频率，单位为 Hz
%bits=采样位数
%[N1 N2]=读取从 N1 点到 N2 点的值
```

函数 sound 用于回放语音，其调用格式为

```
sound(y)
%向量 y 代表一个信号，也即一个复杂的"函数表达式"
%也可以说像处理一个信号的表达式一样处理这个语音信号
```

【例 12-2】编写 MATLAB 程序实现语音的读入与打开，并绘出语音信号的波形频谱图。

解： 在编辑器窗口中编写代码。

```
clear,clc,clf
[x,fs]=audioread('ringa.wav');
sound(x);
X=fft(x,4096);
```

```
magX=abs(X);
angX=angle(X);
subplot(221);plot(x);title('原始信号波形')
subplot(222);plot(X);title('原始信号频谱')
subplot(223);plot(magX);title('原始信号幅值')
subplot(224);plot(angX);title('原始信号相位')
```

程序运行可以听到声音，得到的结果如图 12-4 所示。

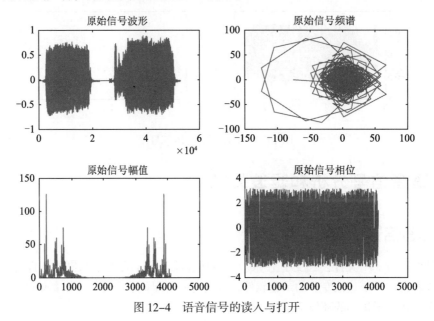

图 12-4　语音信号的读入与打开

12.3.3　语音信号分析

【例 12-3】绘制语音信号的时域波形图、原始语音信号的频率响应图、原始语音信号的 FFT 频谱图。

解： 在编辑器窗口中编写代码。

```
clear,clc,clf
fs=22050;                                    %语音信号采样频率为 22050Hz
[x,fs]=audioread('ringb.wav');
sound(x,fs);                                 %播放语音信号
y1=fft(x,1024);                              %对信号做 1024 点 FFT 变换
f=fs*(0:511)/1024;
figure(1);plot(x);title('原始语音信号时域图')    %绘制原始语音信号的时域波形图
xlabel('时间');ylabel('幅值');grid
figure(2);freqz(x);title('频率响应图')          %绘制原始语音信号的频率响应图
figure(3);plot(f,abs(y1(1:512)));title('原始语音信号频谱')
xlabel('频率');ylabel('幅度');grid
```

运行结果如图 12-5 ~ 图 12-7 所示。

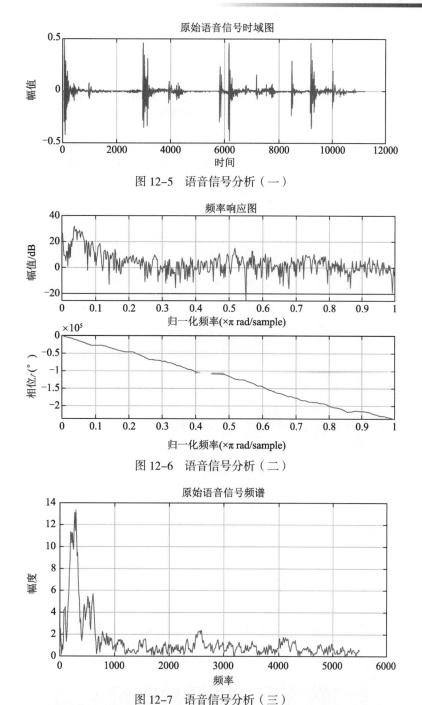

图 12-5　语音信号分析（一）

图 12-6　语音信号分析（二）

图 12-7　语音信号分析（三）

12.3.4　含噪语音信号的合成

在 MATLAB 软件平台下，给原始的语音信号叠加上噪声，噪声类型可分为单频噪色（正弦干扰）和高斯随机噪声。

【例 12-4】绘出加噪声后的语音信号时域和频谱图，在视觉上与原始语音信号图形对比，也可通过

Windows 播放软件从听觉上进行对比，分析并体会含噪语音信号频谱和时域波形的改变。

解： 在编辑器窗口中编写代码。

```
clear,clc,clf
fs=22050;                              %语音信号采样频率为 22050Hz
[x,fs]=audioread('ringb.wav');         %读取语音信号的数据，赋给变量 x
%sound(x)
%t=0:1/22050:(size(x)-1)/22050;
y1=fft(x,1024);                        %对信号做 1024 点 FFT 变换
f=fs*(0:511)/1024;
x1=rand(1,length(x))';                 %产生一与 x 长度一致的随机信号
x2=x1+x;
%t=0:(size(x)-1);                       %加入正弦噪音
%Au=0.3;
%d=[Au*sin(6*pi*5000*t)]';
%x2=x+d;
sound(x2);
figure(1)
subplot(2,1,1);plot(x);title('原语音信号时域图')
subplot(2,1,2);plot(x2);title('加高斯噪声后语音信号时域图')
xlabel('时间');ylabel('幅度')
y2=fft(x2,1024);
figure(2)
subplot(2,1,1);plot(abs(y1));title('原始语音信号频谱')
xlabel('Hz');ylabel('fudu')
subplot(2,1,2);plot(abs(y2));title('加噪语音信号频谱')
xlabel('频率');ylabel('幅度')
```

程序运行可以听到声音，并能得到如图 12-8 和图 12-9 所示的结果。

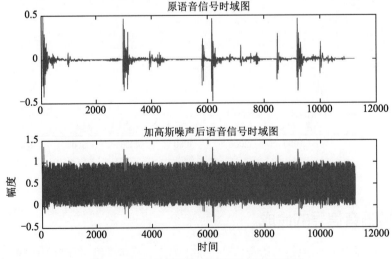

图 12-8　加入高斯噪声后语音信号时域图

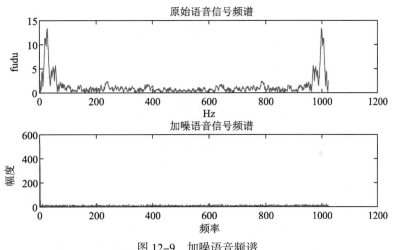

图 12-9　加噪语音频谱

12.3.5　滤波器的设计

1. 利用双线性变换法设计巴特沃斯低通滤波器对加噪语音信号进行滤波

【例 12-5】对加入高斯随机噪声和正弦噪声的语音信号进行滤波。用双线性变换法设计巴特沃斯数字低通 IIR 滤波器对加噪语音信号进行滤波，并绘制了巴特沃斯低通滤波器的幅度图和加噪语音信号滤波前后的时域图和频谱图。

解： 在编辑器窗口中编写代码。

```
clear,clc,clf
[x,fs]=audioread('ringa.wav');
%sound(x)
%随机噪声合成
x2=rand(1,length(x))';                    %产生一与 x 长度一致的随机信号
y=x+x2;
%加入正弦噪声
%t=0:(size(x)-1);
%Au=0.3;
%d=[Au*sin(2*pi*500*t)]';
%y=x+d;
wp=0.1*pi;
ws=0.4*pi;
Rp=1;
Rs=15;
Fs=22050;
Ts=1/Fs;
wp1=2/Ts*tan(wp/2);                       %将模拟指标转换成数字指标
ws1=2/Ts*tan(ws/2);
[N,Wn]=buttord(wp1,ws1,Rp,Rs,'s');        %选择滤波器的最小阶数
[Z,P,K]=buttap(N);                        %创建 butterworth 模拟滤波器
[Bap,Aap]=zp2tf(Z,P,K);
[b,a]=lp2lp(Bap,Aap,Wn);
```

```
[bz,az]=bilinear(b,a,Fs);              %用双线性变换法实现模拟滤波器到数字滤波器的转换
[H,W]=freqz(bz,az);                    %绘制频率响应曲线
figure(1)
plot(W*Fs/(2*pi),abs(H))
grid
f1=filter(bz,az,y);
figure(2)
subplot(2,1,1);plot(y);title('滤波前的时域波形')
subplot(2,1,2);plot(f1);title('滤波后的时域波形')
sound(f1);                             %播放滤波后的信号
F0=fft(f1,1024);
f=fs*(0:511)/1024;
figure(3)
y2=fft(y,1024);
subplot(2,1,1);plot(f,abs(y2(1:512)));title('滤波前的频谱');grid
xlabel('频率');ylabel('幅值')
subplot(2,1,2);F1=plot(f,abs(F0(1:512)));title('滤波后的频谱');grid
xlabel('频率');ylabel('幅值')
```

程序运行可以播放滤波前的语音信号，对比滤波前的语音效果，输出结果如图 12-10~图 12-12 所示。

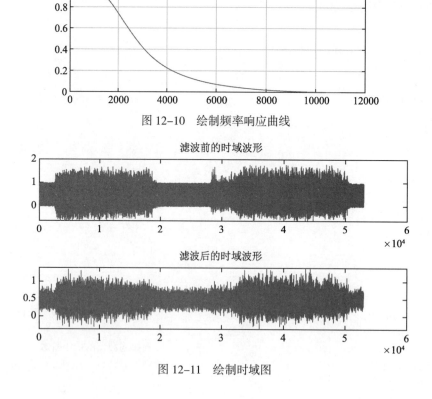

图 12-10　绘制频率响应曲线

图 12-11　绘制时域图

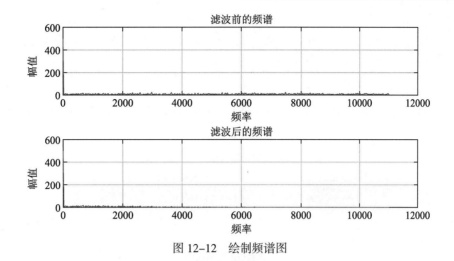

图 12-12　绘制频谱图

2. 利用双线性变换实现频率响应从S域到Z域的变换

【例 12-6】利用双线性变换实现频率响应从 S 域到 Z 域的变换法，设计巴特沃斯低通数字 IIR 滤波器，对加入高斯随机噪声和正弦噪声的语音信号进行滤波，并绘制滤波前后的语音信号时域图和频谱图。

解： 在编辑器窗口中编写代码。

```
clear,clc,clf
Ft=8000;
Fp=1000;
Fs=1200;
wp=2*pi*Fp/Ft;
ws=2*pi*Fs/Ft;
fp=2*Ft*tan(wp/2);
fs=2*Fs*tan(wp/2);
[n11,wn11]=buttord(wp,ws,1,50,'s');         %求低通滤波器的阶数和截止频率
[b11,a11]=butter(n11,wn11,'s');             %求 S 域的频率响应的参数
[num11,den11]=bilinear(b11,a11,0.5);        %利用双线性变换实现频率响应从 S 域到 Z 域的变换
[x,fs]=audioread('ringa.wav');
n = length (x) ;                            %求出语音信号的长度
t=0:(n-1);
x2=rand(1,length(x))';                      %产生一与 x 长度一致的随机信号
y=x+x2;
%加入正弦噪声
%t=0:(size(x)-1);
%Au=0.03;
%d=[Au*sin(2*pi*500*t)]';
%y=x+d;
figure(1)
f1=filter(num11,den11,y);
subplot(2,1,1);plot(t,y);title('滤波前的加高斯噪声时域波形')
subplot(2,1,2);plot(t,f1);title('滤波后的时域波形')
sound(f1);                                  %播放滤波后的信号
F0=fft(f1,1024);
f=fs*(0:511)/1024;
figure(2)
```

```
y2=fft(y,1024);
subplot(2,1,1);plot(f,abs(y2(1:512)));title('滤波前加高斯噪声的频谱');grid
xlabel('频率');ylabel('幅值')
subplot(2,1,2);F1=plot(f,abs(F0(1:512)));title('滤波后的频谱');grid
xlabel('Hz');ylabel('幅值')
```

程序运行可以播放滤波前的语音信号，对比滤波前的语音效果，得到的结果如图 12-13 和图 12-14 所示。

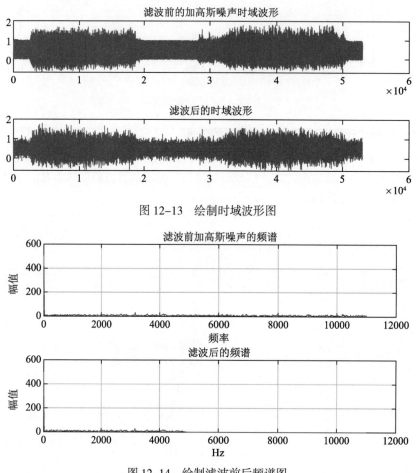

图 12-13　绘制时域波形图

图 12-14　绘制滤波前后频谱图

3. 基于巴特沃斯模拟滤波器设计数字带通滤波器

【例 12-7】设计巴特沃斯带通数字 IIR 滤波器，对加了高斯随机噪声和正弦噪声的语音信号进行滤波，并绘制两滤波器滤波后的语音信号时域图和频谱图。

解：在编辑器窗口中编写代码。

```
clear,clc,clf
Wp=[0.3*pi,0.7*pi];
Ws=[0.2*pi,0.8*pi];
Ap=1;
As=30;
[N,wn]=buttord(Wp/pi,Ws/pi,Ap,As);          %计算巴特沃斯滤波器阶次和截止频率
```

```
[bz,az]=butter(N,wn,'bandpass');              %频率变换法设计巴特沃斯带通滤波器
%[db,mag,pha,grd,w]=freqz_m(b,a);             %数字滤波器响应
%Plot(w/pi,mag);Title('数字滤波器幅频响应|H(ejOmega)|')
[x,fs]=audioread('ringa.wav');
n = length (x) ;                              %求出语音信号的长度
t=0:(size(x)-1);
x2=rand(1,length(x))';                        %产生一与 x 长度一致的随机信号
y=x+x2;
%加入正弦噪声
%n = length (x) ;                             %求出语音信号的长度
%t=0:(n-1);
%Au=0.03;
%d=[Au*sin(2*pi*500*t)]';
%y=x+d;
f=filter(bz,az,y);
figure(1)
freqz(bz,1,512)
f1=filter(bz,az,y);
figure(2)
subplot(2,1,1);plot(t,y);title('滤波前的时域波形')
subplot(2,1,2);plot(t,f1);title('滤波后的时域波形')
sound(f1),                                    %播放滤波后的语音信号
F0=fft(f1,1024);
f=fs*(0:511)/1024;
figure(3)
y2=fft(y,1024);
subplot(2,1,1);plot(f,abs(y2(1:512)));title('滤波前的频谱');grid
xlabel('频率');ylabel('幅值')
subplot(2,1,2);F1=plot(f,abs(F0(1:512)));title('滤波后的频谱');grid
xlabel('频率');ylabel('幅值')
```

程序运行可以听到声音，得到的结果如图 12-15 ~ 图 12-17 所示。

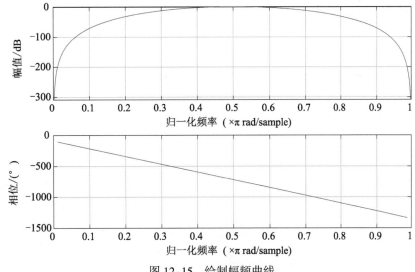

图 12-15 绘制幅频曲线

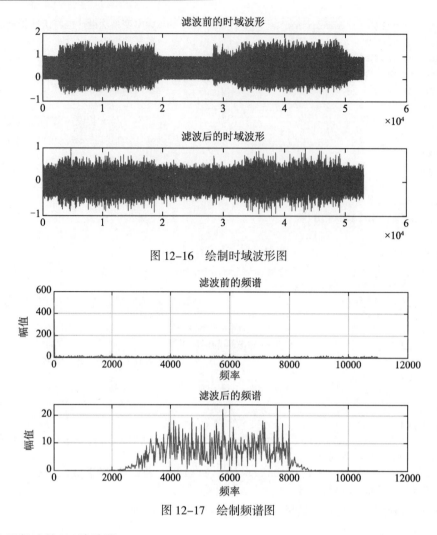

图 12-16　绘制时域波形图

图 12-17　绘制频谱图

4. 基于窗函数法的FIR滤波器

【**例 12-8**】使用窗函数法，选用海明窗设计数字 FIR 低通滤波器，对加了高斯随机噪声和正弦噪声的语音信号进行滤波，并绘制滤波前后的语音信号时域图和频谱图。

解：在编辑器窗口中编写代码。

```
clear,clc,clf
Wp=[0.3*pi,0.7*pi];
Ws=[0.2*pi,0.8*pi];
Ap=1;
As=30;
[N,wn]=buttord(Wp/pi,Ws/pi,Ap,As);          %计算巴特沃斯滤波器阶次和截止频率
[bz,az]=butter(N,wn,'bandpass');            %频率变换法设计巴特沃斯带通滤波器
%[db,mag,pha,grd,w]=freqz_m(b,a);           %数字滤波器响应
%Plot(w/pi,mag);Title('数字滤波器幅频响应|H(ejOmega)|')
fs=22050;
[x,fs]=audioread('ringa.wav');
n = length (x) ;                            %求出语音信号的长度
```

```
%sound(x)
t=0:(size(x)-1);
x2=rand(1,length(x))';                        %产生一与x长度一致的随机信号
y=x+x2;
%加入正弦噪声
t=0:(n-1);
Au=0.03;
d=[Au*sin(2*pi*500*t)]';
y=x+d;
wp=0.25*pi;
ws=0.3*pi;
wdelta=ws-wp;
N=ceil(6.6*pi/wdelta);                        %取整
wn=(0.2+0.3)*pi/2;
b=fir1(N,wn/pi,hamming(N+1));                 %选择窗函数，并归一化截止频率
figure(1)
freqz(b,1,512)
f1=filter(bz,az,y)
figure(2)
subplot(2,1,1);plot(t,y);title('滤波前的时域波形')
subplot(2,1,2);plot(t,f1);title('滤波后的时域波形')
sound(f1);                                    %播放滤波后的语音信号
F0=fft(f1,1024);
f=fs*(0:511)/1024;
figure(3)
y2=fft(y,1024);
subplot(2,1,1);plot(f,abs(y2(1:512)));title('滤波前的频谱');grid
xlabel('频率');ylabel('幅值')
subplot(2,1,2);F1=plot(f,abs(F0(1:512)));title('滤波后的频谱');grid
xlabel('Hz');ylabel('幅值')
```

程序运行可以听到声音，得到的结果如图 12-18 ~ 图 12-20 所示。

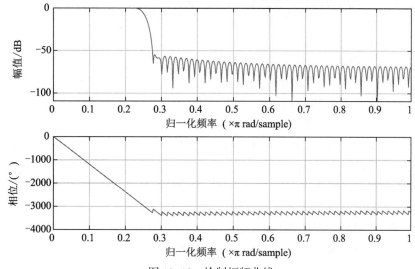

图 12-18　绘制幅频曲线

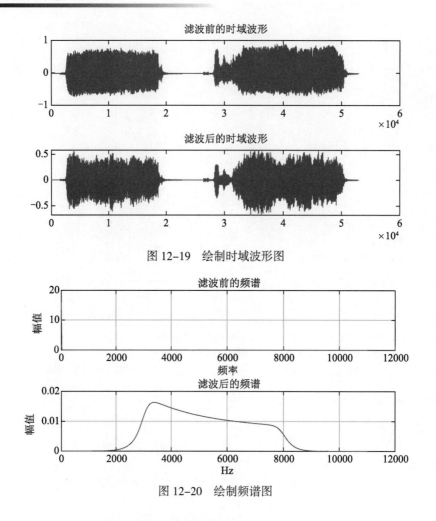

图 12-19　绘制时域波形图

图 12-20　绘制频谱图

12.4　语音信号处理中的小波变换

　　短时傅里叶变换加的窗函数是固定的，这个窗函数形状的选择和窗长度的选择目前很难达到完美，只能根据经验取折中。小波变换采用多分辨分析，窗函数是变化的，非均匀地划分时频空间。它使信号能在一组正交基上进行分解，为非平稳信号的分析提供了比传统观念更加吻合的新途径。小波分析的时域和频域的局部变换特性，与语音信号"短时平稳"的特点正好吻合。

　　傅里叶变换是研究函数奇异性的主要工具，其方法是研究函数在傅里叶变换域的衰减以推断函数是否具有奇异性及奇异性的大小。但傅里叶变换缺乏空间局部性，它只能确定一个函数奇异性的整体性质，而难以确定奇异点在空间的位置及分布情况。

　　小波变换具有空间局部化性质，因此，利用小波变换分析信号的奇异性及奇异性的位置是比较有效的。

　　小波变换较传统的傅里叶变换在语音信号处理上的优势已不必再赘述，它具有理论深刻和应用广泛的双重意义，其理论研究结果和应用范围还无法准确预料。但可以肯定的是，小波变换作为一种新的优良的时频分析方法，必将不断发展与完善，为数学和信号处理等众多科学领域的发展做出重大贡献。

12.4.1 语音信号增强

近年来，小波变换在信号处理领域，特别是语音信号处理领域中，越来越受重视。各种传统的语音增强算法与小波变换相结合，以取得更好的语音增强效果。

对于语音增强算法的增强效果来说，小波函数的选取至关重要。影响小波性能的因素有两个，一个是小波函数的支撑范围；另一个是小波函数的消失矩。小波函数的支撑范围越大，则小波在时域内的伸缩性就越好。小波函数的消失矩越高，则在小波变换中低于消失矩的低频信号成分都会变为零，那么反映在小波变换中的只有信号的高频成分，这就有利于突出信号高频成分及信号中的突变点。

【例 12-9】 对加入噪声的语音信号进行小波分解，估计噪声方差，得到去噪后的语音信号。

解： 在编辑器窗口中编写代码。

```
clear,clc,clf
% 在噪声环境下语音信号的增强
sound=audioread('ringa.wav');                         %语音信号的读入
cound=length(sound);
noise=0.05*randn(1,cound);
y=sound'+noise;
[C,L]=wavedec(y,3,'db6');                             %用小波函数'db6'对信号进行 3 层分解
sigma=wnoisest(C,L,1);                                %估计尺度 1 的噪声标准偏差
alpha=2;
thr=wbmpen(C,L,sigma,alpha);                          %获取消噪过程中的阈值
keepapp=1;
yd=wdencmp('gbl',C,L,'db6',3,thr,'s',keepapp);        %对信号进行消噪
subplot(1,2,1); plot(sound);title('原始语音信号')
subplot(1,2,2);plot(yd);title('去噪后的语音信号')
```

运行结果如图 12-21 所示。

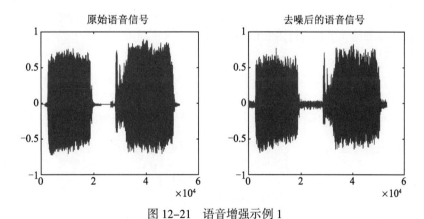

图 12-21 语音增强示例 1

【例 12-10】 对加入噪声的语音信号进行小波分解，再获取去噪阈值和高频系数进行阈值量化，得到去噪后的语音信号。

解： 在编辑器窗口中编写代码。

```
clear,clc,clf
% 在噪声环境下语音信号的增强
```

```
sound=audioread ('ringa.wav');              %语音信号的读入
cound=length(sound);
noise=0.05*randn(1,cound);
y=sound'+noise;
[thr,sorh,keepapp]=ddencmp('den','wv',y);    %获取噪声的阈值
yd=wdencmp('gbl',y,'db4',2,thr,sorh,keepapp); %对信号进行消噪
subplot(1,2,1); plot(sound);title('原始语音信号')
subplot(1,2,2);plot(yd);title('去噪后的语音信号')
```

运行结果如图 12-22 所示。

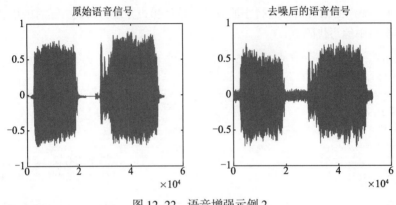

图 12-22　语音增强示例 2

12.4.2　语音信号压缩

应用一维小波分析之所以能对信号进行压缩，是因为一个比较规则的信号是由一个数据量很小的低频系数和几个高频层的系数所组成的。这里对低频系数的选择有一个要求，即需要在一个合适的分解层上选取低频系数。

【例 12-11】利用 wdencmp 函数进行语音信号的压缩。

解： 在编辑器窗口中编写代码。

```
clear,clc,clf
sound= audioread ('ringa.wav');           %语音信号的读入
[C,L]=wavedec(sound,3,'haar');            %用小波函数 haar 对信号进行 3 层分解
alpha=1.5;
[thr,nkeep]=wdcbm(C,L,alpha);             %获取信号压缩的阈值
[cp,cxd,lxd,per1,per2]=wdencmp('lvd',C,L,'haar',3,thr,'s');  %对信号进行压缩
subplot(1,2,1); plot(sound);title('原始语音信号')
subplot(1,2,2);plot(cp);title('压缩后的语音信号')
```

运行结果如图 12-23 所示。

【例 12-12】利用 ddencmp 函数进行语音信号的压缩。

解： 在编辑器窗口中编写代码。

```
clear,clc,clf
sound= audioread('ringa.wav');            %语音信号的读入
[C,L]=wavedec(sound,5,'haar');            %用小波函数 haar 对信号进行 5 层分解
```

```
[thr,nkeep]=ddencmp('cmp','wv',sound);              %获取信号压缩的阈值
cp=wdencmp('gbl',C,L,'haar',5,thr,'s',1);           %对信号进行压缩
subplot(1,2,1); plot(sound);title('原始语音信号')
subplot(1,2,2);plot(cp);title('压缩后的语音信号')
```

运行结果如图 12-24 所示。

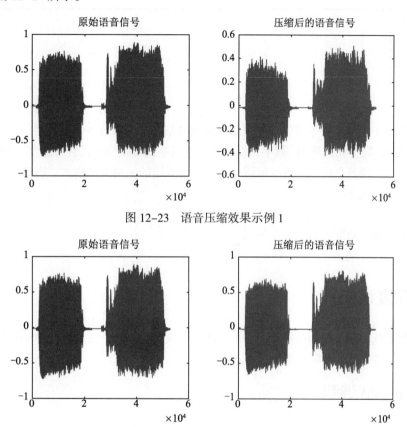

图 12-23 语音压缩效果示例 1

图 12-24 语音压缩效果示例 2

12.5 本章小结

本章主要介绍了使用 MATLAB 实现在语音信号方面的处理，内容主要包括语音信号产生的过程、语音信号产生的数学模型、实际语音信号分析和滤波处理、小波变换在语音信号处理中的应用等，本章只介绍了最基本、最具代表性的基础内容，读者可自行学习，熟练掌握。

第 13 章

通信信号处理

模拟通信系统中常用的调制方式为幅度调制和角度调制，包括双边带幅度调制、单边带幅度调制、常规 AM 等幅度调制和调频等角度调制。数字调制是将基带数字信号变换成适合带通型信道传输的处理方式。自适应均衡器能自动地调节系数从而跟踪信道，成为通信系统的一项关键技术。本章将简单介绍 MATLAB 在通信信号处理中的实现方法及应用。

学习目标：

（1）理解幅度调制、角度调制、数字调制；

（2）掌握实际自适应均衡。

13.1 幅度调制

幅度调制是使正弦型载波的幅度随着调制信号做线性变化的过程，主要包括 DSB–AM 调制、普通 AM 调制、SSB–AM 调制和残留边带幅度调制等方式。

13.1.1 DSB–AM 调制

设正弦型载波为

$$s(t) = A\cos(\omega_c t + \varphi_0)$$

式中，ω_c 为载波的角频率，φ_0 为载波的初始相位，A 为载波的幅度。

如果基带信号为 $m(t)$，其 DSB–AM 调制表示为

$$s_m(t) = Am(t)\cos(\omega_c t + \varphi_0)$$

对上式进行傅里叶变换，可以得到 DSB–AM 的频谱为

$$U(f) = F[m(t)]F[A_c \cos(\omega_c t + \varphi_0)]$$
$$= \frac{A}{2}[M(f - f_c)e^{j\varphi_0} + M(f + f_c)e^{-j\varphi_0}]$$

【例 13-1】对频率为 40Hz 的余弦信号进行 DSB–AM 调制，载波频率为 400Hz，并采用相干解调法实现解调。

解：在编辑器窗口中编写代码。

```
clear,clc,clf
fm=40;fc=400;T=1;
t=0:0.001:T;
```

```
m=2*cos(2*pi*fm*t);
dsb=m.*cos(2*pi*fc*t);
subplot(121);plot(t,dsb);title('DSB-AM 调制信号');xlabel('t')
% DSB-AM 相干解调
r=dsb.*cos(2*pi*fc*t);
r=r-mean(r);
b=fir1(40,0.01);
rt=filter(b,1,r);
subplot(122);plot(t,rt);title('相干解调后的信号');xlabel('t')
```

运行结果如图 13-1 所示。

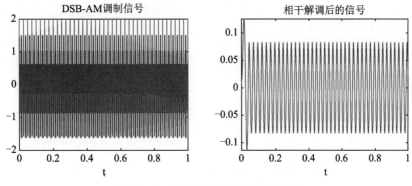

图 13-1　采用相干解调法实现解调

13.1.2　普通 AM 调制

若 $m(t)$ 为基带信号，则普通 AM 调制可以表示为

$$s_m(t) = [A + m(t)]\cos(\omega_c t + \varphi_0)$$

与 DSB-AM 调制相比，普通 AM 调制增加了一个余弦载波分量 $A\cos(\omega_c t + \varphi_0)$，从频谱上看表现为 $\pm f_c$ 处存在载波分量。

【例 13-2】假设基带信号为

$$m(t) = \begin{cases} 2, & 0 \leqslant t \leqslant \dfrac{T}{4} \\[2mm] -1, & \dfrac{T}{4} \leqslant t \leqslant \dfrac{3T}{4} \\[2mm] 0, & \text{其他} \end{cases}$$

其中，T 为周期，取值为 0.48。普通 AM 调制的载波频率为 400Hz，A 为 4。画出基带信号、DSB-AM 调制信号和普通 AM 调制信号的归一化时域波形和频谱。

解： 在编辑器窗口中编写代码。

```
clear,clc,clf
T=0.48;ts=0.001;fc=400;
A=4;fs=1/ts;
t=[0:ts:T];
m=[2*ones(1,T/(4*ts)),-1*ones(1,T/(2*ts)),zeros(1,T/(4*ts)+1)];
```

```
c=cos(2*pi*fc.*t);
am=(A*(1+m)).*c;
dsb=m.*c;
f=(1:1024).*fs/1024;
m_spec=abs(fft(m,1024));
dsb_spec=abs(fft(dsb,1024));
am_spec=abs(fft(am,1024));
subplot(321);plot(m);title('基带信号时域波形');grid
xlabel('t');ylabel('幅度')
subplot(323);plot(dsb);title('DSB-AM调制信号时域波形');grid
xlabel('t');ylabel('幅度')
subplot(325);plot(am);title('普通AM调制信号时域波形');grid
xlabel('t');ylabel('幅度')
subplot(322);plot(f,m_spec);title('基带信号频谱');grid
xlabel('f/Hz');ylabel('M(f)')
subplot(324);plot(f,dsb_spec);title('DSB-AM调制信号频谱');grid
xlabel('f/Hz');ylabel('DSB AM(f)')
subplot(326);plot(f,am_spec);title('普通AM调制信号频谱');grid
xlabel('f/Hz');ylabel('AM(f)')
```

运行结果如图 13-2 所示。

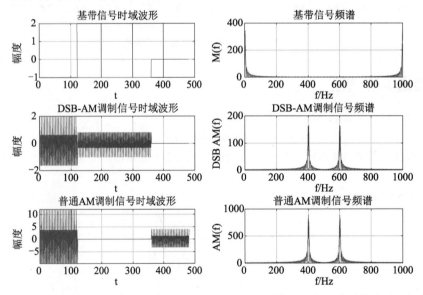

图 13-2　基带信号、DSB-AM 调制信号和普通 AM 调制信号的归一化时域波形和频谱

13.1.3　SSB-AM 调制

DSB-AM（双边带）调制与普通 AM 调制所需的信号带宽都是基带信号带宽的 2 倍，而且两部分携带的信息是相同的。从恢复信号的角度来看，只需要传输双边带信号一半带宽就可以恢复出原始基带信号。因此，SSB-AM（单边带）调制信号可以只取双边带的一半（上边带或下边带）。

单边带信号可以表示为

$$s_\mathrm{m}(t) = Am(t)\cos(\omega_\mathrm{c}t+\varphi_0) \mp A\hat{m}(t)\cos(\omega_\mathrm{c}t+\varphi_0)$$

其中，$\hat{m}(t)$ 为基带信号 $m(t)$ 的希尔伯特变换，当取减号"−"时，$s_\mathrm{m}(t)$ 表示上边带；当取加号"+"时，$s_\mathrm{m}(t)$

表示下边带。

对上式进行傅里叶变换，可得单边带信号的频谱

$$S_{\mp}(f) = \frac{A}{2}[M(f-f_c) + M(f+f_c)] \mp \frac{A}{2j}[\hat{M}(f-f_c) - \hat{M}(f+f_c)]$$

其中

$$\hat{M}(f-f_c) = \begin{cases} -jM(f-f_c), & f > f_c \\ jM(f+f_c), & f < f_c \\ 0, & f = f_c \end{cases}$$

$$\hat{M}(f+f_c) = \begin{cases} -jM(f+f_c), & f > -f_c \\ jM(f+f_c), & f < -f_c \\ 0, & f = -f_c \end{cases}$$

对单边带信号的解调也可以采用相干解调的方法，即通过与接收端本振产生的载波相乘，再滤除二倍频分量。

【例 13-3】假设基带信号为 $m(t) = 2\cos(400\pi t) + \cos(300\pi t)$，其中 t 为信号持续时间，且 $t=0.48$，SSB–AM 调制的载波频率为 300Hz。产生上、下边带信号，并画出各自的频谱。

解：在编辑器窗口中编写代码。

```
clear,clc,clf
T=0.48;ts=0.001;
fc=300;fm=200;
fm1=150;fs=1/ts;
t=[0:ts:T];
m=2*cos(2*pi*fm*t)+cos(2*pi*fm1*t);
m_n=m/max(abs(m));
Lssb=m_n.*cos(2*pi*fc*t)+imag(hilbert(m_n)).*sin(2*pi*fc*t);
Ussb=m_n.*cos(2*pi*fc*t)-imag(hilbert(m_n)).*sin(2*pi*fc*t);
f=(1:1024).*fs/1024;
Lssb_spec=abs(fft(Lssb,1024));
Ussb_spec=abs(fft(Ussb,1024));
subplot(121);plot(f,Lssb_spec);title('下边带信号频谱');grid
xlabel('f/Hz');ylabel('Lssb(f)')
subplot(122);plot(f,Ussb_spec);title('上边带信号频谱');grid
xlabel('f/Hz');ylabel('Ussb(f)')
```

运行结果如图 13-3 所示。

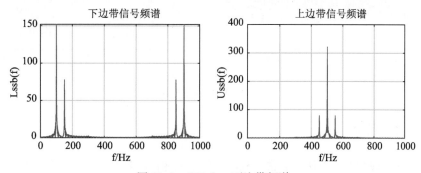

图 13-3　SSB 上、下边带频谱

13.1.4 残留边带幅度调制

采用滤波法产生单边带调制信号需要一个矩形滤波器。如果放宽对滤波器边带陡峭程度的要求，不将另一个边带完全抑制，只抑制部分，使其残留，这种调制方式称为残留边带调制。其带宽介于单边带调制信号与双边带调制信号之间。

残留边带调制信号的频谱为

$$S(f) = \frac{1}{2}[M(f - f_c) + M(f + f_c)]H(f)$$

其中，$H(f)$ 为 VSB 边带滤波器的傅里叶变换。为了使残留边带调制信号能够无失真地恢复原始信号，残留边带滤波器的特性应该满足如下特性。

$$H(f - f_c) + H(f + f_c) = C$$

【例 13-4】假设基带信号是频率为 10Hz 的余弦信号，产生一个载波频率为 40Hz 的残留边带调制信号，并采用相干解调法实现解调。

解： 在编辑器窗口中编写代码。

```
clear,clc,clf
fm=10;fc=40;T=4;A=3;
t=0:0.001:T;
m=cos(2*pi*fm*t);
vsb=m.*cos(2*pi*fc*t);
b=fir1(70,0.035);
vsb=filter(b,1,vsb);
subplot(121);plot(t,vsb);title('VSB 调制信号');xlabel('t')
r=vsb.*cos(2*pi*fc*t);
b=fir1(128,0.01);
rt=filter(b,1,r);
subplot(122);plot(t,rt);title('相干解调后的信号');xlabel('t')
```

运行结果如图 13-4 所示。

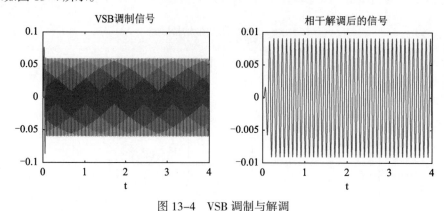

图 13-4 VSB 调制与解调

13.2 角度调制

角度调制是一种非线性调制方法，通常是载波的频率或相位随着基带信号变化。角度调制主要包括频率调制和相位调制，角度调制信号的一般表达式为

$$S_m(t) = A\cos(\omega_c t + \varphi(t))$$

其中，A 为载波的幅度。在角度调制中有两个重要的参数：调频指数和调相指数。调频指数是最大的频偏与输入信号带宽的比值，即

$$\beta_f = \frac{\Delta f_{max}}{W}$$

调相指数定义为

$$\beta_p = 2\pi k_p \max[|m(t)|]$$

调频信号的带宽可以根据经验公式近似计算

$$B = 2\Delta f_{max} + 2W = 2(\beta_f + 1)W$$

相应的调相信号的带宽为

$$B = 2\Delta f_{max} + 2W = 2(\beta_p + 1)W$$

【例 13-5】 假设基带信号是频率为 0.5Hz 的余弦信号，产生一个载波频率为 2Hz 的 FM 调制信号，并采用包络检波法实现解调。

解：在编辑器窗口中编写代码。

```
clear,clc,clf
kf=10;
fc=2;
fm=0.5;
t=0:0.002:4;
m=cos(2*pi*fm*t);
ms=1/2/pi/fm*sin(2*pi*fm*t);
s=cos(2*pi*fc*t+2*pi*kf*ms);
subplot(121);plot(t,s);title('调频信号')
xlabel('t');
for i=1:length(s)-1
    r(i)=(s(i+1)-s(i))/0.001;
end
r(length(s))=0;
subplot(122);plot(t,r);title('调频信号微分后的波形')
xlabel('t')
```

运行结果如图 13-5 所示。

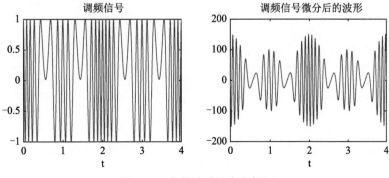

图 13-5 包络检波法实现解调

13.3 数字调制

在数字通带传输中，数字基带波形可用来调制正弦波的幅度、频率和相位，分别称为数字调幅、数字调频和数字调相。根据已调信号的频谱结构特点的不同，数字调制信号可以分为线性调制和非线性调制。

13.3.1 FSK 调制

FSK 调制的最简单形式是二进制频移键控（2FSK），它采用两个不同的载波频率表示二进制信息序列，2FSK 表达式为

$$s(t) = \sum_n \bar{a}_n g(t - nT_s) A \cos(2\pi f_1 t + \varphi_n) + \sum_n a_n g(t - nT_s) A \cos(2\pi f_2 t + \theta_n)$$

其中，a_n 为数字信息，$\bar{a}_n$ 为 a_n 的反码，φ_n 和 θ_n 是不同时刻第 n 个信号码元的初相位。

2FSK 信号的功率谱可近似为

$$p(f) = \frac{1}{16} A^2 T_s \left\{ \left| \frac{\sin[\pi T_s(f - f_1)]}{\pi T_s(f - f_1)} \right|^2 + \left| \frac{\sin[\pi T_s(f + f_1)]}{\pi T_s(f + f_1)} \right|^2 + \left| \frac{\sin[\pi T_s(f - f_2)]}{\pi T_s(f - f_2)} \right|^2 + \right.$$

$$\left. \left| \frac{\sin[\pi T_s(f + f_2)]}{\pi T_s(f + f_2)} \right|^2 \right\} + \frac{A^2}{16} \left\{ \delta(f - f_1) + \delta(f + f_1) + \delta(f - f_2) + \delta(f + f_2) \right\}$$

2FSK 的带宽为

$$B_T = \Delta f + 2/T_s$$

其中，Δf 为两个正弦载波频率的间隔。

【例 13-6】产生独立等概的二进制信源，并对其进行 2FSK 调制，画出 2FSK 信号波形及功率谱图。

解： 在编辑器窗口中编写代码。

```
clear,clc,clf
M =1;
N=100;
nsample=4;
fc=1;dt=1/fc/nsample;
t=0:dt:N-dt;
s=sign(randn(1,N));
d=zeros(fc*nsample,length((s+1)/2));
d(1,:)=s;
d=reshape(d,1,fc*nsample*length((s+1)/2));
g=ones(1,fc*nsample);dd=conv(d,g);
sfsk=2*dd-1;
fsk=cos(2*pi*fc*t+2*pi*sfsk(1:length(t)).*t);
sfft=abs(fft(fsk));
sfft=sfft.^2/length(sfft);
subplot(121);plot(1:200, fsk(1:200));title('2FSK 时域波形')
subplot(122);plot(sfft);title('2FSK 功率谱图')
```

运行结果如图 13-6 所示。

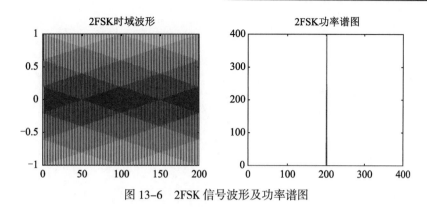

图 13-6 2FSK 信号波形及功率谱图

13.3.2 PSK 调制

PSK 调制是用数字基带信息调制载波的相位。对二进制 PSK 调制信号而言，两个载波相位可以分别表示为

$$\theta_0 = 0, \quad \theta_1 = \pi$$

对 M 进制 PSK 信号而言，载波相位可以表示为

$$\theta_m = 2\pi m / M, \quad m = 0,1,\cdots,M-1$$

M 进制 PSK 调制信号在符号区间 $0 \leqslant t \leqslant T$ 内的传输波形叫表示为

$$s_m(t) = A g_{\mathrm{T}}(t) \cos\left(2\pi f_c t + \frac{2\pi m}{M}\right), \quad m = 0,1,\cdots,M-1$$

其中，$g_{\mathrm{T}}(t)$ 是发送滤波器的脉冲成型，A 是信号的幅度。

将上式展开成正交两路信号，得到

$$s_m(t) = x(t)\psi_1(t) + y(t)\psi_2(t)$$

其中，$x(t) = \sqrt{E}\cos\dfrac{2\pi m}{M}$，$y(t) = \sqrt{E}\sin\dfrac{2\pi m}{M}$。$\psi_1(t)$ 和 $\psi_2(t)$ 是两个正交基函数，分别定义为

$$\psi_1(t) = g_{\mathrm{T}}(t)\cos\left(2\pi f_c t\right)$$
$$\psi_2(t) = -g_{\mathrm{T}}(t)\sin\left(2\pi f_c t\right)$$

因此 M 进制 PSK 调制信号在信号空间中的坐标点为

$$s_{\mathrm{m}} = \left[\sqrt{E}\cos\left(\frac{2\pi m}{M}\right), \sqrt{E}\sin\left(\frac{2\pi m}{M}\right)\right]$$

【例 13-7】产生每码元 9 个样点的 PSK 调制信号序列，画出其功率谱图。

解： 在编辑器窗口中编写代码。

```
clear,clc,clf
M=9;
L=512;
P=4;
ini_phase=0;
roll_off=0.7;
bit = randi(M,L);
x=exp(j*(2*pi*bit/M)+ini_phase);
N=L*P; y=zeros(1,N);
```

```
for n=1:N
    y(n)=0;
    for k=1:L
        t=(n-1)/P-(k-1);
        y(n)=y(n)+x(k)*(sin(pi*t+eps)/(pi*t+eps))*...
            (cos(roll_off*pi*t+eps)/((1-(2*roll_off*t)^2)+eps));
    end
end
sfft=abs(fft(y));
sfft=sfft.^2/length(sfft);
subplot(311);plot(real(x),imag(x),'.');title('PSK 信号星座图')
axis equal
subplot(312);plot(1:length(sfft),sfft);title('PSK 基带信号功率谱图')
for n=1:N
    z(n)=y(n)*exp(j*2*pi*1*n/P);
end
sfft=abs(fft(z));
sfft=sfft.^2/length(sfft);
subplot(313);plot(1:length(sfft),sfft);title('PSK 调制信号功率谱图')
```

运行结果如图 13-7 所示。

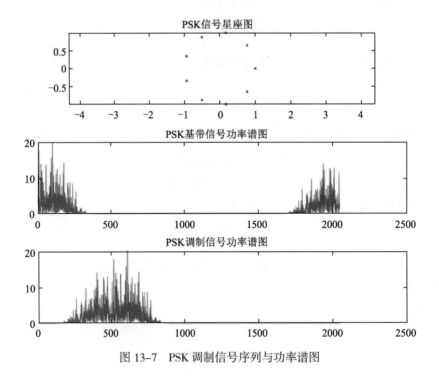

图 13-7   PSK 调制信号序列与功率谱图

13.3.3   QAM 调制

QAM 调制的波形在符号区间内可以表示为

$$s_\mathrm{m}(t) = A_\mathrm{mc} g_\mathrm{T}(t) \cos(2\pi f_c t) + A_\mathrm{ms} g_\mathrm{T}(t) \sin(2\pi f_c t), \quad m = 1, 2, \cdots, M$$

其中，A_ms 是 A_ms 承载信息的正交载波的信号幅度，$g_\mathrm{T}(t)$ 为成型脉冲。

定义正交函数

$$\psi_1(\mathrm{t}) = g_\mathrm{T}(t) \cos(2\pi f_c t), \psi_2(\mathrm{t}) = -g_\mathrm{T}(t) \sin(2\pi f_c t)$$

则有

$$s_\mathrm{m}(t) = A_\mathrm{mc} \psi_1(\mathrm{t}) + A_\mathrm{ms} \psi_2(\mathrm{t})$$

因此 $s_\mathrm{m}(t)$ 的星座点可以表示为 $[A_\mathrm{mc}, A_\mathrm{ms}]$，常用的 QAM 信号的星座图有方形、圆形及十字形。

【例 13-8】 产生一个每码元 8 个样点的 9QAM 信号，采用升余弦脉冲成型，滚降系数为 0.35。画出其功率谱图。

解： 在编辑器窗口中编写代码。

```
clear, clc, clf;
M=9;
L=1024;
P=8;
ini_phase=0;
roll_off=0.35;
a=2*randi([0,sqrt(M)-1],1,L)-(sqrt(M)-1);
b=2*randi([0,sqrt(M)-1],1,L)-(sqrt(M)-1);
x=a+j*b;N=L*P;
y=zeros(1,N);
for n=1:N
    y(n)=0;
    for k=1:L
        t=(n-1)/P-(k-1);
        y(n)=y(n)+x(k)*(sin(pi*t+eps)/(pi*t+eps))*...
            (cos(roll_off*pi*t+eps)/((1-(2*roll_off*t)^2)+eps));
    end
end
sfft=abs(fft(y));
sfft=sfft.^2/length(sfft);
subplot(311);plot(real(x),imag(x),'.');title('9QAM信号星座图');axis equal
subplot(312);plot(1:length(sfft),sfft);title('9QAM基带信号功率谱图')
for n=1:N
    z(n)=y(n)*exp(j*2*pi*1*n/P);
end
sfft=abs(fft(z));
sfft=sfft.^2/length(sfft);
subplot(313);plot(1:length(sfft),sfft);title('9QAM调制信号功率谱图')
```

运行结果如图 13-8 所示。

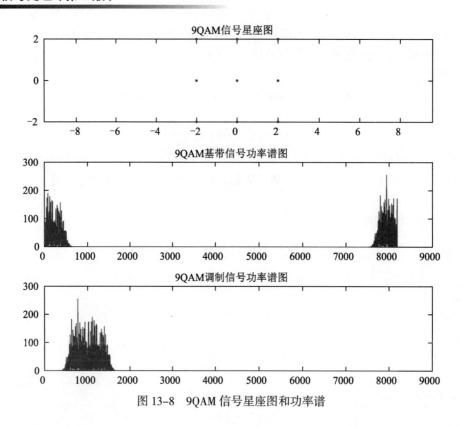

图 13-8　9QAM 信号星座图和功率谱

13.4　自适应均衡

在移动通信领域中，码间干扰始终是影响通信质量的主要因素之一。为了提高通信质量，减少码间干扰，在接收端通常采用均衡技术抵消信道的影响。由于信道响应是随着时间变化的，通常采用自适应均衡器。

13.4.1　递推最小二乘算法

最小均方误差（LMS）算法的收敛速度很慢，为了实现快速收敛，可以使用含有附加参数的复杂算法。递推最小二乘（RLS）算法用已知的初始条件进行计算，并且利用现行输入新数据中所包含的信息对老的滤波器参数进行更新。因此，所观察的数据长度是可变的，将误差测度写成 $J(n)$，习惯上引入一个加权因子（又称遗忘因子）到误差测度函数 $J(n)$ 中去，它可以很好地改进自适应均衡器的收敛性。

RLS 算法的设计准则是使指数加权平方误差累积最小化。即

$$J(n) = \sum_{i=0}^{n} \lambda^{n-i} \left| e(i) \right|^2$$

式中，加权因子 $0 < \lambda < 1$ 称为遗忘因子。引入加权因子 λ^{n-i} 的目的是赋予原来数据与新数据不同的权值，以使自适应滤波器具有对输入过程特性变化的快速反应能力。

RLS 算法操作步骤如下。

步骤 1：初始化以下参数。

$$\boldsymbol{w}(0) = \begin{bmatrix} 0 & \cdots & 0 \end{bmatrix}^{\mathrm{T}}, \quad n = 0, \quad P_{xx}(0) = \sigma^{-1} \boldsymbol{I}$$

步骤 2：当 $n=n+1$ 时，更新以下函数。

$$e(n)=d(n)-\boldsymbol{w}^{\mathrm{T}}\boldsymbol{x}(n)$$

$$K(n)=\frac{\boldsymbol{P}_{xx}(n-1)\boldsymbol{x}(n)}{\lambda+\boldsymbol{x}^{\mathrm{T}}(n)\boldsymbol{P}_{xx}(n-1)\boldsymbol{x}(n)}$$

$$\boldsymbol{P}_{xx}(n)=\frac{1}{\lambda}[\boldsymbol{P}_{xx}(n-1)-K(n)\boldsymbol{x}^{\mathrm{T}}(n)\boldsymbol{P}_{xx}(n-1)]$$

$$\boldsymbol{w}(n)=\boldsymbol{w}(n-1)+K(n)e(n)$$

【例 13-9】通过 RLS 自适应均衡器恢复原始正弦信号。

解： 在编辑器窗口中编写代码。

```
clear,clc,clf
L=40;                                        %RLS 均衡器的长度为 30
delta = 0.2;
lamda = 0.98;
n_max = 500;
Fs=500;                                      %采样率为 1000Hz
F0 = 10;
w = zeros(L,1);
d = zeros(L,1);
u = zeros(L,1);
P = eye(L)/delta;
h=[-0.006,0.011,-0.023,0.764,-0.219,0.039,-0.0325];
for t=1:L-1
    d(t) = sin(2*pi*F0*t/Fs);
end
input=d;
for t=L:n_max
    input(t) = sin(2*pi*F0*t/Fs);
    for i=2:L
        d(L-i+2) = d(L-i+1);
    end
    d(1) = input(t);
    u=filter(h,1,d);
    u=awgn(u,30,'measured');
    output = w'*u;
    k = (P*u)/(lamda + u'*P*u);
    E = d(1) - w'*u;
    w = w + k*E;
    P = (P/lamda) - (k*u'*P/lamda);
    indata(t-L+1) = u(1);
    oudata(t-L+1) = output;
    err(t-L+1) = E;
end
subplot(411),plot(input),title('发送信号')
```

```
subplot(412),plot(indata),title('接收信号')
subplot(413),plot(oudata),title('RLS 均衡后出信号')
subplot(414),plot(err),title('误差信号')
```

运行结果如图 13-9 所示。

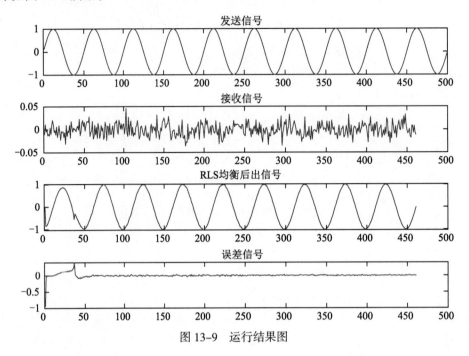

图 13-9　运行结果图

13.4.2　盲均衡算法

盲均衡技术是一种不需要发射端发送训练序列，仅利用信道输入输出的基本统计特性就能对信道的弥散特性进行均衡的一种特殊技术。由于这种均衡技术可以在信号眼图不张开的条件下也能收敛，所以称为盲均衡。在 Bussgang 类盲均衡算法中，常模盲均衡（Constant-Modulus Algorithm, CMA）算法结构简单，得到了广泛应用。

CMA 算法的基本步骤如下。

步骤 1：初始化以下参数。

$$\boldsymbol{w}(0) = \begin{bmatrix} 0 & \cdots & 0 \end{bmatrix}^{\mathrm{T}}$$

$$R_p = \frac{E\{|s(n)|^4\}}{E\{|s(n)|^2\}}$$

步骤 2：当 $n = n+1$ 时，更新以下函数。

$$y(n) = \boldsymbol{x}^{\mathrm{T}}(n)\boldsymbol{w}(n)$$

$$\boldsymbol{w}(n+1) = \boldsymbol{w}(n) + \mu y(n)[R_2 - |y(n)|^2]\boldsymbol{x}(n)$$

可以看出，CMA 算法中抽头系数的整个更新过程只与接收到的信号和发送信号的统计特性有关，而与估计误差信号 $e(n) = d(n) - y(n)$ 无关。

【例 13-10】以 QPSK 调制信号为发送信号，通过冲激响应的信道，并受到信噪比为 30dB 的加性高斯白噪声的污染，试通过 CMA 盲均衡器恢复原始信号。

解： 在编辑器窗口中编写代码。

```
clear,clc,clf
ii=sqrt(-1);
L=1000;                                          %总符号数
dB=40;                                           %信噪比
h=[-0.004-ii*0.003,0.008+ii*0.02,-0.014-ii*0.105,0.864+ii*0.521,...
    -0.328+ii*0.274,0.059-ii*0.064,-0.017+ii*0.02,0];
```

```
M=4;
iniphase=pi/4;
[s,a]= PSKSignal(M,L,iniphase);
R=mean(abs(a).^4)/mean(abs(a).^2);
r=filter(h,1,s);
c=awgn(r,dB,'measured');
subplot(311);plot(a,'.');title('发送信号')
subplot(312);plot(c,'.');title('接收信号')
Nf=7;
f=zeros(Nf,1);
f((Nf+1)/2)-1;
mu=0.01;
ycma=[];
for k=1:L-Nf
    c1=c(k:k+Nf-1);
    xcma(:,k)=fliplr(c1).';
    y(k)=f'*xcma(:,k);
    e(k)=y(k)*(abs(y(k))^2-R);
    f=f-mu*conj(e(k))*xcma(:,k);
    ycma=[ycma,y(k)];
    q(k,:)=conv(f',h);
    isi(k)=sum(abs(q(k,:)).^2)/max(abs(q(k,:)))^2-1;
    isilg(k)=10*log10(isi(k));
end
subplot(313);plot(ycma(1:end),'.');title('均衡器输出信号')
```

用户自定义函数 PSKSignal 为

```
function [s,a]= PSKSignal(M,L,iniphase)
xx=[0:1:M-1]';
a=pskmod(xx,M,iniphase);
aa=randi([0 M-1],L);
s = pskmod(aa,M,iniphase);
s = s.';
end
```

运行结果如图 13-10 所示。

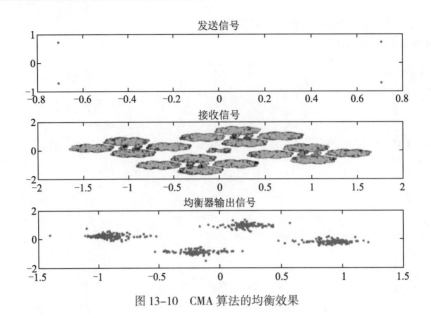

图 13-10　CMA 算法的均衡效果

【例 13-11】CMA 算法和 LMS 算法的性能比较。

解： 在编辑器窗口中编写代码。

```
clear, clc, clf;
M=4;
k=log2(M);
n=5000;
u1=0.001;
u2=0.0001;
m=500;
h=[1 0.3 -0.3 0.1 -0.1];
L=7;
mse1_av=zeros(1,n-L+1);
mse2_av=mse1_av;
for j=1:m
    a=randi([0,M-1],1,n);
    a1=pskmod(a,M);
    m1=abs(a1).^4;
    m2=abs(a1).^2;
    r1=mean(m1);
    r2=mean(m2);
    R2=r1/r2;
    s=filter(h,1,a1);
    snr=15;
    x=awgn(s,snr,'measured');
    c1=[0 0 0 1 0 0 0 ];
    c2=c1;
    y=zeros(n-L+1,2);
    for i=1:n-L+1
        y=x(i+L-1:-1:i);
```

```
        z1(i)=c1*y';
        z2(i)=c2*y';
        e1=R2-(abs(z1(i))^2);
        e2=a1(i)-z2(i);
        c1=c1+u1*e1*y*z1(i);
        c2=c2+u2*e2*y;
        mse1(i)=e1^2;
        mse2(i)=abs(e2)^2;
    end
    mse1_av=mse1_av+mse1;
    mse2_av=mse2_av+mse2;
end
mse1_av=mse1_av/m;
mse2_av=mse2_av/m;
plot([1:n-L+1],mse1_av,'r',[1:n-L+1],mse2_av,'b');grid
axis([0,5100,0 2.8]);
scatterplot(a1,1,0,'r*');hold on
scatterplot(x,1,0,'g*');hold on
scatterplot(z1(2300:4800),1,0,'r*');
xlabel('同相');ylabel('正交');title('CMA 算法均衡')
scatterplot(z2(2300:4800),1,0,'r*');
xlabel('同相');ylabel('正交');title('LMS 算法均衡')
```

运行结果如图 13-11 所示，从图中可以看出 CMA 算法比 LMS 算法性能要好，在判断时不易出现错误。

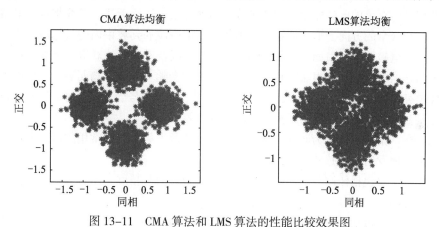

图 13-11　CMA 算法和 LMS 算法的性能比较效果图

13.5　本章小结

本章主要介绍了 MATLAB 在通信信号处理方面的应用，内容主要包括幅度调制、角度调制、数字调制、自适应均衡等。在介绍相关内容的同时列举了相应的实例，读者在学习时应细细体会。本章只介绍了最基本、最具代表性的基础内容，想要了解更多内容读者可自行学习。

第 14 章

CHAPTER 14

雷达信号处理

雷达（Radar）是"无线电探测与定位（Radio detection and ranging）"的英文缩写，雷达的基本任务是探测感兴趣的目标，测定有关目标的距离、方向、速度等状态参数。雷达主要由天线、发射机、接收机（包括信号处理机）和显示器等部分组成。本章简单介绍 MATLAB 在雷达信号处理中的实现方法及应用。

学习目标：

（1）了解、熟悉雷达的基本原理与雷达的用途；

（2）理解实践线性调频脉冲压缩雷达仿真；

（3）理解实践动目标的显示与检测。

14.1 雷达基本原理概述

雷达发射机能产生充足的电磁能量，并通过收发转换开关传送给天线。天线将这些电磁能量辐射至大气中，集中在某一个很窄的方向上形成波束，向前传播。电磁波遇到波束内的目标后，将沿着各个方向产生反射，其中一部分电磁能量反射回雷达的方向，被雷达天线获取。天线获取的能量通过收发转换开关送到接收机，形成雷达的回波信号。由于在传播过程中电磁波会随着传播距离而衰减，所以雷达回波信号非常微弱（几乎被噪声所淹没）。接收机放大微弱的回波信号，经过信号处理机处理，提取出包含在回波中的信息，将信息送到显示器，显示目标的距离、方向、速度等。

根据波形来区分，雷达主要分为脉冲雷达和连续波雷达两大类。当前常用的雷达大多数是脉冲雷达，常规脉冲雷达周期性地发射高频脉冲。

雷达的战术指标主要包括作用距离、威力范围、测距分辨力与精度、测角分辨力与精度、测速分辨力与精度、系统机动性等。

雷达的技术参数主要包括工作频率（波长）、脉冲重复频率、脉冲宽度、发射功率、天线波束宽度、天线波束扫描方式、接收机灵敏度等。技术参数是根据雷达的战术性能与指标要求选择和设计的，因此它们的数值在某种程度上反映了雷达具有的功能。例如，为提高远距离发现目标能力，预警雷达采用比较低的工作频率和脉冲重复频率，而机载雷达则为减小体积、重量等目的，使用比较高的工作频率和脉冲重复频率。这说明，如果知道了雷达的技术参数，就可在一定程度上识别出雷达的种类。

14.2 雷达的用途

雷达的用途广泛，种类繁多，分类的方法也非常复杂。通常可以按照雷达的用途分类，如预警雷达、搜索警戒雷达、无线电测高雷达、气象雷达、航管雷达、引导雷达、炮瞄雷达、雷达引信、战场监视雷达、机载截击雷达、导航雷达以及防撞和敌我识别雷达等。

除了按用途分，还可以从工作体制对雷达进行区分。这里就对一些新体制的雷达进行简单介绍。

14.2.1　双/多基地雷达

普通雷达的发射机和接收机安装在同一地点，而双/多基地雷达是将发射机和接收机分别安装在相距很远的两个或多个地点上，地点可以设在地面、空中平台或空间平台上。

由于隐身飞行器外形的设计主要是不让入射的雷达波直接反射回雷达，这对于单基地雷达很有效。但入射的雷达波会朝各个方向反射，总有部分反射波会被双/多基地雷达中的一个接收机接收到。

14.2.2　相控阵雷达

众所周知，蜻蜓的每只眼睛由许许多多个小眼组成，每个小眼都能成完整的像，这样就使得蜻蜓所看到的范围要比人眼大得多。与此类似，相控阵雷达的天线阵面也由许多个辐射单元和接收单元（称为阵元）组成，单元数目和雷达的功能有关，可以从几百个到几万个。

这些单元有规则地排列在平面上，构成阵列天线。利用电磁波相干原理，通过计算机控制馈往各辐射单元电流的相位，就可以改变波束的方向进行扫描，故称为电扫描。辐射单元把接收到的回波信号送入主机，完成雷达对目标的搜索、跟踪和测量。

每个天线单元除了有天线振子之外，还有移相器等必需的器件。不同的振子通过移相器可以被馈入不同的相位的电流，从而在空间辐射出不同方向性的波束。

天线的单元数目越多，则波束在空间可能的方位就越多。这种雷达的工作基础是相位可控的阵列天线，"相控阵"由此得名。

14.2.3　宽带/超宽带雷达

工作频带很宽的雷达称为宽带/超宽带雷达。通常隐身兵器对工作在某一波段的雷达是有效的，而面对覆盖波段很宽的雷达就无能为力了，它很可能被超宽带雷达波中的某一频率的电磁波探测到。另一方面，超宽带雷达发射的脉冲极窄，具有相当高的距离分辨率，可探测到小目标。目前美国正在研制、试验超宽带雷达，已完成动目标显示技术的研究，将要进行雷达波形的试验。

14.2.4　合成孔径雷达

合成孔径雷达通常安装在移动的空中或空间平台上，利用雷达与目标间的相对运动，将雷达在每个不同位置上接收到的目标回波信号进行相干处理。这相当于在空中安装了一个"大个"的雷达，小孔径天线能获得大孔径天线的探测效果，具有很高的目标方位分辨率，再加上应用脉冲压缩技术又能获得很高的距离分辨率，因而能探测到隐身目标。

合成孔径雷达在军事上和民用领域都有广泛应用，如战场侦察、火控、制导、导航、资源勘测、地图测绘、海洋监视、环境遥感等。

美国的联合监视与目标攻击雷达系统飞机新安装了一部 AN/APY3 型 X 波段多功能合成孔径雷达，英、德、意联合研制的"旋风"攻击机正在试飞合成孔径雷达。

14.2.5 毫米波雷达

工作在毫米波段的雷达称为毫米波雷达，它具有天线波束窄、分辨率高、频带宽、抗干扰能力强等特点，同时它工作在目前隐身技术所能对抗的波段之外，因此它能探测隐身目标。

14.2.6 激光雷达

工作在红外和可见光波段的雷达称为激光雷达，它由激光发射机、光学接收机、转台和信息处理系统等组成。激光器将电脉冲变成光脉冲发射出去，光接收机再把从目标反射回来的光脉冲还原成电脉冲，送到显示器。

隐身兵器通常是针对微波雷达的，因此激光雷达很容易"看穿"隐身目标所玩的"把戏"。再加上激光雷达波束窄、定向性好、测量精度高、分辨率高，因而它能有效地探测隐身目标。

激光雷达在军事上主要用于靶场测量、空间目标交会测量、目标精密跟踪和瞄准、目标成像识别、导航、精确制导、综合火控、直升机防撞、化学战剂监测、局部风场测量、水下目标探测等。

14.3 线性调频脉冲压缩雷达仿真

线性调频（Linear Frequency Modulation，LFM）信号在脉冲压缩体制雷达中广泛应用，利用线性调频信号的大带宽、长脉冲的特点，进行宽脉冲发射以提高发射的平均功率来保证足够的作用距离，而接收时采用相应的脉冲压缩算法获得窄脉冲以提高距离分辨率，较好地解决了雷达作用距离和距离分辨率之间的矛盾。利用脉冲压缩技术除了可以改善雷达系统的分辨力和检测能力，还增强了抗干扰能力、灵活性，能满足雷达多功能、多模式的需要。

14.3.1 匹配滤波器

在输入为确知加白噪声的情况下，所得输出信噪比最大的线性滤波器就是匹配滤波器。设线性滤波器的输入信号为

$$x(t) = s(t) + n(t)$$

其中，$s(t)$ 为确知信号，$n(t)$ 为均值为零的平稳白噪声，其功率谱密度为 $N_{\mathrm{o}}/2$。

设线性滤波器系统的冲激响应为 $h(t)$，频率响应为 $H(\omega)$，其输出响应为

$$y(t) = s_{\mathrm{o}}(t) + n_{\mathrm{o}}(t)$$

输入信号能量为

$$E(s) = \int_{-\infty}^{\infty} s^2(t)\mathrm{d}t < \infty$$

输入、输出信号频谱函数为

$$S(\omega) = \int_{-\infty}^{\infty} s(t)\mathrm{e}^{-\mathrm{j}\omega t}\mathrm{d}t$$

$$S_{\mathrm{o}}(\omega) = H(\omega)S(\omega)$$

$$s_{\mathrm{o}}(t) = \frac{1}{2\pi}\int_{-\infty}^{\infty} H(\omega)S(\omega)\mathrm{e}^{\mathrm{j}\omega t}\mathrm{d}\omega$$

输出噪声的平均功率为

$$E[n_o^2(t)] = \frac{1}{2\pi}\int_{-\infty}^{\infty}P_{n_o}(\omega)\mathrm{d}\omega = \frac{1}{2\pi}\int_{-\infty}^{\infty}H^2(\omega)P_n(\omega)\mathrm{d}\omega$$

$$\mathrm{SNR}_o = \frac{\left|\dfrac{1}{2\pi}\displaystyle\int_{-\infty}^{\infty}H(\omega)S(\omega)\mathrm{e}^{\mathrm{j}\omega t_o}\mathrm{d}\omega\right|^2}{\dfrac{1}{2\pi}\displaystyle\int_{-\infty}^{\infty}\left|H(\omega)\right|^2 P_n(\omega)\mathrm{d}\omega}$$

利用施瓦尔兹（Schwarz）不等式得

$$\mathrm{SNR}_o \leqslant \frac{1}{2\pi}\int_{-\infty}^{\infty}\frac{\left|S(\omega)\right|^2}{P_n(\omega)}\mathrm{d}\omega$$

上式取等号时，滤波器输出功率信噪比 SNR_o 最大取等号条件为

$$H(\omega) = \frac{\alpha S^*(\omega)}{P_n(\omega)}\mathrm{e}^{-\mathrm{j}\omega t_o}$$

当滤波器输入功率谱密度是 $P_n(\omega) = N_o/2$ 的白噪声时，中频（MF）响应的系统函数为

$$H(\omega) = kS^*(\omega)\mathrm{e}^{-\mathrm{j}\omega t_o}, \quad k = \frac{2\alpha}{N_o}$$

其中，k 为常数 1；$S^*(\omega)$ 为输入函数频谱的复共轭，$S^*(\omega) = S(-\omega)$。

$$\mathrm{SNR}_o = \frac{2E_s}{N_o}$$

其中，E_s 为输入信号 $s(t)$ 的能量，白噪声 $n(t)$ 的功率谱为 $N_o/2$，SNR_o 只与输入信号 $s(t)$ 的能量 E_s 和白噪声功率谱密度有关。

白噪声条件下，匹配滤波器的冲激响应为

$$h(t) = ks^*(t_o - t)$$

如果输入信号为实函数，则与 $s(t)$ 匹配的匹配滤波器的冲激响应为

$$h(t) = ks(t_o - t)$$

其中，k 为滤波器的相对放大量，一般 $k=1$。

匹配滤波器的输出信号为

$$s_o(t) = s_o(t) * h(t) = kR(t - t_o)$$

匹配滤波器的输出波形是输入信号的自相关函数的 k 倍，因此匹配滤波器可以看成是一个计算输入信号自相关函数的相关器，通常 $k=1$。

14.3.2 线性调频信号

线性调频信号（LFM 信号，也称 Chirp 信号）的数学表达式为

$$s(t) = \mathrm{rect}\left(\frac{t}{T}\right)\mathrm{e}^{\mathrm{j}2\pi\left(f_c t + \frac{k}{2}t^2\right)}$$

将 LFM 信号重写为

$$s(t) = S(t)\mathrm{e}^{\mathrm{j}2\pi f_c t}$$

当 TB>1 时，LFM 信号的特征表达式为

$$\left|S_{\text{LFM}(f)}\right| = \sqrt{\frac{2}{k}}\text{rect}\left(\frac{f - f_{\text{c}}}{B}\right)$$

$$\varphi_{\text{LFM}(f)} = \frac{\pi(f - f_{\text{c}})}{\mu} + \frac{\pi}{4}$$

$$S(t) = \text{rect}\left(\frac{t}{T}\right)e^{j\pi Kt^2}$$

其中，$S(t)$是信号 $s(t)$ 的复包络。由傅里叶变换性质可得，$S(t)$ 与 $s(t)$ 具有相同的幅频特性，只是中心频率不同而已。

【例 14-1】 线性调频信号的匹配滤波示例。

解： 在编辑器窗口中编写代码。

```
clear,clc,clf
T=10e-6;
B=30e6;
K=B/T;
Fs=2*B;Ts=1/Fs;
N=T/Ts;
t=linspace(-T/2,T/2,N);
St=exp(j*pi*K*t.^2);
subplot(211);plot(t*1e6,St);axis tight; grid
xlabel('时间/us');title('线性调频信号')
subplot(212)
freq=linspace(-Fs/2,Fs/2,N);
plot(freq*1e-6,fftshift(abs(fft(St))));grid on;axis tight;
xlabel('频率/MHz');title('线性调频信号的幅频特性')
```

运行结果如图 14-1 所示。

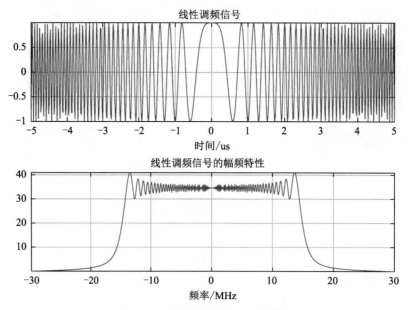

图 14-1　线性调频信号的匹配滤波

【例 14-2】产生一个线性调频信号示例。

解： 在编辑器窗口中编写代码。

```
clear,clc,clf
t=20e-6;
fs=120e6;
fc=10e6;
B=2e6;
ft=0:1/fs:t-1/fs;
N=length(ft);
k=B/fs*2*pi/max(ft);
y=modulate(ft,fc,fs,'fm',k);
y_fft_result=fft(y);
subplot(211);plot(ft,y);title('线性调频信号')
xlabel('时间/s');
subplot(212);plot((0:fs/N:fs/2-fs/N),abs(y_fft_result(1:N/2)));grid
title('线性调频信号的频谱')
xlabel('频率/Hz');
```

运行结果如图 14–2 所示。

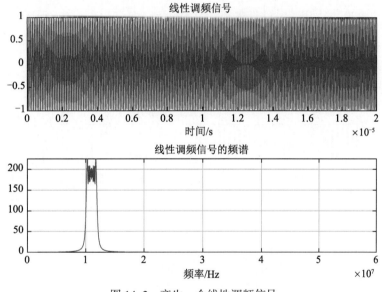

图 14–2　产生一个线性调频信号

14.3.3　相位编码信号

相位编码信号通过非线性相位进行调制，其相位调制函数是离散的有限状态，属于离散编码脉冲压缩信号。这种信号的突出优点是采用脉冲压缩技术后，雷达的峰值发射功率得到显著降低，从而实现低截获。但当回波信号与匹配滤波器存在多普勒失谐时，滤波器不能起到脉冲压缩的作用，所以有时称之为多普勒灵敏信号，常用于目标多普勒变化范围较窄的场合。

相位编码信号在编码上较灵活，可实现波形捷变及低截获，因此是现代高性能雷达体制经常采用的信号波形之一。

【例 14-3】 产生一个 7 位巴克编码的二相码示例。

解： 在编辑器窗口中编写代码。

```
clear,clc,clf
co=[1 1 1 0 1 0 1 0];
ta=0.5e-6;
fc=20e6;
fs=200e6;
t_ta=0:1/fs:ta-1/fs;
n=length(co);
pha=0;
t=0:1/fs:7*ta-1/fs;
s=zeros(1,length(t));
for i=1:n
    if co(i)==1
        pha=1;
    else
        pha=0;
    end
    s(1,(i-1)*length(t_ta)+1:i*length(t_ta))=cos(2*pi*fc*t_ta+pha);
end
plot(t,s);
xlabel('t/s');title('二相码(7位巴克编码)');
```

运行结果如图 14-3 所示。

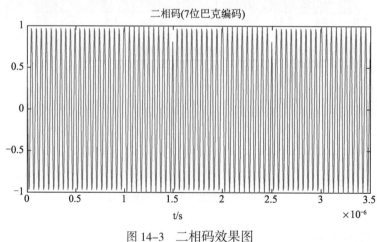

图 14-3　二相码效果图

14.3.4　噪声和杂波的产生

在实际的雷达回波信号中，不仅有目标的反射信号，同时还有接收机的热噪声、地物杂波、气象杂波等各种噪声和杂波的叠加。由于噪声和杂波都不是确知信号，只能通过统计特性辨识。下面通过示例介绍常见的噪声和杂波的产生方法。

【**例 14-4**】产生均匀分布的随机序列。

解：在编辑器窗口中编写代码。

```
clear,clc,clf
a=1;                              %(a-b)均匀分布下限
b=4;                              %(a-b)均匀分布上限
fs=1e6;                           %采样率,单位:Hz
t=1e-3;                           %随机序列长度,单位:s
n=t*fs;
rand('state',0);                  %把均匀分布伪随机发生器置为 0 状态
u=rand(1,n);                      %产生(0-1)单位均匀信号
x=(b-a)*u+a;                      %广义均匀分布与单位均匀分布之间的关系
plot(x);                          %输出信号图
title('均匀分布信号');
```

运行结果如图 14–4 所示。

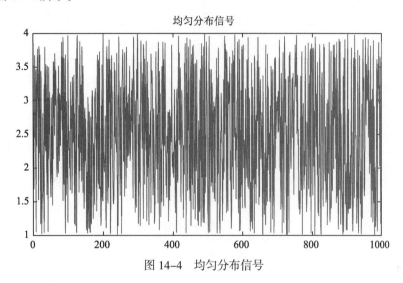

图 14-4　均匀分布信号

【**例 14-5**】利用 randn 函数产生高斯分布序列。

解：在编辑器窗口中编写代码。

```
clear,clc,clf
y=randn(100);
subplot(2,1,1);plot(y);title('服从高斯分布的随机序列信号')
subplot (2,1,2);hist(y);title('服从高斯分布的随机序列直方图')
```

运行结果如图 14–5 所示。

【**例 14-6**】服从指数分布的热噪声随机序列的实现。

解：在编辑器窗口中编写代码。

```
clear,clc,clf
dba=3.5;
fs=1e7;
t=1e-3;
n=t*fs;
```

```
rand('state',0);
u=rand(1,n);
x=log2(1-u)/(-dba);
subplot(2,1,1);plot(0:1/fs:t-1/fs,x);title('指数分布信号')
xlabel('t/s')
subplot(2,1,2);histogram(x,0:0.05:4);title('指数分布信号直方图')
```

运行结果如图 14-6 所示。

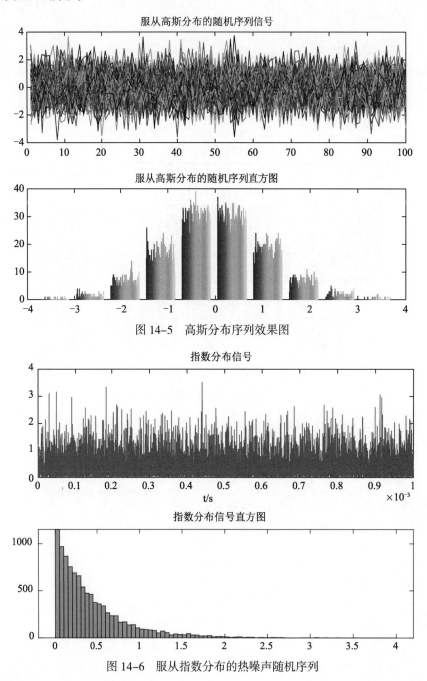

图 14-5　高斯分布序列效果图

图 14-6　服从指数分布的热噪声随机序列

【例 14-7】服从瑞利分布的热噪声。

解：在编辑器窗口中编写代码。

```
clear,clc,clf
sigma=2.5;
fs=1e7;
t=1e-3;
t1=0:1/fs:t-1/fs;
n=length(t1);
rand('state',0);
u=rand(1,n);
x=sqrt(2*log2(1./u))*sigma;
subplot(2,1,1);plot(x);
subplot(2,1,2);histogram(x,0:0.2:20);
```

运行结果如图 14-7 所示。

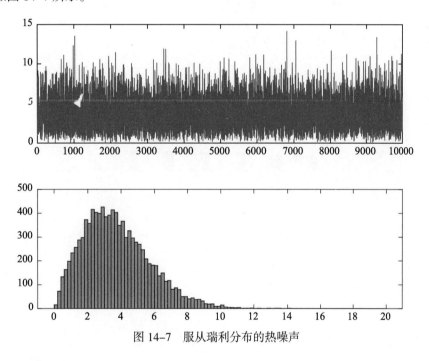

图 14-7　服从瑞利分布的热噪声

14.3.5　杂波建模

杂波可以说是雷达在所处环境中接收到的不感兴趣的回波。为了有效地克服杂波对信号检测的影响，需要知道杂波的幅度特性以及频谱特性。

除独立的建筑物、岩石等可以认为是固定目标外，大多数地物、海浪杂波都是极为复杂的，它可能既包含固定的部分又包含运动的部分，而每一部分反射回来的回波，其振幅和相位都是随机的。通常采用一些比较接近而又合理的数学模型表示杂波幅度的概率分布特性，这就是雷达杂波模型。

1. Rayleigh（瑞利）分布

在雷达可分辨范围内，当散射体的数目很多时，根据散射体反射信号振幅和相位的随机特性，它们合成的回波包络振幅服从瑞利分布。

设 x 表示杂波回波的包络振幅，σ^2 表示它的功率，则 x 的概率密度函数为

$$f(x) = \frac{x}{\sigma^2} e^{-\frac{x^2}{2\sigma^2}}$$

【例 14-8】模拟 Rayleigh 杂波分布示例。

解：在编辑器窗口中编写代码。

```
clear,clc,clf
azi_num=3000; fr=2000;
lamda0=0.0025; sigmav=0.5;
sigmaf=2*sigmav/lamda0;
rand('state',sum(90*clock));
d1=rand(1,azi_num);
rand('state',7*sum(100*clock)+3);
d2=rand(1,azi_num);
xi=2*sqrt(-2*log(d1)).*sin(2*pi*d2);
xq=2*sqrt(-2*log(d1)).*cos(2*pi*d2);
coe_num=12;
for n=0:coe_num
    coeff(n+1)=2*sigmaf*sqrt(pi)*exp(-4*sigmaf^2*pi^2*n^2/fr^2)/fr;
end
for n=1:2*coe_num+1
    if n<=coe_num+1
        b(n)=1/2*coeff(coe_num+2-n);
    else
        b(n)=1/2*coeff(n-coe_num);
    end
end
% 生成高斯谱杂波
xxi=conv(b,xi);
xxq=conv(b,xq);
xxi=xxi(coe_num*2+1:azi_num+coe_num*2);
xxq=xxq(coe_num*2+1:azi_num+coe_num*2);
xisigmac=std(xxi);
ximuc=mean(xxi);
yyi=(xxi-ximuc)/xisigmac;
xqsigmac=std(xxq);
xqmuc=mean(xxq);
yyq=(xxq-xqmuc)/xqsigmac;
sigmac=1.2;                                  %杂波的标准差
yyi=sigmac*yyi;                              %使瑞利分布杂波
yyq=sigmac*yyq;
ydata=yyi+j*yyq;
num=100;                                     %求概率密度函数的参数
maxdat=max(abs(ydata));
mindat=min(abs(ydata));
NN=hist(abs(ydata),num);
```

```
xpdf1=num*NN/((sum(NN))*(maxdat-mindat));
xaxis1=mindat:(maxdat-mindat)/num:maxdat-(maxdat-mindat)/num;
th_val=(xaxis1./sigmac.^2).*exp(-xaxis1.^2./(2*sigmac.^2));
subplot(211);plot(xaxis1,xpdf1);hold on
plot(xaxis1,th_val,'r:');title('杂波幅度分布'); grid
xlabel('幅度');ylabel('概率密度');
signal=ydata;
signal=signal-mean(signal);
M=256;
psd_dat=pburg(real(signal),32,M,fr);
psd_dat=psd_dat/(max(psd_dat));
freqx=0:0.5*M;
freqx=freqx*fr/M;
subplot(212);plot(freqx,psd_dat);title('杂波频谱')
xlabel('频率/Hz');ylabel('功率谱密度');grid
powerf=exp(-freqx.^2/(2*sigmaf.^2));
hold on; plot(freqx,powerf,'r:');
```

运行结果如图 14-8 所示。

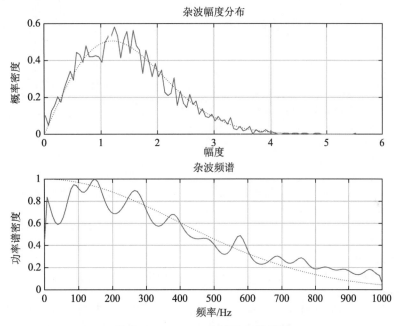

图 14-8　Rayleigh 杂波分布效果图

2. LogNormal（相关对数正态）分布

设 x 表示杂波回波的包络分布，则 x 的 LogNormal 分布为

$$f(x)=\frac{1}{\sqrt{2\pi}\sigma x}\mathrm{e}^{-\frac{\ln^2(x/x_\mathrm{m})}{2\sigma^2}}$$

其中，σ 表示 $\ln x$ 的标准差，x_m 是 x 的中值。

【例 14-9】模拟 LogNormal 分布示例。

解： 在编辑器窗口中编写代码。

```matlab
clear,clc,clf
azi_num=3000; fr=2000;
lamda0=0.025; sigmav=0.5;
sigmaf=2*sigmav/lamda0;
rand('state',sum(100*clock));                   %产生服从 U(0-1) 的随机序列
d1=rand(1,azi_num);
rand('state',7*sum(200*clock)+3);
d2=rand(1,azi_num);
xi=2*sqrt(-2*log(d1)).*sin(2*pi*d2);            %正交且独立的高斯序列~N(0,1)
coe_num=12;                                      %求滤波器系数,用傅里叶级数展开法
for n=0:coe_num
    coeff(n+1)=2*sigmaf*sqrt(pi)*exp(-4*sigmaf^2*pi^2*n^2/fr^2)/fr;
end
for n=1:2*coe_num+1
    if n<=coe_num+1
        b(n)=1/2*coeff(coe_num+2-n);
    else
        b(n)=1/2*coeff(n-coe_num);
    end
end
% 生成高斯谱杂波
xxi=conv(b,xi);
xxi=xxi(coe_num*2+1:azi_num+coe_num*2);
xisigmac=std(xxi);
ximuc=mean(xxi);
yyi=(xxi-ximuc)/xisigmac;
muc=10;                                          %中位值
sigmac=0.6;                                      %形状参数
yyi=sigmac*yyi+log(muc);
xdata=exp(yyi);                                  %参数正态分布的杂波序列
num=100;
maxdat=max(abs(xdata));
mindat=min(abs(xdata));
NN=hist(abs(xdata),num);
xpdf1=num*NN/((sum(NN))*(maxdat-mindat));        %用直方图估计的概率密度函数
xaxis1=mindat:(maxdat-mindat)/num:maxdat-(maxdat-mindat)/num;
th_val=lognpdf(xaxis1,log(muc),sigmac);
subplot(211);
plot(xaxis1,xpdf1);hold on;grid
plot(xaxis1,th_val,'r:');title('杂波幅度分布')
xlabel('幅度');ylabel('概率密度')
signal=xdata;
signal=signal-mean(signal);                      %求功率谱密度,先去掉直流分量
M=128;
psd_dat=pburg(real(signal),16,M,fr);
```

```
psd_dat=psd_dat/(max(psd_dat));                        %归一化
freqx=0:0.5*M;
freqx=freqx*fr/M;
subplot(212);
plot(freqx,psd_dat);title('杂波频谱');grid
xlabel('频率/Hz');ylabel('功率谱密度')
powerf=exp(-freqx.^2/(2*sigmaf.^2));
hold on; plot(freqx,powerf,'r:');
```

运行结果如图 14-9 所示。

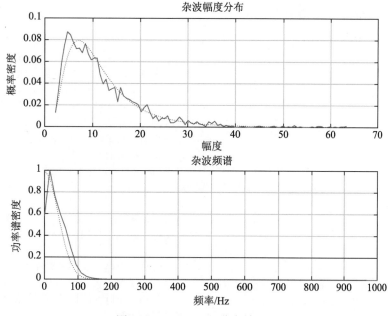

图 14-9　LogNormal 分布效果图

14.4　动目标的显示与检测

动目标显示指利用杂波抑制滤波器抑制各种杂波，提高雷达信号的信杂比，以利于运动目标检测技术。最早的动目标显示是用超声波延迟线（水银延迟线，融熔石英延迟线等）、电荷耦合器件（CCD）延迟线模拟运算电路实现的。20 世纪 60 年代以后，由于微电子技术的发展，动目标显示开始采用数字技术实现，所以也称为数字动目标显示（DMTI）技术。

前面已经介绍过，滤波器主要分为无限冲激响应（IIR）滤波器和有限冲激响应（FIR）滤波器两种。IIR 滤波器的优点是可用相对较少的阶数达到预期的滤波器响应，但是其相位特性是非线性的，在动目标显示（MTI）滤波器中已很少采用。而 FIR 滤波器具有线性相位特性，因此 MTI 滤波器主要采用 FIR 滤波器。对消器也是一种 FIR 滤波器，是系数符合二项展开式的特殊 FIR 滤波器。FIR 滤波器输出可表示为

$$Y_n(m) = \sum_{i=0}^{K} \omega_i(m) X_{N-1}(m)$$

其中，MTI 滤波器的滤波器数 $\omega_0(m), \omega_1(m), \cdots, \omega_k(m)$ 构成一个系数矢量 $\boldsymbol{W}$。

$$\boldsymbol{W} = \begin{bmatrix} \omega_0(m) & \omega_1(m) & \cdots & \omega_k(m) \end{bmatrix}^{\mathrm{T}}$$

其中，**W** 是一个列矢量。MTI 滤波器的设计就是要设计一组合适的滤波器系数，使滤波器能有效地抑制杂波，并保证目标信号能良好通过。这是一个数字滤波器的设计问题，根据对滤波器阻带（抑制杂波）通带（通过目标信号）的要求设计出合适的 MTI 滤波器。

动目标检测处理是一种利用多普勒滤波器抑制各种杂波，提高雷达在杂波背景下检测目标能力的技术。20 世纪 70 年代初，美国麻省理工学院林肯实验室研制成功第一代 MTD 处理器，其基本结构包括三脉冲对消器级联 8 点 FFT 的杂波滤波器、单元平均恒虚警电路和杂波地图等先进技术。这种 MTD 杂波滤波器在杂波背景下检测目标使用了优化设计的 FIR 滤波器组代替对消器级联 FFT 的滤波器结构，进一步提高了对杂波的抑制能力。

【例 14-10】 动目标的显示与检测的实现。

解： 在编辑器窗口中编写代码。

```
clear,clc,clf
C=3.0e8;                                    %光速(m/s)
RF=3.140e9/2;                               %雷达射频1.57GHz
Lambda=C/RF;                                %雷达工作波长
PulseNumber=16;                             %回波脉冲数
BandWidth=2.0e6;                            %发射信号带宽B=1/τ，τ是脉冲宽度
TimeWidth=42.0e-6;                          %发射信号时宽
PRT=240e-6;                                 % 雷达发射脉冲重复周期(s)
% 240us 对应 1/2*240*300=36000 米最大无模糊距离
PRF=1/PRT;
Fs=2.0e6;                                   %采样频率
NoisePower=-12;                             %噪声功率（目标为0dB）

SampleNumber=fix(Fs*PRT);                   %计算一个脉冲周期的采样点数480
TotalNumber=SampleNumber*PulseNumber;       %总的采样点数480*16
BlindNumber=fix(Fs*TimeWidth);             %计算一个脉冲周期的盲区(遮挡样点数)
TargetNumber=4;                             %目标个数
SigPower(1:TargetNumber)=[1 1 1 0.25];      %目标功率,无量纲
TargetDistance(1:TargetNumber)=[3000 8025 15800 8025];      %目标距离，单位：m
% 距离参数为[3000 8025 9000+(Y*10+Z)*200 8025]
DelayNumber(1:TargetNumber)=fix(Fs*2*TargetDistance(1:TargetNumber)/C);
TargetVelocity(1:TargetNumber)=[50 0 204 100];             %目标径向速度，单位：m/s
%计算目标多卜勒频移2v/λ
TargetFd(1:TargetNumber)=2*TargetVelocity(1:TargetNumber)/Lambda;
number=fix(Fs*TimeWidth);                   %回波的采样点数=脉压系数长度=暂态点数目+1
if rem(number,2)~=0                         %rem求余
    number=number+1;
end     %把number变为偶数

for i=-fix(number/2):fix(number/2)-1
    Chirp(i+fix(number/2)+1)=exp(j*(pi*(BandWidth/TimeWidth)*(i/Fs)^2));
    %exp(j*fi)*，产生复数矩阵Chirp
end
coeff=conj(fliplr(Chirp));                  %把Chirp矩阵翻转并把复数共轭，产生脉压系数

figure(1);                                  %脉压系数的实部
plot(real(Chirp));grid
```

```
axis([0 90 -1.5 1.5]);title('脉压系数实部')
SignalAll=zeros(1,TotalNumber);                         %所有脉冲的信号,先填 0
for k=1:TargetNumber-1                                   %依次产生各个目标
    SignalTemp=zeros(1,SampleNumber);                    %一个 PRT
    SignalTemp(DelayNumber(k)+1:DelayNumber(k)+number)=sqrt(SigPower(k))*Chirp;
    Signal=zeros(1,TotalNumber);
    for i=1:PulseNumber                                 %16 个回波脉冲
        Signal((i-1)*SampleNumber+1:i*SampleNumber)=SignalTemp;
    end
    FreqMove=exp(j*2*pi*TargetFd(k)*(0:TotalNumber-1)/Fs);
    %多普勒速度*时间=目标的多普勒相移
    Signal=Signal.*FreqMove;                            %加上多普勒速度后的 16 个脉冲 1 个目标
    SignalAll=SignalAll+Signal;                         %加上多普勒速度后的 16 个脉冲 4 个目标
end
fi=pi/3;
SignalTemp=zeros(1,SampleNumber);                       %一个脉冲
SignalTemp(DelayNumber(4)+1:DelayNumber(4)+number)=...
    sqrt(SigPower(4))*exp(j*fi)*Chirp;
Signal=zeros(1,TotalNumber);
for i=1:PulseNumber
    Signal((i-1)*SampleNumber+1:i*SampleNumber)=SignalTemp;
end
FreqMove=exp(j*2*pi*TargetFd(4)*(0:TotalNumber-1)/Fs); %多普勒速度*时间=目标的多普勒相移
Signal=Signal.*FreqMove;
SignalAll=SignalAll+Signal;

figure(2)
subplot(2,2,1);plot(real(SignalAll),'r-');title('目标信号的实部');zoom on
subplot(2,2,2);plot(imag(SignalAll));title('目标信号的虚部');zoom on
SystemNoise=normrnd(0,10^(NoisePower/10),1,TotalNumber)...
    +j*normrnd(0,10^(NoisePower/10),1,TotalNumber);
Echo=SignalAll+SystemNoise;% +SeaClutter+TerraClutter, 加噪声之后的回波
for i=1:PulseNumber                                     %在接收机闭锁期,接收的回波为 0
    Echo((i-1)*SampleNumber+1:(i-1)*SampleNumber+number)=0;  %发射时接收为 0
end
subplot(223);plot(real(Echo),'r-');title('总回波信号的实部(闭锁期为 0)')
subplot(224);plot(imag(Echo));title('总回波信号的虚部(闭锁期为 0)')

pc_time0=conv(Echo,coeff);                              %pc_time0 为 Echo 和 coeff 的卷积
pc_time1=pc_time0(number:TotalNumber+number-1);         %去掉暂态点 number-1 个
figure(3);%时域脉压结果的幅度
subplot(221);plot(abs(pc_time0),'r-')
title({'时域脉压结果的幅度';'(有暂态点)'})               %pc_time0 的模的曲线
subplot(222);plot(abs(pc_time1));
title({'时域脉压结果的幅度';'(无暂态点)'})               %pc_time1 的模的曲线
Echo_fft=fft(Echo,8192);                                %理应进行 TotalNumber+number-1 点 FFT
coeff_fft=fft(coeff,8192);
pc_fft=Echo_fft.*coeff_fft;
pc_freq0=ifft(pc_fft);
subplot(223);plot(abs(pc_freq0(1:TotalNumber+number-1)));
```

```
title({'频域脉压结果的幅度';'（有前暂态点）'})
subplot(224);plot(abs(pc_time0(1:TotalNumber+number-1)...
    -pc_freq0(1:TotalNumber+number-1)),'r');
title({'时域和频域脉压的差别',''})
pc_freq1=pc_freq0(number:TotalNumber+number-1);
for i=1:PulseNumber
    pc(i,1:SampleNumber)=pc_freq1((i-1)*SampleNumber+1:i*SampleNumber);
end

figure(4);
subplot(131);plot(abs(pc(1,:)));grid
title({'频域脉压结果的幅度';'（无暂态点）'})
for i=1:PulseNumber-1                              %滑动对消，少一个脉冲
    mti(i,:)=pc(i+1,:)-pc(i,:);
end
subplot(132);mesh(abs(mti));title('MTI 结果')
mtd=zeros(PulseNumber,SampleNumber);
for i=1:SampleNumber
    buff(1:PulseNumber)=pc(1:PulseNumber,i);
    buff_fft=fft(buff);
    mtd(1:PulseNumber,i)=buff_fft(1:PulseNumber);
end
subplot(133);mesh(abs(mtd));title('MTD 结果')
coeff_fft_c=zeros(1,2*8192);
for i=1:8192
    coeff_fft_c(2*i-1)=real(coeff_fft(i));
    coeff_fft_c(2*i)=imag(coeff_fft(i));
end
echo_c=zeros(1,2*TotalNumber);
for i=1:TotalNumber
    echo_c(2*i-1)=real(Echo(i));
    echo_c(2*i)=imag(Echo(i));
end
```

运行结果如图 14-10 ~ 图 14-13 所示。

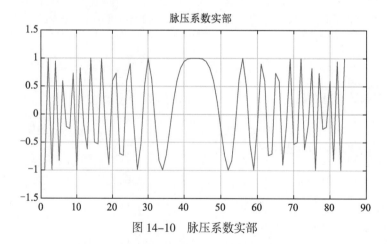

图 14-10　脉压系数实部

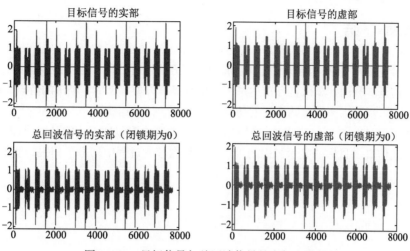

图 14-11 目标信号与总回波信号的实部和虚部

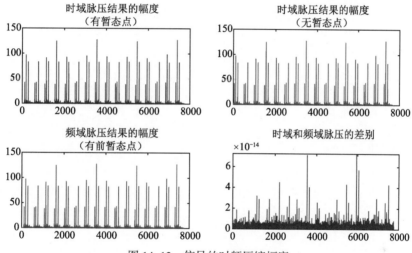

图 14-12 信号的时频压缩幅度

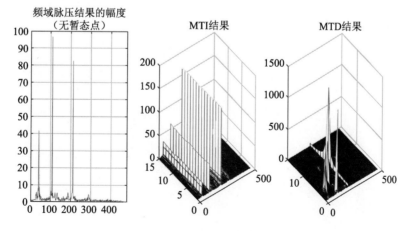

图 14-13 最终结果

14.5 本章小结

现代雷达系统日益变得复杂，难以用简单直观的分析方法进行处理，往往需要借助计算机完成系统的各项功能和性能的仿真。利用计算机进行雷达系统的仿真具有方便、灵活、经济的特点，而 MATLAB 提供了强大的仿真平台，可以为大多数雷达系统的仿真提供方便快捷的运算。

本章主要介绍了 MATLAB 在处理雷达信号中的应用，内容主要包括雷达的基本原理与雷达的用途、线性调频脉冲压缩雷达仿真、目标的显示与检测等，在介绍内容的过程中列举了相关的实例，读者在学习时应细细体会。

<table>
<tr>
<td>

第 15 章

CHAPTER 15

</td>
<td>

信号处理工具

</td>
</tr>
</table>

除 MATLAB 工具箱中的函数为数字信号处理提供了极大的方便外，MATLAB 工具箱还提供了更简单、直观的数字信号处理工具，包括图形用户界面 SPTool 工具、滤波器设计器及信号分析工具，通过这些工具大大提高了工作效率。

学习目标：

（1）理解 SPTool 工具的基本内容；

（2）掌握信号、滤波、频谱浏览器的使用方法；

（3）掌握滤波器设计器的使用方法；

（4）掌握信号分析工具的使用方法。

15.1 SPTool 工具

信号处理工具箱为方便用户操作，提供了一个交互式的图形用户界面工具 SPTool，用来执行常见的信号处理任务。SPTool 工具为信号处理工具箱中的很多函数提供了易于使用的操作界面，只需要进行简单操作就可以载入、观察、分析和打印数字信号，分析、实现和设计数字滤波器，以及进行谱分析等。

15.1.1 主窗口

在 MATLAB 命令行窗口中输入 sptool 命令，按 Enter 键，即可打开如图 15-1 所示的 SPTool 的主窗口。

执行该程序后会出现警告信息：

> 警告：不推荐使用 SPTOOL，它可能会在以后的版本中删除。
> 对于信号和频谱分析，请使用 Signal Analyzer App。通过在 MATLAB 命令行窗口中输入 signalAnalyzer 打开该 App。
> 对于滤波器设计，请使用 Filter Designer App。通过在 MATLAB 命令行窗口中输入 filterDesigner 打开该 App。
> 您可以在"信号处理和通信"下的"App"选项卡上找到这两个 App。

由于 SPTool 是老用户使用的经典工具，因此本书依然对该工具进行讲解，同时本章后面也将对 Signal Analyzer App 及 Filter Designer App 进行讲解。

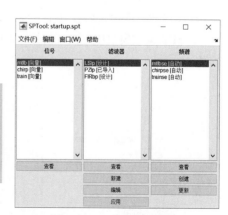

图 15-1 SPTool 的主窗口

如图 15-1 所示，SPTool 主窗口有 4 个菜单（文件、编辑、窗口和帮助）、3 个列表框（信号、滤波器和频谱）。SPTool 工具提供 4 个基本的信号处理图形用户界面，它们分别如下：

（1）信号浏览器：用于浏览可视化的信号图像。

（2）滤波器浏览器：主要用于分析滤波器的特性。

（3）频谱浏览器：用于频谱分析，使用工具箱提供的频谱估计函数分析某个信号序列的功率谱密度。

（4）滤波器设计器：可用于设计和编辑 FIR 和 IIR 滤波器，绝大多数信号处理工具箱提供的函数都可以在滤波器设计器中被调用，以设计出符合要求的滤波器。

15.1.2 导入数据

用户可以从 MATLAB 工作空间中导入信号序列、滤波器或频谱。如果从工作空间中导入信号源数据，可以在菜单栏中单击"文件"→"导入"命令，弹出如图 15-2 所示的界面。

【例 15-1】 将数据导入 SPTool 中。

解：（1）在 MATLAB 工作空间中创立信号数据，代码如下。

```
Fs=1000;
t=0:1/Fs:1;
x=sin(2*pi*10*t)+cos(2*pi*20*t);
xn=x+rand(size(t));
[E,F]=butter(10,0.6);
[pxx,W]=pburg(xn,18,1024,Fs);
```

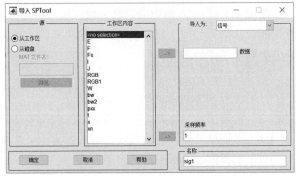

图 15-2 数据导入对话框

（2）运行程序后，在工作区空间中即生成了信号数据，在命令行窗口中输入

```
>> sptool
```

执行后，弹出 SPTool 主窗口，在菜单栏中单击"文件"→"导入"命令，弹出"导入 SPTool"窗口。

（3）在"导入为"下拉列表框选择"信号"选项；在"工作区内容"中选择 xn，单击"数据"左边的箭头，"数据"文本框中将出现 xn。

（4）继续在"工作区内容"中选择 Fs，单击"采样频率"左边的箭头，"采样频率"文本框中将出现 Fs；在"名称"中输入名字 sig1，单击"确定"按钮，信号就被载入 SPTool 中了，如图 15-3 所示。

在 SPTool 主窗口中单击"信号"下的"查看"按钮，弹出"信号浏览器"界面，即可查看信号，如图 15-4 所示。

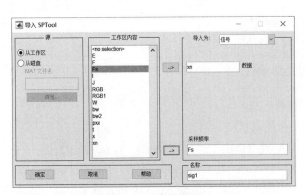

图 15-3 参数设置

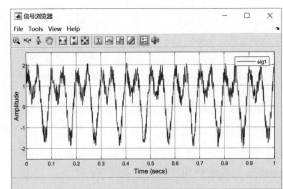

图 15-4 查看信号

15.1.3　信号浏览器

信号浏览器可以实现如下功能：

- 查看数据信号；
- 局部信号放大查看信号细节；
- 获取信号特征量；
- 打印信号数据。

在 SPTool 主窗口的"信号"列表中选择已经载入到 SPTool 中的信号，然后单击该列表框下对应的"查看"按钮，就可以进入调用该信号的信号浏览器，如图 15-4 所示。

15.1.4　滤波浏览器

在 SPTool 主窗口的"滤波器"列表中选择一个示例滤波器（例如 LSlp），然后单击该列表框下对应的"查看"按钮，就可以调用"滤波器可视化工具"（FVTool），利用该工具可以分析该滤波器的特性。这些滤波器特性如下：

- 滤波器的幅值响应，如图 15-5 所示；
- 滤波器的相位响应，如图 15-6 所示；
- 滤波器的幅值和相位响应，如图 15-7 所示；
- 滤波器的群延迟响应，如图 15-8 所示；
- 滤波器的相位延迟，如图 15-9 所示；
- 滤波器的冲激响应，如图 15-10 所示；
- 滤波器的阶跃响应，如图 15-11 所示；
- 滤波器的极点-零点图，如图 15-12 所示；
- 滤波器的系数，如图 15-13 所示；
- 滤波器的信息，如图 15-14 所示；
- 滤波器的幅值响应估计，如图 15-15 所示；
- 滤波器的舍入噪声功率谱，如图 15-16 所示。

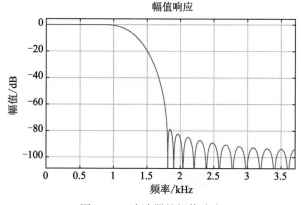

图 15-5　滤波器的幅值响应

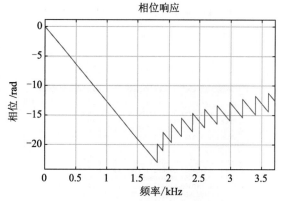

图 15-6　滤波器的相位响应

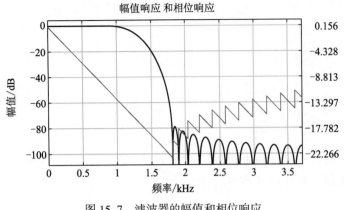

图 15-7　滤波器的幅值和相位响应

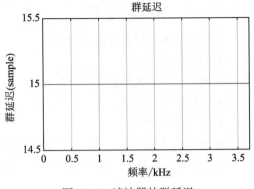

图 15-8　滤波器的群延迟

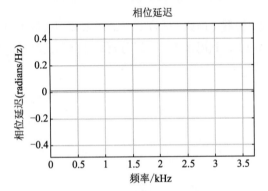

图 15-9　滤波器的相位延迟

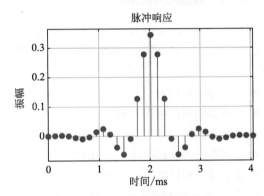

图 15-10　滤波器的冲激响应

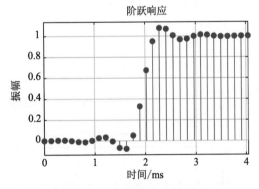

图 15-11　滤波器的阶跃响应

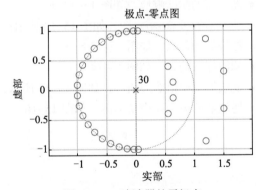

图 15-12　滤波器的零极点

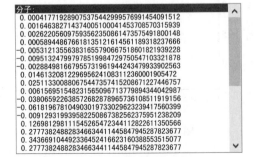

图 15-13　滤波器的系数

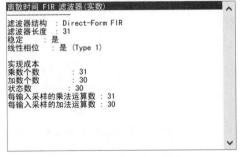

图 15-14　滤波器的信息

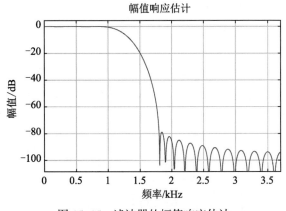

图 15-15　滤波器的幅值响应估计

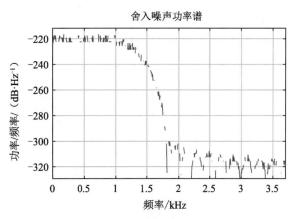

图 15-16　滤波器的噪声功率谱

15.1.5　频谱浏览器

在 SPTool 主窗口的"频谱"列表中选择一个频谱（如 mtlbse），然后单击该列表框下对应的"查看"按钮，就可以调用"频谱浏览器"窗口，如图 15-17 所示，其功能如下：

- 查看和比较频谱图形；
- 多种方法谱估计；
- 修改频谱参数后再进行估计；
- 输出打印频谱数据。

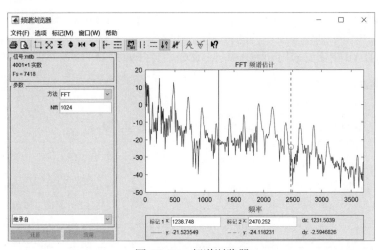

图 15-17　频谱浏览器

15.2　滤波器设计器

在 SPTool 主窗口中单击"滤波器"列表框下相对应的"编辑"按钮，即可打开如图 15-18 所示的 Filter Designer（滤波器设计器）窗口。其功能如下：

- 具有标准频率带宽结构的 IIR 滤波器的设计；
- 有标准频率带宽结构的 FIR 滤波器的设计；

- 零极点编辑器实现具有任意频率带宽结构的 IIR、FIR 滤波器；
- 通过调整传递函数零极点的图形位置，实现滤波器的再设计；
- 在滤波器幅值响应图中添加频谱。

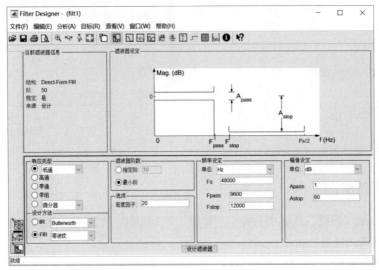

图 15-18　滤波器设计器窗口（用 SPtool 工具打开）

以往版本中也可以直接在命令行窗口中输入 fdatool 命令，打开滤波器设计器，采用该命令时会出现警告信息。

```
>> fdatool
警告：以后的版本中将会删除 FDATOOL。请改用 filterDesigner。
```

在最新版的 MATLAB 中需要采用 filterDesigner 命令，打开如图 15-19 所示的滤波器设计器窗口。

```
>> filterDesigner
```

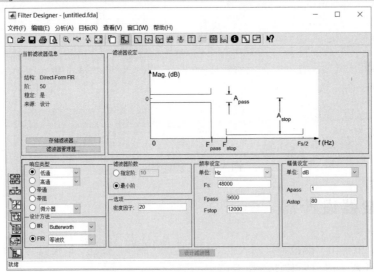

图 15-19　滤波器设计器窗口（用 filterDesigner 命令打工）

利用 filterDesigner 命令打开的是新版本的滤波器设计器，它集成了一些新的功能；而从 SPTool 打开的滤波器设计器已经不再更新，因此有些新功能并不能在该界面下使用。

15.2.1　IIR 滤波器的设计

使用滤波器设计器可以设计 IIR 滤波器。例如：Butterworth IIR 滤波器、切比雪夫 I 型 IIR 滤波器、切比雪夫 II 型 IIR 滤波器、椭圆 IIR 滤波器、最平坦 IIR 滤波器。下面用一个具体的实例说明使用滤波器设计器设计 IIR 滤波器的过程。

【例 15-2】设计一个高通切比雪夫 II 型 IIR 滤波器，其主要性能指标如下：

（1）采样频率（Fs）=2000Hz；

（2）通带边界频率（Fpass）=800Hz；

（3）阻带边界频率（Fstop）=600Hz；

（4）通带波纹（Apass）=2.5dB；

（5）阻带波纹（Astop）=40dB。

解： 设计步骤如下。

（1）在 Filter Designer 窗口的"设计方法"面板中 IIR 后的下拉列表框中选择滤波器的设计方法：Chebyshev II 型。

（2）在"响应类型"面板下选择带宽结构"高通"。

（3）在"滤波器阶数"下选择"最小阶"，采用自动选择滤波器的阶数，并进行后续参数的设置。

（4）在"频率设定"面板下的文本框中设置 Fs 为 2000Hz、Fpass 为 800Hz、Fstop 为 600Hz。

（5）在"幅值设定"面板下的文本框设置 Apass 为 2.5dB、Astop 为 40dB。

（6）单击"设计滤波器"按钮，更新响应。

滤波器设计器将调用相关函数来完成滤波器的设计，设计结果如图 15-20 所示。

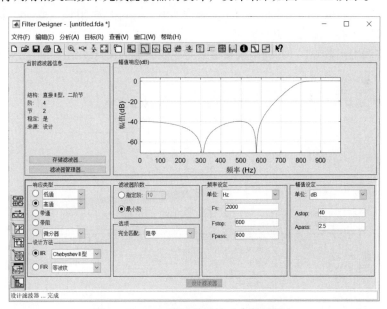

图 15-20　IIR 滤波器设计（参数设置）

读者还可以根据前面所讲述的内容，进行更深入、更丰富的滤波器设计。例如，对不同类型滤波器属性进行特定设置以及滤波器的阶数选择等，读者可以自行尝试设计。

15.2.2　FIR 滤波器的设计

使用滤波器设计器还可以设计标准的低通、高通、带通和带阻 FIR 滤波器。例如：等波纹 FIR 滤波器、最小二乘 FIR 滤波器、窗函数 FIR 滤波器、约束最小二乘 FIR 滤波器、复等波纹 FIR 滤波器以及最平坦 FIR 滤波器。下面用一个具体的实例说明使用滤波器设计器设计 FIR 滤波器的过程。

【例 15-3】设计一个标准的带通凯塞窗 FIR 滤波器，其主要性能指标如下：

（1）采样频率（Fs）=2000Hz；

（2）通带上边界频率（Fpass1）=50Hz；

（3）通带下边界频率（Fpass2）=140Hz；

（4）阻带上边界频率（Fstop1）=30Hz；

（5）阻带下边界频率（Fstop2）=200Hz；

（6）通带波纹（Apass）=2.5dB；

（7）阻带上波纹（Astop1）=40dB；

（8）阻带下波纹（Astop2）=20dB。

解： 设计步骤如下。

（1）在 Filter Designer 窗口的"设计方法"面板中 FIR 后的下拉列表框中选择滤波器的设计方法："窗"。在选项面板"窗"复选框后的下拉列表中选择 Ksiser（凯塞窗）。

（2）在"响应类型"面板下选择带宽结构"带通"。

（3）在"滤波器阶数"下选择"最小阶"，采用自动选择滤波器的阶数，并进行后续参数的设置。

（4）在"频率设定"面板下的文本框中设置 Fs 为 2000Hz、Fpass1 为 50Hz、Fpass2 为 140Hz、Fstop1 为 30Hz、Fstop2 为 200Hz。

（5）在"幅值设定"面板下的文本框设置 Apass 为 4dB、Astop1 为 40dB、Astop2 为 200dB。

（6）单击"设计滤波器"按钮，更新响应。

滤波器设计器将调用函数 firls，并利用凯塞窗来完成滤波器的设计，结果如图 15-21 所示。

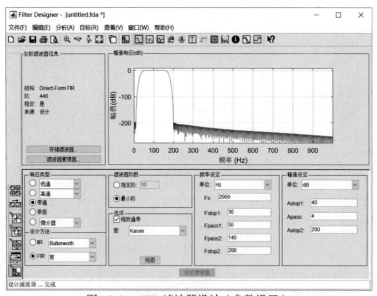

图 15-21　FIR 滤波器设计（参数设置）

　　同样，读者也可以根据前面所讲述的内容，进行更深入、更丰富的滤波器设计。例如，对不同类型滤波器属性进行特定设置及滤波器的阶数选择等。

　　说明：在滤波器设计器的设计选项中，对于高通和带通滤波器的设计配置，都需要一个偶数的滤波器的阶数。

15.3　信号分析工具

　　信号分析工具（Signal Analyzer）是一款交互式工具，用于在时域、频域和时频域中可视化、测量、分析和比较信号。通过该 APP 可同时在同一视图中处理不同持续时间的多种信号。

　　在 MATLAB 主界面窗口 APP 选项卡下单击 Signal Analyzer 按钮或者直接输入如下命令，即可打开如图 15-22 所示的 Signal Analyzer 主界面。

```
>> signalAnalyzer
```

15.3.1　选择要分析的信号

　　Signal Analyzer 可以处理工作区中的向量、矩阵、时间表、timeseries 对象或 labeledSignalSet 对象等。启动 APP 时，工作区中所有可用的信号都会出现在左下角的工作区浏览器中。

　　从工作区浏览器中选择需要分析的信号，单击信号名称并将其按住拖到左上角的"筛选信号"表中。选中"筛选信号"表中信号名称旁边的复选框后，该信号将会在选定的显示窗口中显示；也可以将信号直接从工作区浏览器拖到显示窗口中，此时该信号将在显示窗口中绘制，并在"筛选信号"表中列出。

　　【例 15-4】创建包含 4 个变量的时间表，并将该时间表拖到"筛选信号"表中显示。

　　解：（1）在 MATLAB 命令行窗口中输入如下命令并执行。

```
>> tmt = timetable(seconds(0:99)',randn(100,2),randn(100,1),randn(100,3),randn(100,1));
>> tmt.Properties.VariableNames = ["Temperature" "WindSpeed" "Electric" "Magnetic"];
```

此时在工作区浏览器会出现 tmt 数据。

　　（2）将该时间表拖到"筛选信号"表中，并单击左侧的下三角图标，展开树形图查看各个通道，如图 15-23 所示。

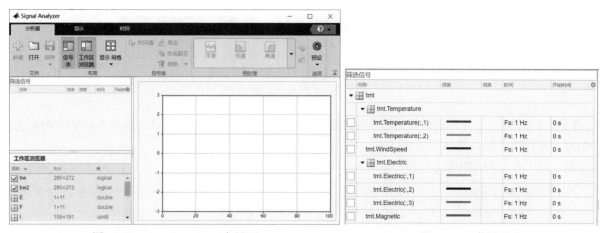

图 15-22　Signal Analyzer 主界面　　　　　　　　　　图 15-23　信号列表

15.3.2 预处理信号

单击 Signal Analyzer 主界面下的"分析器"选项卡"预处理"面板中的相关预处理选项可以执行信号预处理任务，如图 15-24 所示。信号预处理任务包括：

图 15-24 预处理选项

（1）选择低通、高通、带通或带阻滤波器信号；
（2）去趋势并计算信号包络；
（3）使用移动平均值、回归、Savitzky–Golay 滤波器或其他方法对信号进行平滑处理；
（4）更改信号的采样率或将非均匀采样的信号插值到均匀网格上；
（5）使用自定义函数预处理信号；
（6）生成 MATLAB 函数自动执行预处理操作。

15.3.3 探查信号

单击 Signal Analyzer 主界面下的"显示"选项卡"视图"面板中的相关选项可以执行探查信号相关任务，如图 15-25 所示。在显示窗口中可以可视化并提取信号，具体如下：
（1）使用采样率、数值向量、数组或 MATLAB 表达式等向信号添加时间信息；
（2）绘制、测量和比较数据、其频谱、频谱图或尺度图；
（3）寻找时域、频域和时频域中的特性和模式；
（4）计算持久性频谱以分析偶发信号，并使用重排来锐化频谱图估计；
（5）从信号中提取关注的区域。

图 15-25 探查信号选项

【例 15-5】利用 3 个不同位置的传感器测量汽车过桥时产生的振动，它们产生的信号在不同时间到达分析站，采样频率为 11025Hz。试用 Signal Analyzer 确定信号之间的延迟。

解：（1）在 MATLAB 命令行窗口中输入如下命令并执行。

```
>> load sensorData        %将信号加载到 MATLAB 工作区，每个信号的名称包括接收该信号的传感器编号
>> signalAnalyzer         %启动 Signal Analyzer App
```

（2）单击"分析器"选项卡"布局"面板中的"显示网格"按钮，创建 3 个显示画面。并将每个信号

从工作区浏览器拖到它自己的显示画面上，如图 15-26 所示。由图可知，来自传感器 2 的信号的到达时间早于来自传感器 1 的信号，来自传感器 1 的信号的到达时间早于来自传感器 3 的信号。

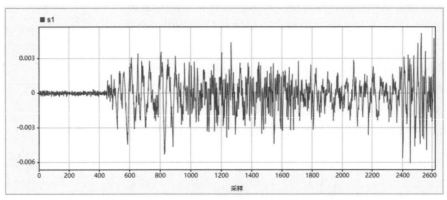

（a）来自传感器 1 的信号

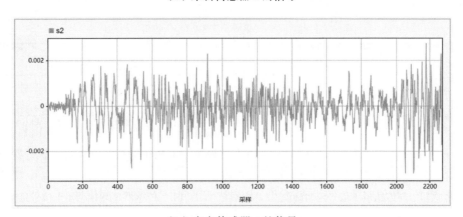

（b）来自传感器 2 的信号

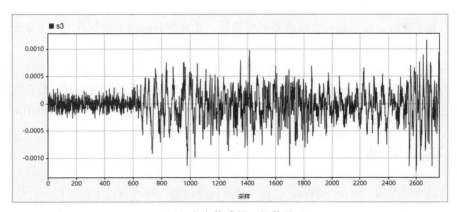

（c）来自传感器 3 的信号

图 15-26　来自传感器的信号

（3）添加时间信息。选择"筛选信号"表中的三个信号，然后单击"分析器"选项卡"信号表"面板中的"时间值"按钮。在弹出的"时间值"对话框中的时间设定中选择"采样率和开始时间"，在出现的"采

样率"文本框中输入 11025，如图 15-27 所示，单击"确定"按钮退出
对话框。

（4）依次选择每个显示画面，并选中"显示"选项卡"显示选项"
面板中选中"链接时间"来链接其时间跨度，使这些信号共用一个时
间轴。

（5）使用数据游标也可以求得延迟时间。按空格键重置视图。在"显
示"选项卡"测量"面板上的"数据游标"中的箭头▼，然后选择"两
个"。在前两个信号 S1、S2 的最大值处分别放置一个游标。可以直接从

图 15-27   "时间值"对话框

中读取延迟大约为 0.032s，同样 S1 与 S2 信号的延迟大约为 0.014s，如图 15-28 所示。

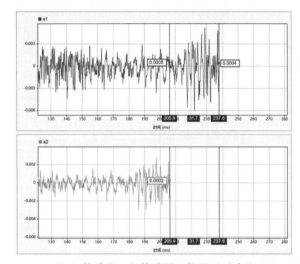

（a）传感器 2 与传感器 1 信号延时确认

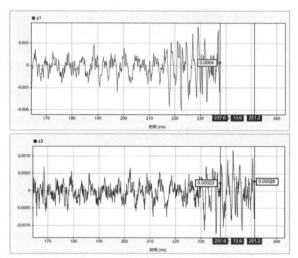

（b）传感器 3 与传感器 1 信号延时确认

图 15-28   频谱浏览器

（6）在信号显示窗口，按住鼠标左键水平平移信号，并对齐时间轴末端附近的一个显著特征，从"时
间"选项卡中，读取时间轴的下限时间，依此估计信号之间的延迟。

选择一个高信噪比区域，例如每个信号末端附近的信号最大值。在来自传感器 2 的信号中，该特征在
时钟开始后大约 0.197s 时出现。同样，来自传感器 1 的信号在启动后大约 0.229s 时出现该特征，而来自传
感器 3 的信号在启动后大约 0.243s 时具有该特征。因此，延迟的长度大约为 0.032s 和 0.014s。

15.4   本章小结

本章对信号处理图形用户界面 SPTool 工具、滤波器设计器、信号分析工具进行了介绍。由于 SPTool
是经典的设计工具，同时最新版仍然支持该工具，因此本章对其进行了讲解；随后通过 IIR、FIR 滤波器的
设计简单介绍了利用滤波器设计器进行滤波器设计的操作方法；最后还介绍了信号分析工具，帮助读者掌
握利用信号分析工具对获得的信号进行后续分析。本章仅是对这些工具的应用进行引导，如果要进行深入
地学习则需要另行查阅相关帮助等资料。

参 考 文 献

[1] 刘浩，韩晶. MATLAB R2020a 完全自学一本通[M]. 北京：电子工业出版社，2020.

[2] 程佩青. 数字信号处理[M]. 5 版. 北京：清华大学出版社，2017.

[3] 王彬. MATLAB 数字信号处理[M]. 北京：机械工业出版社，2010.

[4] 陈怀琛. 数字信号处理教程：MATLAB 释义与实现[M]. 北京：电子工业出版社，2008.

[5] 杨鉴，梁虹. 随机信号处理原理与实践[M]. 北京：科学出版社，2010.

[6] 冈萨雷斯. 数字图像处理[M]. 北京：电子工业出版社，2003.

[7] 杨帆. 数字图像处理与分析[M]. 北京：北京航空航天大学出版社，2007.

[8] 薛年喜. MATLAB 在数字信号处理中的应用[M]. 2 版. 北京：清华大学出版社，2008.

[9] 张德丰. MATLAB 数字信号处理与应用[M]. 北京：清华大学出版社，2010.

[10] 余成波. 数字图像处理及 MATLAB 实现[M]. 重庆：重庆大学出版社，2003.

[11] 刘波，文忠，曾涯. MATLAB 信号处理[M]. 北京：电子工业出版社，2006.

[12] 林川. MATLAB 与数字信号处理实验[M]. 武汉：武汉大学出版社，2011.

[13] 任璧蓉，聂小燕，杨红. 信号与系统分析[M]. 北京：人民邮电出版社，2011.

[14] 蒋英春. 小波分析基本原理[M]. 天津：天津大学出版社，2012.

[15] 张彬，杨风暴. 小波分析方法及其应用[M]. 北京：国防工业出版社，2011.

[16] 李登峰，杨晓慧. 小波基础理论和应用实例[M]. 北京：高等教育出版社，2010.

[17] 李媛. 小波变换及其工程应用[M]. 北京：北京邮电大学出版社，2010.

[18] 徐明远，刘增力. MATLAB 仿真在信号处理中的应用[M]. 西安：西安电子科技大学出版社，2007.